工业和信息产业职业教育教学指导委员会“十二五”规划教材
计算机系列规划教材

计算机文化基础

陈志延　晏　峰　主　编
曾广雄　戴　奔　刘　群　郑晓芳　王建新　副主编
万　欢　鄢　旭　李红梅　何露露　朱丽萍　参　编

電子工業出版社
Publishing House of Electronics Industry
北京 • BEIJING

内 容 简 介

本书根据高职高专教育的特点，全面系统地介绍了计算机文化基础各方面的知识。全书共分8章，主要内容包括计算机基础知识、Windows XP操作系统、计算机网络及其应用、Word 2003文档处理、Word 2003高级应用、Excel 2003电子表格、PowerPoint 2003演示文稿的制作、常用工具软件的应用。每章都精选了一些重点突出的习题，供读者自我检测之用。本书还有配套的实训指导书，以便更好地对读者的上机实训提供指导和帮助。

本书实例丰富，可操作性强，对提高读者的操作水平很有帮助，适合作为各类高职高专院校、办学水平较高的中专学校的计算机文化课程或计算机应用教材，也可供参加计算机等级考试和各类培训班的读者使用。

图书在版编目（CIP）数据

计算机文化基础/陈志延，晏峰主编. —北京：电子工业出版社，2009.8
（高等院校计算机系列规划教材）
ISBN 978-7-121-05845-5

Ⅰ.计… Ⅱ.①陈… ②晏… Ⅲ.电子计算机－高等学校：技术学校－教材 Ⅳ. TP3

中国版本图书馆CIP数据核字（2009）第125984号

策划编辑：吕 迈
责任编辑：刘真平
印　　刷：北京东光印刷厂
装　　订：三河市皇庄路通装订厂
出版发行：电子工业出版社
北京市海淀区万寿路173信箱 邮编 100036
开　　本：787×1 092 1/16 印张：20.5 字数：525千字
印　　次：2011年7月第3次印刷
印　　数：7 700册 定价：36.00元

凡所购买电子工业出版社图书有缺损问题，请向购买书店调换。若书店售缺，请与本社发行部联系，联系及邮购电话：（010）88254888。
质量投诉请发邮件至zlts@phei.com.cn，盗版侵权举报请发邮件至dbqq@phei.com.cn。
服务热线：（010）88258888。

前　言

随着计算机和 Internet 的日益普及和广泛应用，计算机技术正在不断地改变着人们的生产、工作、学习和生活方式，以计算机网络为平台的电子政务、电子商务已逐渐进入日常生活。

计算机文化基础教育的教学内容、教学方法和教学手段都必须适应计算机技术的发展和计算机应用水平的提高。计算机技术越来越多地融入到各专业科研和专业课的教学之中。计算机应用技术对学生的知识结构、技能的提高和智力的开发越来越重要。

教材是教学的基础，本书按照《高职高专教育计算机文化基础课程教学基本要求》和《高职高专教育专业人才培养目标及规格》的要求，结合高职高专院校学生的特点，组织了一批具有丰富教学经验的教师进行编写。

本书共分 8 章，各章的内容简述如下。

第 1 章 计算机基础知识，介绍计算机的发展史、计算机数制的转换、计算机系统的组成等。

第 2 章 Windows XP 操作系统，介绍 Windows XP 基本操作、Windows XP 系统设置、文件系统、Windows XP 电子文档的使用等。

第 3 章 计算机网络及其应用，介绍计算机网络的基础知识、计算机网络的分类、计算机网络协议、计算机网络的模式、Internet 基础与应用、局域网的组成等。

第 4～5 章 介绍了 Word 2003 文字处理软件，分别介绍 Word 2003 文档的输入、编辑和修饰，Word 2003 表格的制作与编辑，Word 2003 图文混排，Word 2003 的高级应用等。

第 6 章 Excel 2003 电子表格，介绍 Excel 2003 基础知识、Excel 2003 的基本操作、Excel 2003 的公式与函数、格式化 Excel 2003 工作表、Excel 2003 的图表、Excel 2003 的数据管理、保护数据、打印工作表等。

第 7 章 PowerPoint 2003 演示文稿的制作，介绍 PowerPoint 2003 的基本操作、演示文稿排版、美化演示文稿、添加特殊效果和超链接、放映和打印演示文稿等。

第 8 章 常用工具软件的应用，介绍压缩工具、网络下载工具 FlashGet、图像浏览与电子阅读工具、多媒体工具、聊天工具等。

本书内容丰富，结构清晰，实例典型，讲解详尽，富有启发性。其中的实例是由多位长期从事计算机文化基础教学的教师从教学和实际工作中提炼出来的。本书还配有上机实训教材，有利于上机教学的开展，学生通过上机实训能熟练掌握课堂教学的内容。

本书由江西环境工程职业学院陈志延和江西理工大学（南昌校区）晏峰担任主编，并由陈志延编写第 1 章，晏峰编写第 2 章，南昌大学人民武装学院刘群编写第 3 章及附录，江西抚州职业技术学院戴奔、张今会编写第 4 章，江西省水利水电学校张红华编写第 5 章，江西旅游商贸职业学院郑晓芳编写第 6 章，江西省修水职业中专王建新编写第 7 章，江西环境工程职业学院曾广雄编写第 8 章。参加本书编写的还有江西旅游商贸职业学院的万欢、鄢旭、李红梅、何露露、朱丽萍。

本教材由曾广雄统稿，并由陈志延、晏峰审阅修改后定稿。

由于时间仓促与编者的学识、水平有限，疏漏和不当之处在所难免，敬请读者不吝指正。

编　者

目　录

第1章 计算机基础知识

计算机是一种能快速、准确、自动地对各种数字化信息进行存储和处理的电子设备，通常也称为电子计算机。它按照人们事先编写的程序对输入的数据进行加工处理、存储及传输，以获得预期的输出信息。自1946年世界上第一台电子计算机诞生以来，计算机的发展日新月异，特别是随着现代化网络和通信技术的发展，使计算机已成为当今社会各个行业不可或缺的办公设备，人与计算机的关系变得越来越密切。掌握计算机的使用已经成为人们工作和生活中一门必不可少的技能。

1.1 概述

1.1.1 计算机发展简史

1. 第一台计算机

1822年，英国人Charles Babbage提出了“自动计算机”的概念，1834年他所设计的差分机及分析机已经具备了现代计算机的基本组成部件。20世纪中叶，电子技术发展迅速。1946年，在美国陆军部的主持下，美国宾夕法尼亚大学莫尔电工系的John Mauchly和Presper Eckert博士研制成功了世界上第一台真正意义上的数字式电子计算机ENIAC（Electronic Numerical Integrator And Computer，电子数字积分计算机），如图1-1所示。它共使用了18 000多个电子管，5 000多个继电器和电容器，耗电达150kW，重达30t，占地面积为170m^2，加减法的速度只有5 000次/秒，并且是按照十进制数来进行运算的，运行时还需要一些辅助设备。虽然ENIAC体积庞大，稳定性和可靠性都比较差，但是这个庞然大物的出现还是开创了人类科技的新纪元，也拉开了人类第4次科技革命（信息革命）的帷幕。

图1-1　工作中的ENIAC

2. 计算机的发展

计算机从原理上可分为模拟计算机和数字计算机。模拟计算机以连续变化的物理量表示所测量的数据来模拟某一变化过程，它主要应用于仿真研究。数字计算机则以离散的数字量来表示数据。目前模拟计算机所能做的工作都可由数字计算机来完成，因此数字计算机应用十分广泛，通常所说的电子计算机均指电子数字计算机。

从第一台电子计算机诞生到现在已有60多年的时间，计算机有了飞速的发展。在计算机的发展过程中，电子元件的变更起到了决定性的作用，它是计算机更新换代的主要标志。按照计算机所采用的电子元件来划分计算机的时代，可以把计算机的发展划分为五代。

（1）第一代计算机（1946—1958）：电子管计算机。采用电子管作为基本元件，其主要特点是主存储器容量小，运算速度慢（几千次/秒），机器体积大，重量重，功耗大，成本高，可靠性差。第一代计算机主要应用于科学计算。

（2）第二代计算机（1959—1964）：晶体管计算机。采用晶体管作为基本元件，其特点是主存储器容量加大，运算速度加快（几十万次/秒），减小了体积、重量、功耗及成本，提高了计算机的可靠性。第二代计算机主要应用于数据处理和科学计算。

（3）第三代计算机（1965—1971）：中、小规模集成电路计算机。基本电子元件是中、小规模集成电路，与晶体管相比，其特点是速度进一步提高（几十万次/秒～几百万次/秒），体积更小，功耗更低，而且可靠性更高，成本更低。第三代计算机主要应用于科学计算、数据处理和生产工程控制等领域。

（4）第四代计算机（1971 年至今）：大规模、超大规模集成电路计算机。主存储器容量大大增加，运算速度可达几千万次/秒，甚至是几万亿次/秒。

（5）第五代计算机：人工智能计算机，正在研制中。目前，计算机发展总的趋势是朝着巨型化、微型化、网络化和智能化方向发展。

现代计算机发展的四个阶段如表1-1所示。

表1-1　现代计算机发展的四个阶段

代　次	起止年份	使用的电子元器件	运算速度
第一代	1946—1958	电子管	5千～3万次/秒
第二代	1959—1964	晶体管	数十万～几百万次/秒
第三代	1965—1971	中、小规模集成电路	数百万～几千万次/秒
第四代	1971至今	大规模、超大规模集成电路	上亿次/秒

计算机更新换代的显著特点是体积缩小，重量减轻，速度提高，成本降低，可靠性增强。微型计算机是人们目前接触最多的计算机。

3. 计算机史上的杰出人物介绍

艾伦·图灵

艾伦·图灵（1912—1954），英国人，堪称20世纪最著名的数学家之一，如图1-2所示。他在很小的时候就表现出了对科学的浓厚兴趣。他1931年进入剑桥大学，开始研究量子力学、概率论和逻辑学。在大学及后来的日子里，他一直对智能与机器之间的关系进行着不懈的探索。

图 1-2　艾伦• 图灵

1936 年，图灵 24 岁时，提出了著名的“图灵机”的设想。这一思想奠定了现代计算机的基础。更值得一提的是，他率领的英国情报组在第二次世界大战期间成功地破译了纳粹德国的密码，加速了第三帝国的灭亡。

1951 年，图灵以他杰出的贡献当选为英国皇家学会会员。但就在他事业步入辉煌之际，灾难降临了。1952 年他曾从事情报工作的经历使他在有关部门眼里成为“危险分子”。他从事科研的各个渠道也被人为地封堵了。1954 年 6 月 8 日，心力交瘁的图灵在自己的住处服毒自杀，年仅 42 岁。图灵去世 12 年后，美国计算机协会以他的名字命名了计算机领域的最高奖“图灵奖”，它是世界计算机界的诺贝尔奖。

冯 · 诺依曼

冯 · 诺依曼被誉为“电子计算机之父”，小时候就十分聪明，6 岁时就能够心算 8 位数字的除法，他在匈牙利接受了初等教育，并于 18 岁发表了第一篇论文。在 1925 年取得化学文凭后，他把兴趣转向了喜爱已久的数学，并于 1928 年取得博士学位，他在集合论等方面取得了引人注目的成就。1930 年他应邀访问普林斯顿大学，这所大学的高等研究所于 1933 年建立，他成为最早的 6 位数学教授之一，直到他去世，他一直担任这个研究所的数学教授。

冯 · 诺依曼发现后来被称之为计算机的通用机器的用处在于解决一些实际问题，而不是一个摆设，因为战争的原因，冯 · 诺依曼开始接触到许多数学的分支，使他开始萌生了使用一台机器进行计算的想法。虽然大家现在都知道第一台计算机 ENIAC 有他的努力，可是在此之前他碰到的第一台计算机器是 Harvard Mark Ⅰ（ASCC）。他提出把程序本身当做数据来对待，程序和该程序处理的数据用同样的方式存储。冯 · 诺依曼和同事们依据此原理设计出了一个完整的现代计算机雏形，并确定了存储程序计算机的五大组成部分和基本工作方法。冯 · 诺依曼的这一设计思想被誉为计算机发展史上的里程碑，标志着计算机时代的真正开始。

4．中国计算机发展史

1958 年，中科院计算所研制成功了我国第一台小型电子管通用计算机 103 机（八一型），标志着我国第一台电子计算机的诞生。1965 年，中科院计算所研制成功了第一台大型晶体管计算机 109 乙，之后推出 109 丙计算机，该机在两弹试验中发挥了重要作用。1974 年，清华大学等单位联合设计、研制成功采用集成电路的 DJS-130 小型计算机，运算速度可达 100 万次/秒。

图 1-3　“银河－Ⅱ”计算机

1983 年，国防科技大学研制成功运算速度上亿次/秒的银河－Ⅰ巨型计算机，这是我国高速计算机研制的一个重要里程碑。1985 年，电子工业部计算机管理局研制成功与 IBM PC 兼容的长城 0520CH 计算机。1992 年，国防科技大学研究出银河－Ⅱ通用并行巨型计算机，浮点运算峰值速度达到 4 亿次/秒（相当于 10 亿次/秒的基本运算操作），为共享主存储器的四处理器向量机，其向量中央处理器是采用中小规模集成电路自行设计的，总体上达到20世纪80年代中后期国际先进水平，如图1-3所示。它主要用于中期天气预报的处理。1993年，国家智能计算机研究开发中心（后成立为北京市曙光计算机公司）研制成功曙光一号全对称共享存储多处理器，这是国内首次以基于超大规模集成电路的通用微处理器芯片和标准UNIX操作系统设计开发的并行计算机。1995年，曙光公司又推出了国内第一台具有大规模并行处理器（MPP）结构的并行机曙光1000（含36个处理器），浮点运算峰值速度25亿次/秒，实际运算速度上了10亿次/秒这一高性能台阶。曙光1000与美国Intel公司于1990年推出的大规模并行机体系结构与实现技术相近，与国外的差距缩小到5年左右。

1997年，国防科技大学研制成功了银河－Ⅲ百亿次/秒的并行巨型计算机系统，采用可扩展分布共享存储并行处理体系结构，由130多个处理结点组成，浮点运算峰值性能为130亿次/秒，系统综合技术达到20世纪90年代中期国际先进水平。1997—1999年，曙光公司先后在市场上推出了具有集群结构（Cluster）的曙光1000A、曙光2000－Ⅰ、曙光2000－Ⅱ超级服务器，浮点运算峰值计算速度已突破1 000亿次/秒，机器规模已超过160个处理器。

1999年，国家并行计算机工程技术研究中心研制的神威Ⅰ计算机通过了国家级验收，并在国家气象中心投入运行。系统有384个运算处理单元，峰值运算速度达3 840亿次/秒。2000年，曙光公司推出浮点运算3 000亿次/秒的曙光3000超级服务器。2001年，中科院计算所研制成功了我国第一款通用CPU——“龙芯”芯片 。2002年，曙光公司推出完全自主知识产权的“龙腾”服务器，龙腾服务器采用了“龙芯－1”CPU，采用了曙光公司和中科院计算所联合研发的服务器专用主板，采用曙光Linux操作系统，该服务器是国内第一台完全实现自有产权的产品，在国防、安全等部门将发挥重大作用。2003年，百万亿次数据处理超级服务器曙光4000L通过国家验收，再一次刷新国产超级服务器的历史纪录，使得国产高性能产业再上新台阶。

1.1.2 计算机的特点

计算机之所以能成为现代化信息处理的重要工具，主要是因为它有如下一些特点。

（1）运算速度快。目前，计算机的运算速度一般都在几百万次/秒～几亿次/秒之间，甚至有更快的，如我国研制的曙光4000A超级服务器运算速度可以达到11万亿次/秒。

（2）计算精度高，可靠性好。计算机用于数值计算可以达到千分之一到几百万分之一的精度，而且可连续无故障运行的时间也是其他运算工具无法比拟的。

（3）自动化程度高。计算机的设计采用了“存储程序”的思想，只要启动计算机执行程序，即可自动地完成预先设定的处理任务。

（4）具有超强的记忆和存储功能。计算机可以存储大量的资料、数据和其他信息。

（5）具有逻辑判断功能。计算机能根据判断的结果自动转向执行不同的操作或命令。

（6）通用性强。计算机能应用到各个不同的领域，进行各种不同的信息处理。

1.1.3 计算机的应用

人类发明计算机的初衷是为了解决复杂的科学计算问题。但计算机发展到现在，其应用已远远超过了科学计算的范围，它已经渗透到了社会的各个领域，推动着国民经济的发展。概括起来，主要有如下几个方面。

（1）科学计算。科学计算又称为数值计算，即科学研究或工程设计中提出的数学问题的计算，例如，天气预报、洲际导弹、火箭等复杂的计算问题。

（2）数据和信息处理。数据和信息处理是指对数据量大，但计算方法简单的数据进行加工、合并、分类等方面的处理。它应用于管理信息系统和办公自动化系统中，这也是目前计算机应用最为广泛的一个领域，如图 1-4 所示。

图 1-4 数据和信息处理

（3）自动控制。用计算机对各种生产过程进行自动控制，不仅可以提高效率，而且可以保证甚至提高质量，现在广泛应用于工业、交通和军事领域。例如，自动控制高楼大厦内的电梯等。

（4）计算机辅助系统。它用于帮助工程技术人员进行各种工程设计工作，以提高设计质量，缩短设计周期，提高自动化水平。计算机辅助系统主要包括计算机辅助设计（Computer-Aided Design，CAD）、计算机辅助教学（Computer-Aided Instruction，CAI）、计算机辅助制造（Computer- Aided Manufacturing，CAM）等。

（5）人工智能。人工智能（Artificial Intelligence，AI）一般是指模拟人的大脑的工作方式，进行推理和决策的思维过程。计算机强大的逻辑判断能力使它能够胜任这方面的工作。

（6）计算机网络。计算机网络把本地的、外地的，甚至世界各地的计算机连接起来，共享计算机的丰富资源，例如国际互联网等。

（7）电子商务。电子商务发展前景广阔，它能通过网络为各企业建立业务往来，具有高效率、低成本、高收益等特点。

1.1.4 计算机的分类

可以按照不同的标准对计算机进行分类。

（1）按照信息处理的方式不同，可以将计算机分为模拟计算机、数字计算机以及数字模拟混合计算机。模拟计算机主要处理模拟信息；而数字计算机主要处理数字信息；数字模拟混合计算机既可处理数字信息，也可处理模拟信息。

（2）按照用途可以将计算机分为通用计算机和专用计算机。通用计算机适合解决各个方面的问题，使用领域广泛，通用性强。专用计算机用于解决某个特定方面的问题。

（3）按照规模可以将计算机分为以下几类。

① 巨型计算机。在国防技术和现代科学计算上都要求计算机有很高的运算速度和很大的容量。因此，研制巨型计算机是一个很重要的发展方向。目前，巨型计算机的运算速度可达到百万亿次/秒。研制巨型计算机也是衡量一个国家经济实力和科学水平的重要标志。

② 大、中型计算机。这类计算机具有较高的运算速度，每秒可以执行几千万条指令，而且有较大的存储空间。它往往用于科学计算、数据处理等。

③ 小型计算机。这类计算机规模较小，结构简单，运行环境要求较低，主要用来辅助巨型计算机。

④ 微型计算机。微型计算机即个人计算机，它体积小巧轻便，广泛用于个人、公司等。

⑤ 服务器。服务器是在网络环境下为多个用户提供服务的共享设备，一般分为文件服务器、邮件服务器、DNS 服务器、Web 服务器等。

⑥ 工作站。工作站通过网络连接可以互相进行信息的传送，实现资源、信息的共享。

1.2 计算机中的数制与存储单位

计算机是处理信息的工具，数字计算机处理的都是数字化的信息，日常生活中人们采用十进制的计数方法，但是计算机内部却采用二进制进行计数和运算，因此掌握计算机中数制的表示和数制间的转换是十分重要的。

1.2.1 数制的概念

1．进位计数制

计算机的数制采用进位计数制。所谓进位计数制，是指按照进位的原则来进行计数。例如，十进制按照“逢十进一”的原则进行计数。

计数制由基本数码（通常称为基码）、基数和位权值 3 个要素组成。一个数的基码就是组成该数的所有数字和字母；所用不同数字的个数，即基码的个数称为该进位制的基数或简称基；每个数字在数中的位置称为位数，每个位数对应的值称为位权值。各进位制中位权的值为基数的位数次幂。例如，一个十进制数由 0～9 这 10 个基码组成，基数是 10，位权分别为 10^0（个），10^1（十），10^2（百），……任何一个数的大小等于其位上数字与其对应位权值的乘积之和。

2．十进制

十进制的基码是 0，1，2，…，9 这 10 个不同的数字，在进行运算时采用的是“逢十进一，借一当十”的规则。基数为 10，数位有个位、十位、百位、千位等，对应的位权值分别为 10^0，10^1，10^2，10^3，…例如，十进制数 156.24 可以表示为 $156.24=1\times10^2+5\times10^1+6\times10^0+2\times10^{-1}+4\times10^{-2}$。

3．二进制

在二进制中，根据晶体管截止和导通的规律，采用数字“0”和“1”来表示这两种状态。所以二进制的基码是 0、1 两个数字，在进行运算时采用的是“逢二进一，借一当二”的规则，基数为 2，位权是以 2 为底的幂。例如，二进制数 110011 可以表示为 $1\times2^5+1\times2^4+0\times2^3+0\times2^2+1\times2^1+1\times2^0$。

4．八进制和十六进制

八进制的基码是 0，1，2，…，7 这 8 个数字，在进行运算时采用的是“逢八进一，借一当八”的规则，基数为 8。

十六进制的基码是 0，1，2，…，9 这 10 个数字和 A、B、C、D、E、F 这 6 个字母，6 个字母分别对应十进制中的 10、11、12、13、14、15，在进行运算时采用的是“逢十六进一，借一当十六”的规则，基数为 16。

各种进制数可用下标来区别，如 $(1001001)_2$ 表示二进制数，$(245)_8$ 表示八进制数，$(64D)_{16}$ 表示十六进制数。

几种数制的表示如表 1-2 所示。

表 1-2　几种数制的表示

数　制	进位规则	基　数	基　码	位　权	数制标识
二进制	逢二进一	2	0，1	2^i（i 为整数）	B
八进制	逢八进一	8	0～7	8^i（i 为整数）	O
十进制	逢十进一	10	0～9	10^i（i 为整数）	D
十六进制	逢十六进一	16	0～9，A～F	16^i（i 为整数）	H

几种数制的对应关系如表 1-3 所示。

表 1-3　几种数制的对应关系

十 进 制	二 进 制	八 进 制	十 六 进 制
0	0	0	0
1	1	1	1
2	10	2	2
3	11	3	3
4	100	4	4
5	101	5	5
6	110	6	6
7	111	7	7
8	1000	10	8
9	1001	11	9
10	1010	12	A
11	1011	13	B
12	1100	14	C
13	1101	15	D
14	1110	16	E
15	1111	17	F

1.2.2　各数制间的转换

为了适应不同问题的需要，不同数制之间经常需要进行相互转换。

1．任意进制数转换为十进制数

二进制、八进制、十六进制以至任意进制的数转换为十进制数的方法都是一样的，即将其各位上数字与其对应位权值的乘积相加，所得之和即为对应的十进制数。

【例 1-1】　分别将二进制数（1101011.01）$_2$ 和十六进制数（C64E）$_{16}$ 转换为十进制数。

$(1101011.01)_2=1\times2^6+1\times2^5+0\times2^4+1\times2^3+0\times2^2+1\times2^1+1\times2^0+0\times2^{-1}+1\times2^{-2}=107.25$

$(C64E)_{16}=12\times16^3+6\times16^2+4\times16^1+14\times16^0=50\,766$

2．十进制数转换成二进制、八进制、十六进制数

十进制数转换成二进制、八进制、十六进制数，整数部分和小数部分的转换规则是不同的，转换规则如下。

（1）整数转换采用“除以基数取余逆排”法。

（2）小数转换采用“乘基数取整顺排”法。

（3）含整数和小数的混合数，将整数部分和小数部分分别转换完后再合并。

【例 1-2】 把十进制数 47 转换成二进制数。

根据规则（1），用“除以 2 取余逆排”法，如图 1-5 所示。

2 47 1
2 23 1
2 11 1
2 5 1
2 2 0
2 1 1
0

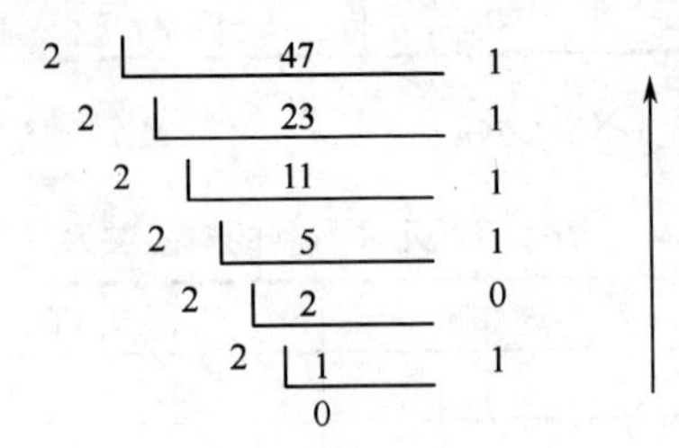

图 1-5　十进制整数转换成二进制数

所以 $(47)_{10}=(101111)_2$。

【例 1-3】 把十进制数 0.125 转换成二进制数。

根据规则（2），采用“乘 2 取整顺排”法，如图 1-6 所示。

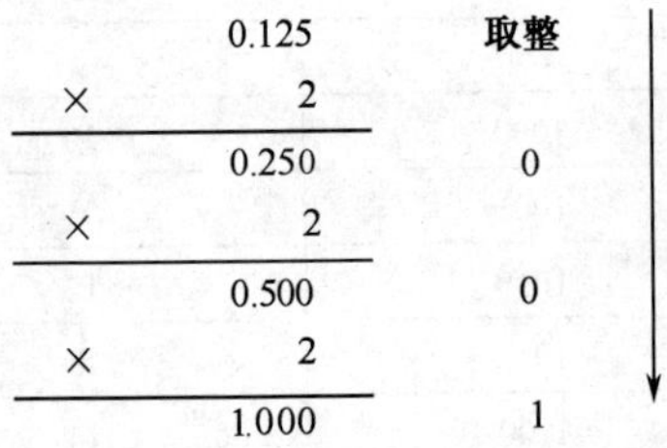

0.125
取整
× 2
0.250 0
× 2
0.500 0
× 2
1.000 1

图 1-6　十进制小数转换成二进制数

所以 $(0.125)_{10}=(0.001)_2$。

【例 1-4】 把十进制数 47.125 转换成二进制数。

根据规则（3）及【例 1-2】和【例 1-3】的结果可知，$(47.125)_{10}=(101111.001)_2$。

【例 1-5】 把十进制数 3380.365 转换成八进制数。

根据规则（1）和规则（2），分别把整数部分和小数部分转换为八进制数，如图 1-7 和图 1-8 所示。

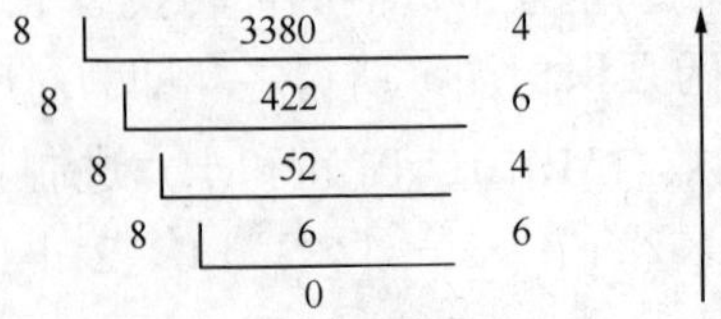

8 3380 4
8 422 6
8 52 4
8 6 6
0

图 1-7　整数部分转换成八进制数

所以 $(3380)_{10}=(6464)_8$。

	取整
0.365	
× 8	
2.920	2
× 8	
7.360	7
× 8	
2.880	2
× 8	
7.040	7

图 1-8　小数部分转换成八进制数

所以（0.365）$_{10}$=（0.2727）$_8$（保留 4 位小数）。

根据规则（3），（3380.365）$_{10}$=（6464.2727）$_8$。

3．二进制数转换成八进制数、十六进制数

由于 1 位八进制数可以用 3 位二进制数来表示，所以二进制数转换成八进制数只需要以小数点为起点，整数部分向左每 3 位二进制数为一组，不足 3 位时高位补 0，小数部分向右每 3 位二进制数为一组，不足 3 位时低位补 0，再用 1 位八进制数表示这 3 位二进制数即可。

同样，由于 1 位十六进制数可以用 4 位二进制数来表示，所以二进制数转换成十六进制数只需要以小数点为起点，整数部分向左每 4 位二进制数为一组，不足 4 位时高位补 0，小数部分向右每 4 位二进制数为一组，不足 4 位时低位补 0，再用 1 位十六进制数表示这 4 位二进制数即可。

【例 1-6】　将二进制数 11001101.11011 转换成八进制数和十六进制数。

二进制数：	011	001	101.110	110	二进制数：	1100	1101.1101	1000
八进制数：	3	1	5 . 6	6	十六进制数：	C	D . D	8

即（11001101.11011）$_2$=（315.66）$_8$，（11001101.11011）$_2$=（CD.D8）$_{16}$。

4．八进制数、十六进制数转换成二进制数

八进制数、十六进制数转换成二进制数是二进制数转换成八进制数、十六进制数的逆运算。只需将八进制数的每一位数转换成对应的 3 位二进制数或者将十六进制数的每一位数转换成对应的 4 位二进制数，就能实现八进制数和十六进制数转换成二进制数。

【例 1-7】　将十六进制数 8DA2.95 转换成二进制数。

十六进制数：	8	D	A	2	.	9	5
二进制数：	1000	1101	1010	0010	.	1001	0101

1.2.3　二进制的算术运算和逻辑运算

1．二进制的算术运算

（1）二进制加法规则

0+0=0　　　　0+1=1

1+0=1　　　　1+1=0（向高位进 1）

（2）二进制减法规则

0－0＝0　　　　　　　　1－1＝0

1－0＝1　　　　　　　　0－1＝1（向高位借 1）

（3）二进制乘法规则

0×0＝1×0＝0×1＝0　　　　1×1＝1

2．二进制的逻辑运算

（1）“与”运算（AND）

“与”运算又称为逻辑乘法运算，可以用符号“·”或“∧”表示。A、B 两个逻辑变量的“与”运算规则是只有两个变量同时为“1”时，“与”运算的结果才为“1”；否则，“与”运算的结果就为“0”。运算结果如表 1-4 所示。

表 1-4　“与”运算

A	B	A∧B
0	0	0
0	1	0
1	0	0
1	1	1

（2）“或”运算（OR）

“或”运算又称为逻辑加法运算，可以用符号“＋”或“∨”表示。A、B 两个逻辑变量的“或”运算规则是只有两个变量同时为“0”时，“或”运算的结果才为“0”；否则，“或”运算的结果就为“1”。运算结果如表 1-5 所示。

表 1-5　“或”运算

A	B	A∨B
0	0	0
0	1	1
1	0	1
1	1	1

（3）“非”运算（NOT）

变量 A 的“非”运算就是取其相反的结果，可以用符号“$\bar{A}$”表示。运算结果如表 1-6 所示。

表 1-6　“非”运算

A	$\bar{A}$
0	1
1	0

1.2.4 字符编码

1. ASCII码

计算机处理的不仅是数值，也有字符，如人名、地名、单位名等。这些非数值性的字符必须先化为数字编码，才能存储到计算机中供计算机处理。在计算机中普遍使用的字符编码为ASCII码(American Standard Code For Information Interchange)，它原是美国国家标准，1967年被定为国际标准。ASCII码给94个字符、34个控制符规定了编码，94个字符中包括了10个数字、26个大写英文字母和26个小写英文字母、标点符号以及其他常用符号等。大致情况是：0～9的ASCII码是48～57，A～Z的ASCII码为65～90，a～z的ASCII码为97～122。在进行字符排序时，均按相应字符的ASCII码值来比较大小。

2. 汉字国标码

汉字国标码全称是 GB2312—80《信息交换用汉字编码字符集——基本集》，它于 1980年发布，是中文信息处理的国家标准，也称为汉字交换码，简称 GB 码。根据统计，把最常用的6 763个汉字分成两级：一级汉字有3 755个，按汉语拼音排列；二级汉字有3 008个，按偏旁部首排列。为了编码，将汉字分成若干个区，每个区中94个汉字。由区号和位号（区中的位置）构成了区位码。例如，“中”位于第54区48位，区位码为5448。区号和位号各加32就构成了国标码，这是为了与ASCII码兼容，每个字节值大于32（0～32为非图形字符码值），所以“中”的国标码为8680。

除了GB码外，目前常用的有：UCS码、Unicode 码、GBK码、BIG5码等。

1.2.5 数据的存储单位

计算机可以存储大量的数据，并且对其进行运算。计算机是由逻辑电路组成的，用电子元件的导通和截止来表示0和1，所以目前所用的计算机都采用二进制数进行运算、控制和存储。根据存储数据的大小，计算机存储容量的单位有很多类别。以下介绍一些常用的存储单位。

（1）比特位（bit）：它是二进制数存储的最小单位，存放1位二进制数（0或1）。

（2）字节（Byte）：由8位二进制数组成一个字节，通常用B表示，是计算机存储容量的基本单位。

（3）字（Word）：由若干个字节组成一个字，一个字可以存储一条指令或一个数据，字的长度称为字长。字长是指CPU能够直接处理的二进制数据位数，字长越长，占的位数越多，处理的信息量就越多，计算的精度和速度也越高，它是计算机性能的一个重要指标。常见的计算机字长有32位和64位。

（4）存储器的存储单位通常用B，KB，MB，GB，TB表示，它们的转换关系如下。

1B＝8bit

1KB＝2^{10}B＝1 024B

1MB＝2^{10}KB＝1 024KB

1GB＝2^{10}MB＝1 024MB

1TB＝2^{10}GB＝1 024GB

1.3 计算机基本原理和系统组成

1.3.1 计算机系统组成和工作原理

一个完整的计算机系统是由硬件系统和软件系统两部分组成的。硬件系统是组成计算机系统的各种物理设备的总称，是计算机系统的物质基础，如CPU、存储器、输入设备、输出设备等。软件系统是为运行、管理和维护计算机而编制的各种程序、数据和文档的总称。没有软件系统的计算机几乎是没有用的，计算机的功能不仅取决于硬件系统，而且在更大程度上是由所安装的软件系统所决定的。如果把计算机系统比做一个人，那么硬件就是人的整个躯体，软件就是人脑中所有的知识和经验。

1. 计算机硬件系统

六十多年以来，虽然计算机系统从性能指标、运算速度、工作方式、应用领域和价格等方面与当时的计算机有很大差别，但基本结构没有变，都是根据冯·诺依曼体系结构来设计的，其基本结构如图1-9所示，图中实线为数据流，虚线为控制流。

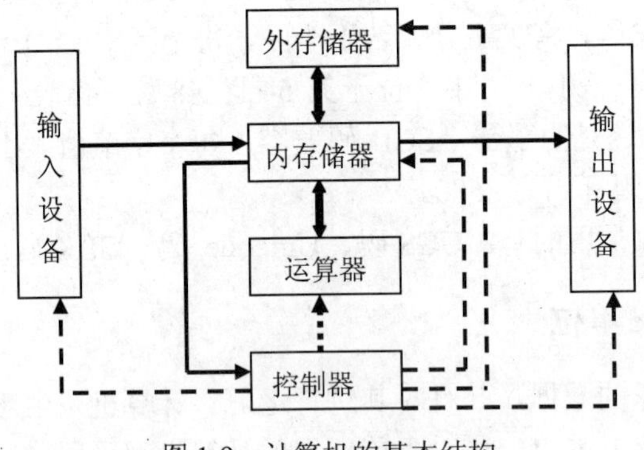

图1-9 计算机的基本结构

（1）运算器

运算器的主要功能是算术运算和逻辑运算。计算机中最主要的工作是运算，大量的数据运算任务是在运算器中进行的。运算器又称算术逻辑单元（Arithmetic And Logic Unit，ALU）。

在计算机中，算术运算是指加、减、乘、除（早期的ALU并无乘、除功能）等基本运算，逻辑运算是指逻辑判断、逻辑比较以及其他的基本逻辑运算。但不管是算术运算还是逻辑运算，都只是基本运算。也就是说，运算器只能做这些最简单的运算，复杂的计算只能通过基本运算一步步地实现。然而，运算器的运算速度却快得惊人，因而计算机才有高速的信息处理功能。

运算器中的数据取自内存，运算的结果又送回内存。运算器对内存的读/写操作是在控制器的控制之下进行的。

（2）控制器

控制器是计算机的神经中枢，只有在它的控制之下整个计算机才能有条不紊地工作，自动执行程序。

控制器的工作过程是：首先从内存中取出指令，并对指令进行分析，然后根据指令的功能向有关部件发出控制指令，控制它们执行这条指令规定的功能。当各部件执行完控制器发来的指令后，都会向控制器反馈执行的情况。这样逐一执行一系列指令，就使计算机能够按照由这一系列指令组成的程序要求自动完成各项任务。

控制器和运算器一起组成中央处理单元，即 CPU（Central Processing Unit），它是计算机的核心。

（3）存储器

存储器的主要功能是存放程序和数据。使用时，可以从存储器中取出信息，不破坏原有的内容，这种操作称为存储器的读操作；也可以把信息写入存储器，原来的内容被抹掉，这种操作称为存储器的写操作。

存储器通常分为内存储器和外存储器。内存储器简称内存（又称主存），是计算机中信息交流的中心。用户通过输入设备输入的程序和数据最初送入内存，控制器执行的指令和运算器处理的数据取自内存，运算的中间结果和最终结果存在内存中，输出设备输出的信息来自内存，内存中的信息如要长期保存应送到外存储器中。总之，内存要与计算机的各个部件打交道，进行数据传送。因此，内存的存取速度和容量大小直接影响计算机的运算速度。

当今绝大多数计算机的内存以半导体存储器为主，而且大部分内存是不能长期保存信息的随机存储器（断电后信息丢失），所以还需要能长时间保存大量信息的外存储器。

外存储器简称外存，主要用来长期存放“暂时不用”的程序和数据。通常外存不和计算机的其他部件直接交换数据，只和内存交换数据，而且不按单个数据进行存取，而是成批地进行数据交换。常用的外存是硬盘、磁带、光盘等。

外存与内存有许多不同之处。一是外存不怕停电，磁盘上的信息可以保持几年，甚至几十年，CD-ROM 可以永久保存；二是外存的容量不像内存那样受多种限制，可以大得多，如当今硬盘的容量有 80GB、160GB 等；三是外存速度慢，内存速度快。由于外存储器安装在主机外部，所以也可以归属为外部设备。

（4）输入设备

输入设备用来接收用户输入的原始数据和程序，并将它们转变为计算机可以识别的形式（二进制）存放到内存中。常用的输入设备有键盘、鼠标、扫描仪、光笔、数字化仪、麦克风等。

（5）输出设备

输出设备用于将存放在内存中由计算机处理的结果转变为人们所能接受的形式。常用的输出设备有显示器、打印机、绘图仪、音响等。

2. 计算机软件系统

软件是指程序、程序运行所需要的数据以及开发、使用和维护这些程序所需要的文档的集合。计算机软件极为丰富，要对软件进行恰当的分类是相当困难的。一种通常的分类方法是将软件分为系统软件和应用软件两大类。实际上，系统软件和应用软件的界限并不十分明显，有些软件既可以认为是系统软件，也可以认为是应用软件，如数据库管理系统。

（1）系统软件

系统软件是指控制计算机的运行，管理计算机的各种资源，并为应用软件提供支持和服务的一类软件。在系统软件的支持下，用户才能运行各种应用软件。系统软件通常包括操作系统、语言处理程序和各种实用程序。

① 操作系统（Operating System，OS）：为了使计算机系统的所有软、硬件资源协调一致、有条不紊地工作，就必须有一个软件来进行统一的管理和调度，这种软件就是操作系统。操作系统的主要功能是管理和控制计算机系统的所有资源（包括硬件和软件）。

一般而言，引入操作系统有两个目的。第一，从用户的角度来看，操作系统将裸机发展成一台功能更强，服务质量更高，用户使用起来更加灵活方便、更加安全可靠的虚拟机，以使用户能够无须了解许多有关硬件和软件的细节就能使用计算机，从而提高用户的工作效率。第二，为了合理地使用系统内包含的各种软、硬件资源，提高整个系统的使用效率和经济效益。

常用的操作系统有：Windows、UNIX、Linux、OS/2、Novell Netware 等。

② 语言处理程序：软件经历了由机器语言、汇编语言到高级语言的发展阶段，但计算机硬件能唯一识别和直接执行的是由机器指令组成的机器语言程序。

机器语言实际上就是一串串的二进制代码，它虽能被计算机直接识别，但对使用计算机的人来说，这些代码难读、难认、难记、难改，不利于人们编写程序，因此就产生了便于人们编写程序的汇编程序设计语言和高级程序设计语言。比如，常用的 C 语言、VB 等就属于高级语言。

语言处理程序的功能，就是把汇编语言源程序、高级语言源程序转换成机器语言程序。语言处理程序有三类：汇编程序、解释程序、编译程序。

③ 数据库管理系统（DBMS）：专门用于管理大量数据和开发数据管理软件的系统软件，比如 SQL Server、Oracle 等。

（2）应用软件

应用软件是一组具有特定应用目的的程序。它往往是适用于某些用户、某些用途的应用程序，如管理软件、计算机辅助设计软件、游戏和教学软件等。一般说来，它有比较强的特定功能。

综合前面介绍的内容，可以组成一个完整的计算机系统，如图 1-10 所示。

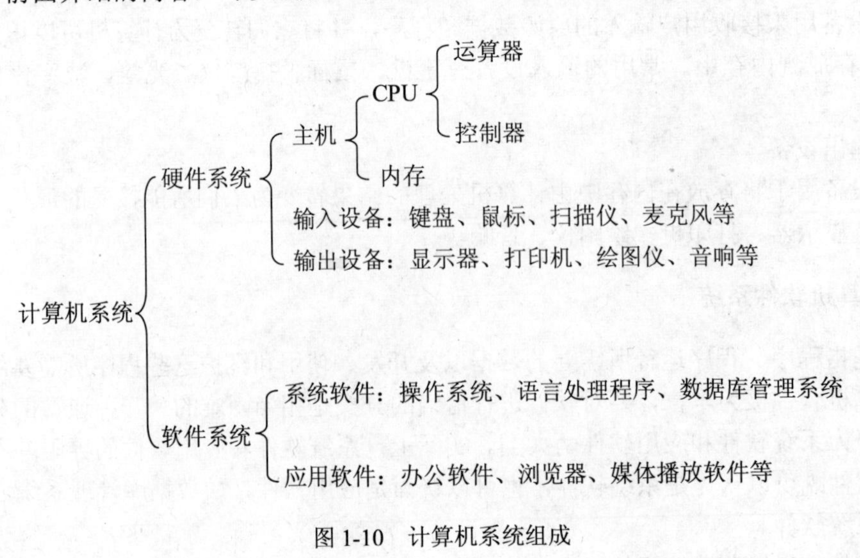

图 1-10　计算机系统组成

3．计算机的基本工作原理

计算机开机后，CPU 首先执行固化在只读存储器（ROM）中一个小的系统程序，这部分程序称为基本输入/输出系统（BIOS），并由它来启动操作系统的装载过程。它先把操作系统的一部分程序从磁盘中读入内存，然后再由这部分程序装载其他的操作系统程序。装载操作系统的过程称为自举或引导，操作系统被装载到内存后，计算机才能接收用户的命令，执行其他的程序，一直到用户关机为止。

那么计算机中的程序又是如何执行的？程序就是由一系列指令所组成的有序集合，计算机执行程序就是执行这一系列指令。

（1）指令和程序的概念

指令就是让计算机完成某个操作所发出的指示或命令，即计算机完成某个操作的依据。一条指令通常由两个部分组成：操作码和操作数，操作码指明该指令要完成的操作，如：加、减、乘、除等；操作数是指参加运算的数或者数所在的单元地址。一台计算机的所有指令的集合，称为该计算机的指令系统。

使用者根据解决某一问题的步骤，用多条指令进行有序的排列。计算机执行了这一指令序列后，便可完成预定的任务。这一指令序列就称为程序。显然，程序中的每一条指令必须是所用计算机的指令系统中的指令，因此指令系统是提供给使用者编制程序的基本依据。指令系统反映了计算机的基本功能，不同的计算机其指令系统也不相同。

（2）计算机执行指令的过程

计算机执行指令一般分为两个阶段。首先将要执行的指令从内存中取出送入 CPU，然后由 CPU 对指令进行分析译码，判断该条指令要完成的操作，向各部件发出完成该操作的控制信号，完成该指令的功能。当一条指令执行完后就处理下一条指令。

（3）程序的执行过程

计算机在运行时，CPU 从内存读出一条指令到 CPU 内执行，指令执行完，再从内存读出下一条指令到 CPU 内执行。CPU 不断地取指令，执行指令，这就是程序的执行过程。

总之，计算机的工作就是执行程序，即自动连续地执行一系列指令，而程序开发人员的工作就是编制程序。一条指令的功能虽然是有限的，但是在人精心编制下的一系列指令组成的程序可完成的任务却是无限多的。

1.3.2 微型计算机硬件的配置

目前，被人们广泛使用的微机，不管是哪一种品牌，它的基本结构都由显示器、键盘和主机构成。如图 1-11 所示，这是从外部看到的典型的微型计算机。

主机安装在主机箱内，主机箱有卧式和立式两种形式。在主机箱内有系统主板（又称主机板或母板）、硬盘驱动器、CD-ROM 驱动器、软盘驱动器、电源、显示器适配器（显卡）等。

1．CPU

在微型计算机中，运算器和控制器被制作在同一块半导体芯片上，称为中央处理单元（Central Processing Unit，CPU），又称微处理器，如图 1-12 所示。

图 1-11　典型的微型计算机

图 1-12　Pentium 4 处理器

CPU 运算器和数据线的位数反映了 CPU 的档次，80386 以下的 CPU 为 16 位，80386 及以上的 CPU 为 32 位。CPU 的主频是衡量 CPU 性能的重要指标之一，比如有 2.4GHz、2.6GHz 等。目前市场上流行的 CPU 以 64 位双核处理器为主。

CPU 的功能是计算机主要技术指标之一，人们习惯用 CPU 的档次来大体表示微机的规格。例如，使用了 Pentium III CPU 的微型计算机便称为奔腾机型，装有 K8 CPU 的微机称为 K8 机型。CPU 的产品并非只出于 Intel 公司一家，IBM、Apple、Motorola、AMD、Cyrix 等也是著名的生产微处理器产品的公司。

2. 系统主板

系统主板是微型计算机中最大的一块集成电路板，如图 1-13 所示。主板上有控制芯片组、CPU 插座、BIOS 芯片、内存条插槽；系统板上也集成了软盘接口、硬盘接口、一个并行接口、两个串行接口、两个 USB（Universal Serial Bus，通用串行总线）接口、加速图形接口（Accelerated Graphics Port，AGP）总线扩展槽、PCI（Peripheral Component Interconnect）局部总线扩展槽、ISA（Industry Standard Architecture）总线扩展槽、键盘和鼠标接口，以及一些连接其他部件的接口等。

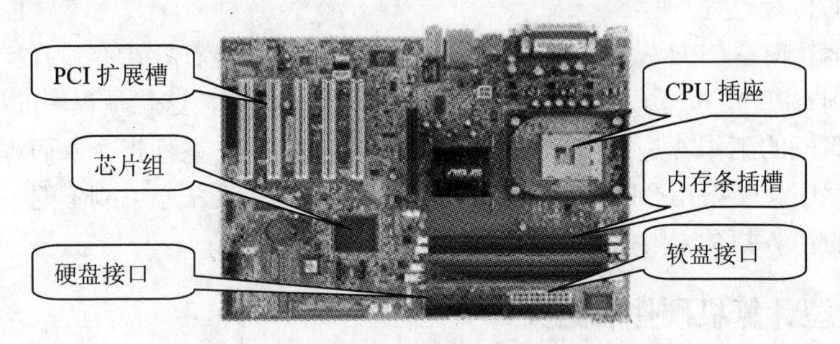

图 1-13　系统主板

芯片组是系统主板的灵魂，它决定了主板的结构及 CPU 的使用。芯片组就像人体的中枢神经一样，控制着整个主板的运作。芯片组外观就是集成块。在主板芯片的开发研究方面，Intel 公司仍居龙头地位，其设计的芯片组市场占有量超过 90%，而后是 SIS、VIA 等厂商在奋起直追，力争市场份额。

主板的结构与性能还能通过总线结构与扩展槽来表现。总线是计算机中的传输数据信号的通道，传输方式是并行的，所以也称并行总线。所谓 I/O（Input-Output，输入/输出）总线就是 CPU 互连 I/O 设备，并提供外设访问系统存储器和 CPU 资源的通道。在系统主板上装有多个扩展槽，扩展槽与板上的 I/O 总线相连，任何插入扩展槽的电路板（如显示卡、声卡）都可通过 I/O 总线与 CPU 连接，这为用户自己组合可选设备提供了方便。

3. 内部存储器

内存是微型计算机的重要部件之一，它是存放程序与数据的装置，按其功能特征可分为以下三类。

（1）随机存取存储器（Random Access Memory）

随机存取存储器简称 RAM。通常 RAM 指计算机的主存，CPU 对它们既可读出数据又可写入数据。但是，一旦关机断电，RAM 中的信息将全部消失。

目前在微机上广泛采用动态随机存储器 DRAM 作为主存。DRAM 的特点是数据信息以电荷形式保存在小电容器内，由于电容器的放电回路的存在，超过一定的时间后，存放在电容器内的电荷就会消失，故必须对小电容器周期性刷新来保持数据。DRAM 的功耗低，集成度高，成本低。

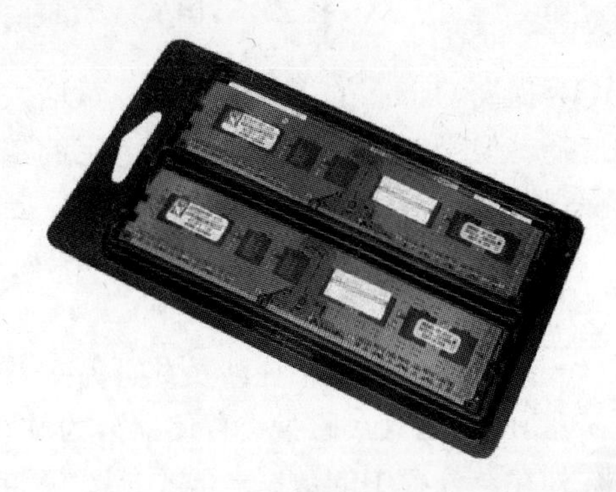

图 1-14　金士顿 2GB DDR3 1066 内存条

微机上使用的动态随机存储器被制作成内存条的形式出现，内存条需要插在系统主板的内存插槽上。图 1-14 所示是金士顿 2GB DDR3 1066 内存条。

（2）只读存储器（Read Only Memory）

只读存储器简称 ROM。CPU 对它们只取不存，它里面存放的信息一般由计算机制造厂写入并经固化处理，用户是无法修改的。即使断电，ROM 中的信息也不会丢失。因此，ROM 中一般存放计算机系统管理程序。

近年来，在微机上常采用称为“可擦写 ROM”（EPROM 或 E^2PROM）的存储元件，在微机正常工作状态或关机状态下，其功能与普通的 ROM 相同。运行专门的程序，可以通过微机内专设的电子线路，使其进入像 RAM 一样的工作状态，改写其中的内容，退出这种状态后，新的内容可被长期保存。可擦写 ROM 的采用，可以使计算机在不更换硬件的条件下，升级基本输入/输出系统（ROM BIOS），适应新的需要，但同时也为 CIH 之类的计算机病毒提供了一个新的破坏对象。

这里，基本输入/输出系统 BIOS（Basic Input-Output System），它保存着计算机系统中最重要的基本输入/输出程序、系统信息设置、自检和系统自举程序，并反馈诸如设备类型、系统环境等信息。现在的主板还在 BIOS 芯片加入了电源管理、CPU 参数调整、系统监控、PnP（即插即用）、病毒防护等功能。BIOS 的功能变得越来越强大，而且对于许多类型的主板来说，厂家还会不定期地对 BIOS 进行升级。

（3）高速缓冲存储器（Cache）

现今 CPU 的速度越来越快，它访问数据的周期甚至达到了几纳秒（ns），而 RAM 访问数据的周期最快也需 50ns。计算机在工作时 CPU 频繁地和内存储器交换信息，当 CPU 从 RAM 中读取数据时，就不得不进入等待状态，放慢它的运行速度，因此极大地影响了计算机的整体性能。为有效地解决这一问题，目前在微机上也采用了高速缓冲存储器（Cache）技术这一方案。Cache 是介于 CPU 和内存之间的一种可高速存取信息的芯片，是 CPU 和 RAM 之间的桥梁，用于解决它们之间的速度冲突问题。它的访问速度是 DRAM 的 10 倍左右。在 Cache

内保存了主存中某部分内容的拷贝，通常是最近曾被 CPU 使用过的数据。CPU 要访问内存中的数据，先在 Cache 中查找，当 Cache 中有 CPU 所需的数据时，CPU 直接从 Cache 中读取；如果没有，就从内存中读取数据，并把与该数据相关的一部分内容复制到 Cache，为下一次的访问做好准备，从而提高了工作效率。Cache、CPU、RAM 关系示意图如图 1-15 所示。

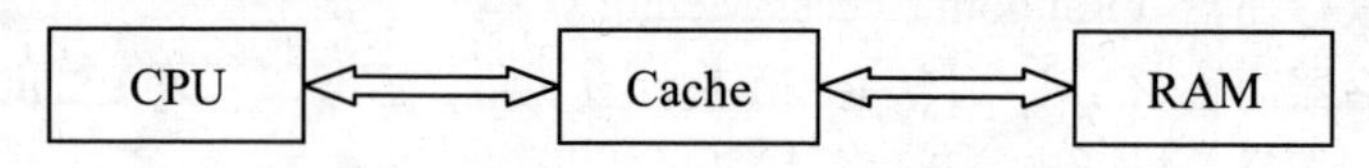

图 1-15 Cache、CPU、RAM 关系示意图

为提高 Cache 的工作效率，尽量增大 Cache 的容量和采用回写方式更新数据是一种不错的选择。但当 Cache 的容量达到一定的数量后，速度的提高并不明显，故不必将 Cache 的容量提得过高。

4. 外部存储器

一些大型的项目往往涉及几百万个数据，甚至更多。这就需要配置第二类存储器（辅助存储器），如磁盘（磁盘类存储器分为软盘和硬盘两种）、磁带、光盘等，称为外部存储器，简称外存。外存中的数据一般不能直接送到运算器，只能成批地将数据转运到内存，再进行处理。只有配置了大容量、高速存取的外存储器，才能处理大型项目。常用的外存储器有硬盘、光驱和 U 盘等，如图 1-16 所示。

图 1-16 硬盘、光驱和 U 盘

（1）硬盘。硬盘是一种主要的计算机存储媒介，由一个或者多个铝制或者玻璃制的碟片组成。这些碟片外覆盖有铁磁性材料。绝大多数硬盘都是固定硬盘，被永久性地密封固定在硬盘驱动器中。不过，现在可移动硬盘越来越普及，种类也越来越多。

绝大多数台式计算机使用的硬盘采用 IDE 接口或 SCSI 接口。SCSI 接口硬盘的优势在于，最多可以有七种不同的设备连接在同一个控制器面板上。由于硬盘以 3 000～10 000 r/s 的恒定高速度旋转，因此，从硬盘上读取数据只需要很短的时间。在笔记本电脑中，硬盘可以在空闲的时候停止旋转，以便延长电池的使用时间。

早期硬盘的存储容量最大只有 5MB，而且，使用的是直径达 12 英寸的碟片。现在的硬盘，存储容量高达数百 GB，台式计算机硬盘使用的碟片直径一般为 3.5 英寸，笔记本电脑硬盘使用的碟片直径一般为 2.5 英寸。

（2）光盘。光盘存储器也是微机上使用较多的存储设备。其中，只读型光盘 CD-ROM（Compact Disk-ROM）只能从盘上读取预先存入的数据或程序。在计算机上用于衡量光盘驱动器传输数据速率的指标叫做倍速，一倍速率为 150KB/s。如果在一个 24 倍速光驱上读取数据，则数据传输速率可达到 24×150KB/s= 3.6MB/s。

另外，使用得较多的是一次性可写入光盘 CD-R（CD-Recordable），但需要专门的光盘刻录机完成数据的写入，常见的一次性可写入光盘的容量为 650MB。

CD-ROM 的后继产品 DVD-ROM（Digital Versatile Disk-ROM），向下兼容，可读音频 CD 的 CD-ROM。DVD-ROM 单面单层的容量为 4.7GB，单面双层的容量为 7.5GB，双面双层的容量可达到 17GB。DVD-ROM 一倍速率是 1.3MB/s。

（3）U 盘。U 盘称为优盘，也称为闪存盘（书名），采用 USB 接口技术与计算机相连工作。U 盘使用方法很简单，只需要将 U 盘插入计算机的 USB 接口，然后安装驱动程序。但是一般的 U 盘在 Windows 2000 系统以上的版本（包括 XP、2003）是不需要安装驱动的，系统能够自动识别，使用起来非常方便。U 盘是一种常见的移动存储设备，如 MP3、MP4 等，其容量都在几十 MB 到几十 GB 之间，而且还在向更高容量发展。

5. 输入/输出设备

（1）输入设备将数据、程序等转换成计算机能接收的二进制码，并将它们送入内存。常用输入设备是键盘、鼠标、扫描仪、光笔、触摸屏、数字化仪等。其中键盘和鼠标是最常见的输入设备，如图 1-17 所示。

图 1-17　键盘和鼠标

鼠标是一种移动光标和实现选择操作的计算机输入设备。它的基本工作原理是：当移动鼠标器时，它把移动距离及方向的信息转换成脉冲送到计算机，计算机再把脉冲转换成鼠标器光标的坐标数据，从而达到指示位置的目的。

键盘是一组（排列好了的）数字键、字母键或功能键，用于把信息输入终端，从而送入既定的系统之中，它是计算机系统最重要的输入设备之一。

（2）输出设备将计算机处理的结果转换成人们能够识别的数字、字符、图像、声音等形式显示、打印或播放出来。

常用的输出设备是显示器、打印机、绘图仪等，其中显示器是微机必要的输出设备。

常用的显示器有两种：CRT（阴极射线管）显示器和 LED（液晶）显示器，如图 1-18 所示。通常用像素间距来描述图像的精细度，目前常用的显示器像素间距有 0.28mm、0.26mm、0.25mm、0.24mm 等，间距越小图像越清晰。此外，还用显示器的分辨率来描述显示器在水平方向和垂直方向能显示的像素个数。例如，显示器的分辨率为 1 024×768，就表明该显示器在水平方向能显示 1 024 个像素，在垂直方向能显示 768 个像素。

图 1-18　CRT 显示器和 LED 显示器

目前由于液晶显示器显示技术的不断改进，加上体积小，节能，放射性小和轻便等特点，越来越被广大用户所喜爱。

显示器通过显示卡与主机连接。显示卡是直接决定计算机的视觉效果的部件之一，按其功能可分为 2D 应用和 3D 应用，显示卡性能的好坏将直接影响到我们对计算机的视觉。

6. 微机外设的连接

计算机主机与其他各个外部设备的连接，基本上都是通过主机背后的接口来实现的。下面认识一下主机箱背面的插槽，如图 1-19 所示。

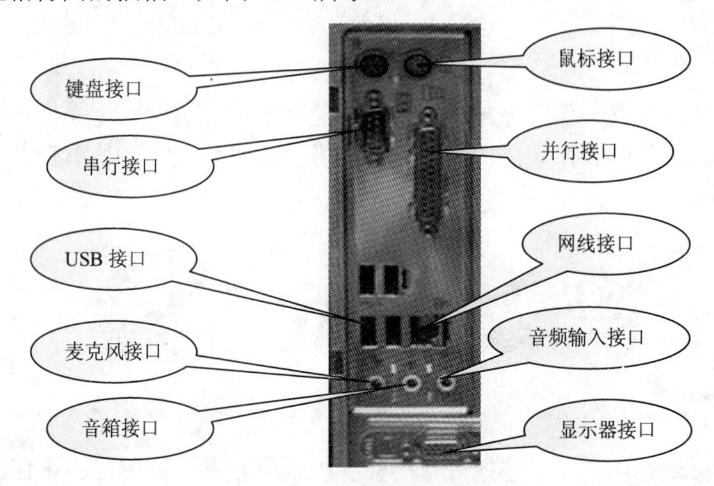

图 1-19　主机箱背面的接口

主机箱背面的接口大致可分为 3 个区。一区是两个电源线接口，为三相针型和槽型；二区是主板与外围设备连接的串、并口，一般连接打印机、鼠标、键盘、调制解调器等设备；三区是扩展槽中的板卡，如声卡、显示卡的对外接口，连接音箱、显示器等。根据扩展槽上板卡的多少和类型的不同，接口有所区别。各种机箱三个区域安排的位置大同小异，各接头对应的接口一般都是唯一的，不正确的接头插不进接口，因此用户可以放心按以下步骤连接。

（1）将键盘插头插入机箱背面的键盘插口。

（2）将鼠标插头插入机箱背面的鼠标插口。

（3）将显示器的电源线一端与显示器相连，一端连到机箱背面电源区的显示器电源插口，或者直接接到电源上（显示器电源与主机相连，打开主机，显示器同时被打开；显示器直接接电源，则需单独按下显示器开关才能打开显示器）。

（4）将显示器的数据线连接到机箱背面的显示卡接口上。

（5）将音箱插头连接到声卡露出的 SPEAKER 插头上。

（6）如果有打印机，根据打印机类型，将其接头连到并口 LPT1 或串口 COM1 上，现在也有些打印机可用 USB 接口连接。

（7）将主机电源线一头连到机箱电源插口上，另一头接电源。至此连接完毕。

练习题一

一、选择题

1．世界上第一台计算机诞生于________。

A．1945 年　　B．1956 年　　C．1935 年　　D．1946 年

2．下列叙述不是计算机特点的是________。

A．运算速度快　　B．存储容量大

C．可以完全脱离人的控制　　D．具有逻辑判断能力

3．微型计算机中使用的数据库属于________。

A．科学计算方面的计算机应用　　B．过程控制方面的计算机应用

C．数据处理方面的计算机应用　　D．辅助设计方面的计算机应用

4．第四代电子计算机使用的电子元件是________。

A．晶体管　　B．电子管

C．中、小规模集成电路　　D．大规模和超大规模集成电路

5．将二进制数 110000 转换成十六进制数是________。

A．77　　B．D7　　C．7　　D．30

6．二进制数 1010.101 对应的十进制数是________。

A．11.33　　B．10.625　　C．12.755　　D．16.75

7．2KB 的准确字节数是________。

A．2 000B　　B．2 048B　　C．2 024B　　D．2 020B

8．用高级语言编写的程序属于________。

A．目标程序　　B．源程序　　C．执行程序　　D．汇编程序

9．2003 年 10 月 15 日我国成功发射了“神州五号”载人飞船，飞船的整个发射过程由计算机监控，计算机在其中的作用是_______。

A．科学计算　　B．数据处理　　C．人工智能　　D．过程控制

10．下列部件中，直接通过总线与 CPU 连接的是________。

A．键盘　　B．内存储器　　C．磁盘驱动器　　D．显示器

11．某工厂的仓库管理软件属于_______。

A．应用软件　　B．系统软件　　C．工具软件　　D．字处理软件

12．通常所说微机的主机，它由_______组成。

A．运算器和控制器　　B．中央处理器和内存储器

C．中央处理器和硬盘　　D．控制器和内存储器

13．下面最能准确反映计算机主要功能的是________。

A．计算机可以代替人的脑力劳动　　B．计算机可以存储大量信息

C．计算机是一种信息处理机　　D．计算机可以实现高速度的运算

14．如果一个存储单元存放一个字节，则内容为 32KB 的存储器中的存储单元个数为_______。

A．32 000　　B．32 768　　C．32 767　　D．65 536

15．与十六进制数 BB 等值的十进制数是_______。

A．187　　B．188　　C．185　　D．186

16．CPU 中控制器的功能是________。

A．进行逻辑运算　　B．进行算术运算

C．分析指令并发出相应的控制信号　　D．只控制 CPU 的工作

17．在计算机内部，一切信息的存取、处理和传送的形式是________。

A．ASCII 码　　B．BCD 码　　C．二进制数　　D．十六进制数

18．一个完整的计算机系统包括________。

A．计算机及其外部设备　　B．主机、键盘、显示器

C．系统软件与应用软件　　D．硬件系统与软件系统

19．下列存储设备中，断电后其中信息会丢失的是________。

A．ROM　　B．RAM　　C．硬盘　　D．软盘

二、填空题

1．第 3 代电子计算机使用的电子元件是________。

2．CAI 表示________。

3．为解决某一特定问题而设计的指令序列称为________。

4．二进制数 1111101011011 转换成十六进制数是________。

5．计算机用来表示存储空间大小的最基本单位是________。

现在计算机的体系结构由五大部件构成，最早是由________提出来的。

6．存储系统中的 Cache 是指________。

7．$(11111101)_2$=(　　　)$_{10}$，$(237)_{10}$=(　　　)$_2$ =(　　　)$_{16}$，

$(23.7)_{10}$=(　　　)$_8$=(　　　)$_{16}$，$(122)_{16}$=(　　　)$_2$=(　　　)$_{10}$。

8．1MB =________________B。

9．“计算机辅助教学”的英文缩写是________。

三、问答题

1．简述计算机的发展历程。

2．简述微型计算机系统的组成。

第 2 章

Windows XP 操作系统

计算机是由硬件和软件组成的，缺了任何一样都无法运行，对计算机进行的操作都是利用操作系统（Operating System，OS）来完成的。操作系统是电子计算机系统中负责支撑应用程序运行环境，以及用户操作环境的系统软件，同时也是计算机系统的核心与基石。当今最主要的操作系统包括 Windows XP、Vista、UNIX 和 Linux 等。

2.1 操作系统概述

2.1.1 操作系统的概念

操作系统是计算机系统的一种系统软件，它是控制和管理计算机硬件和软件资源，合理地组织计算机工作流程以及方便用户使用计算机的程序集合。

操作系统是用户使用计算机的接口，是计算机最基础和最重要的软件系统。计算机配置了操作系统后，可以提高计算机的使用效率，使各种资源的管理更加可靠，用户使用起来也更方便。它的职责包括对硬件的直接监管，对各种计算机资源（如内存、处理器时间等）的管理，以及提供诸如作业管理、进程管理之类的面向应用程序的服务等。操作系统位于底层硬件与用户之间，是二者沟通的桥梁。用户可以通过操作系统的用户界面输入命令。操作系统则对命令进行解释，驱动硬件设备，实现用户要求。

1. 操作系统的分类

操作系统可按硬件系统的不同，分为微型机操作系统和大型机操作系统。但通常都按其提供的功能进行分类，因此操作系统大致可分为以下六类。

（1）单用户单任务操作系统

在这种操作系统控制下，计算机系统串行地执行用户程序，即执行完一个用户程序后才接收另一个用户程序。

（2）批处理操作系统

在这种操作系统控制下，计算机系统可以同时接收多个用户程序，一批批处理。批处理操作系统一般都采用多道程序设计技术，允许多个用户程序同时进入主机执行。

（3）分时操作系统

在这种操作系统控制下，多个用户通过各自的终端同时使用一个计算机系统，系统对用户的要求快速响应，使得每一个用户都感到好像自己有一台支持请求服务的计算机。

（4）实时操作系统

在这种操作系统控制下，计算机系统能及时处理数据且给出响应。实时系统随时地接收外部事件，且必须在严格限定的时间内处理完成接收的事件。

（5）网络操作系统

网络操作系统是在计算机原有操作系统的基础上发展而来的，是按照网络体系结构的各个协议标准开发，实现网络管理、通信、资源共享、系统安全及各类网络应用服务。

（6）分布式操作系统

这是为分布式计算机系统所配置的操作系统，系统中有若干台计算机可以相互协作来完成一个共同的任务。

2．操作系统的功能

操作系统是一个大型的管理控制程序，它由多个具有控制和管理功能的子程序组成。从资源管理的观点来看，操作系统的功能包括：处理器管理、存储管理、文件管理、设备管理和用户接口。

（1）处理器管理

它由两部分工作组成，第一部分工作是处理中断事件；第二部分工作是对处理器的使用进行调度。在具有多道程序设计功能的系统中，处理器在操作系统控制下交替地被各道程序所占用，操作系统根据一定的调度算法分配处理器。

（2）存储管理

它实现对主存储器的管理，一道程序或一批数据在启动执行或处理前必须先装入主存储器。操作系统要根据程序或数据的大小分配它需要的存储单元，然后才将其装入，程序执行完毕后操作系统又要收回它们占用的存储单元。

（3）文件管理

它提供存取信息的各种服务，用户把信息组成文件后，不必考虑信息存放的物理位置，也不必考虑如何存取，用户只需知道文件名和逻辑结构，由操作系统实现“按名存取”。

（4）设备管理

它负责管理各类外围设备，包括外围设备的分配、启动和故障处理等。当程序执行中要使用外围设备时，操作系统根据使用要求，启动外围设备并控制其操作。

（5）用户接口

以上四项功能都是针对于计算机硬件资源的管理，此外操作系统还为用户提供了方便灵活使用计算机的手段，即提供一个友好的用户接口。用户接口包括：系统命令和应用程序接口。

总之，操作系统的上述五大基本功能相互配合，协调工作，实现对计算机资源的管理并控制程序的执行。

2.1.2 常用的微机操作系统

1．DOS 操作系统

1981 年 IBM 公司首次推出了 IBM-PC 个人计算机，在微机中采用了 DOS 操作系统。该操作系统在 8 位计算机操作系统 CP/M 的基础上进行了较大的扩充，增加了许多内部和外部命令，使该操作系统具有较强的功能和性能优良的文件系统。

随着微型计算机的普及和畅销，DOS 操作系统也就成了事实上的 16 位微机单用户任务操作系统的标准。

2. Windows 操作系统

1990 年微软公司推出的 Windows 3.0 以其易学易用，友好往来的图形用户界面，支持多任务的优点，很快占领了市场。

1992 年推出的 Windows 3.1 版，提供了 386 增强模式，提高了运行速度，功能也更强大。

1993 年推出的 Windows NT 是一个全新的 32 位多任务操作系统，成为 Windows 家族中功能最强，并支持网络功能的操作系统。随后推出的 Windows NT 高级服务器 AS（Advanced Sever）版，则提供了更好的网络可靠性和网络功能。

1995 年推出的 Windows 95，成为了 32 位操作系统的主流。之后在 Windows 95 的基础上又推出了 Windows 98、Windows 2000、Windows XP 、Windows Vista，提供了 Internet 浏览器和网络功能，使它们成为当今个人计算机上最广泛的操作系统。

3. UNIX 操作系统

UNIX 操作系统是目前大、中、小型计算机上广泛使用的多用户多任务操作系统，在 32 位微机上也有不少配置多用户多任务操作系统。多用户多任务的含义是允许多个用户同时通过各自的终端使用同一台主机，共享主机的各类资源，而每个用户程序又可进一步分为几个任务，使它们并发执行，进一步提高资源的利用率和系统吞吐量。

UNIX 操作系统是美国电报电话公司的 Bell 实验室开发的，至今已有 20 多年的历史，它最初是配置在 DEC 公司的 PDP 小型机上的，后来在微机上亦可使用。UNIX 操作系统是唯一可以在微机工作站、小型机、大型机上都能运行的操作系统，也是当今世界上流行的多用户多任务操作系统。

4 . Linux 操作系统

Linux 操作系统核心最早是由芬兰的 Linus Torvalds 1991 年 8 月在芬兰赫尔辛基大学上学时发布的，后来经过众多世界顶尖的软件工程师的不断修改和完善，Linux 得以在全球普及开来，在服务器领域及个人桌面版得到越来越多的应用，在嵌入式开发方面更是具有其他操作系统无可比拟的优势，并以每年 100%的用户递增数量显示了 Linux 强大的力量。

Linux 是一套免费的 32 位多用户分时操作系统，运行方式同 UNIX 系统相似。此外，Linux 操作系统的源代码完全公开，在符合 GNU GPL（General Public License）的原则下，任何人皆可自由取得、散布，甚至修改源代码。

2.2 Windows XP 的基本操作

Microsoft 公司于 2001 年推出了其操作系统——中文版 Windows XP，XP 是 eXPerience（体验）的缩写，Microsoft 公司希望这款操作系统能够在全新技术和功能的引导下，给 Windows 的广大用户带来全新的体验。根据用户对象的不同，Windows XP 可以分为 Windows XP Home Edition（家庭版）、Windows XP Professional Edition（专业版，根据处理器不同分 32 位、64

位版本)、Windows XP Media Center Edition 2005 和 Windows XP Tablet PC Edition。本书主要介绍 Windows XP Professional Edition。

Windows XP 不但采用了 Windows NT/2000 的核心技术，运行非常可靠、稳定而且快速，为计算机的安全、正常、高效运行提供了保障，而且在外观设计上也焕然一新，桌面风格清新明快、优雅大方，用鲜艳的色彩取代以往版本的灰色基调，使用户有良好的视觉享受。该系统大大增强了多媒体性能，对其中的媒体播放器进行了彻底的改造，使之与系统完全融为一体，用户无须安装其他的多媒体播放软件，使用系统的“娱乐”功能，就可以播放和管理各种格式的音频和视频文件。总之，在 Windows XP 系统中增加了众多的新技术和新功能，使用户能轻松地完成各种管理和操作。该系统目前仍然是最流行、使用最广泛的操作系统，它具有全新的界面、高度集成的功能和更加便捷的操作性能，被认为是 Windows 操作系统系列的一次历史性飞跃。

2.2.1 Windows XP 的启动与退出

1. Windows XP 的启动

一般打开计算机就可以启动 Windows XP 系统。开、关机要注意操作的顺序，一般来讲，开机时要先开外设（主机箱以外的其他部分）后开主机，关机时要先关主机后关外设。

先打开显示器的电源开关，然后再打开主机箱的电源开关（其上有 POWER 标志），打开电源后，如果计算机只安装了 Windows，计算机将自动启动 Windows。如果计算机中同时安装有多个操作系统，会显示一个操作系统选择菜单。可以使用键盘上的方向键选择 Microsoft Windows XP Professional 选项，然后按 Enter 键，计算机将开始启动 Windows XP。

系统正常启动后，屏幕显示如图 2-1 所示，要求选择一个用户名。可以移动鼠标在要选择的用户名上单击。

图 2-1　Windows 登录界面

如果设置了密码，在账户图标右边会自动出现一个空白文本框，可以在此处输入密码，如图 2-2 所示。密码输入正确后，单击向右箭头图标或直接按 Enter 键即可登录。

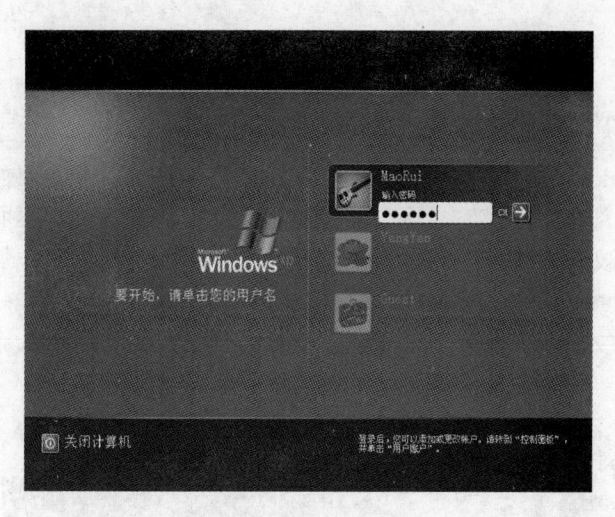

图 2-2　输入账户密码

2．Windows XP 的退出

为了保护文件和正在运行的程序，在用户要关闭或重启计算机之前，一定要首先退出 Windows XP，其过程如下。

（1）关闭所有正在运行的应用程序。

（2）在 Windows XP 桌面上，单击“开始”按钮选择“关闭计算机”命令，在弹出的对话框中选择“关闭”按钮，即可关闭计算机，如图 2-3 所示。

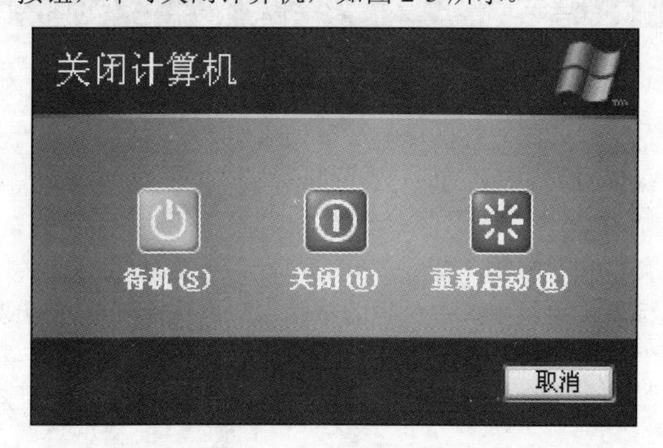

图 2-3 “关闭计算机”对话框

由于 Windows XP 运行的多任务特性，在运行时会在内存中保存一些系统信息，也可能需要硬盘空间临时保存部分运行程序的信息。Windows XP 正常退出时将一些系统信息保存到硬盘上并把不必要的临时信息删除，以免浪费资源。因此一定要从软件上正常退出 Windows XP，切不可直接关闭计算机电源。

（3）选择“待机”命令，则计算机将自动关闭显示器和硬盘，进入低耗节能状态，计算机电源灯开始闪烁。当系统处于“待机”状态时不可以切断计算机电源。如果需要退出“待机”状态，短按主机箱的电源开关一次；如果设有用户密码，则会弹出密码输入窗口，要求用户重新输入开机密码。

（4）如果选择“重新启动”命令，则计算机将重新启动；如果单击“取消”按钮，则会取消关机操作。

2.2.2 Windows XP 的桌面

用户登录到 Windows XP 系统后看到的整个屏幕界面即为桌面，桌面主要由桌面背景、快捷图标和任务栏三部分组成。它是用户和计算机进行交流的窗口，桌面上可以存放用户经常用到的应用程序和文件夹图标。用户可以根据自己的需要在桌面上添加各种快捷图标，在使用时双击图标就能够快速启动相应的程序或文件。

当用户安装好中文版 Windows XP 第一次登录系统后，可以看到一个非常简洁的画面，在桌面的右下角只有一个回收站的图标，如图 2-4 所示。

图 2-4 Windows XP 桌面

如果用户想恢复系统默认的图标，可执行下列操作。

（1）右击桌面，在弹出的快捷菜单中选择“属性”命令。

（2）在打开的“显示 属性”对话框中选择“桌面”选项卡。

（3）单击“自定义桌面”按钮，打开“桌面项目”对话框。

（4）在“桌面图标”选项组中选中“我的电脑”、“网上邻居”等复选框，单击“确定”按钮返回“显示属性”对话框。

（5）单击“应用”按钮，然后关闭该对话框，这时用户就可以看到系统默认的图标，如图 2-5 所示。

桌面上的图标指在桌面上排列的小图像，它包含图形、说明文字两部分。如果用户把鼠标放在图标上停留片刻，桌面上会出现对图标所表示内容的说明或文件存放的路径，双击图标就可以打开相应的内容。

“我的文档”图标：用于管理“我的文档”下的文件和文件夹，可以保存信件、报告和其他文档，它是系统默认的文档保存位置。

“我的电脑”图标：用户通过该图标可以实现对计算机硬盘驱动器、文件夹和文件的管理，在其中用户可以访问连接到计算机的硬盘驱动器、照相机、扫描仪及其相关信息。

“网上邻居”图标：该项中提供了网络上其他计算机上文件夹和文件及其相关信息，打开它的窗口，用户可以进行查看工作组中的计算机，查看网络连接及添加网上邻居等操作。

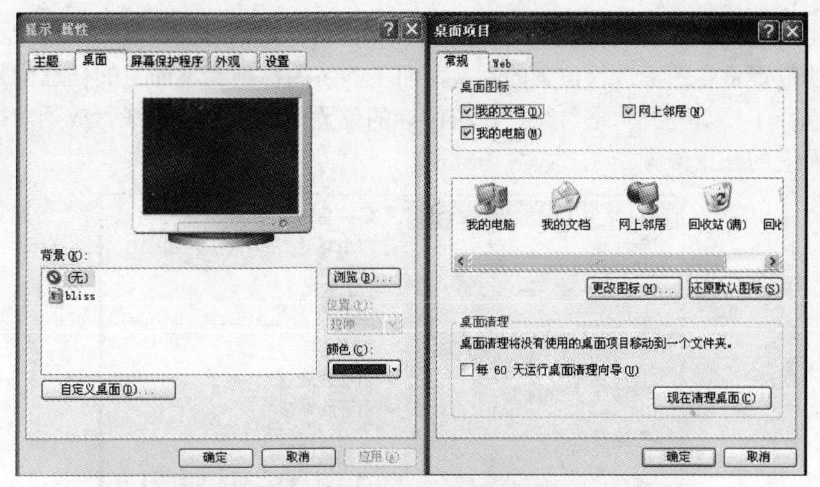

图 2-5　系统默认的图标

“回收站”图标：在回收站中暂时存放着用户已经删除的文件或文件夹等信息，当用户还没有清空回收站时，可以从中还原删除的文件或文件夹。

“Internet Explorer”图标：用于浏览因特网上的信息，通过双击该图标可以访问网络资源。

当用户在桌面上创建了多个图标时，如果不进行排列，会显得非常凌乱，这样不利于用户选择所需要的项目，而且影响视觉效果。使用“排列图标”命令，可以使用户的桌面看上去整洁而富有条理。用户需要对桌面上的图标进行位置调整时，可在桌面上的空白处右击，在弹出的快捷菜单中选择“排列图标”命令，在子菜单项中包含了多种排列方式，如图 2-6 所示。

图标排列的方式有以下几种。

- 名称：按图标名称开头的字母或拼音顺序排列。
- 大小：按图标所代表文件的大小的顺序来排列。
- 类型：按图标所代表的文件的类型来排列。
- 修改时间：按图标所代表文件的最后一次修改时间来排列。

当用户选择“排列图标”子菜单中的某一项后，在其旁边出现“√”标志，说明该选项被选中；再次选择这个命令后，“√”标志消失，即表明取消了此选项。

如果用户选择了“自动排列”命令，在对图标进行移动时会出现一个选定标志，这时只能在固定的位置将各图标进行位置的互换，而不能将图标拖到桌面上的任意位置。

如果选择了“对齐到网格”项，调整图标的位置时，它们总是成行成列地排列，也不能移动到桌面上的任意位置。

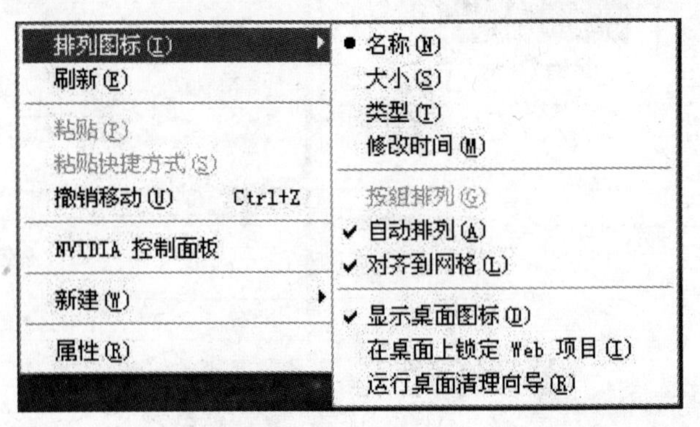

图 2-6 排列图标

2.2.3 鼠标操作

鼠标是计算机最常用的输入设备，在 Windows 环境下的大多数操作都可以由它完成，鼠标的几种基本用法如下。

（1）移动：握住鼠标在鼠标垫板或桌面上移动时，计算机屏幕上的鼠标指针就随之移动。在通常情况下，鼠标指针的形状是一个小箭头。

（2）指向：移动鼠标，让鼠标指针停留在某对象上，如“开始”按钮上。

（3）单击：用鼠标指向某对象再将左键按下后松开。单击一般用于完成选中某选项、命令或图标。例如，将鼠标指针移动到“回收站”图标上单击，则可以选中此图标，如图 2-7 所示。

（4）右击：将鼠标的右键按下、松开。右击通常用于完成一些快捷操作。一般情况下，右击都会打开一个快捷菜单，从中可以快速执行菜单中的命令。在不同位置右击，所打开的快捷菜单是不一样的。例如，在“回收站”图标上右击，将打开如图 2-8 所示的快捷菜单。

图 2-7 鼠标单击

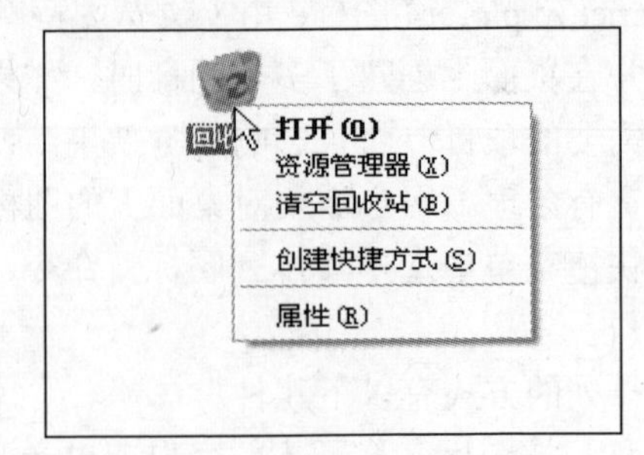

图 2-8 “回收站”快捷菜单

（5）双击：快速地连按两下鼠标左键。一般情况下，双击表示选中并执行的意思。例如，在桌面上双击“回收站”图标，则可以直接打开回收站文件夹。

（6）拖动：一般是指将某一个对象从一个位置移动到一个新的位置。例如，要移动“我的电脑”图标的位置，就可以将鼠标指针移动到该图标对象上面，然后按住鼠标左键不放，并拖动鼠标到另一个位置后再释放鼠标，如图 2-9 所示，这样就可以将该图标移动到新的位置。有时候，拖动操作是一个选中的过程。如图 2-10 所示，在桌面左上角空白处按住鼠标左键不放并向右下角拖动，直至要选中的图标均选中后再释放鼠标，就可以选中多个图标。

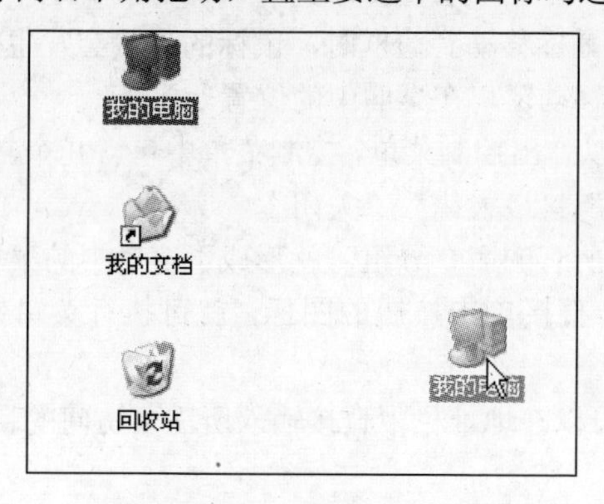

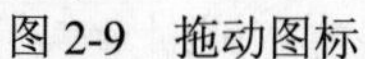
图 2-9　拖动图标

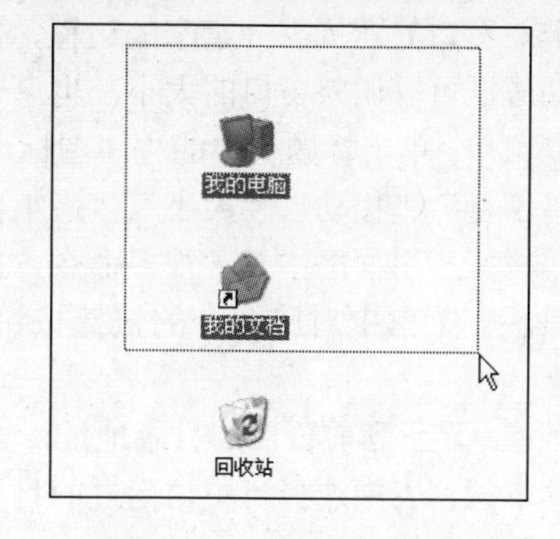

图 2-10　选中多个图标

2.2.4　窗口和对话框的操作

1．Windows XP 的窗口

（1）窗口的组成

在桌面上用鼠标双击一个图标，比如“我的电脑”，就可以打开一个窗口。Windows XP 的窗口由标题栏、菜单栏、工具栏、地址栏、窗口区域、窗口链接区、状态栏等部分组成，如图 2-11 所示。

标题栏：窗口顶部的蓝条，由控制图标、窗口名称和控制按钮组成，通过拖动标题栏可以移动窗口的位置。双击标题栏可以使窗口最大化，单击最左侧程序图标可以弹出控制菜单。

“最小化”按钮：可以把窗口最小化成任务栏上的一个图标。

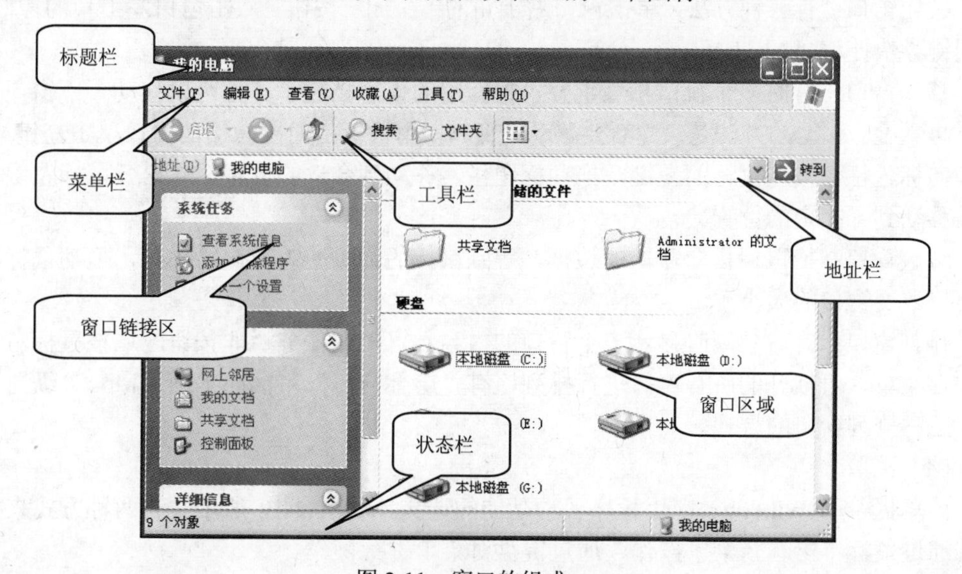

图 2-11　窗口的组成

“最大化”按钮：使窗口放到最大，占据整个屏幕。在最大化的情况下，“最大化”按钮变成“还原”按钮。

“关闭”按钮：可以关闭程序。

边框：窗口的四周有一窄窄的边框，把鼠标移动到边框时，鼠标的形状会发生变化。用鼠标拖动边框可以调整窗口的大小，也可以移动窗口在桌面中的位置。

控制菜单：单击标题栏中的程序图标可以弹出控制菜单，控制菜单中包含几个常用命令，分别是“恢复”、“移动”、“大小”、“最小化”、“最大化”、“关闭”。

菜单栏：应用程序中包含很多命令，把所有的命令分组，就形成了窗口中的菜单项。

工具栏：菜单中对应命令的快捷按钮，直接单击按钮的图标，就可执行菜单中对应的命令。

地址栏：显示当前窗口的目录地址，也可以在地址栏中直接输入所需要访问的目录地址，或者在其下拉列表中选择历史访问过的目录。

窗口区域：窗口中间的大部分区域，用于放置窗口的内容或对象，比如“我的电脑”窗口中显示的是计算机的磁盘列表。

窗口链接区：在中文版 Windows XP 系统中，有的窗口左侧新增加了链接区域，这是以往版本的 Windows 所不具有的，它以超级链接的形式为用户提供了各种操作的便利途径。

状态栏：用于提示一些操作信息。

（2）活动窗口

Windows XP 支持多任务，用户可以同时启动多个程序窗口。每个时刻只能在一个窗口中工作，正在使用的窗口称为活动窗口。活动窗口和非活动窗口的区别是：活动窗口的标题栏是蓝底白字，光标闪烁，活动窗口在任务栏上的按钮显示为按下的状态；非活动窗口的标题栏是深灰色底、浅灰色的字，非活动窗口在任务栏上的按钮显示为弹起的状态。

（3）窗口的基本操作

打开窗口：双击要打开的应用程序或其他对象。

关闭窗口：有三种方法，单击窗口右上角的“关闭”按钮；双击窗口左上角的控制图标；使用键盘快捷键“Alt+F4”。

移动窗口：有时多个窗口相互重叠，把有用的信息挡住了。你可以移动一下窗口，让它们不再重叠。移动的方法是：激活要移动的窗口（用鼠标指向要激活的窗口单击左键），把鼠标指向标题栏，按住鼠标的左键，拖动标题栏，移动到合适的位置后，松开鼠标左键，则窗口被移动到了指定的位置。

缩放窗口：把鼠标指向窗口的边框，等到鼠标的箭头变为双向箭头时，拖动鼠标，这样就可以改变窗口的大小了。

排列窗口：有时想同时显示多个窗口的内容，可以在任务栏非按钮区域按鼠标右键，打开快捷菜单，对打开的所有窗口进行排列，有“层叠窗口”、“横向平铺窗口”、“纵向平铺窗口”三种排列窗口的方式。

（4）菜单

菜单提供了 Windows 应用程序各项功能的选择，如图 2-12 所示。有两种方式来操作菜单：通过鼠标单击选择菜单操作，通过键盘对菜单进行操作。

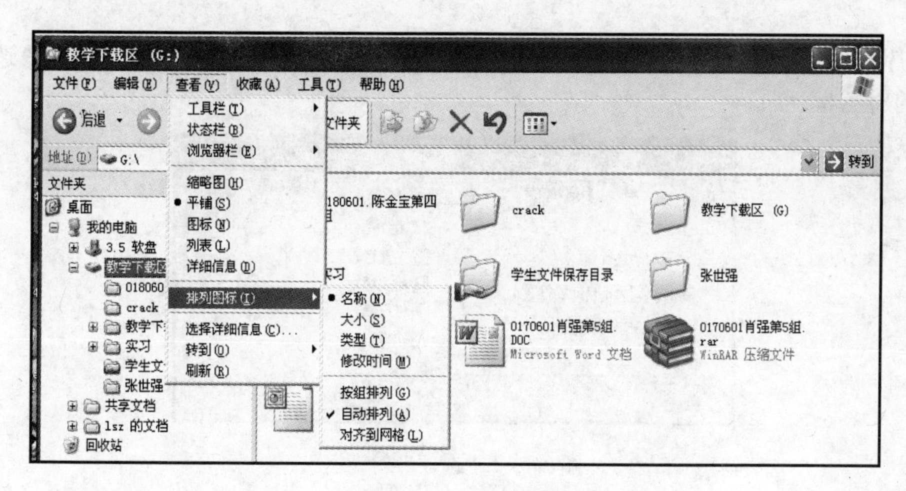

图 2-12　菜单说明

① 在 Windows 操作系统中菜单分为：

下拉菜单：在应用程序窗口中，把鼠标指向菜单栏中的一项并单击左键时，会向下弹出一组相关的菜单，这样的菜单称为下拉菜单。Windows XP 的窗口界面已经成为事实上的业界标准，几乎所有窗口中都包含“文件”、“编辑”、“视图”（或“查看”）和“帮助”这些下拉菜单。

快捷菜单：把鼠标指向桌面空白处，指向窗口中的空白处，指向 Word 中的文字等不同的对象，单击鼠标右键就会弹出快捷菜单。

② 菜单命令标记的说明：

三角形箭头：如果某菜单项右边有三角形箭头▶，表示该菜单项下有下一级子菜单，用鼠标指向这个菜单命令，会出现一个新的子菜单。

省略号：如果某菜单项后边有“…”，说明该菜单带有一个对话框，单击此命令，将出现一个对话框，要求用户输入更多的信息。

灰色菜单项：当前不可用的命令。每一个命令都有特定的执行条件，只有满足条件，才可使用此命令。请读者在使用应用程序过程中，注意每一个命令的使用条件。

复选标记：“√”是复选标记。这是一个开关命令，单击一次打开，再单击关闭。

选项标记：“.”是选项标记。例如“查看”菜单中，“图标”、“平铺”、“缩略图”、“列表”和“详细资料”几种状态是相互排斥的，每次只能选择其中的一个。

快捷键：部分菜单提供了功能键与字母键组合的快捷键操作方式，在菜单名字里面带下画线的字母（如 F，对应键为“Alt+F”）或者后面跟的快捷键组合（如剪切命令：“Ctrl+X”），说明了此菜单项所提供的快捷键是什么。

（5）工具栏

工具栏一般位于窗口中菜单栏的下面，工具栏是为了方便用户使用应用程序而设计的。用鼠标直接单击工具栏上的图标按钮可以执行相应的菜单命令，免去频繁查找菜单中的命令。在工具栏上单击鼠标右键，可以在出现的快捷菜单中设置工具栏。

2. Windows XP 的对话框

对话框在 Windows 中属于一类较特殊的窗口，与普通窗口相比，对话框属于模式窗口，即它始终居于打开它的应用程序窗口前面，在未关闭前，不能回到打开它的应用程序窗口进行操作。对话框是为应用程序和使用者之间交换信息设置的。图 2-13 所示是单击“开始”→

“所有程序”→“附件”→“写字板”选项启动写字板程序后，再选择“查看”→“选项”命令打开的对话框。

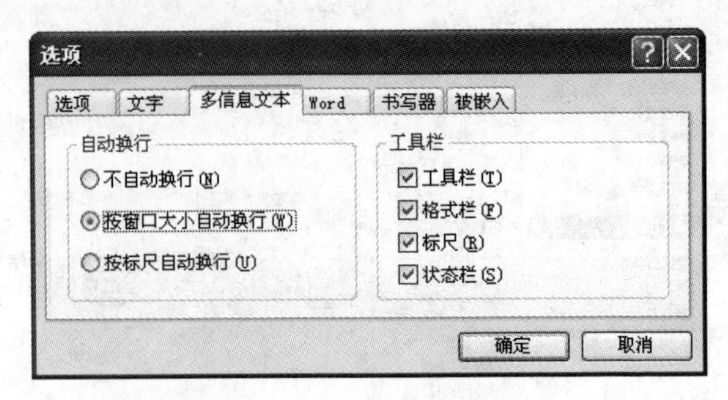

图 2-13 “选项”对话框

对话框一般由选项卡、复选框、单选按钮、命令按钮等部件组成。

复选框：复选的含义是这几项可以都选取也可以一项都不选，各选择项相互之间不排斥。图 2-13 所示的“工具栏”选项组中包含有四个复选项：“工具栏”、“格式栏”、“标尺”和“状态栏”。

单选按钮：单选按钮的含义是选项中只能选并且必须选一个，各选项相互排斥，如图 2-13 中的“自动换行”选项。

命令按钮：命令按钮是所有对话框必须包含的组成部件。单击“确定”按钮，所有的选择和输入的信息生效；单击“取消”按钮，所做的选择和输入的信息作废。

列表框：列表框中列出许多选项内容供选择，有时需要通过滚动条选择其中的某项内容。若要选择其中某一选项，把鼠标移动到需要的选项，单击鼠标左键，如图 2-14 所示。

下拉列表框：下拉列表框的标志是右边包含一个向下的三角形箭头。用鼠标单击这个箭头，向下弹出整个对话框；把鼠标移到所需选项，单击左键，所选内容出现在列表框中。

有的对话框还有其他的部件，如加减器、滚动条、滑竿等，如图 2-15 所示。

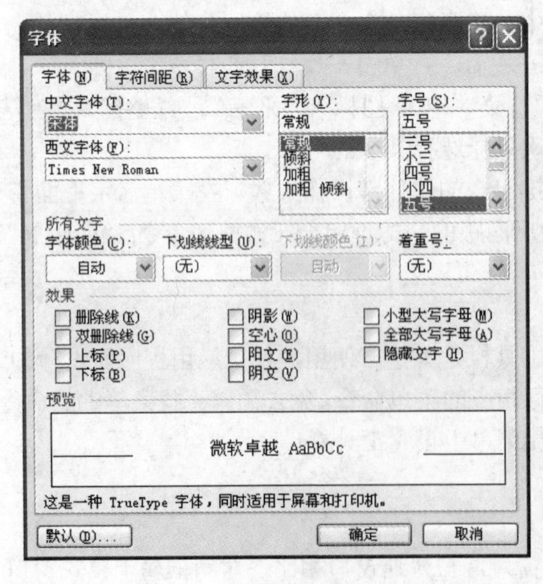

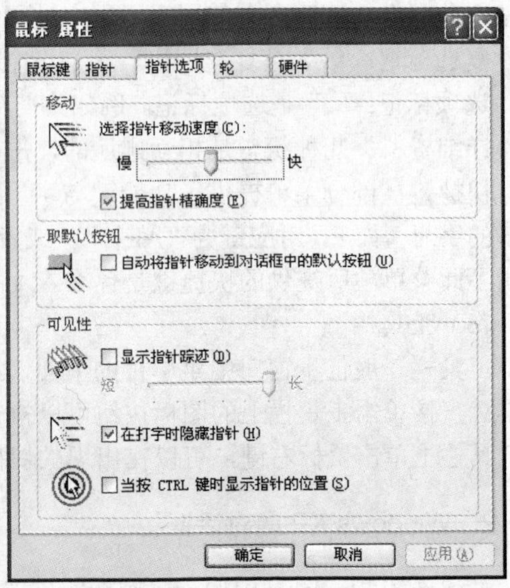

图 2-14 列表框和下拉列表框

图 2-15 对话框中有滑竿

3. 剪贴板

剪贴板实际上就是在 Windows 程序或文件之间传递信息的临时存储区域，该区域不但可以存储正文，还可以存储图像、声音等其他信息。

当用户对所选择的信息进行复制、剪切操作时，信息被保存在剪贴板上，然后可以将信息从剪贴板上粘贴到其他文档或应用程序中。

Windows 可以将屏幕画面复制到剪贴板上，用于图形处理程序加工。要复制整个屏幕，按 Print Screen 键；要复制当前活动窗口或对话框，按“Alt+Print Screen”组合键。

2.2.5 键盘的基础知识

键盘作为计算机中最基本、最重要的输入设备，在计算机的发展历史中起着很重要的作用。每一段程序、每一篇文章都是通过键盘输入到计算机中的。普通键盘分为主键盘区、功能键区、小键盘区（数值键区）和编辑控制键区四个区域，如图 2-16 所示。

图 2-16 键盘示意图

1. 主键盘区

主键盘区包括的键及其功能如下。

- A～Z：26 个常用字母，其功能是录入常用字符。
- Tab 键：跳格键，其功能是向后跳一个制表位。
- Caps Lock 键：大写字母锁定键，其功能是实现大、小写字母转换。
- Back Space 键：退格键，其功能是删除光标当前位置左侧的字符。
- Enter 键：回车键，其功能是确认和换行。
- Ctrl 键：控制键。
- Alt 键：选择键。
- 空格键：其功能是右移光标并插入空格字符。
- Esc 键：退出键，其功能是退出环境或中断程序。

2. 功能键区

功能键区包括的键及其功能如下。

- F1 键：如果现在处在一个选定的程序中而需要帮助，可按 F1 键。如果现在不是处在任何程序中，而是处在资源管理器或桌面，按 F1 键就会出现 Windows 的帮助程序。

如果正在对某个程序进行操作，而想得到 Windows 帮助，则需要按下“Win＋F1”组合键。按下“Shift＋F1”组合键，会出现“What's This?”的帮助信息。

- F2 键：如果在资源管理器中选定了一个文件或文件夹，按下 F2 键则会对这个选定的文件或文件夹重命名。
- F3 键：在资源管理器或桌面上按下 F3 键，会出现“搜索文件”的窗口。因此，如果想对某个文件夹中的文件进行搜索，直接按 F3 键就能快速打开搜索窗口，并且搜索范围已经默认设置为该文件夹。同样，在 Windows Media Player 中按 F3 键，会出现“通过搜索计算机添加到媒体库”的窗口。
- F4 键：这个键用来打开 IE 中的地址栏列表，要关闭 IE 窗口，可以用“Alt＋F4”组合键。
- F5 键：用来刷新 IE 或资源管理器中当前所在窗口的内容。
- F6 键：可以快速在资源管理器或 IE 中定位到地址栏。
- F7 键：在 Windows 中没有定义其功能。
- F8 键：在启动计算机时，可以用它来显示启动菜单。有些计算机还可以在计算机启动最初按下这个键来快速调出启动设置菜单，从中可以快速选择是软盘启动，还是光盘启动，或者直接用硬盘启动，不必进入 BIOS 进行启动顺序的修改。另外，还可以在安装 Windows 时接受微软的安装协议。
- F9 键：在 Windows 中同样没有任何作用。
- F10 键：用来激活 Windows 或程序中的菜单，按下“Shift＋F10”组合键会出现右键快捷菜单。
- F11 键：可以使当前的资源管理器或 IE 变为全屏显示。
- F12 键：在 Windows 中没有定义其功能。但在 Word 中，按下它会快速弹出“另存为”窗口。

3．小键盘区（数值键区）

小键盘区包括的键及其功能如下。

- 0～9：10 个数值键，录入数值。
- Num Lock 键：数值锁定键，其功能是显示数值键盘的编辑状态。

4．编辑控制键区

编辑控制键区包括的键及其功能如下。

- 四个方向键：其功能是移动光标。
- Insert 键：插入键，其功能是插入状态和改写状态的转换。
- Delete 键：删除键，其功能是删除光标所在处的字符。
- Home 键：行首键，快速将光标移动到行首。
- End 键：行尾键，其功能是快速将光标移动到行尾。
- Page Up 键：向前翻页键，其功能是向前翻页。
- Page Down 键：向后翻页键，其功能是向后翻页。
- Print Screen 键：打印屏幕键，其功能是打印屏幕。
- Scroll Lock 键：屏幕锁定键，其功能是锁定屏幕。

● Pause 键：暂停键。

5．组合键

组合键一般通过 Alt、Ctrl 或 Shift 与其他键组合一起按下，可实现特定功能。比如显示“开始”菜单：按“Ctrl+Esc”键；切换窗口：按“Alt+Tab”键；打开任务管理器：按“Ctrl+Alt+Delete”键；快速显示桌面：按“WINKEY+D”键。

2.2.6　中、英文的输入方法

中文 Windows XP 提供了多种中文输入法：智能 ABC、微软拼音、全拼、双拼等，此外还可以安装速度比较快的五笔字型汉字输入法（参见附录 B），用户可以根据自己的习惯选择一个中文输入法。

1．选择输入法

（1）用键盘选择。在 Windows XP 中可以随时使用“Ctrl +Space”组合键来启动或关闭中文输入法，也可以使用“Ctrl + Shift”　组合键在英文及各种中文输入法之间进行切换。

（2）用鼠标选择。单击“任务栏”上的输入法按钮，弹出如图 2-17 所示的输入法菜单，用户可以从中选择一种输入法。

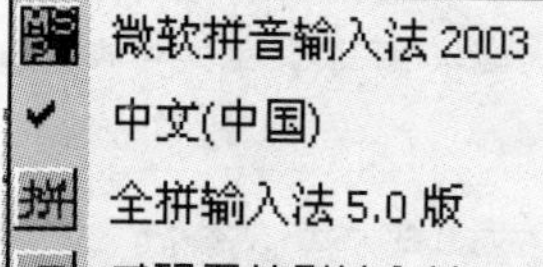

图 2-17　输入法菜单

中文输入法选定以后，屏幕上会出现一个中文输入法状态框。图 2-18 所示是智能 ABC 输入法状态框的三种不同设置。

图 2-18　智能 ABC 输入法状态框

2．输入法设置

单击语言栏“选项”按钮，选择“设置（E）”菜单，打开“文字服务和输入语言”对话框（见图 2-19），通过此对话框可以管理系统中安装的各种输入法，并对输入法快捷键进行设置。

（1）增加、删除输入法

在“已安装的服务”组中显示了当前正在使用的输入法列表，如果需要增加已安装的输入法，单击“添加”按钮；如果需要从列表中删除某种输入法，先单击要删除的输入法，之后单击“删除”按钮。应当注意的是，删除输入法并不是把此种输入法从系统中卸载，而仅仅只是在输入法选项中删除。

（2）输入法快捷键设置

单击“首选项”组中的“键设置”按钮，打开“高级键设置”对话框，通过此对话框可以修改不同语言切换、不同输入法切换所用的快捷键。如果需要修改某个项目，先单击列表框中的该项目，之后单击“更改按键顺序（C）”按钮，如图 2-20 所示。

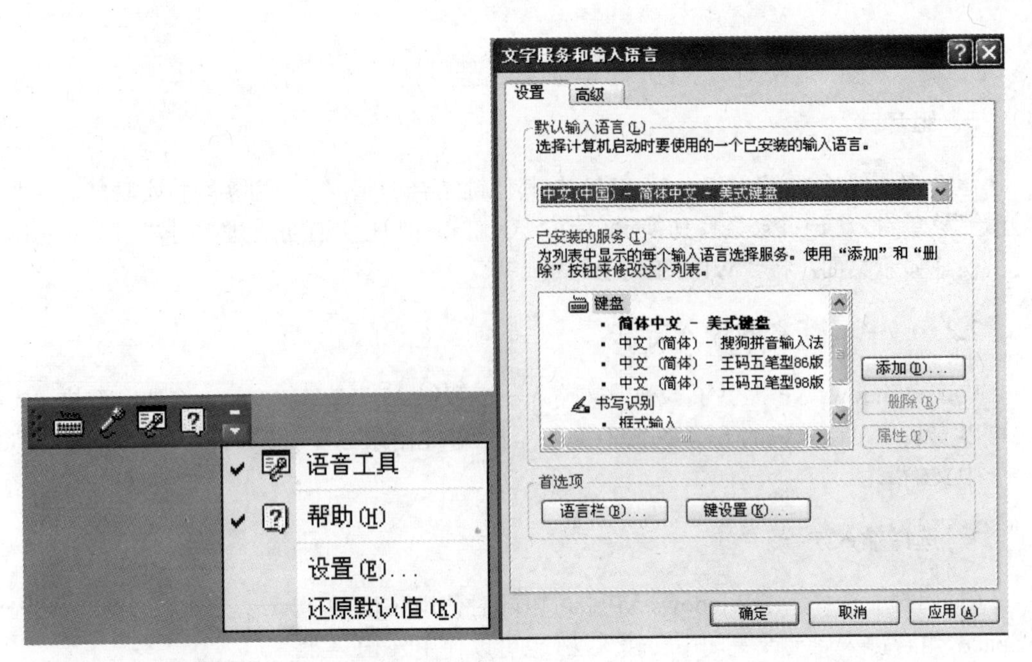

图 2-19 "文字服务和输入语言"对话框

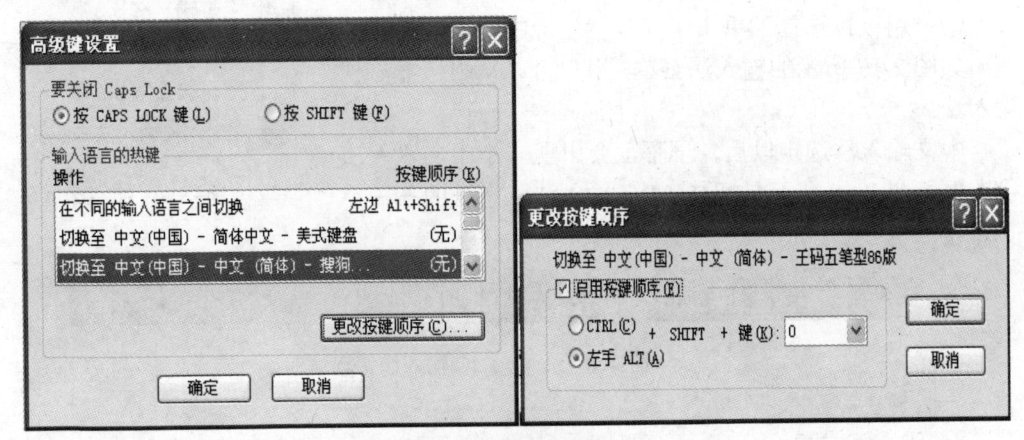

图 2-20 快捷键设置

3. 智能 ABC 输入汉字和标点符号的方法

（1）输入汉字

当输入汉字时，键盘应处于小写状态，并且确保输入法状态框处于中文输入状态。在大写状态下不能输入汉字，利用 Caps Lock 键可以切换大、小写状态。单击状态框最左端的"中文/英文"输入按钮可以切换中文、英文输入。

（2）智能 ABC 输入法汉字输入方式

标准方式：既可以全拼输入，也可以简拼输入，甚至混拼输入。全拼输入按规范的汉语拼音输入，每输入一个字或词的拼音后可以按空格键。简拼输入就是输入各个音节的第 1 个字母组成，对于包含 zh、ch、sh 的音节，也可以取前两个字母组成。在混拼输入某些词组时，必须输入逗号作为隔音符号。例如，"历年"的混拼应为"li'n"，"单个"的混拼为"dan'g"。通常，有较好拼音基础的人使用全拼输入，对拼音把握不甚准确的人使用简拼输入（见表 2-1）。

表 2-1　智能 ABC 输入法标准方式汉字输入

汉　字	全　拼	简　拼	混　拼
中国	zhongguo	zhg 或 zg	zhongg 、zhguo 或 zhguo
计算机	jisuanji	jsj	jsuanji 、jisji 或 jisuanj
长城	changcheng	cc 、cch 、chc 或 chch	changch、chcheng、ccheng 或 changc

双打方式：这是智能 ABC 为专业录入人员提供的一种快速的输入方式。一个汉字在双打方式下，只需要击键两次，奇次为声母，偶次为韵母。

英文字母、数字字符和键盘上出现的其他非控制字符有全角和半角之分。全角字符就是一个汉字（一个符号占用两个英文字符宽度）。状态框中的月亮状按钮是全、半角字符切换按钮，可以用鼠标单击切换或按“Shift＋Space”组合键切换。

（3）中文和西文标点

要输入中文标点，状态框必须处于中文标点输入状态，即月亮状按钮右边的逗号和句号应是空心的。可以用鼠标单击进行切换或按“Ctrl+.”组合键切换。

2.3　Windows XP 系统设置

2.3.1　任务栏

任务栏（见图 2-21）位于桌面最下方，它显示了系统正在运行的程序、打开的窗口和当前时间等内容。任务栏可分为“开始”菜单按钮、快速启动工具栏、窗口按钮栏和通知区域等。用户可以根据自己的需要把任务栏拖到桌面的任何边缘处及改变任务栏的宽度，通过改变任务栏的属性，还可以让它自动隐藏。

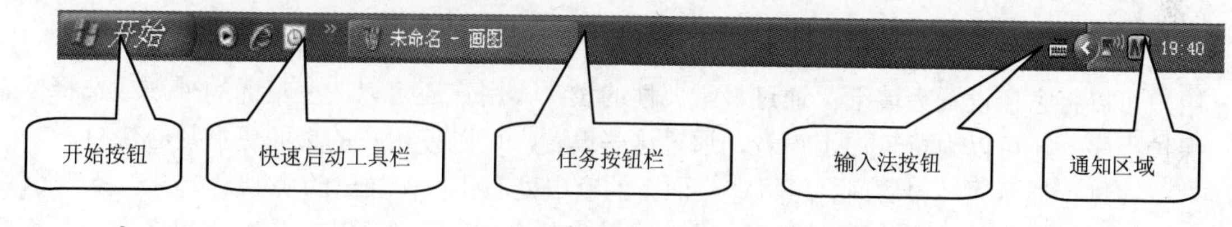

图 2-21　任务栏

用户在任务栏上的非按钮区域右击，在弹出的快捷菜单中选择“属性”命令，即可打开“任务栏和「开始」菜单属性”对话框，如图 2-22 所示。

在“任务栏外观”选项组中，用户可以通过对复选框的选择来设置任务栏的外观。

- 锁定任务栏：当锁定后，任务栏不能被随意移动或改变大小。
- 自动隐藏任务栏：选定此项后，当用户不对任务栏进行操作时，它将自动消失；当用户需要使用时，可以把鼠标放在任务栏所在的位置，它会自动出现。
- 将任务栏保持在其他窗口的前端：如果用户打开很多的窗口，任务栏总是在最前端，不会被其他窗口盖住。
- 分组相似任务栏按钮：把相同的程序或相似的文件归类分组使用同一个按钮，这样不至于在用户打开很多的窗口时，按钮变得很小而不容易被辨认。使用时，只要找到相应的按钮组就可以找到要操作的窗口名称。

● 显示快速启动：选择后将显示快速启动工具栏。

在“通知区域”选项组中，用户可以选择是否显示时钟，也可以把最近没有单击过的图标隐藏起来，以便保持通知区域的简洁明了。

单击“自定义”按钮，在打开的“自定义通知”对话框中，用户可以进行隐藏或显示图标的设置，如图 2-23 所示。

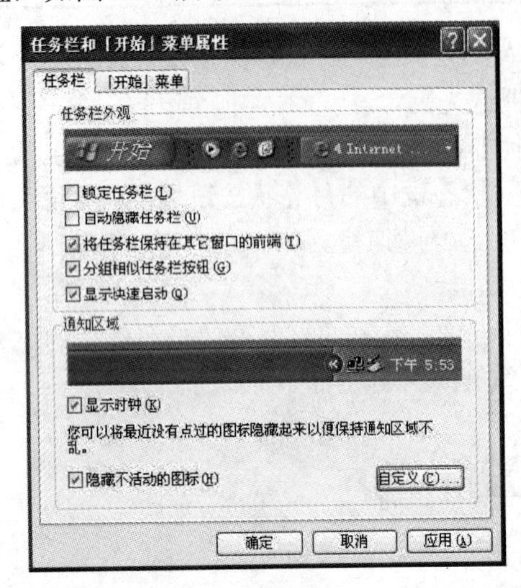

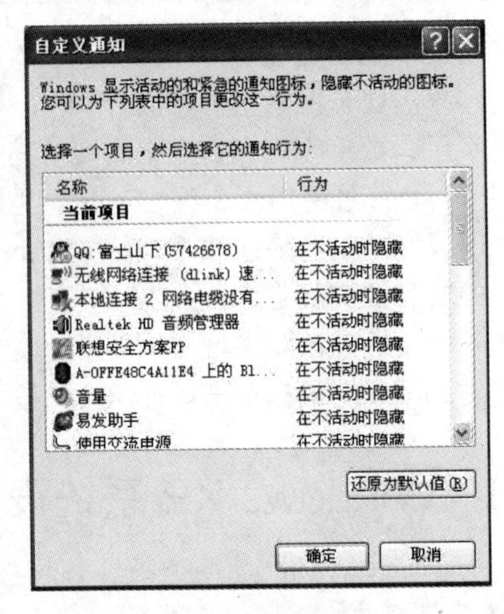

图 2-22 “任务栏和「开始」菜单属性”对话框　　图 2-23 “自定义通知”对话框

在任务栏中可以使用不同的工具栏，可以方便快捷地完成一般的任务，用户可以根据需要添加或者新建工具栏。

2.3.2 显示属性

在中文版 Windows XP 系统中用户可以设置个性化的桌面，系统自带了许多精美的图片，用户可以将它们设置为墙纸；通过显示属性的设置，用户还可以改变桌面的外观或选择屏幕保护程序；还可以为背景加上声音，通过这些设置，可以使用户的桌面更加赏心悦目。

在进行显示属性设置时，可以在桌面上的空白处右击，在弹出的快捷菜单中选择“属性”命令，这时会出现“显示 属性”对话框，在其中包含了 5 个选项卡，用户可以在各选项卡中进行个性化设置。

(1)在“主题”选项卡中用户可以为系统选择不同的主题，更改一个主题将会影响 Windows 桌面、菜单、窗口等所有可视化部件的显示效果，用户可以通过安装新的主题包获得更多的体验，如图 2-24 所示。

(2) 在“桌面”选项卡中用户可以设置自己的桌面背景。在“背景”列表框中，提供了多种风格的图片，可根据自己的喜好来选择；也可以单击“浏览”按钮，从已保存的文件中调出自己喜爱的图片，如图 2-25 所示。通过“位置”下拉列表框可以选择这些背景图片在桌面上的不同显示方式。

(3) 当用户暂时不对计算机进行任何操作时，可以使用屏幕保护程序，这样可以节省电能，有效地保护显示器，并且防止其他人在计算机上进行任意的操作，从而保证数据的安全。

选择“屏幕保护程序”选项卡，在“屏幕保护程序”下拉列表框中提供了各种静止和活动的样式。当用户选择了一种活动的程序后，如果对系统默认的参数不满意，可以根据自己的喜好来进一步设置，如图 2-26 所示。如果希望通过屏幕保护防止其他人进行操作，要选中“在恢复时使用密码保护”复选框，此操作生效需要用户已经生成用户登录密码。

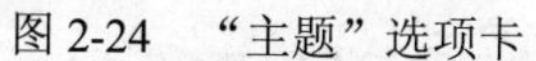
图 2-24 “主题”选项卡

图 2-25 “桌面”选项卡

如果用户要调整监视器的电源设置来节省电能，单击“电源”按钮，可打开“电源选项属性”对话框。用户可以直接在“电源使用方案”下拉列表框中选择系统默认的电源方案，也可以在“设置电源使用方案”组中对当前使用的电源方案进行设置，其中“关闭监视器”、“关闭硬盘”生效后用户可以通过单击鼠标或键盘进行恢复。

（4）在“外观”选项卡中，用户可以改变窗口和按钮的样式，如图 2-27 所示。用户单击“效果”按钮就可以打开“效果”对话框，在对话框中可以为菜单和工具提示使用过渡效果，可以使屏幕字体的边缘更平滑。尤其对于液晶显示器的用户来说，使用这项功能，可以大大地增加屏幕显示的清晰度。除此之外，用户还可以使用大图标、在菜单下设置阴影显示等效果。在一般情况下，除了为方便阅读去改变“文字大小”以外，建议用户不要轻易修改，对“外观”的修改实际上就是对主题的修改定制。因此在进行外观修改时建议用户先另存当前正在使用的主题（“主题”选项卡），如果对外观修改不满意，可以通过备份的主题进行恢复。

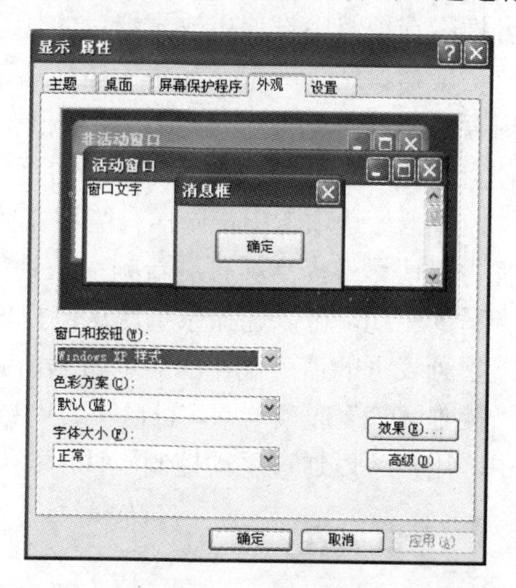

图 2-26 “屏幕保护程序”选项卡

图 2-27 “外观”选项卡

（5）显示器设置成高分辨率可以显示清晰的画面，不仅有利于用户观察，而且会很好地保护视力。特别是对于一些专业从事图形图像处理的用户来说，对显示分辨率的要求是很高的。

在“显示 属性”对话框中切换到“设置”选项卡，如图 2-28 所示，可以在其中对高级显示属性进行设置。在“屏幕分辨率”选项中，用户可以拖动小滑块来调整其分辨率。分辨率越高，在屏幕上显示的信息越多，画面就越清晰。在“颜色质量”下拉列表框中有：中（16 位）、高（24 位）和最高（32 位）3 种选择。显卡所支持的颜色质量位数越多，显示画面的质量越好。用户在进行调整时，要注意自己的显卡配置是否支持高分辨率，如果盲目调整，则会导致系统无法正常运行。

单击“高级”按钮，弹出一个当前“显示 属性”对话框，在其中有关于显示器及显卡的硬件信息和一些相关的设置，如图 2-29 所示。

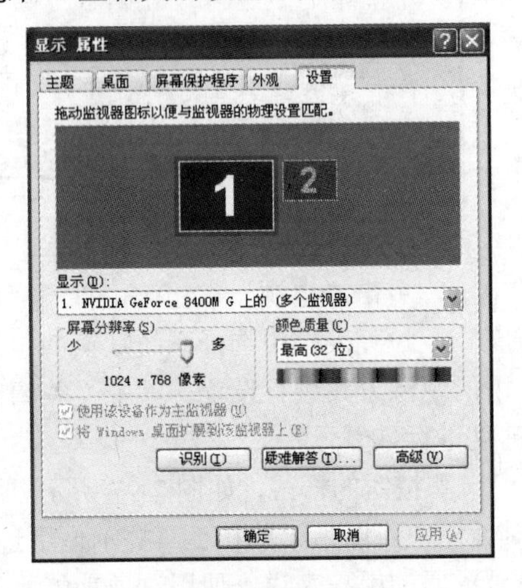

图 2-28 “设置”选项卡

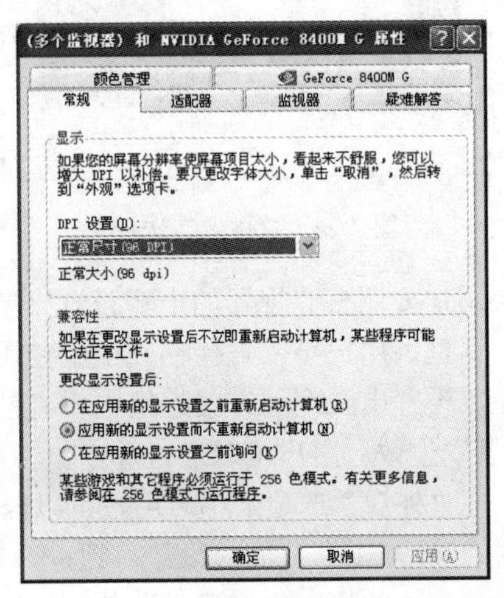

图 2-29 高级对话框

在“常规”选项卡中，如果把屏幕分辨率调整得使屏幕项目看起来太小，可以通过增大 DPI（分辨率单位：像素每英寸）的方式来补偿，正常尺寸为 96dpi。

如果在更改显示设置后不立即重新启动计算机，某些程序可能无法正常工作，用户可以在“兼容性”选项组中设置更改显示后的处理办法。

在“适配器”选项卡中，显示了适配器的类型，以及适配器的其他相关信息，包括芯片类型、内存大小等。单击“属性”按钮，弹出“适配器”属性对话框，用户可以在此查看适配器的使用情况，还可以进行驱动程序的更新。

在“监视器”选项卡中，同样有监视器的类型、属性信息。当使用 CRT 显示器时，为保护用户视力，请尽量提高屏幕刷新频率。具体做法是：首先安装正确的监视器驱动程序（如果没有合适的驱动，可以选择系统默认监视器），之后在“监视器设置”组中修改“屏幕刷新频率”下拉列表框的值，现在的显示器刷新频率一般在 80Hz 以上。

在“疑难解答”选项卡中，可以设置有助于用户诊断与显示有关的问题。在“硬件加速”选项组中，用户可以通过手动控制硬件所提供的加速和性能级别，一般启用全部加速功能。

2.3.3 系统属性

使用“系统属性”对话框可以更改计算机的系统配置。

要显示系统属性，可在“控制面板”中双击“系统”图标，出现 “系统属性”对话框。

在“系统属性”对话框中可查看计算机硬件设置，查看设备属性及硬件配置文件。在“系统属性”对话框中主要有下述选项卡。

（1）“常规”选项卡

这里给出了机器中安装的是什么操作系统，计算机是什么类型等信息。

（2）“计算机名”选项卡

在网络中标识这台计算机所使用的信息，可以给计算机重新命名。如果需要可以单击“更改”按钮，在“计算机名称更改”对话框中，用户可以修改计算机名，以及计算机所属的域或工作组，修改确认后系统会要求重新启动。

（3）“硬件”选项卡

包括“设备管理器”和“硬件配制文件”。“设备管理器”列出了计算机所连接的设备情况，用户可以通过视图查看，也可以从中卸载硬件设备或安装硬件驱动程序。用户通过“硬件配置文件”窗口可以看到计算机的硬件配置文件列表。

（4）“高级”选项卡

包括视觉效果、性能、用户配制文件和启动及故障恢复等项目的设置，一般采用 Windows 默认设置。

在某些情况下，调整虚拟内存可以在一定程度上改善系统的性能，具体步骤为：在“性能”组中单击“设置”按钮，在“性能选项”对话框中选择“高级”选项卡，在“虚拟内存”组中单击“更改”按钮，可以调整的项目选择分页文件所在的驱动器，默认情况是分页文件与系统盘在一起，可以把分页文件选择到不同的驱动器，以改善性能。分页文件的大小一般在物理内存的 1.5 倍左右，建议选择系统管理。

部分应用程序安装后，需要手工设置系统环境变量，具体步骤是：单击“环境变量”按钮，在打开的“环境变量”对话框中可以新建、编辑所需的环境变量。

（5）“系统还原”选项卡

可以跟踪并更正对计算机进行的有害更改。在默认的设置下，系统还原功能在所有的驱动器上都是开启的，除非磁盘或操作系统文件夹所在的分区上的可用空间低于 200MB。如果安装操作系统时没有足够的可用磁盘空间，必须在获得足够的磁盘空间后按上述步骤启用系统还原功能，如图 2-30 所示。

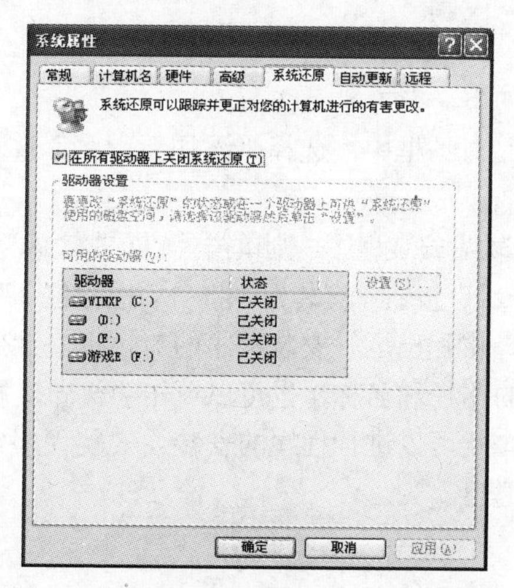

图 2-30　系统还原

当关闭某一分区或驱动器上的“系统还原”时，该分区或驱动器上存储的所有还原点都被删除。对已排除的分区或驱动器的更改在系统还原期间将无法恢复。如果磁盘空间用尽，则系统还原功能将自动关闭。在获得足够的磁盘空间后，系统还原功能会自动激活，但以前的所有还原点都将丢失。

2.3.4 添加/删除程序

Windows XP 提供了一个添加和删除应用程序的工具。该工具能自动对驱动器中的安装程序进行定位，简化用户安装。对于在安装后的系统中注册的程序，该工具能快捷彻底地删除这个程序。

在控制面板中，双击“添加/删除程序”图标，就会弹出如图 2-31 所示的“添加或删除程序”对话框，默认选项卡是“更改或删除程序”。

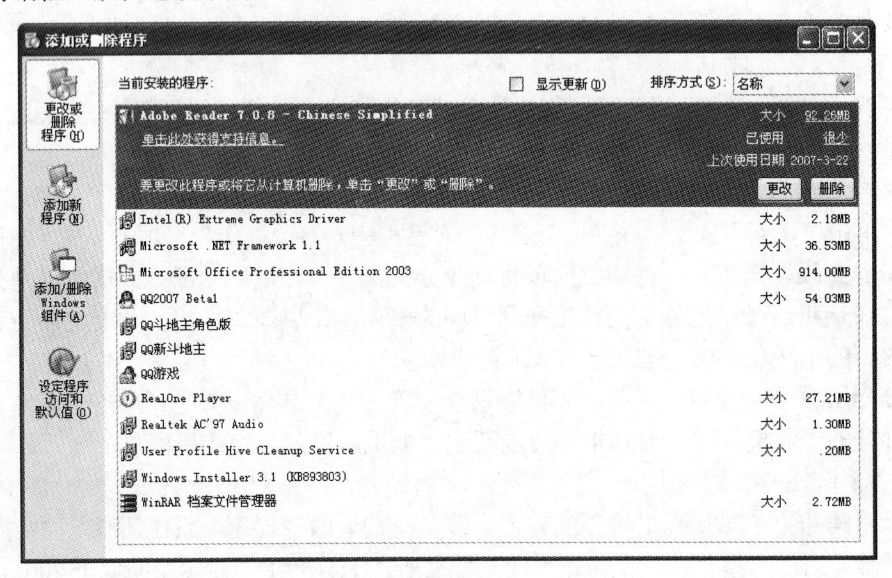

图 2-31 “添加或删除程序”对话框

1. 安装应用程序

安装应用程序的步骤如下。

在“添加或删除程序”对话框中，选择“添加新程序”选项，再单击“CD 或软盘”或“Windows Update”按钮。

如果是从 CD-ROM 或软盘安装程序，则单击“CD 或软盘”按钮，插入含有安装程序的软盘或光盘，然后单击“下一步”按钮，安装程序将自动检测各个驱动器，对安装盘进行定位。

如果自动定位不成功，将弹出运行安装程序的对话框，此时，既可以在安装程序的命令行文本框中输入安装程序的路径和名称，也可以单击“浏览”按钮定位安装程序。选定安装程序后单击“完成”按钮，就可以进行程序的安装。安装程序结束后，单击“确定”按钮，就完成应用程序的安装并退出。

2. 删除应用程序

删除应用程序的方法是选择“更改或删除程序”选项，在程序列表框中选择要删除的应用程序，然后单击“更改/删除”按钮，Windows XP 就可以开始自动删除该应用程序。

3. 添加/删除 Windows 组件

Windows XP 提供了丰富的组件，在安装 Windows XP 的过程中因为用户的需要和其他限制的条件，往往没有一次性地完全安装所有组件，在使用过程中用户可以根据需求来安装某些组件。同样，当这些组件不需要时可以删除。添加/删除 Windows XP 组件的步骤如下。

（1）选中“添加/删除 Windows 组件”选项卡，弹出如图 2-32 所示的“Windows 组件向导”对话框。

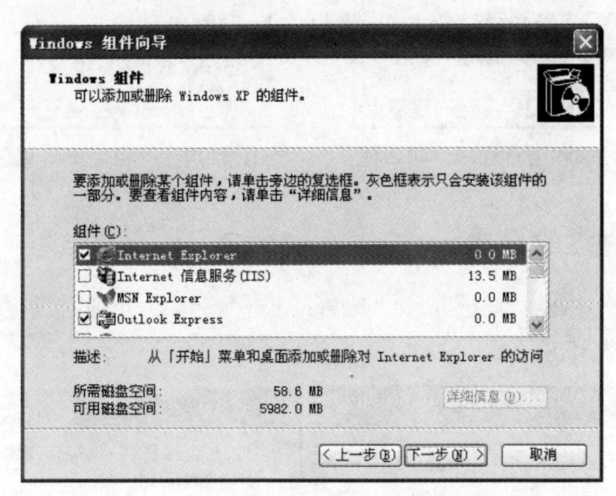

图 2-32 “Windows 组件向导”对话框

（2）在“组件”列表中选择要安装的组件复选框，或者清除要删除的组件复选框。

（3）单击“下一步”按钮，开始添加或删除相应的 Windows XP 组件。

（4）安装过程中可能需要提供 Windows 安装盘。

2.3.5 区域和语言选项

在“控制面板”中双击“区域和语言选项”图标，出现如图 2-33 所示的“区域和语言选项”对话框。在此对话框中可设置不同区域“数字、货币、时间、日期”的显示格式以及输入法的有关内容。在“区域和语言选项”对话框中主要有下述选项卡。

1.“区域选项”选项卡

“区域选项”选项卡用来设置不同区域“数字、货币、时间、日期”等内容的显示格式，并且对每一个区域的格式还可以进行自定义设置。比如选择“中文（中国）”区域后，单击“自定义”按钮，打开“自定义区域选项”对话框，如图 2-34 所示，可以对“中文（中国）”区域的“数字、货币、时间、日期、排序”的显示格式进行定义。

2.“语言”选项语言”选卡

“项卡用来设置输入法的有关内容。在“语言”选项卡中单击“详细信息”按钮，弹出“文字服务和输入语言”对话框，可以设置系统默认的输入法，以及添加或删除输入法。具体内容参见输入法一节。

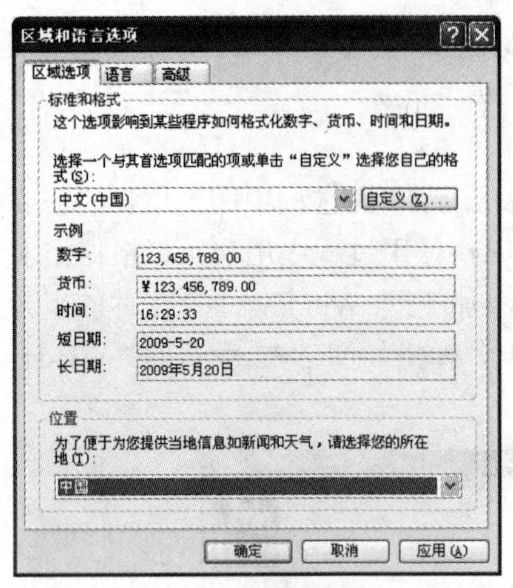

图 2-33　“区域和语言选项”对话框

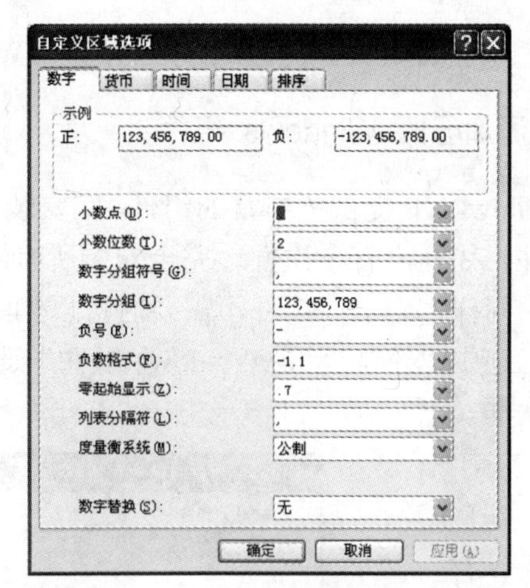

图 2-34　“自定义区域选项”对话框

2.3.6　鼠标和键盘的设置

分别双击控制面板中的“键盘”和“鼠标”图标，可以分别对键盘的属性和鼠标的相关属性进行设置，如图 2-35 所示。

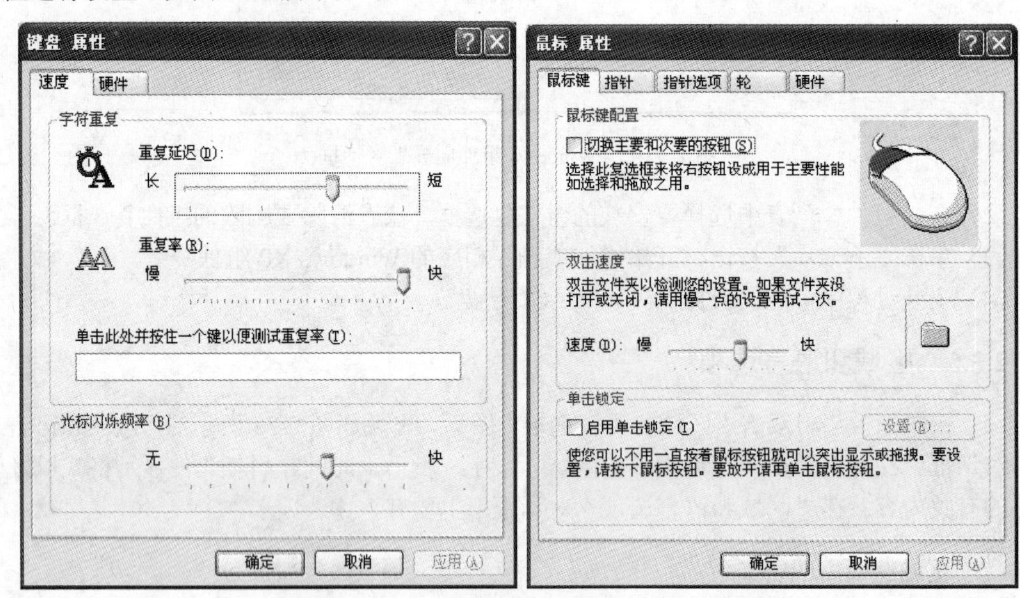

图 2-35　“键盘 属性”和“鼠标 属性”对话框

在“键盘 属性”对话框的“速度”选项卡中的“字符重复”选项组中，拖动“重复延迟”滑块，调整在键盘上按住一个键需要多长时间才开始重复输入该键；拖动“重复率”滑块，调整输入重复字符的速率。在“光标闪烁频率”选项组中，拖动滑块，可以调整光标的闪烁频率。

在“鼠标 属性”对话框的“鼠标键”选项卡中，系统默认左边的键为主要键，若选中“切换主要和次要的按钮”复选框，则设置右边的键为主要键；在“双击速度”选项组中拖动滑块可调整鼠标的双击速度，双击旁边的文件夹可检验设置的速度；在“单击锁定”选项组中，若选中“启用单击锁定”复选框，则可以在移动项目时不用一直按着鼠标键就可实现，单击“设置”按钮，在弹出的“单击锁定的设置”对话框中可调整实现单击锁定需要按鼠标键或轨迹球按钮的时间。

2.4 文件管理

随着信息技术的发展，计算机应用的普及和企事业单位办公自动化建设的加强，无纸化办公已是大势所趋，电子文档的应用也越来越广泛。电子文档是指具有保存价值，能被计算机系统识别和处理，能按一定格式存储在磁盘或光盘等介质上，并可在网上传递的数字代码序列。电子文档具有形式多样的特点，不仅便于信息共享，易于复制，而且可以通过计算机网络进行远距离传输。管理好电子文档对于工作和学习都很重要，本节将详细介绍电子文档的管理。

2.4.1 资源管理器

资源管理器是用来对计算机资源进行管理的工具，可以组织、操作文件和文件夹。资源管理器可以以分层的方式显示计算机内所有文件的详细信息。通过使用资源管理器可以非常方便地完成移动文件、复制文件、启动应用程序、连接网络驱动器、打印文档和维护磁盘等工作。同时，使用资源管理器还可以简化操作，利用鼠标即可完成所有的操作，用户可以不必打开多个窗口，而只在一个窗口中就可以浏览所有的磁盘和文件夹。

打开资源管理器的步骤及相关操作如下。

（1）单击“开始”按钮，打开“开始”菜单。

（2）选择“更多程序”→“附件”→“Windows 资源管理器”，打开 Windows 资源管理器，如图 2-36 所示。

（3）在该对话框中，左边的窗格显示了所有磁盘和文件夹的列表，右边的窗格用于显示选定的磁盘和文件夹中的内容。

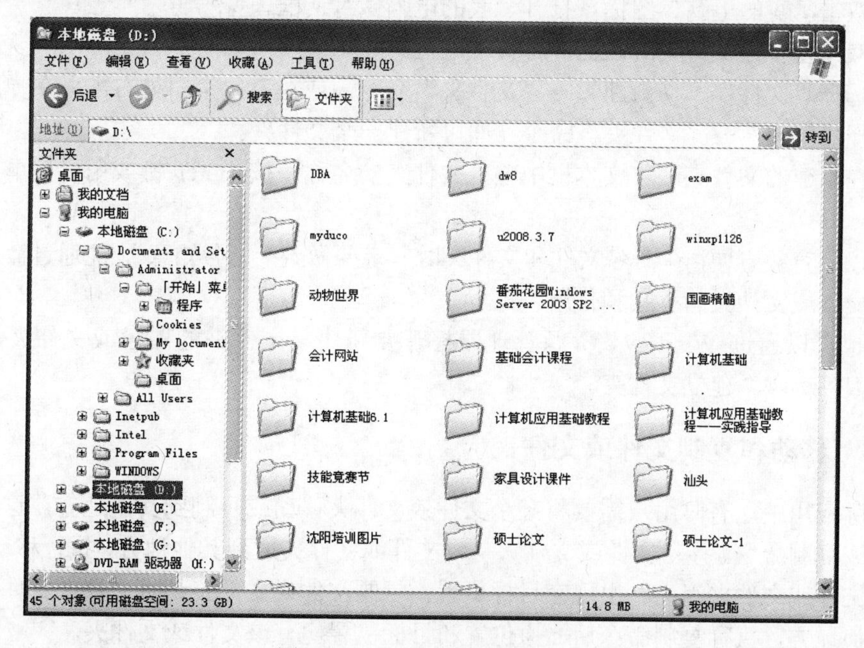

图 2-36 Windows 资源管理器

（4）在左边的窗格中，若驱动器或文件夹前面有“＋”号，则表明该驱动器或文件夹有下一级子文件夹，单击该“＋”号可展开所包含的子文件夹。当展开驱动器或文件夹后，“＋”号会变成“－”号，表明该驱动器或文件夹已展开，单击“－”号，可折叠已展开的内容。例如，单击左边窗格中“我的电脑”前面的“＋”号，将显示“我的电脑”中所有的磁盘信息，单击需要的磁盘前面的“＋”号，将显示该磁盘中所有的内容。

（5）若要移动或复制文件或文件夹，可选中要移动或复制的文件或文件夹，单击鼠标右键，在弹出的快捷菜单中选择“剪切”或“复制”命令。

（6）单击要移动或复制到的磁盘前的“+”号，打开该磁盘，选择要移动或复制到的文件夹。

（7）右击，在弹出的快捷菜单中选择“粘贴”命令即可。

注意：用户也可以通过右击“开始”按钮，在弹出的列表中选择“资源管理器”命令，打开 Windows 资源管理器；或右击“我的电脑”图标，在弹出的快捷菜单中选择“资源管理器”命令，打开 Windows 资源管理器。

2.4.2 创建新文件夹

文件就是用户赋予了名字并存储在存储器上的信息的集合，它可以是用户创建的文档，也可以是可执行的应用程序或一张图片、一段声音等。文件夹是系统组织和管理文件的一种形式，是为方便用户查找、维护和存储而设置的，用户可以将文件分门别类地存放在不同的文件夹中。在文件夹中可存放所有类型的文件、下一级文件夹、磁盘驱动器及打印队列等内容。

用户可以创建新的文件夹来存放具有相同类型或相近形式的文件，创建新文件夹可以按下面步骤操作。

（1）双击“我的电脑”图标，打开“我的电脑”对话框。

（2）双击要新建文件夹的磁盘，打开该磁盘。

（3）选择“文件”→“新建”→“文件夹”命令，或在窗口空白处右击，在弹出的快捷菜单中选择“新建”→“文件夹”命令，即可新建一个文件夹。

（4）在新建的文件夹名称文本框中输入文件夹的名称，按 Enter 键或用鼠标单击其他地方即可。

为了以后查找方便，在命名文件和文件夹时一定要做到“见名知意”，能通过命名准确地表达出该文件或文件夹的意义和作用。

用户也可以通过 Windows 资源管理器打开要新建立文件夹的磁盘或文件夹，采用步骤（3）和步骤（4）建立文件夹。

2.4.3 移动和复制文件或文件夹

在实际应用中，有时用户需要将某个文件或文件夹移动或复制到其他地方，这时就需要用到移动或复制命令。移动文件或文件夹是将文件或文件夹放到其他地方，执行移动命令后，原位置的文件或文件夹消失，出现在目标位置；复制文件或文件夹是将文件或文件夹复制一份放到其他地方，执行复制命令后，原位置和目标位置均有该文件或文件夹。

移动和复制文件或文件夹的操作步骤如下。

（1）选择要进行移动或复制的文件或文件夹。

（2）单击“编辑”→“剪切”或“复制”命令，或右击，在弹出的快捷菜单中选择“剪切”或“复制”命令，也可以通过快捷键来进行操作，剪切的快捷键是“Ctrl＋X”，复制的快捷键是“Ctrl＋C”。

（3）选择目标位置。

（4）选择“编辑”→“粘贴”命令，或右击，在弹出的快捷菜单中选择“粘贴”命令即可。也可以通过快捷键来进行操作，粘贴的快捷键是“Ctrl＋V”。

注意：若要一次移动或复制多个相邻的文件或文件夹，可按住Shift键选择多个相邻的文件或文件夹；若要一次移动或复制多个不相邻的文件或文件夹，可按住Ctrl键选择多个不相邻的文件或文件夹；若不需要的文件或文件夹较少，可先选择这些文件或文件夹，然后单击“编辑”→“反向选择”命令即可；若要选择所有的文件或文件夹，可单击“编辑”→“全部选定”命令或按“Ctrl + A”组合键。

2.4.4 重命名文件或文件夹

重命名文件或文件夹是给文件或文件夹重新取一个新的名称，使其更符合用户的要求。重命名文件或文件夹的具体操作步骤如下。

（1）选择要重命名的文件或文件夹。

（2）单击“文件”→“重命名”命令，或右击，在弹出的快捷菜单中选择“重命名”命令，也可在文件或文件夹名称处直接单击两次（两次单击间隔时间应稍长一些，以免使其变为双击），使其处于编辑状态，输入新的名称进行重命名操作，也可以通过快捷键来进行操作，重命名的快捷键是F2。

（3）这时文件或文件夹的名称将处于编辑状态（反白显示），用户可直接输入新的名称进行重命名操作。

2.4.5 删除文件或文件夹

当文件或文件夹不再需要时，用户可将其删除，有利于对文件或文件夹进行管理。删除后的文件或文件夹将被放到“回收站”中，用户可以选择将“回收站”中的文件或文件夹彻底删除或还原到原来的位置。删除文件或文件夹的操作如下。

（1）选定要删除的文件或文件夹。若要选定多个相邻的文件或文件夹，可按住Shift键进行选择；若要选定多个不相邻的文件或文件夹，可按住Ctrl键进行选择。

（2）选择“文件”→“删除”命令，或右击，在弹出的快捷菜单中选择“删除”命令，弹出“确认文件夹删除”对话框，如图2-37所示。

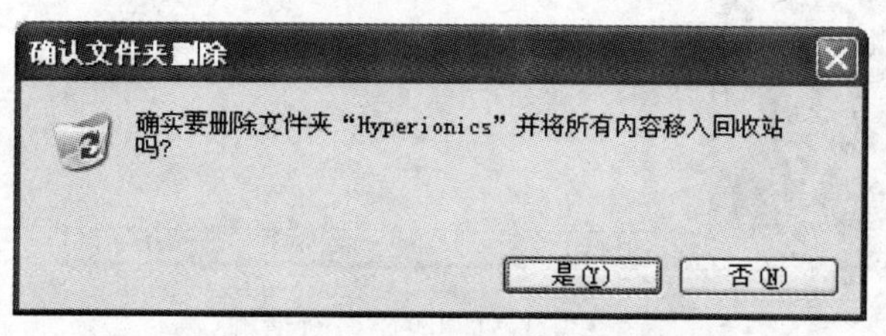

图2-37 “确认文件夹删除”对话框

（3）若确认要删除该文件或文件夹，可单击“是”按钮；若不删除该文件或文件夹，可单击“否”按钮。

注意：从网络位置删除的项目、从可移动媒体（例如U盘）删除的项目或超过“回收站”存储容量的项目将不被放到“回收站”中，而被彻底删除，不能还原。若要直接删除文件或文件夹，可以按住Shift键然后选择删除，这样文件或文件夹将被直接删除，而不会放到“回收站”中。

2.4.6 “回收站”的使用

“回收站”为用户提供了一个安全的删除文件或文件夹的解决方案，用户从硬盘中删除文件或文件夹时，Windows XP 会将其自动放入“回收站”中，直到用户将回收站清空或将文件或文件夹还原到原来的位置。

删除或还原“回收站”中文件或文件夹的操作步骤如下。

（1）双击桌面上的“回收站”图标，打开“回收站”对话框，如图2-38所示。

（2）若要删除“回收站”中所有的文件和文件夹，可单击“回收站任务”窗格中的“清空回收站”命令；若要还原所有的文件和文件夹，可单击“回收站任务”窗格中的“还原所有项目”命令；若要还原某个文件或文件夹，可选中该文件或文件夹，单击“回收站任务”窗格中的“还原此项目”命令；若要还原多个文件或文件夹，可按住Ctrl键，选定文件或文件夹，单击“回收站任务”窗格中的“还原选定的项目”命令来进行还原。

注意：删除“回收站”中的文件或文件夹，意味着将该文件或文件夹彻底删除，无法再还原；若还原已删除文件夹中的文件，则该文件夹将在原来的位置重建，然后在此文件夹中还原文件；当回收站满后，Windows XP 将自动清除“回收站”中的空间以存放最近删除的文件和文件夹。也可以选中要删除的文件或文件夹，将其拖到“回收站”中进行删除。

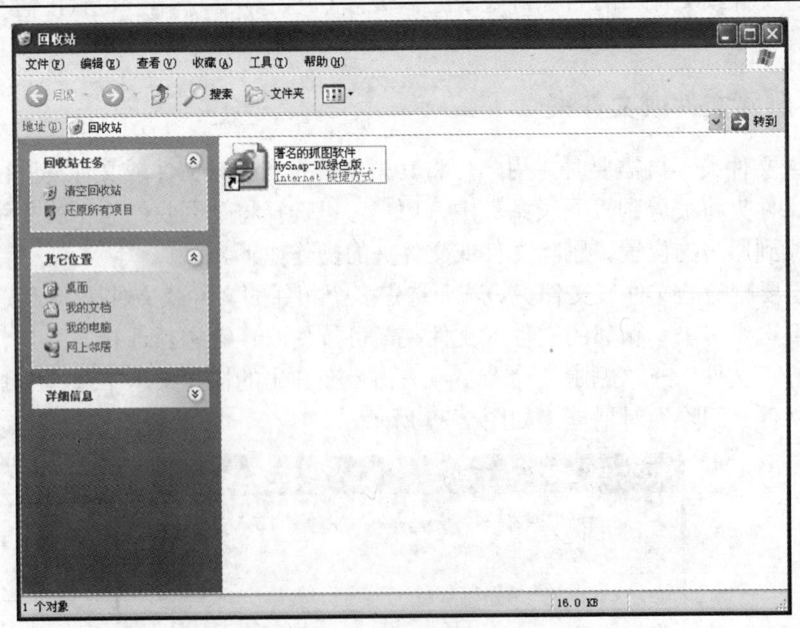

图2-38 “回收站”对话框

2.4.7 创建快捷方式

创建快捷方式包括创建桌面快捷方式和设置快捷键两种方式。创建桌面快捷方式是在桌面上建立各种应用程序、文件、文件夹、打印机或网络中的计算机等快捷方式图标，通过双击该快捷方式图标，即可快速打开该项目。设置快捷键是设置各种应用程序、文件、文件夹、打印机等快捷键，通过按该快捷键，即可快速打开该项目。

1. 创建桌面快捷方式

用户可以为一些经常使用的应用程序、文件、文件夹、打印机或网络中的计算机等创建桌面快捷方式，这样在需要打开这些项目时，就可以通过双击桌面快捷方式快速打开了。

设置桌面快捷方式的具体操作如下。

（1）单击“开始”按钮，选择“所有程序”→“附件”→“Windows 资源管理器”命令，打开“Windows 资源管理器”。

（2）选定要创建快捷方式的应用程序、文件、文件夹、打印机或计算机等。

（3）选择“文件”→“创建快捷方式”命令，或右击，在打开的快捷菜单中选择“创建快捷方式”命令，即可创建该项目的快捷方式。

（4）将该项目的快捷方式拖到桌面上即可。

若单击“开始”按钮，在“所有程序”子菜单中有用户要创建桌面快捷方式的应用程序，也可以右击该应用程序，在弹出的快捷菜单中选择“创建快捷方式”命令，系统会将创建的快捷方式添加到“所有程序”子菜单中，将该快捷方式拖到桌面上也可创建该应用程序的桌面快捷方式。

2. 设置快捷键

在创建了桌面快捷方式后，用户还可以为其设置快捷键。用户在打开这些项目时只需直接按快捷键就可以快速打开了。设置快捷键的操作如下。

（1）右击要设置快捷键的项目。

（2）在弹出的快捷菜单中选择“属性”命令，打开“属性”对话框。

（3）选择“快捷方式”选项卡，如图 2-39 所示。

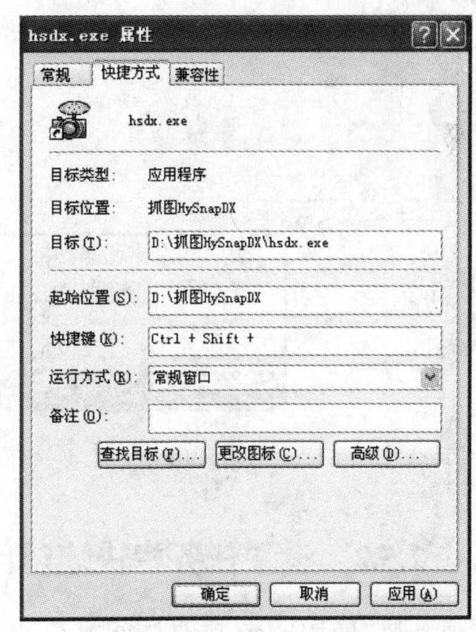

图 2-39 “快捷方式”选项卡

（4）在该选项卡中的“快捷键”文本框中直接输入所要设定的快捷键即可。如要设定快捷键为“Alt＋4”，可先单击该文本框，然后直接按 Alt 键和数字键盘区中的 4 键即可。

（5）设置完毕后，单击“应用”和“确定”按钮即可。

注意： 快捷方式和快捷键并不能改变应用程序、文件、文件夹、打印机或网络中计算机的位置，它也不是副本，而是一个指针，使用它可以更快地打开项目，删除、移动或重命名快捷方式均不会影响原有的项目。

2.5 电子文档的使用

2.5.1 显示文件扩展名

扩展名也称为后缀，用来标志文件格式。例如 Example.exe 文件名中，Example 是文件名，exe 为扩展名，表示这个文件是一个可执行文件，“.”是文件名与扩展名的分隔符号。文件的扩展名非常重要，它表示文件存储的格式，通过文件的扩展名可以判断它是否为可执行文件或者能被哪种软件打开，所以一般不要轻易地改变文件的扩展名。文件的扩展名可以根据需要设置为显示或隐藏。计算机病毒或蠕虫病毒的恶意用户可能使用类似于“图片.jpg.exe”这样看起来像是一个无害的图片文件传播给用户，如果文件扩展名被隐藏（通常微软操作系统预设为隐藏），那么这个可执行文件就可能被运行。所以应该显示文件的扩展名，显示文件扩展名的操作步骤如下。

（1）打开资源管理器，选择“工具”→“文件夹选项”，如图 2-40 所示，打开“文件夹选项”对话框。

（2）在“查看”选项卡中取消对“隐藏已知文件类型的扩展名”选项的选择即可，如图 2-41 所示。

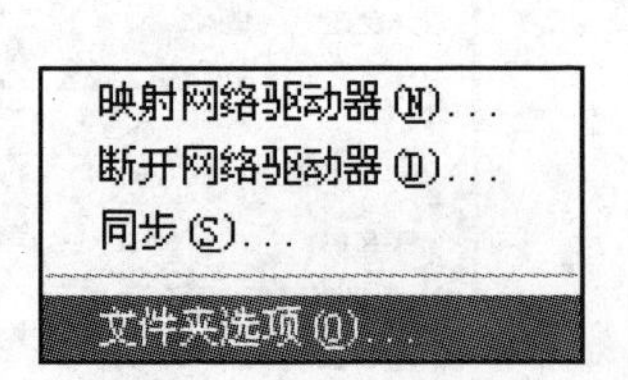

图 2-40 文件夹选项

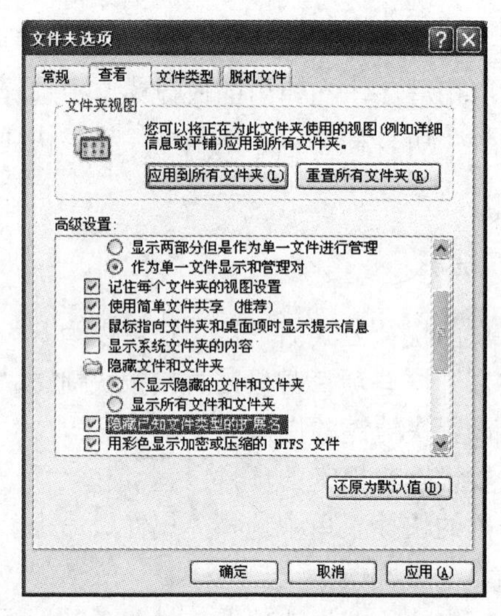

图 2-41 “查看”选项卡

2.5.2 设置任务栏快速访问文件夹

日常使用中经常要访问文件夹，如果能在需要的时候快速访问所需的文件夹，将能节省不少时间。充分利用 Windows 任务栏将简化许多操作。右击任务栏，从弹出的快捷菜单中选择“工具栏”→“新建工具栏”命令，如图 2-42 所示。

在文件夹输入框中可以选择经常访问的文件夹，现以默认值“我的文档”为例。此时在 Windows 的任务栏中将会出现一个以“My Document”文件夹为名称的工具栏，通过单击该名称旁边的“箭头”按钮就可快速移动定位到自己所需的文件夹，进而打开目标文件。如果想打开一个文件夹，可以通过双击或右击后从弹出的快捷菜单中进行相应的选择。

当觉得此工具栏放在任务栏上很占空间时，也可以把此工具栏拖到桌面上任何一个位置。

通常的做法是往两边靠，然后从此工具栏的右击快捷菜单中选中“前端显示”和“自动隐藏”命令。当用户需要的时候只要把鼠标往该工具栏所在的边移动，工具栏就会自动弹出；不需要的时候把鼠标从工具栏所在的位置移开，此时工具栏又会自动隐藏。可以根据需要建立多个类似的工具栏。

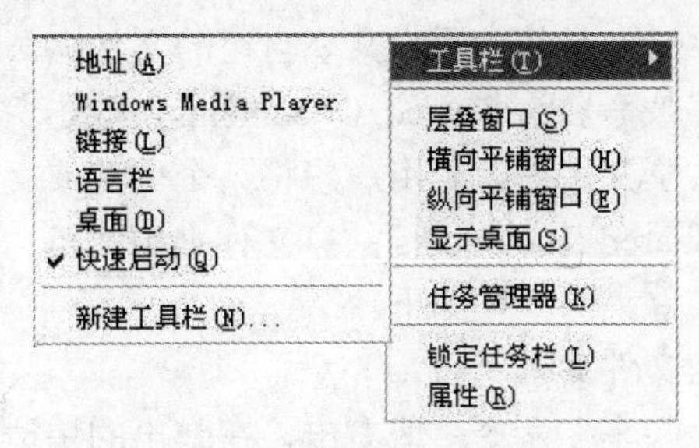

图 2-42　选择“新建工具栏”命令

2.5.3　搜索文件或文件夹

有时候需要查看某个文件或文件夹的内容，但不知道该文件或文件夹存放的具体位置或具体名称，Windows XP 提供的搜索文件或文件夹功能就可以帮用户查找该文件或文件夹。

搜索文件或文件夹的具体操作如下。

（1）单击“开始”按钮，在弹出的菜单中选择“搜索”命令，打开“搜索结果”对话框。

（2）在“要搜索的文件或文件夹名为”文本框中，输入文件或文件夹的名称，“*”代替任意字符；在“包含文字”文本框中输入该文件或文件夹中包含的文字；在“搜索范围”下拉列表中选择目标盘。

（3）现以搜索 D 盘中所有以.exe 为扩展名的文件为例，如图 2-43 所示。单击“立即搜索”按钮开始搜索，Windows XP 会将搜索的结果显示在“搜索结果”对话框右边的空白框内。若要停止搜索，可单击“停止搜索”按钮。

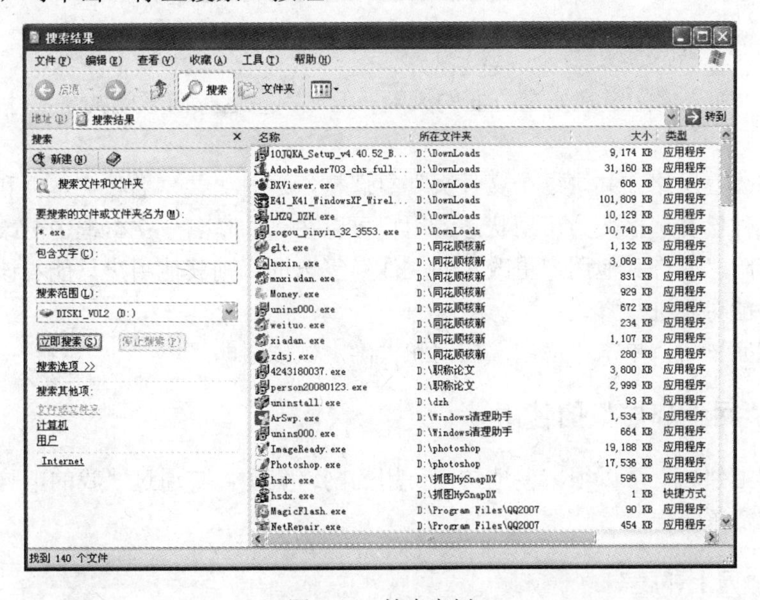

图 2-43　搜索实例

（4）双击搜索后显示的文件或文件夹，即可打开该文件或文件夹。

2.5.4　文件共享

Windows XP 网络方面的功能设置更加强大，用户不仅可以使用系统提供的共享文件夹，也可以设置自己的共享文件夹，与其他用户共享自己的文件夹。

系统提供的共享文件夹被命名为 Shared Documents，双击“我的电脑”图标，在“我的电脑”对话框中可看到该共享文件夹。若用户想将某个文件或文件夹设置为共享，可选定该文件或文件夹，将其拖到 Shared Documents 共享文件夹中即可。

设置用户自己的共享文件夹的操作如下。

（1）选定要设置共享的文件夹。

（2）选择“文件”→“共享”命令，或右击，在弹出的快捷菜单中选择“共享”命令，打开“属性”对话框中的“共享”选项卡，如图 2-44 所示。

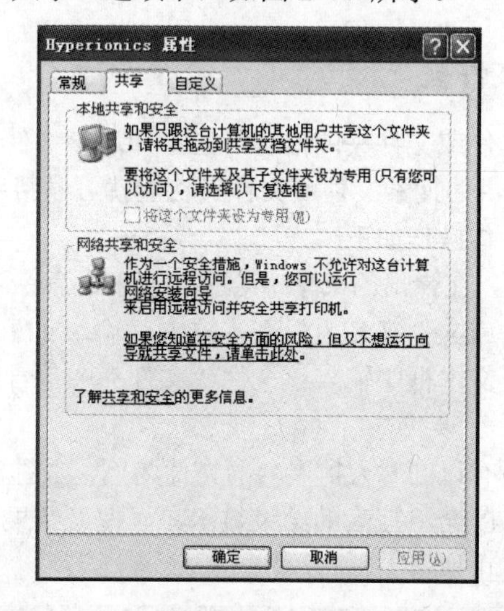

图 2-44　“共享”选项卡

（3）单击“如果您知道在安全方面的风险，但又不想运行向导就共享文件，请单击此处”超链接。

（4）选中“在网络上共享这个文件夹”复选框，这时“共享名”文本框和“允许其他用户更改我的文件”复选框变为可用状态。用户可以在“共享名”文本框中更改该共享文件夹的名称；若清除“允许其他用户更改我的文件”复选框，则其他用户只能看该共享文件夹中的内容，而不能对其进行修改。

（5）设置完毕后，单击“应用”按钮和“确定”按钮即可。

2.5.5　“网上邻居”的使用

通过“网上邻居”可以很方便地访问可用的网络资源，与通过“我的电脑”来获得本地系统中存储的资源一样。

1. 启动“网上邻居”

双击桌面上的图标或者在“开始”菜单中选择“网上邻居”选项，打开“网上邻居”窗口，如图 2-45 所示。

2．访问可用的网络资源

网络有共享的文件夹或打印机，就可以用“网上邻居”来访问。

（1）在“网上邻居”窗口中单击“查看工作组计算机”选项，打开本机所在的工作组窗口，可以看到工作组里的所有计算机，如图 2-46 所示。

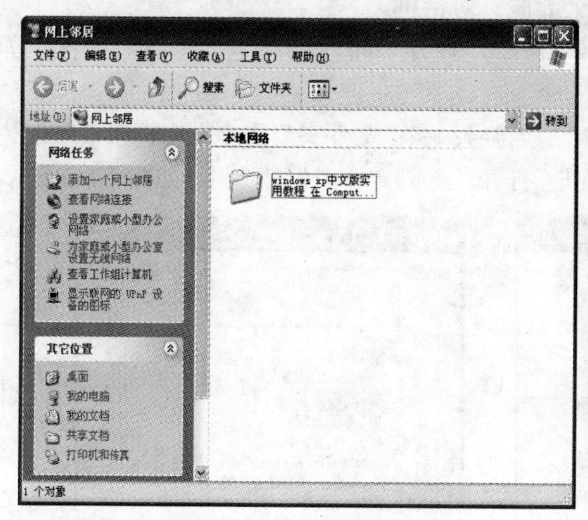

图 2-45 “网上邻居”窗口

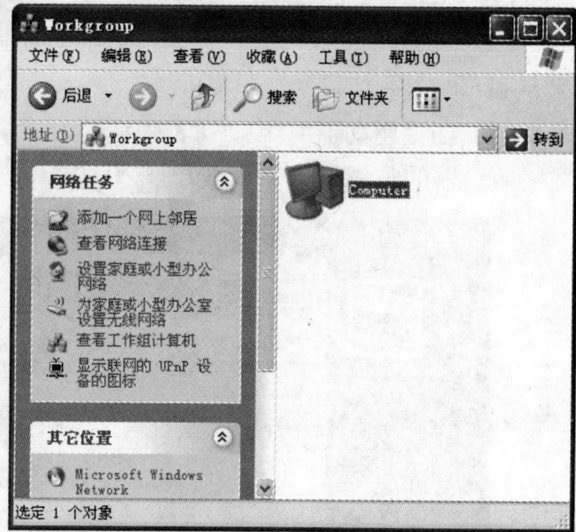

图 2-46 工作组窗口

（2）双击具体的某个计算机图标，如图 2-46 中的“Computer”，可查看该计算机上的共享文件夹和打印机信息。如果读者采用工作组方式访问该计算机，此时将会遇到输入用户名和密码的对话框，只有读者正确输入被访问计算机认可的输入用户名和密码后，才能打开此计算机的共享资源窗口，如图 2-47 所示。

（3）双击要访问的具体资源图标，比如“Windows XP 中文版实用教程”，打开该资源窗口，如图 2-48 所示，其中的具体内容以文件夹和文件的形式列出。接下来的操作与资源管理器的使用一样，至于是否能删除或修改其中的内容，取决于读者在进行网络登录时所使用的用户账号的权限。

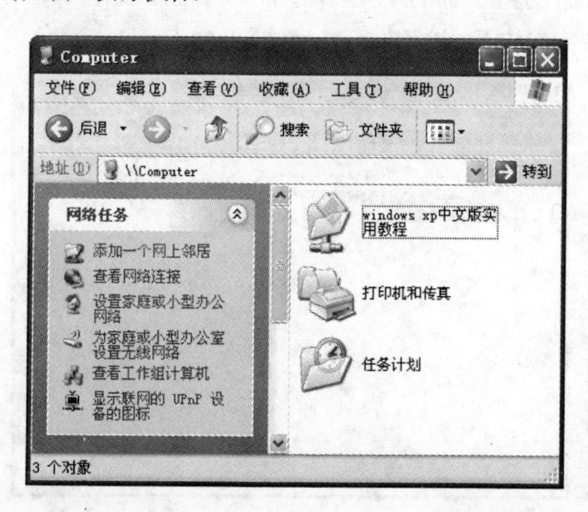

图 2-47 “Computer”计算机的共享资源

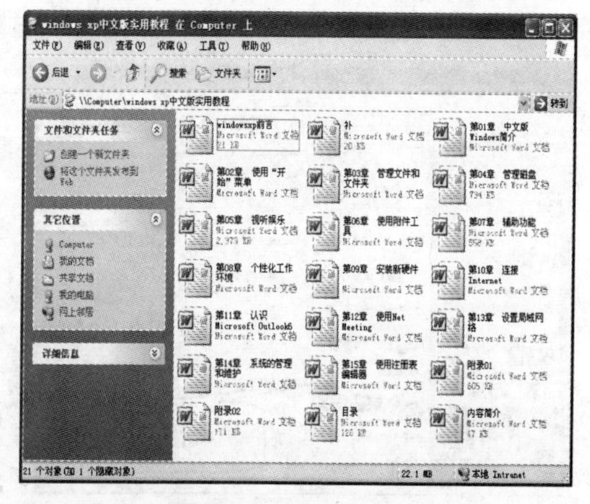

图 2-48 “Windows XP 中文版实用教程”的具体内容

3．映射网络驱动器

在网络中用户可能经常需要访问某一个或几个特定的网络共享资源，若每次都通过“网上邻居”依次打开，比较麻烦，这时用户可使用“映射网络驱动器”功能，将该网络共享资源映射为网络驱动器，再次访问时，只需双击该网络驱动器图标即可。

将网络共享资源映射为网络驱动器，可执行下列操作。

（1）双击“网上邻居”图标，打开“网上邻居”对话框。

（2）选择“工具”→“映射网络驱动器”命令，打开“映射网络驱动器”对话框，如图 2-49 所示。

（3）在“驱动器”下拉列表中选择一个驱动器符号；在“文件夹”文本框中输入要映射为网络驱动器的位置及名称，或单击“浏览”按钮，打开“浏览文件夹”对话框，如图 2-50 所示。

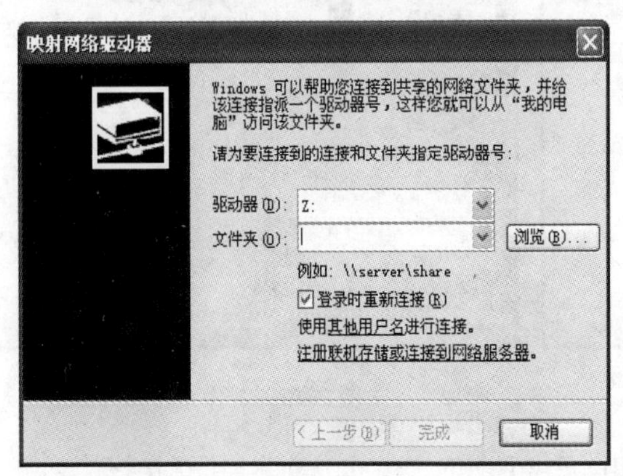

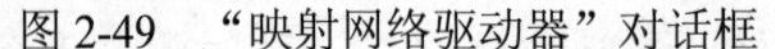
图 2-49 “映射网络驱动器”对话框

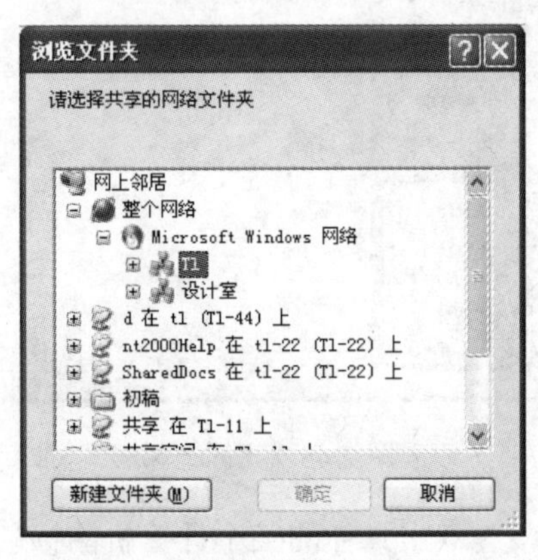

图 2-50 “浏览文件夹”对话框

（4）在该对话框中选择需要的共享文件夹，单击“确定”按钮。

（5）这时在“文件夹”文本框中将显示该共享文件夹的位置及名称，单击“完成”按钮即可建立该共享文件夹的网络驱动器，如图 2-51 所示。

建立了网络驱动器后，用户若需要访问该共享文件夹，只需在“我的电脑”对话框中双击该网络驱动器图标即可。若用户不再需要经常访问该网络驱动器，也可将其删除。要删除网络驱动器，只需选择“工具”→“断开网络驱动器”命令，在弹出的“中断网络驱动器连接”对话框中选择要断开的网络驱动器，单击“确定”按钮即可，如图 2-52 所示。

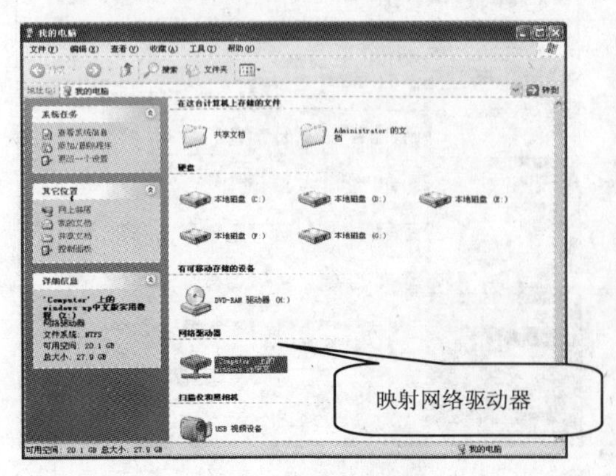

图 2-51 映射网络驱动器

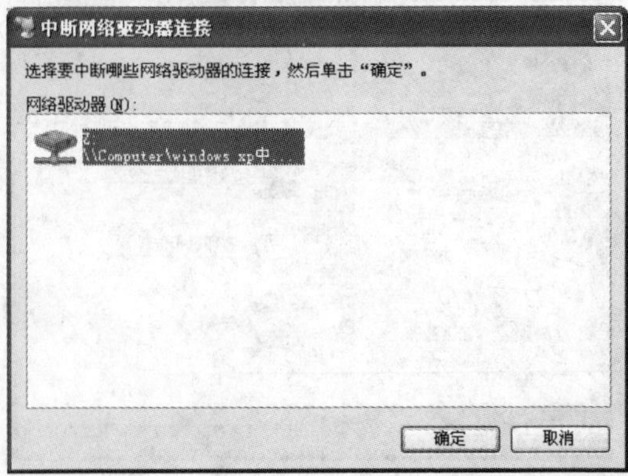

图 2-52 “中断网络驱动器连接”对话框

2.6 附件

2.6.1 画图

1. 启动画图程序

选择“开始”→“所有程序”→“附件”→“画图”菜单项，即可打开画图程序，如图 2-53 所示。

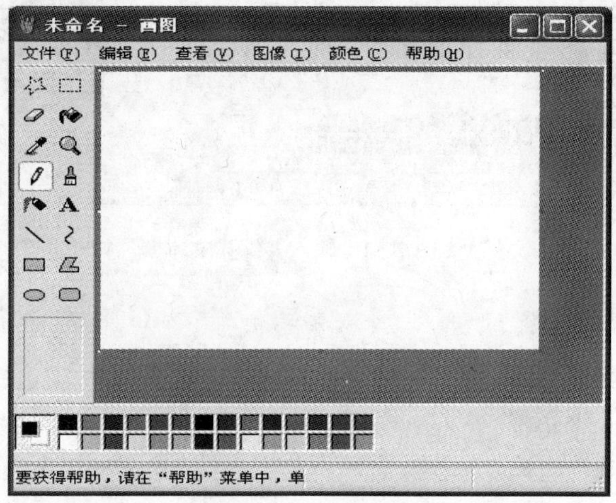

图 2-53 画图程序

2. 画线条和矩形

（1）直线。在工具箱中，单击按钮，在工具箱底部，单击选择一种线宽，按住鼠标左键拖动光标即可画线。

（2）画任意线（在工具箱中，单击按扭）。

（3）画曲线（在工具箱中，单击按钮）。

（4）画矩形或正方形。在工具箱中，单击按钮创建矩形或者单击按钮创建圆角矩形。在工具箱底部，单击选择一种填充类型。要画矩形，请沿所需矩形的对角线方向拖动指针。若要画正方形，请在拖动指针时按住 Shift 键。

3. 输入并编排文本

在工具箱中，单击**A**按钮，要创建文字框，请按住鼠标左键，沿对角线拖动指针至所需的大小。在文字工具栏上，单击文字的字体、字号和字型（在文字框上右击，在弹出的快捷菜单中选择“文字工具栏”），单击文本框内部，然后输入文本，如图 2-54 所示。

4. 擦除小块区域

在工具箱中，单击按钮，在工具箱底部，单击选择橡皮的大小。如果擦除所用的颜色与当前的背景色不同，请右键单击颜色框中的颜色。按住鼠标左键拖动光标覆盖想擦除的区域。

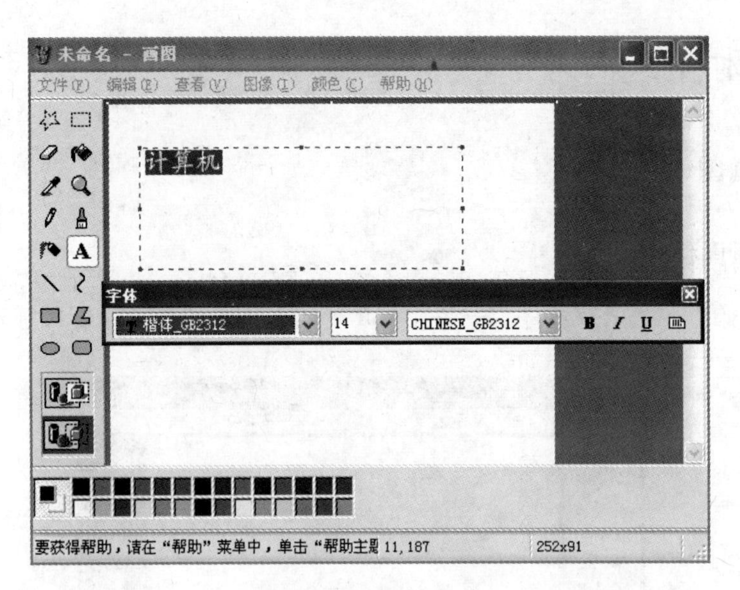

图 2-54 输入并编排文本

5. 拉伸或扭曲某项

（1）在工具箱中单击 按钮以选择矩形区域或者单击 按钮以选择任意形状的区域，围绕要更改的项目画一个边框。

（2）在工具箱底部，选择以下操作之一：单击 按钮来应用不透明背景；单击 按钮来应用透明背景。

（3）在“图像”菜单上，单击“拉伸/扭曲”命令。在“拉伸”栏下，输入要水平或垂直拉伸图片的百分比，在“扭曲”栏下，输入水平或垂直扭曲图片的百分比，如图 2-55 所示。

6. 更改图片大小

单击“图像”菜单上的“属性”命令，打开“属性”对话框，在“单位”栏下面，单击要选用的宽度和高度的度量单位。在“宽度”和“高度”文本框中输入宽度和高度值，如图 2-56 所示。

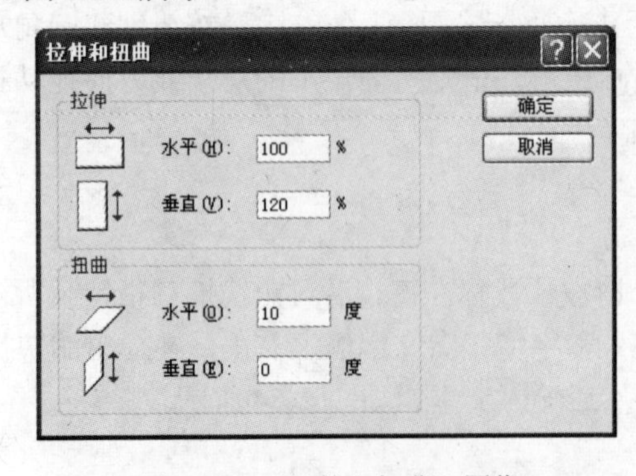

图 2-55 “拉伸和扭曲”图像

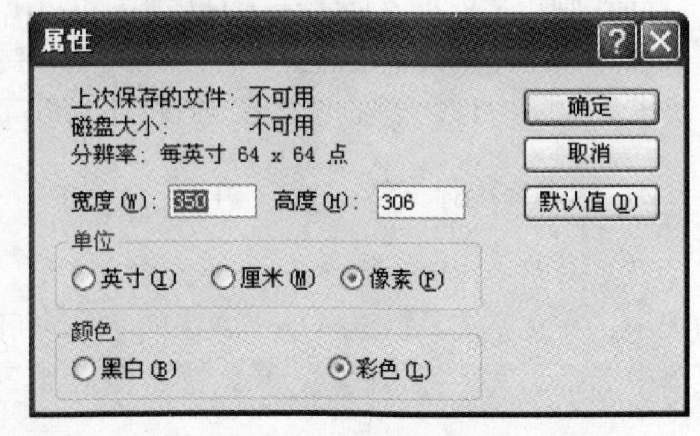

图 2-56 更改图片大小

7. 设置默认前景色和背景色

要设置前景色，请单击颜色框中的颜色；右键单击颜料盒中的颜色，可以设置背景色。

8．用颜色填充区域或对象

在工具箱中，单击按钮。如果所需的颜色既不同于当前的前景色也不同于当前的背景色，请单击或用右键单击颜色框中的一种颜色，单击或右键单击要填充的区域或对象。

9．产生喷雾效果

在工具箱中，单击按钮，在工具箱底部，单击选择喷雾的大小。要喷射，请按下鼠标左键并拖动指针，如图 2-57 所示。

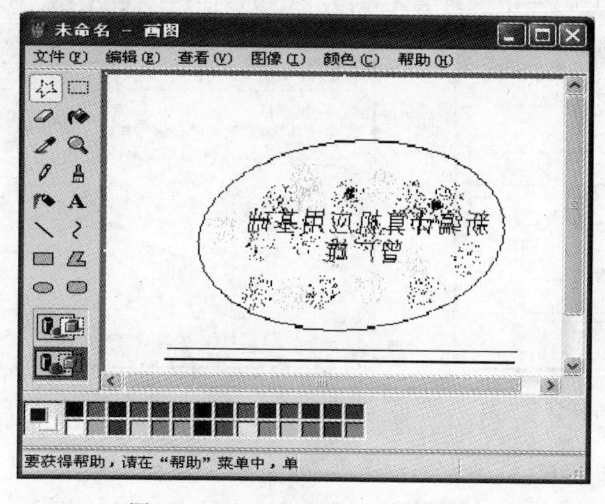

图 2-57　喷雾效果和绘制好的图画

2.6.2　计算器

计算器可以帮助用户完成数据的运算，它可分为“标准计算器”和“科学计算器”两种。“标准计算器”可以完成日常工作中简单的算术运算，“科学计算器”可以完成较为复杂的科学运算，比如函数运算等。运算的结果不能直接保存，而是将结果存储在内存中，以供粘贴到别的应用程序和其他文档中。它的使用方法与日常生活中所使用的计算器的方法一样，可以通过鼠标单击计算器上的按钮来取值，也可以通过从键盘上输入来操作。

1．标准计算器

在处理一般的数据时，用户使用“标准计算器”就可以满足工作和生活的需要了。单击“开始”按钮，选择“所有程序”→“附件”→“计算器”命令，即可打开“计算器”窗口，系统默认为“标准计算器”，如图 2-58 所示。

计算器窗口包括标题栏、菜单栏、数字显示区和工作区几部分。

工作区由数字按钮、运算符按钮、存储按钮和操作按钮组成。当用户使用时可以先输入所要运算的算式的第一个数，在数字显示区内会显示相应的数，然后选择运算符，再输入第二个数，最后单击“=”按钮，即可得到运算后数值。在键盘上输入时，也是按照同样的方法，到最后敲回车键即可得到运算结果。

当用户在输入数值过程中出现错误时，可以单击“Backspace”键逐个进行删除；当需要全部清除时，可以单击“CE”按钮。当一次运算完成后，单击“C”按钮即可清除当前的运算结果，再次输入时可开始新的运算。

计算器的运算结果可以导入到别的应用程序中，用户可以选择“编辑”→“复制”命令把运算结果粘贴到别处，也可以从别的地方复制好运算算式后，选择“编辑”→“粘贴”命令，在计算器中进行运算。

2. 科学计算器

当用户从事非常专业的科研工作时，要经常进行较为复杂的科学运算，可以选择“查看”→“科学型”命令，弹出“科学计算器”窗口，如图 2-59 所示。

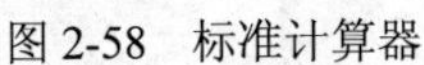
图 2-58　标准计算器

图 2-59　科学计算器

此窗口增加了数基数制选项、单位选项及一些函数运算符号，系统默认的是十进制，当用户改变其数制时，单位选项、数字区、运算符区的可选项将发生相应的改变。

用户在工作过程中，也许需要进行数制的转换，这时可以直接在数字显示区输入所要转换的数值；也可以利用运算结果进行转换，选择所需要的数制，在数字显示区会出现转换后的结果。另外，科学计算器可以进行一些函数的运算，使用时要先确定运算的单位，在数字区输入数值，然后选择函数运算符，再单击“=”按钮，即可得到结果。

2.6.3　记事本

记事本用于纯文本文档的编辑，适于编写一些篇幅短小的文件，由于它使用方便、快捷，应用也是比较多的，比如一些程序的 READ ME 文件通常是以记事本的形式打开的。

在 Windows XP 系统中的“记事本”又新增了一些功能，比如可以改变文档的阅读顺序，可以使用不同的语言格式来创建文档，能以若干不同的格式打开文件。在记事本中可以改变文字的阅读顺序，在工作区域右击，弹出快捷菜单，选择“从右到左的阅读顺序”命令，则全文的内容都移到了工作区的右侧。

启动记事本时，用户可依以下步骤来操作。

单击“开始”按钮，选择“所有程序”→“附件”→“记事本”命令，即可启动记事本，如图 2-60 所示。

记事本启动后，就可以通过键盘输入文字内容。输入完成后，单击“文件”→“保存”命令，将输入的内容保存为文本文件。

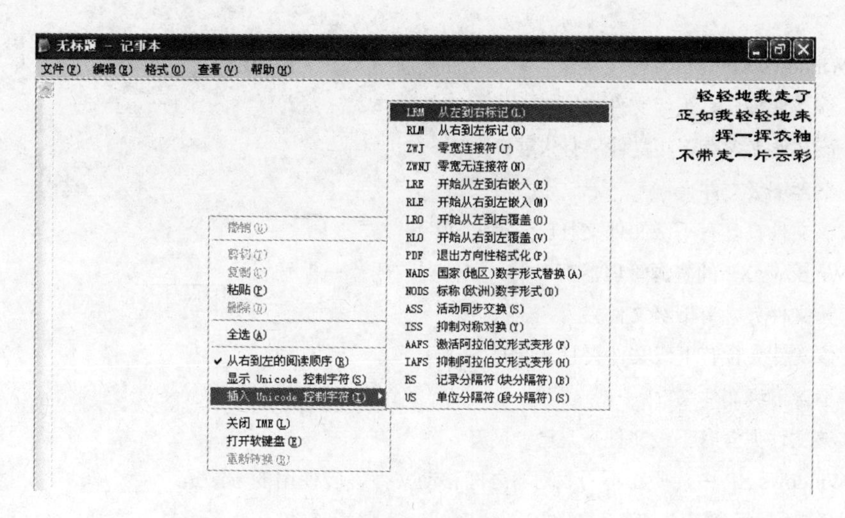

图 2-60　记事本

在记事本中用户可以使用不同的语言格式创建文档，而且可以用不同的格式打开或保存文件。当用户使用不同的字符集工作时，程序将默认保存为标准的 ANSI（美国国家标准化组织）文章。用户可以用不同的编码进行保存或打开，如 ANSI，Unicode，big-endian Unicode 或 UTF-8 等类型。

练习题二

一、选择题

1．运行的应用程序最小化后，该应用程序的状态是________。

A．在前台运行　　B．停止运行

C．在后台运行　　D．应用程序关闭

2．Windows 窗口标题栏的右边可以同时显示________按钮。

A．2 个　　B．4 个　　C．3 个　　D．5 个

3．下列有关 Windows XP 窗口的说法正确的是________。

A．Windows XP 窗口可以移动

B．Windows XP 窗口可以改变大小

C．Windows XP 窗口可以最大化、最小化、还原及关闭

D．以上都是

4．下列________可以将活动的窗口作为图片复制到剪贴板中。

A．按 Print Screen 键　　B．按“Alt＋Print Screen”组合键

C．按“Shift＋Print Screen”组合键　　D．按“Ctrl＋Print Screen”组合键

5．带省略号（...）的菜单项表示________。

A．有下一级菜单　　B．可弹出对话框

C．可弹出一个窗口　　D．什么都没有

6．带有☑符号表示该菜单选项组是________。

A．复选项组　　B．单选项组

C．该项没被选中　　D．该项被选中

7. 在 Windows XP 的资源管理器窗口中，文件夹前的“＋”号表示________。

A. 该文件夹含有下级文件夹

B. 该文件夹含有下级文件夹且未展开

C. 不含下级文件夹

D. 该文件夹含有下级文件夹且已经展开

8. 在 Windows XP 的资源管理器窗口中，文件夹前的“－”号表示________。

A. 该文件夹含有下级文件夹

B. 该文件夹含有下级文件夹且未展开

C. 不含下级文件夹

D. 该文件夹含有下级文件夹且已经展开

9. 在 Windows XP 中，要在不同驱动器之间移动文件，应使用的方法是________。

A. Ctrl＋鼠标移动　　B. Alt＋鼠标移动

C. 鼠标移动　　D. Shift＋鼠标移动

10. 下列操作中，________是直接删除文件，而不是把被删除文件送入回收站。

A. 选定文件后，按 Delete 键

B. 选定文件后，按“Shift＋Delete”组合键

C. 选定文件后，按“Alt＋Delete”组合键

D. 选定文件后，按“Ctrl＋Delete”组合键

11. 默认情况下，使用________进行中西文输入法的切换。

A.“Ctrl＋Space”组合键　　B.“Alt＋Ctrl”组合键

C.“Ctrl＋Shift”组合键　　D.“Shift＋Space”组合键

12. 在中文输入法中，使用________进行中西文标点符号的切换。

A.“Ctrl＋Space”组合键　　B.“Alt＋Ctrl”组合键

C.“Ctrl＋.”组合键　　D.“Alt＋.”组合键

13. 在中文输入法中，使用________进行全角和半角的切换。

A.“Ctrl＋Space”组合键　　B.“Alt＋Ctrl”组合键

C.“Ctrl＋Shift”组合键　　D.“Shift＋Space”组合键

14. 在“资源管理器”左窗口中的目录图标上，有“+”号的表示（　　）。

A. 是一个可执行程序　　B. 一定是空目录

C. 该目录有子目录未展开　　D. 一定是根目录

15. 在资源管理器的右窗口中，快速查找.exe 文件，最便捷的方法是将右窗口中的文件按（　　）顺序显示。

A. 名称　　B. 类型　　C. 大小　　D. 日期

二、填空题

1. 正常退出 Windows 系统时，应先________，然后再执行关闭系统的操作。

2. 用鼠标双击窗口“控制菜单”按钮的作用是________。

3. 要安全地卸载安装在 Windows 中的某个应用程序，或删除某个 Windows 组件，可使用控制面板中的________项。

4. 在 Windows 的菜单命令中，显示暗淡的命令表示________；命令名后有符号“…”表示________；

命令名前有符号“√”表示________；命令名前有符号“.”表示________；命令名后有黑色箭头表示________；命令名的右边若还有另一组合键，这种组合键称为________。

5．在 Windows 窗口中，单击滚动条上的向上箭头，可使窗口中的内容________；单击滚动框和向上箭头之间的部分，可使窗口中的内容________。

6．在 Windows 中，要以层叠或平铺方式排列桌面上打开的若干窗口，右键单击________，从快捷菜单中选择相应的命令。

7．设置屏幕的外观，可以使用控制面板中的________项。

8．窗口“最大化”将使窗口________。

9．对话框中的选择按钮分为________两种。

10．要制作某个文件的快捷方式，先要找到该文件，用鼠标右键单击该文件，在弹出的系统快捷菜单中选择________命令，就可以制作出来。

11．要安装或删除一个应用程序，必须先打开________窗口，然后使用其中的“添加/删除程序”功能。

12．通过________可以恢复被误删除的文件或文件夹。

三、应用题

1．在桌面上创建 Word 应用程序和画图程序的快捷方式。

2．进行如下文件或文件夹的操作。

（1）利用“资源管理器”或“我的电脑”在 C 盘上创建一个名叫 abc 的文件夹。

（2）将自己的一些文件复制、剪切或保存到该文件夹中。

（3）将该文件夹重命名为 Myfile。

（4）删除该文件夹，然后将其从回收站中恢复。

（5）将 Myfile 文件夹移动到 D 盘。

3．使用控制面板中的“添加/删除程序”命令卸载系统中不再需要的应用程序。

4．在“资源管理器”窗口或“我的电脑”窗口中用各种视图查看 D 盘上的文件或文件夹。

第 3 章

计算机网络及其应用

随着 Internet 网络的发展，地球村已不再是一个遥不可及的梦想。我们可以坐在计算机前，让计算机带我们到世界各地做一次虚拟旅游。也可以通过 Internet 获取各种想要的信息，查找各种资料。只要掌握了在 Internet 这片浩瀚的信息海洋中遨游的方法，就能在 Internet 中得到无限的信息宝藏。

通过对本章的学习，应掌握：

- 计算机网络的基本概念及其分类。
- 因特网的基本概念和简单应用。
- 网络安全的有关知识及其应用。

3.1 网络基础知识

计算机网络是计算机技术与通信技术相结合的产物。随着计算机网络的发展，人们对计算机网络概念的理解和定义提出了各种不同的观点。

3.1.1 计算机网络概述

究竟什么是计算机网络？先来看一下计算机网络必须满足的条件。

（1）两台以上具有独立操作系统的计算机。

（2）两台以上的计算机互连才能构成网络。这就为网络提出了一个传递信息和共享资源的任务。

（3）计算机之间的连接，互相通信交换信息，需要有通道，即连接介质。这些介质可以是双绞线、同轴电缆和光纤等有线物质，也可以是激光、微波和卫星等无线物质。

（4）计算机之间要相互通信、交换信息，彼此就需要通过一些约定、规则来保证，这就是网络通信协议。

因此，计算机网络的定义是：分布在不同地理位置上的具有独立功能的多个计算机系统，通过通信设备和通信线路相互连接起来，在网络软件的管理下，实现彼此间的资源共享和信息传递的系统。

3.1.2 计算机网络的分类

计算机网络的分类标准很多。按网络覆盖的地理范围进行分类是最普遍的分类方法。按照这种方法，一般可以把计算机网络分为 3 类：局域网、广域网和城域网。

1. 局域网

局域网（Local Area Network，LAN）是一种在小区域内的多台计算机通过传输媒体连接起来的通信网络，通过功能完善的网络软件，实现计算机之间的相互通信和资源共享。其分布范围一般在几千米以内，最大不超过 10km。它是在微型计算机大量推广后被广泛使用的，适合于一个部门或一个单位组建的网络，如在一个房间、一幢大楼或校园内组建。它可以提供 10Mbps 以上的传输速率。

目前常见的局域网类型包括以太网（Ethernet）、光纤分布式数据接口（FDDI）、异步传输模式（ATM）、令牌环网（Token Ring）、交换网（Switching）等，它们在拓扑结构、传输介质、传输速率、数据格式等多方面都有许多不同。其中应用最广泛的当属以太网，它是一种总线结构的 LAN，是目前发展最迅速、也最经济的局域网。

2. 广域网

广域网（Wide Area Network，WAN）也称为远程网络，覆盖地理范围比局域网要大得多，可以从几十千米到几千千米。广域网覆盖一个地区、国家或横跨几个洲。由于广域网分布距离太远，其速率要比局域网低得多，一般为 64Kbps 左右。现在使用的因特网（Internet）就是典型的广域网，它是将世界各地的计算机网络相互连接起来构成的一个特大型网络。

3. 城域网

城域网（Metropolitan Area Network，MAN）是一种介于局域网和广域网之间的高速网络，覆盖地理范围介于局域网和广域网之间，一般为几千米到几十千米，传输速度一般在 50Mbps 左右，其用户多为需要在市内进行高速通信的较大单位或公司。

3.1.3 网络协议与网络操作系统

1. 网络协议

网络协议即网络中（包括因特网）传递、管理信息的一些规范。如同人与人之间相互交流是需要遵循一定的规矩一样，计算机之间的相互通信需要共同遵守一定的规则，这些规则就称为网络协议。

一台计算机只有在遵守网络协议的前提下，才能在网络上与其他计算机进行正常的通信。常见的网络协议有：TCP/IP 协议、IPX/SPX 协议、NetBIOS 协议等，这些协议一般都安装在网络操作系统中，通过网络操作系统来管理和应用。在因特网上被广泛采用的是 TCP/IP 协议。

2. 网络操作系统

网络操作系统（NOS）是网络的心脏和灵魂，是向网络计算机提供服务的特殊操作系统。网络操作系统运行在称为服务器的计算机上，并由联网的计算机用户共享，这类用户称为客户。

网络操作系统与运行在工作站上的单用户操作系统或多用户操作系统是有所差别的。一般情况下，网络操作系统是以使网络相关特性最佳为目的的。如共享数据文件，如 DOS、Windows 98 等，其目的是让用户与系统及在此操作系统上运行的各种应用之间交互作用最佳。

网络操作系统都具有较好的安全性，可以设置和管理每个用户的访问权利，确保关键数据的安全保密。

目前常用的网络操作系统主要有：

（1）Windows 2000 Server

Windows 2000 Server 是一个划时代的新产品，它吸取了 Windows 98 和 Windows NT 两者的优点，新增了大量的硬件驱动程序，支持即插即用，而且具有更高级、更灵活的安全设置。

Windows 2000 是基于 Windows NT 框架的一个操作系统，有两大类 4 种操作系统。第一类工作站平台：Windows 2000 Professional，在商业环境中该产品作为 Windows 2000 的客户端操作系统替代了 Windows 98、Windows NT；第二类服务器平台共有 3 种：Windows 2000 Server、Windows 2000 Advanced Server 和 Windows 2000 Data Center。Windows 2000 Server 除了包含有 Windows 2000 Professional 的所有特性之外，还能提供简单的网络管理服务，比较适于在一般网络环境下做文件和打印服务器、Web 服务器；Windows 2000 Advanced Server 除了包含有 Windows 2000 Server 的所有特性之外，还提供了更好的可扩展性和有效性，支持更多的内存和处理器及群集，比较适合于在大型企业网络和数据库要求比较高的网络环境中应用；Windows 2000 Data Center 包含所有的 Windows 2000 Advanced Server 的特性，此外提供更多的内存和处理器支持，适用于大型数据库、在线事务处理等重要应用。

（2）Novell Netware

Novell 公司的 Netware 是基于 Intel 系列计算机的网络操作系统。在 20 世纪 80 年代末到 90 年代初，随着微型计算机的大量使用，Novell 曾风靡一时。但近年来，由于受 Windows NT Server 的影响，其市场反应并不显著。不过在 1998 年，由于 Netware 5 的推出，Novell 的名字重新被大家所接受。

Netware 操作系统对网络硬件要求较低，其应用环境与 DOS 相似，且应用软件较丰富，技术完善、可靠，尤其是无盘工作站的安装较方便，因而较低配置的微机在组网时应选用 Netware。

（3）UNIX

UNIX 操作系统的功能很强，可靠性很高，目前在金融业、Internet 等方面使用较广，主要有 SUN、AT&T、SCO 等不同版本。

3.1.4　网络的拓扑结构

局域网的拓扑结构是指连接网络设备的传输媒体的铺设形式，构成局域网的网络拓扑结构主要有星形结构、总线结构、环形结构和混合形结构，如图 3-1 所示。

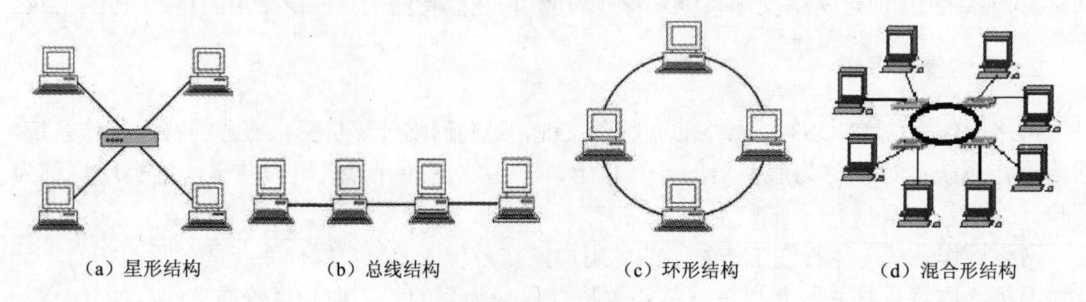

（a）星形结构　（b）总线结构　（c）环形结构　（d）混合形结构

图 3-1　网络拓扑结构

1．星形结构

星形结构由中央结点和分支结点构成，各个分支结点均与中央结点具有点到点的物理连接，分支结点之间没有直接的物理通路。如果分支结点间需要传输信息，必须通过中央结点进行转发；或者由中央结点周期性地询问各分支结点，协助分支结点进行信息的转发。

星形结构便于集中控制，因为端用户之间的通信必须经过中心站。由于这一特点，也带来了易于维护和安全等优点。端用户设备因为故障而停机时也不会影响其他端用户间的通信。但这种结构最大的缺点是，中心系统必须具有极高的可靠性，因为中心系统一旦损坏，整个系统便趋于瘫痪。对此中心系统通常采用双机热备份，以提高系统的可靠性。

2．总线结构

总线结构采用无源传输媒体作为广播总线，利用电缆抽头将各种设备接入总线。如果某个结点有信息需要发送，则直接发往总线，总线上的所有结点都将感知该信息的到来。为了防止传输信号的反射，总线两端需使用终结器（也称终端适配器）。

总线结构具有费用低，数据端用户入网灵活，站点或某个端用户失效不影响其他站点或端用户通信的优点。缺点是一次仅能一个端用户发送数据，其他端用户必须等待获得发送权后方能发送，媒体访问获取机制较复杂。尽管有上述一些缺点，但由于布线要求简单，扩充容易，所以总线结构是网络技术中使用很普遍的一种。

3．环形结构

环接口设备通过传输媒体串接形成闭合环路，每个环接口设备仅与其相邻的两个环接口设备（分别对应上行和下行环接口设备）之间具有点到点连接，入网设备通过环接口设备接入环路。当某个结点要发送信息时，首先将信息发到对应的环接口设备，并沿环路发往其下行的环接口设备，该设备进行转发或者递交给与其附接的结点。

环上传输的任何报文都必须穿过所有端点，因此，如果环的某一点断开，环上所有端间的通信便会终止。为克服这种网络拓扑结构的脆弱，每个端点除与一个环相连外，还连接到备用环上，当主环发生故障时，自动转到备用环上。

4．混合形结构

混合形结构是将上述各种拓扑混合起来的结构，常见的有树形（总线结构的演变或者总线和星形的混合）、环星形（星形和环形拓扑的混合）结构等。

3.1.5 网络设备

1．网络适配器

网络适配器又称网卡或网络接口卡（Network Interface Card，NIC），它是计算机进行联网的设备。平常所说的网卡就是将 PC 和 LAN 连接的网络适配器。网卡插在计算机主板插槽中，负责将用户要传递的数据转换为网络上其他设备能够识别的格式，通过网络介质传输。它的主要技术参数为带宽、总线方式、电气接口方式等。

图 3-2 所示分别为普通台式机与笔记本网卡、USB 无线网卡和台式机无线网卡。

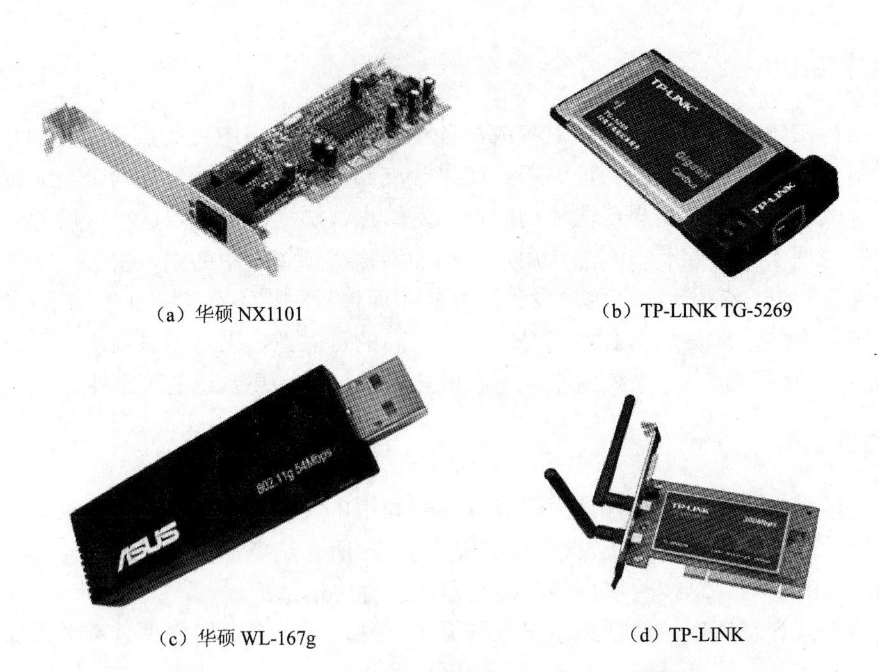

（a）华硕 NX1101　　（b）TP-LINK TG-5269

（c）华硕 WL-167g　　（d）TP-LINK

图 3-2　网络适配器

2. 集线器

集线器（Hub）是局域网的基本连接设备。在传统的局域网中，连网的结点通过双绞线与集线器连接，构成物理上的星形拓扑结构。集线器如图 3-3 所示。

图 3-3　TP-Link 集线器

Hub 是一个共享设备，其实质是一个中继器，而中继器的主要功能是对接收到的信号进行再生放大，以扩大网络的传输距离。正是因为 Hub 只是一个信号放大和中转的设备，所以它不具备自动寻址能力，即不具备交换作用。所有传到 Hub 的数据均被广播到与之相连的各个端口，容易形成数据堵塞。

集线器按其适应的网络带宽可分为 10Mbps、100Mbps、10Mbps/100Mbps 和自适应几种，千兆以上就不再使用集线器，而是使用交换机。

3. 交换机

交换机的英文名称为 Switch，也叫交换式集线器，它是集线器的升级换代产品。从外观上看，它与集线器基本上没有多大区别，都是带有多个端口的长方体，如图 3-4 所示。交换机是按照通信两端传输信息的需要，用人工或设备自动完成的方法把要传输的信息送到符合要求的相应路由上的技术统称。广义的交换机就是一种在通信系统中完成信息交换功能的设备。

（a）华为 S2403H-EI

（b）NETGEAR GS724TR 智能网管三层增强型交换机

图 3-4　交换机

交换机的主要功能包括物理编址、网络拓扑结构、错误校验、帧序列以及流量控制。目前交换机还具备了一些新的功能，如对 VLAN 的支持，对链路汇聚的支持，甚至有的具有防火墙的功能，这就是第三层交换机所具有的功能。所谓的第三层交换机就是在基于协议的 VLAN 划分时，增加了路由功能。

总之，交换机是一种基于 MAC 地址识别，能完成封装转发数据包功能的网络设备。目前，主流的交换机厂商以国外的 CISCO（思科）、3COM 为代表，国内主要有华为、D-LINK 等。

4．路由器

在因特网日益发展的今天，是什么把网络相互连接起来？答案是路由器（Router）。路由器在因特网中扮演着十分重要的角色。通俗地讲，路由器是因特网的枢纽，或者说是“交通警察”。路由器的定义是：用来实现路由选择功能的一种媒介系统设备。所谓路由，是指通过相互连接的网络把信息从源地点移动到目标地点的活动。一般来说，在路由过程中，信息至少会经过一个或多个中间结点。图 3-5 所示为两种常用路由器。

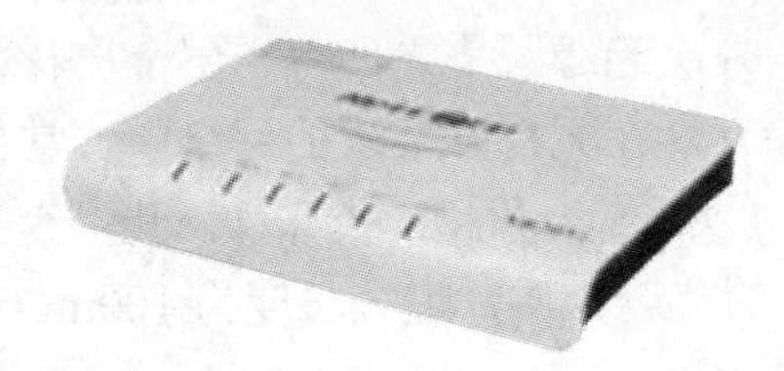

（a）Netcore NR205＋

（b）TP-LINK TL-R402M

图 3-5　路由器

路由器是因特网的主要结点设备。也可以说，路由器构成了 Internet 的骨架。它的处理速度是网络通信的主要瓶颈之一，它的可靠性则直接影响着网络互连的质量。因此，在局域网、城域网、乃至整个 Internet 研究领域中，路由器技术始终处于核心地位，其发展历程和方向成为整个 Internet 研究的一个缩影。

5．调制解调器

普通电话线是针对语音通话而设计的模拟信道，主要适用于模拟信号的传输。如果要在模拟信道上传输数字信号，就必须在信道两端分别安装调制解调器（Modem），用数字脉冲信号对模拟信号进行调制和解调。在发送端，将数字脉冲信号转换成能在模拟信道上传输的模拟信号，此过程称为调制（Modulate）；在接收端，再将模拟信号还原成数字脉冲信号，这个反过程称为解调(Demodulate)。把这两个功能结合在一起的设备称为调制解调器(Modem)。

Modem 分为普通 Modem、ISDN Modem、ADSL Modem 等多种，图 3-6 所示为 ADSL Modem。

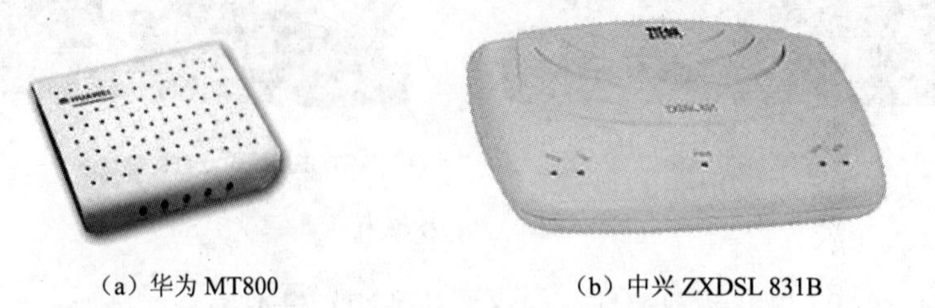

（a）华为 MT800　　　　（b）中兴 ZXDSL 831B

图 3-6　ADSL Moodem

6．网络传输介质

目前网络传输介质主要有 4 种：粗同轴电缆、细同轴电缆、双绞线和光纤。

（1）双绞线

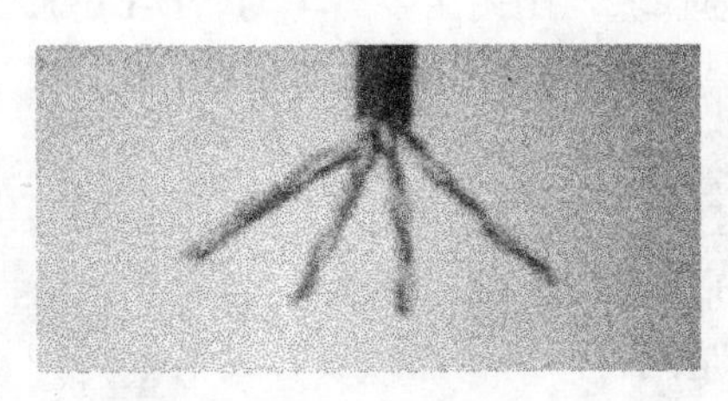

图 3-7　10Base-T 双绞线

双绞线即 10Base-T 双绞线电缆，它是局域网布线中最常用到的一种传输介质，尤其在星形网络拓扑中，双绞线是必不可少的布线材料。双绞线电缆中封装着 4 对双绞线，为了降低信号的干扰程度，每对双绞线一般由两根绝缘铜导线相互缠绕而成。每根铜导线的绝缘层上分别涂有不同的颜色，以示区别。双绞线常用 RJ-45 接头与其他网络设备连接，如图 3-7 所示。

双绞线可分为非屏蔽双绞线（UTP）和屏蔽双绞线（STP）两大类。两者的区别在于，屏蔽双绞线最大的特点在于封装，其中的双绞线与外层绝缘胶皮之间有一层金属材料，能减少辐射，防止信息窃听，同时还有较高的数据传输率。在无特殊要求的网络中，常使用非屏蔽双绞线。现在常用的非屏蔽双绞线可分为 3 类、4 类、5 类和超 5 类几种。其中 5 类非屏蔽双绞线因价廉质优而成为快速以太网（100Mbps）的首选介质，最大长度为 100m。

（2）光纤

光纤是光导纤维的简称，是由各种导光材料做成的纤维丝，即 10Base-F，也称光缆。它由纤芯、包层、护套层组成，只能单向传输。为了实现双向通信，光缆就必须成对出现，一个用于输入，一个用于输出，光缆两端接光学接口器。光纤的外形及其内部结构如图 3-8 所示。

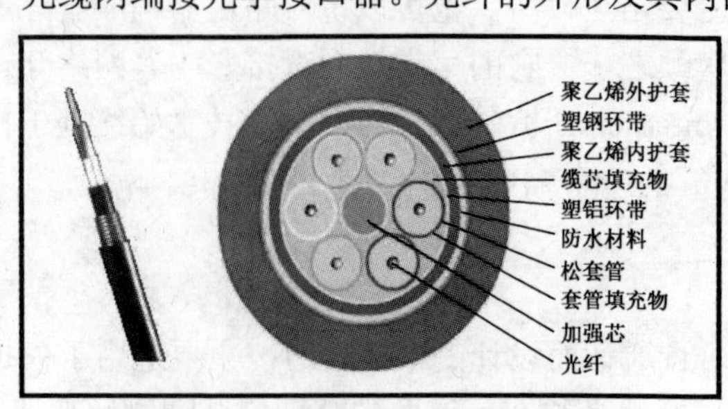

图 3-8　光纤的外形及其内部结构

光缆是数据传输中最有效的一种传输介质，其优点主要有：

体积小，重量轻，便于铺设。外壳直径为 125 μm，加保护层后外径也小于 1mm，重量约为电缆的 1/50，体积约为电缆的 1/100。

频带宽，资讯容量大。频率约在 1 013～1 016 Hz 之间，光纤的频宽多模为 4 GHz.km，单模为 1.5THz.km。

低传输损失，传输距离远。工作波长在 1.55μm 时，损失为 0.2dB/km；工作波长在中红外线区 2～10μm 时，损失为 0.001dB/km（0.2dB/km 就是光传送 15 km 以后，光的强度还有原来的一半）。

抗干扰性好，保密性佳，使用安全。不受雷击，电磁干扰，绝缘，抗压，石英光纤抗高温及耐腐蚀，可在多种极端及特殊环境工作，不会产生火花，非常不易被窃听，易于侦测破坏。

光纤的缺点主要有：光纤切断和连接、熔接操作技术复杂；连接器价格昂贵，分路、耦合麻烦，易造成损失；不能传送电力，且废料不能回收。

（3）同轴电缆

目前广泛使用的同轴电缆有两种：一种为 50Ω（沿电缆导体各点的电磁电压对电流之比）同轴电缆，用于数字信号的传输，即基带同轴电缆；另一种为 75 Ω同轴电缆，用于宽带模拟信号的传输，即宽带同轴电缆。同轴电缆以单根铜导线为内芯，外裹一层绝缘材料，外覆密集网状导体，最外面是一层保护性塑料，如图 3-9 所示。金属屏蔽层能将磁场反射回中心导体，同时也使中心导体免受外界干扰，故同轴电缆比双绞线具有更高的带宽和更好的噪声抑制特性。

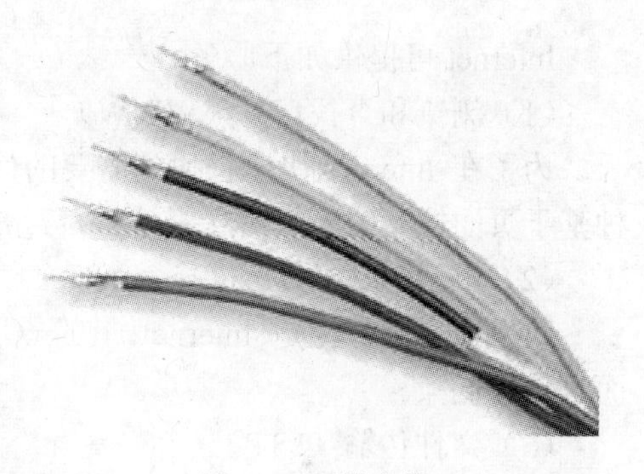

图 3-9 同轴电缆

以太网同轴电缆的接法有两种：直径为 0.4 cm 的 RG－11 粗缆，采用凿孔接头接法；直径为 0.2cm 的 RG－58 细缆，采用 T 型头接法。粗缆要符合 10BASE5 介质标准，使用时需要一个外接收发器和收发器电缆，单根最大标准长度为 500 m，可靠性强，最多可接 100 台计算机，两台计算机的最小间距为 2.5 m。细缆按 10BASE2 介质标准直接连到网卡的 T 型头连接器（BNC 连接器）上，单段最大长度为 185 m，最多可接 30 个工作站，最小站间距为 0.5 m。同轴电缆是指 BNC 电缆，它以一根铜线为芯，外镶一层绝缘材料，这层绝缘体外又被铝或铜做的网状导体所环绕，可以屏蔽外界干扰。

3.2 Internet 基础知识

3.2.1 Internet 的定义

20 世纪 60 年代，当时正处于美国和前苏联冷战时代，根据当时的国际局势，考虑到现代战争的特点，美国国防部（Department Of Defence，DOD）所属的高级研究规划署（The Advanced Research Projects Agency，ARPA）开始致力于计算机网络和通信技术的研究。他们设计一套用于网络互连的协议软件（TCP/IP）并建立了实验性军用计算机网络 ARPAnet，

ARPA 网的成功使得很多机构都希望连入 ARPAnet，但 ARPAnet 是一个军用网络，无法满足他们的要求。

美国国家科学基金会（National Science Foundation，NSF）认识到 Internet 的发展对社会的推动作用，同时为了使美国在未来的信息社会中保持优势地位，于 1986 年资助建立了 NSFnet 主干网，从此 Internet 在美国迅速发展并获得巨大成功。此后随着连入 Internet 的用户飞速增长，形成了一个全世界范围的庞大网络。所以，Internet 就是将世界各个地方已有的各种广域网和局域网连接起来，形成一个跨越国界的庞大互连网络。这个网络还在不断地扩大，最终将覆盖全世界各个角落，连接各行各业甚至每家每户，使得彼此不论在何时何地均可以进行各种信息的共享。

对于 Internet，可以这样来理解，它是通过路由器将世界不同地区、规模大小不一、类型不同的网络互相连接起来的网络，是一个全球性的计算机互联网络，音译为“因特网”，也称“国际互联网”。它是一个信息资源极其丰富的、世界上最大的计算机网络。

3.2.2 Internet 的作用

Internet 可提供如下服务。

（1）浏览和查找信息（WWW）

为了在 Internet 快速查找到需要的信息，通常要借助于信息检索查询工具。WWW 是一种基于页面检索的高级信息服务工具，是 Internet 的一项主要服务项目。

（2）电子邮件（E-mail）

收发电子邮件也是 Internet 上的一项重要服务。与普通邮件相比，电子邮件不仅速度快而且价格低廉。

（3）文件传输（FTP）

在计算机之间传送文件，可以将远程计算机上的软件或资料下载到本地计算机上。

（4）远程登录（Telnet）

通过远程登录，可以在本地计算机上操作其他地方的主机，以便查询资料和传送数据。

（5）公告板服务（BBS）

用于发表公告、新闻、文章，供广大用户阅读。

3.2.3 Internet 通信协议

使用 Internet 离不开信息的传输。为了使不同类型的计算机能够相互交换信息，在 Internet 上进行数据传输时必须采用统一的通信协议。为了数据能够正确传送到目的地，每个 Internet 上的计算机还必须有自己的地址。通常 Internet 上的计算机都采用 TCP/IP 通信协议。TCP/IP 通信协议就是将要发送的数据分组放入 TCP 包中，然后再将该 TCP 包放入数据包中。IPv4 分组中包含有数据发送和接收方计算机的 IP 地址和其他信息。

1. IP 地址

IP 地址由 32 位二进制数组成，它相当于一个号码。当用户要与某台计算机连接时，只要使用这个号码，就可以很方便地找到并连接该计算机。为了使用方便，IP 地址由四个字节组成，每个字节的十进制值不超过 255。为了使用方便，将各字节用圆点“.”分隔，如 172.16.1.251，这种表示方法称为点分十进制。

IP 地址包含网络号和主机号两部分。网络号位于 IP 地址的前部，用于标识计算机位于哪个网络上，这有点类似身份证的前几位，表示身份证所有者所在的地区；主机号位于 IP 地址的后部，用于标识同一个网络上的某台计算机。

根据 IP 地址中网络号和主机号所占的位数不同，通常使用的 IP 地址分为 A、B、C 三类。简单来说，可以通过 IP 地址的第一个字节来识别 IP 地址的类别：A 类地址是为大型网络提供的，其 IP 地址的第一个字节的值介于 0～127 之间；B 类地址用于大中型规模网络中，其 IP 地址的第一个字节的值介于 128～191 之间；C 类地址用于小型网络，其 IP 地址的第一个字节的值介于 192～223 之间。

2．域名

Internet 中的计算机都是用 IP 地址来唯一标识的，但是 IP 地址很难记忆。如新浪网站的服务器地址是 211.95.77.13，相信很少有人能长时间将其记住。为了解决这个问题，TCP/IP 协议中提出了具有层次结构的字符型标识，并将其称为域名。如新浪网站的服务器的域名是 www.sina.com.cn ，其中 www 是万维网的缩写，sina 是新浪的英文名，com 表示公司，cn 表示中国。显然，经过这样一解释，很容易就能记住新浪网站的域名了。

域名采用层次结构，每一层构成一个子域名，子域名之间用英文句点隔开，一般情况下自左至右分别为计算机名、公司名、公司性质、所在国家，如www.163.com，www.sohu.com，www.baidu.com 等。

顶级域名代码如表 3-1 所示。

表 3-1　顶级域名代码

代　码	机关性质	代　码	机关性质
com	商业机构	mil	军事机构
edu	教育科研机构	net	网络机构
gov	政府机构	org	非营利组织
int	国际组织		

为了适应 Internet 在全球范围内的使用，在域名中的国家或地区的域名部分采用两个字母表示，如表 3-2 所示。

表 3-2　国家或地区的域名

代　码	国　家	代　码	国　家
cn	中国	dk	丹麦
fr	法国	kr	韩国
au	澳大利亚	ge	德国
ca	加拿大	it	意大利
jp	日本	hk	香港特别行政区
uk	英国	tw	中国台湾

虽然域名的使用给人们带来了极大的方便，但 Internet 上计算机之间的相互识别和通信实际还是通过 IP 地址，因此，使用域名作为计算机地址时，必须借助于域名服务器 DNS 完成域名到 IP 地址的翻译工作。国际互联网络信息中心和各地的网络信息中心都有相应的服务

器来负责该项工作。

3.3 网络的基本操作

3.3.1 网页浏览

世界各地的计算机站点存储着各种各样的 WWW 信息，将计算机连接到 Web 上，就可以访问这些信息。在 Windows 中，已经安装了浏览 WWW 的 Internet Explorer（简称 IE）浏览器软件。连接上网络后，启动 IE 浏览器，就可以用它查看 WWW 信息了。

1．相关概念

在开始使用浏览器上网之前，再简单介绍几个与浏览相关的概念。

（1）万维网 WWW

万维网 WWW 是一种建立在因特网上的全球性的、交互的、动态的、多平台的、分布式的超文本超媒体信息查询系统。它也是建立在因特网上的一种网络服务，其主要的概念就是超文本（Hypertext），遵循超文本传输协议（HyperText Transmission Protocol，HTTP）。Web 技术是由位于瑞士日内瓦的欧洲原子核研究委员会的 Tim Berners-Lee 创建的，其开发的最初目的是为了在科学家之间共享科研成果，科学家们可以将科研成果以图文形式放在网上进行共享。现在 WWW 的应用已远远超出了原定的目标，成为因特网上最受欢迎的应用之一。WWW 的出现极大地推动了因特网的发展。

（2）超文本和超链接

超文本（Hypertext）中不仅含有文本信息，而且还可以包含图形、声音、图像和视频等多媒体信息，最主要的是超文本中还包含着指向其他网页的链接，这种链接为超链接（Hyperlink）。在一个超文本文件中可以含有多个超链接，它们把分布在本地或远地服务器中的各种形式的超文本链接在一起，形成一个纵横交错的链接网。用户可以打破顺序阅读文本的老规矩，从一个网页跳转到另一个网页进行阅读。当鼠标指针移到含有超链接的文字时，指针会变成手形指针，文字也会改变颜色或加下画线，表示此处有一个链接，直接单击它就可以转到另一个相关的 Web 页。这对浏览来说非常方便。可以说超文本是实现浏览的基础。

（3）统一资源定位器

WWW 用统一资源定位器（Uniform Resource Locator，URL）来描述 Web 页的地址和访问它时所用的协议。

URL 的格式如下。

协议：//IP 地址或域名/路径/文件名

其中各部分的含义如下。

- 协议：服务方式或获取数据的方法，简单地说就是“游戏规则”，如 http、ftp 等。
- IP 地址或域名：存放该资源的主机的 IP 地址或域名。
- 路径和文件名：用路径的形式表示 Web 页在主机中的具体位置（如文件夹、文件名等）。

例如，http://www.rhoclo.commcorp.com/web/html/salsa.html 就是一个 Web 页的 URL。它告诉系统：使用超文本传输协议（http），资源是域名为 www.rhoclo.commcorp.com 的主机上，文件夹\web\html 下的一个 HTML 语言文件 salsa.html。

（4）浏览器

浏览器是用于浏览 WWW 的工具，安装在用户端的机器上，是一种客户软件。它能够把超文本标记语言描述的信息转换成便于理解的形式。此外，它还是用户与 WWW 之间的桥梁，把用户对信息的请求转换成网络上计算机能够识别的命令。浏览器有很多种，最常用的 Web 浏览器是 Windows 操作系统自带的 IE 浏览器，此外还有 Mozilla 浏览器、Firefox 浏览器等。用户必须在计算机上安装浏览器才能对 Web 进行浏览。

（5）主页

主页就是当访问者在浏览器里输入网址或 IP 地址时直接转到的页面，也就是通常用域名打开的第一个页面。例如，www.sina.com.cn 就是新浪网的主页面，也称为首页。它是和其他页面相对应的，例如 tech.sina.com.cn 就是新浪网的科技频道的子页面。

2. IE 网页浏览

用户计算机中进行 Web 页面浏览的客户程序称为 Web 浏览器。目前比较流行的浏览器有网景公司的 Netscape Navigator 和微软公司的 Internet Explorer（简称 IE）。本书以 IE 为例讲述 Web 页面的基本浏览方法。

在 Windows 操作系统的桌面上双击 Internet Explorer 图标，就可以启动 IE。启动后的 IE 窗口如图 3-10 所示，主要由标题栏、菜单栏、工具栏、地址栏、网页显示区、状态栏等部分组成。

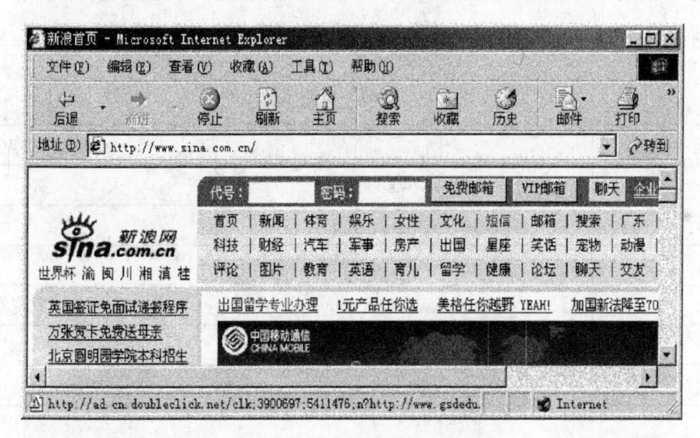

图 3-10 IE 的启动窗口

（1）IE 工具栏常用按钮

后退——返回到当前页面的前一个页面。

前进——倒回到当前页面的下一个页面。只有使用过后退功能后才能使用前进按钮。

停止——停止当前的主页调用进程。

刷新——重新从服务器上调用当前主页。

主页——调用系统设置的主页。用户可以更改它，方法为：单击 IE 中“工具”→“Internet 选项”菜单，打开“Internet 选项”对话框，在“常规”选项卡“主页”选项下，单击“使用当前页”按钮，则将当前网页设为主页或直接输入新主页地址。每次启动 IE 时，都会直接访问这个设置的主页，所以，主页一般是用户经常访问的网页地址。

搜索——可根据关键词搜索相关的站点。

收藏——在窗口左边显示“收藏夹”内的网址。

历史——存储一些上网的历史记录。

字体——在此可选择简体、繁体汉字。

打印——打印当前页面。

（2）使用 IE 浏览网页

IE 的工具栏下面是地址栏，只需在“地址”后输入网址即可访问该网址对应的网页。例如，输入中央电视台的地址http://www.cctv.com，再敲一下回车键就可调出中央电视台的首页，如图 3-11 所示。

地址 http://www.cctv.com.cn/ 链接

图 3-11 在 IE 地址栏输入网址

有时你可能想打开另一 Web 页面又不想关闭当前页面，则可按住 Shift 键并单击任一链接，就会弹出一个新的 IE 窗口，显示链接所指定的 Web 页面。或者在一个链接上单击鼠标右键，在弹出的快捷菜单中，选择“在新窗口中打开链接”即可。

3.3.2 网上资源搜索

1．常用的搜索网站的使用

常用的搜索网站及其网址如表 3-3 所示。

表 3-3 常用的搜索网站列表

网站名称	网址	特点
搜狐	http://www.sohu.com	综合
新浪	http://www.sina.com.cn	综合
网易	http://www.163.com	综合
雅虎	http://www.yahoo.com.cn	综合，侧重搜索引擎
百度	http://www.baidu.com	专业搜索引擎
谷歌	http://www.google.cn	专业搜索引擎

以通过百度查找与 Flash 教学相关的网站为例，操作如下。

（1）单击桌面上的 Internet Explorer 图标，打开 IE 浏览器。

（2）选中 IE 地址栏中的字符，如图 3-12 所示。

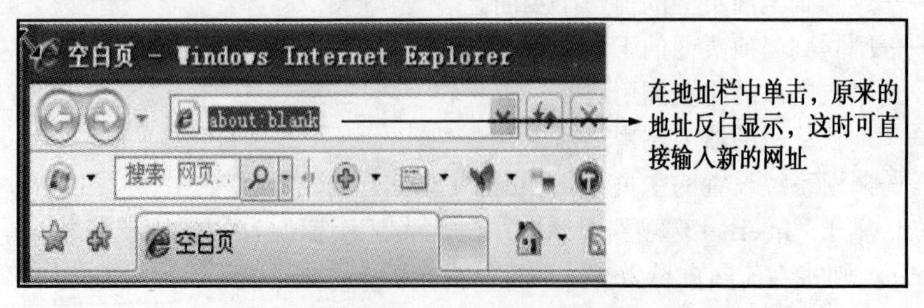

图 3-12 选中 IE 地址栏

（3）输入要进入的网站地址，如www.baidu.com，然后按 Enter 键，打开百度网站。

（4）在提示框中输入关键字，如“flash 教学”，如图 3-13 所示。

图 3-13　输入关键字

（5）单击“百度一下”按钮或者按 Enter 键，则可以显示搜索结果，如图 3-14 所示。

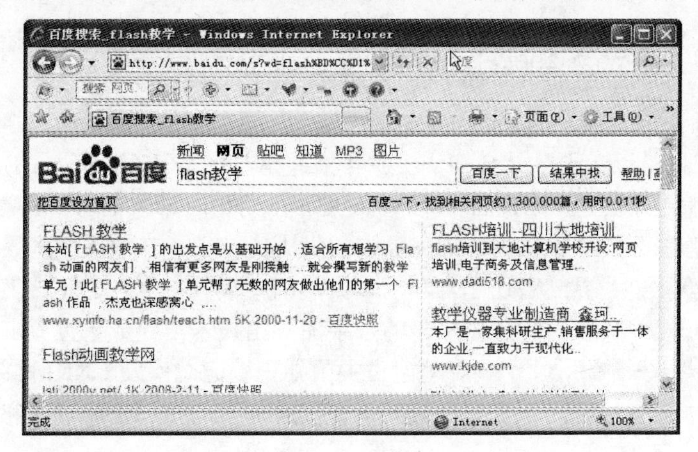

图 3-14　搜索结果

（6）单击其中一个超链接就可以打开相应的网页，如图 3-15 所示。

2. 搜索引擎的进一步使用

专业搜索引擎还有以下几种常用的搜索方法。

（1）使用加号+：使用加号+或者空格把几个条件相连可以搜索到同时拥有这几个字段的信息。比如想查询“崔健”的歌曲《一无所有》，可以输入“崔健+一无所有”。

（2）使用减号－：使用减号－可以避免在查询某个信息中包含另一个信息，例如想查找“崔健”的歌曲《一无所有》，但又不希望得到的结果是 RM 格式（Realplayer）的，可以输入“崔健 歌曲 一无所有 –RM”，减号前要留一个空格位。

（3）使用引号“”：如果希望查询的关键字在查询的结果中不被拆分，可以使用引号“”将其括起。Google 可以对中文句子作智能化处理，会自动把句子分割成词语作为关键词。

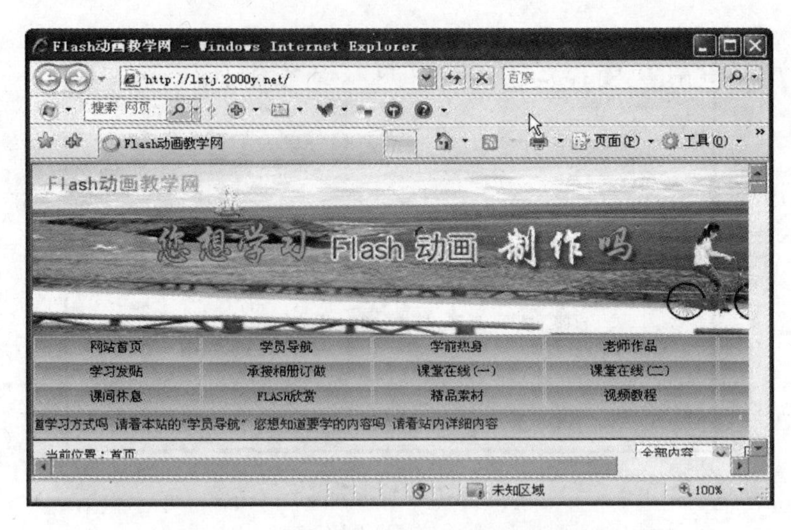

图 3-15 单击查询结果打开相应的网页

3．中国知网（www.cnki.net）

国家知识基础设施（National Knowledge Infrastructure，NKI）的概念，由世界银行于 1998 年提出。CNKI 工程是以实现全社会知识资源传播共享与增值利用为目标的信息化建设项目，由清华大学、清华同方发起，始建于 1999 年 6 月。在党和国家领导以及教育部、中宣部、科技部、新闻出版总署、国家版权局、国家计委的大力支持下，在全国学术界、教育界、出版界、图书情报界等社会各界的密切配合和清华大学的直接领导下，CNKI 工程集团经过多年努力，采用自主开发并具有国际领先水平的数字图书馆技术，建成了世界上全文信息量规模最大的“CNKI 数字图书馆”，并正式启动建设中国知识资源总库及 CNKI 网络资源共享平台，通过产业化运作，为全社会知识资源高效共享提供最丰富的知识信息资源和最有效的知识传播与数字化学习平台。

CNKI 工程的具体目标，一是大规模集成整合知识信息资源，整体提高资源的综合和增值利用价值；二是建设知识资源互联网传播扩散与增值服务平台，为全社会提供资源共享、数字化学习、知识创新信息化条件；三是建设知识资源的深度开发利用平台，为社会各方面提供知识管理与知识服务的信息化手段；四是为知识资源生产出版部门创造互联网出版发行的市场环境与商业机制，大力促进文化出版事业、产业的现代化建设与跨越式发展。

4．文件下载

下载就是通过网络进行文件传输，并将其保存到本地计算机上的一种网络活动。即把信息从因特网或其他电子计算机上传送到某台电子计算机上保存下来（跟“上传”相对）。也就是把服务器上保存的软件、图片、音乐、文本等下载到本地机器中。广义上说，凡是在屏幕上看到的不属于本地计算机上的内容，都是通过“下载”得来的。

从网上下载资源一般可采取浏览器直接下载或使用专用的下载软件下载。

（1）使用浏览器下载。这是许多初学者常使用的方式，它操作简单方便。在浏览过程中，只要单击想下载的链接，浏览器就会自动启动下载，只要给下载的文件指定存放路径即可正式下载了。若要保存图片，只要右击该图片，在弹出的快捷菜单中选择“图片另存为”命令即可。这种方式的下载虽然简单，但也有弱点，那就是功能太少，不支持断点续传，对于拨号上网的用户来说下载速度也太慢。建议初学上网的朋友选择这种方式。

（2）使用专业软件下载。这种方式使用文件分切技术，就是把一个文件分成若干份同时进行下载，这样下载软件时就会感觉到比浏览器下载快多了。更重要的是，当下载出现故障断开后，下次下载仍旧可以接着上次断开的地方下载。迅雷和网际快车等都是常用的下载软件。

注意：下载后一定记得先用杀毒软件进行杀毒，否则容易使系统中毒。下载软件要到权威网站下载，尽量不要到小网站下载。

比如在天空网站下载迅雷软件，并安装到计算机上，再使用该软件下载360安全卫士。具体操作步骤如下。

（1）在IE浏览器中输入www3.skycn.com，并按Enter键，打开天空网站。

（2）在文本框中输入“迅雷”，按Enter键，搜索到如图3-16所示的网页。

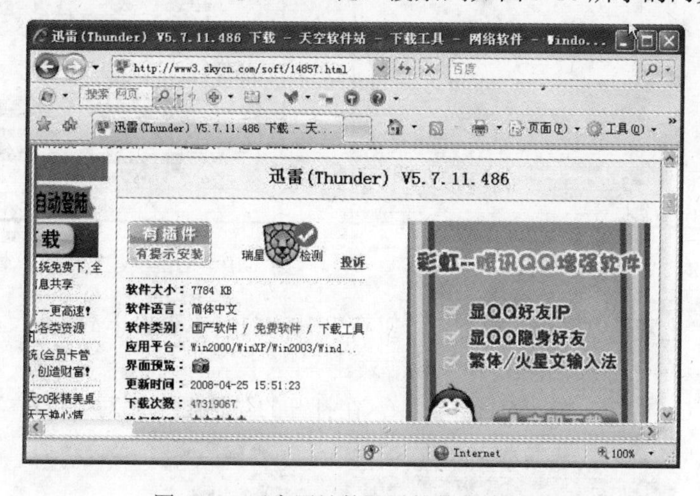

图3-16　天空网站的迅雷软件下载页面

（3）在下载地址区域随意单击一个下载地址，打开“文件下载”对话框，如图3-17所示。

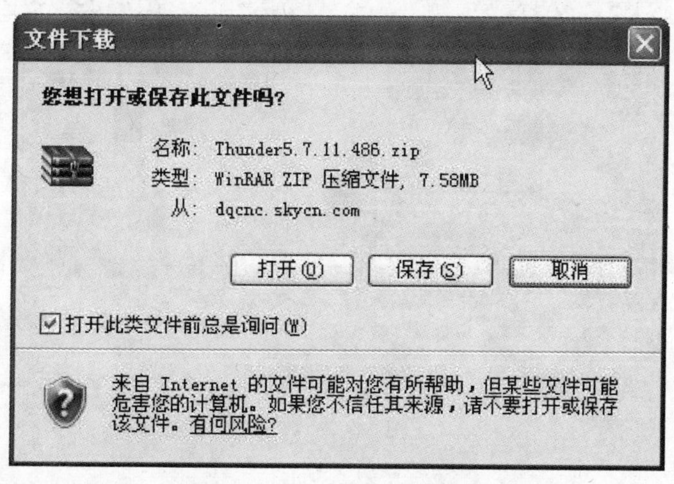

图3-17　“文件下载”对话框

（4）单击“保存”按钮，将弹出“另存为”对话框。在对话框中设置软件下载保存的位置为“下载专区”文件夹（如果没有该文件夹可创建），如图 3-18 所示。

（5）单击“保存”按钮后，开始下载该软件，下载完毕，会显示提示信息。选择打开软件，在计算机安装该软件。完成安装后，桌面上会出现“迅雷”图标。

（6）在天空网站中搜索到 360 安全卫士，并选择一个下载地址开始下载，这时会自动使用“迅雷”开始下载，如图 3-19 所示。

图 3-18　“另存为”对话框

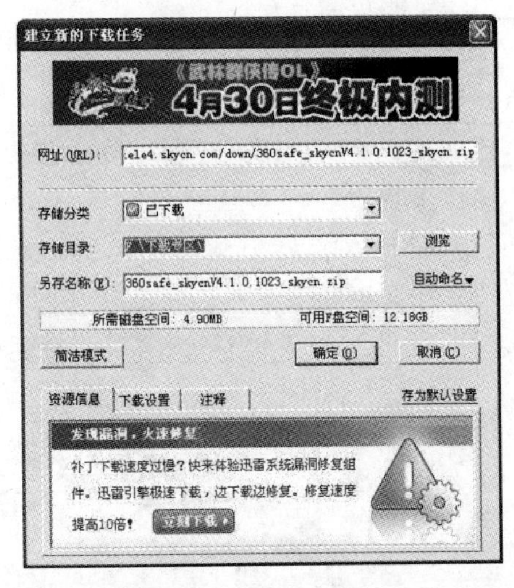

图 3-19　迅雷“建立新的下载任务”对话框

（7）在任务栏上双击“迅雷”图标，可以在打开的窗口中查看下载情况，如图 3-20 所示。下载完毕后，可以在已下载文件夹中查看结果。

（8）依次选择“工具”→“配置”命令，在打开的对话框中可对“迅雷”进行相关设置。

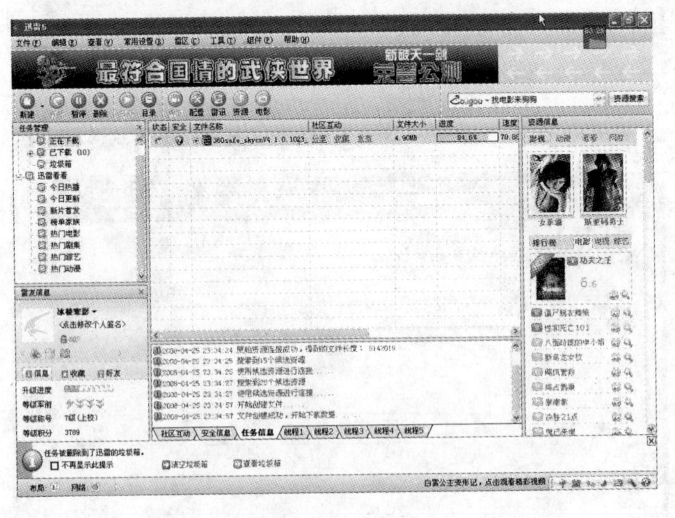

图 3-20　迅雷主界面

5. 其他操作

在上网过程中经常会用到以下操作。

（1）保存 Web 页面和图片。打开要保存的 Web 页面，单击“文件”下拉菜单中的“另存为”命令，打开“另存为”对话框，选择保存地址，单击“保存”按钮后就可以保存该

Web 页面；要保存 Web 页面中的图片，可以直接在图片上右击，选择“图片另存为”命令，就可以打开“另存为”对话框。

（2）设置主页与清除历史记录。打开某一网页，单击“工具”下拉菜单中的“Internet 选项”命令，打开“Internet 选项”对话框，如图 3-21 所示。在“常规”选项卡中单击“使用当前页”按钮，单击“确定”按钮后，每次启动 IE，最先显示的就会是该网页了；在此对话框中单击“清除历史记录”按钮，就可以清除历史记录。

另外，历史按钮和收藏夹的使用也会给用户带来极大的方便。

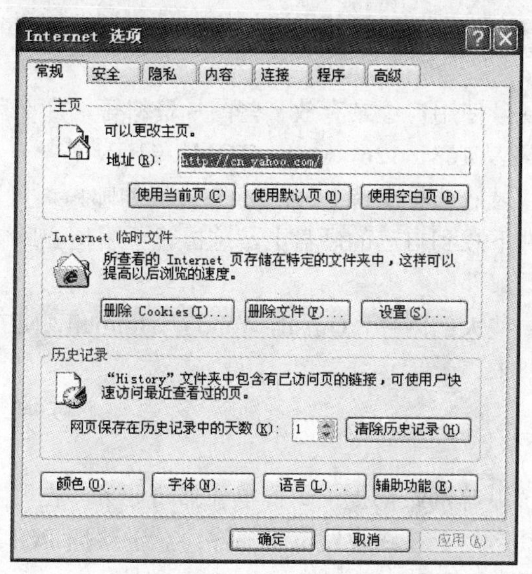

图 3-21 “Internet 选项”对话框

3.3.3 发电子邮件

电子邮件是因特网上一项重要的应用，也是现代人之间重要的通信方式。使用电子邮件收发信息不仅快捷方便，而且还能同时将一封信发送给多个人，并且能方便地附加照片等文件。

1. 电子邮件相关的概念

电子邮件又称电子信箱、电子邮政，是一种用电子手段提供信息交换的通信方式。它综合了电话通信和邮政信件的特点，传送信息的速度和电话一样快，又能像信件一样使收信者在接收端收到文字记录。电子邮件系统又称基于计算机的邮件报文系统。

电子邮件地址的格式是“user@server.com”，它由三部分组成。第一部分“user”代表用户信箱的账号，对于同一个邮件接收服务器来说，这个账号必须是唯一的；第二部分“@”是分隔符；第三部分“server.com”是用户信箱的邮件接收服务器域名，用以标志其所在的位置。

常见的电子邮件协议有 SMTP（简单邮件传输协议）、POP3（邮局协议）和 IMAP（Internet 邮件访问协议）。这几种协议都是由 TCP/IP 协议族定义的。其中 POP3 是把邮件从电子邮箱中传输到本地计算机的协议。要离线阅读电子邮件，必须要有 POP/SMTP 协议的支持。

对于电子邮件，有以下几个相关的流行术语。

- 垃圾邮件（spam）：现在还没有一个非常严格的定义。一般来说，凡是未经用户许可就强行发送到用户的邮箱中的任何电子邮件都是垃圾邮件。
- 邮件病毒：通过电子邮件传播的病毒。它一般夹在邮件的附件中，在用户运行了附件中的病毒程序后，就会使电脑染毒。需要说明的是，电子邮件本身不会产生病毒，只是病毒的寄生场所。

选择电子邮箱时，首先要明白使用电子邮件的目的是什么，根据不同的目的有针对性地去选择。

如果经常和国外的客户联系，建议使用国外的电子邮箱，如 Gmail，Hotmail，MSN，Yahoo 等。

如果是想当做网络硬盘使用，经常存放一些图片资料等，那么就应该选择存储量大的邮箱，如 Gmail，Yahoo，网易 163，126，yeah，TOM，21CN 等都是不错的选择。

如果自己有计算机，最好选择支持 POP/SMTP 协议的邮箱，可以通过 Outlook，Foxmail 等邮件客户端软件将邮件下载到自己的硬盘上，这样就不用担心邮箱的大小不够用，同时还能避免别人窃取密码偷看邮件。

如果经常需要收发一些大的附件，Gmail，Yahoo，Hotmail，MSN，网易 163，126，Yeah 邮箱等都能很好地满足要求。

2．获取电子邮件账号

目前网易、新浪、搜狐等网站都提供免费电子邮箱业务。在网上申请获得电子邮件账号后，可以使用该账号在其网站上在线收发电子邮件。对于支持 POP3 服务的账号，还可以使用 Outlook 离线创建、阅读和管理电子邮件。

申请免费电子邮件账号，以在 163 网站申请一个免费电子邮件账号为例，操作如下。

（1）在 IE 窗口的地址栏中输入 http://www.163.com，按 Enter 键后，打开 163 网站，如图 3-22 所示。

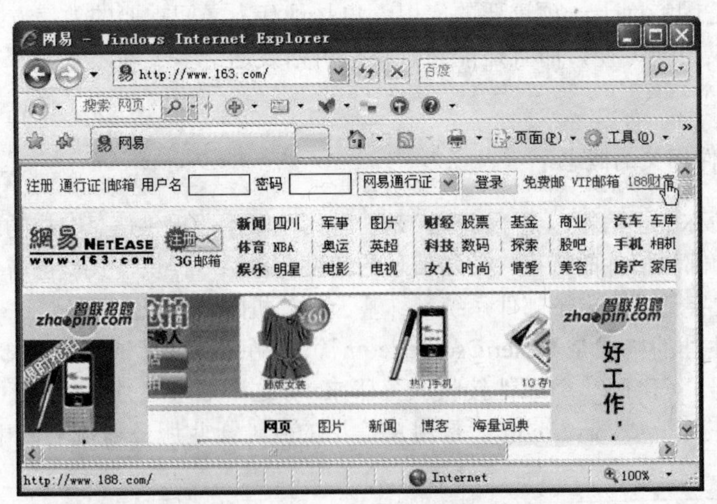

图 3-22　网易主页

（2）单击“免费邮”超链接，打开“163 免费邮”网页，单击网页中的“注册 3G 网易免费邮箱”按钮，打开如图 3-23 所示的“网易通行证”注册网页，填入相关信息。当输入密码时会以“*”来显示。通行证用户名用于登录自己的邮箱。

（3）申请成功后，会显示恭喜注册成功的提示。

网易通行证 帮助

请注意：带有 * 的项目必须填写。

请选择您的用户名

温馨提示：本机上次登录的通行证用户名是：bihanying

*通行证用户名：

如果您需要免费邮箱，网易推荐您到 www.yeah.net 去申请最新的免费邮箱

• 由字母a~z(不区分大小写)、数字0~9、点、减号或下划线组成
• 只能以数字或字母开头和结尾，例如：beijing.2008
• 用户名长度为4~18个字符

请填写安全设置（以下信息对保护您的帐号安全极为重要，请您慎重填写并牢记）

*登录密码：

*重复登录密码：

密码长度6~16位，字母区分大小写

*密码保护问题： 请选择一个问题

*您的答案：

答案长度6~30位，字母区分大小写，一个汉字占两位。用于修复帐号密码

*出生日期： 年 1 月 1 日

用于修复帐号密码，请填写您的真实生日

*性别： 男 女

真实姓名：

保密邮箱：

• 奖励：验证保密邮箱，赢取精美奖品
• 填写、验证保密邮箱，通行证安全有保障

Internet

图 3-23 填入注册信息

3. 在 Outlook 中设置电子邮件账号

对于支持 POP3 服务的网站，用户申请了电子邮箱账号后，可将邮件账户设置到 Windows 操作系统自带的 Outlook 程序或从网上下载的 FoxMail 程序中。使用这些程序可以脱机阅读邮件和写邮件，而只在收发电子邮件时联机上网。

在 Outlook 中设置电子邮件账号。以在 Outlook 中设置在 163 网站申请的电子邮件账号为例，操作如下。

（1）打开 Outlook，选择“工具”→“账户”菜单命令，如图 3-24 所示。

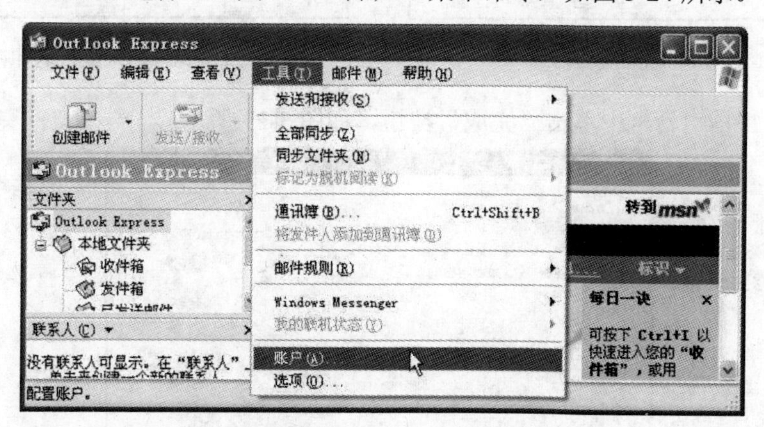

图 3-24 Outlook Express 主界面

（2）单击“邮件”，在弹出的对话框中选择“添加”，进入 Internet 连接向导。

（3）在“显示名”文本框中输入姓名，如图 3-25 所示，输入完成后单击“下一步”按钮。

（4）然后在接下来的对话框的“电子邮件地址”文本框中输入完整的163免费邮箱地址（username@163.com），如图3-26所示，输入完成后单击“下一步”按钮。

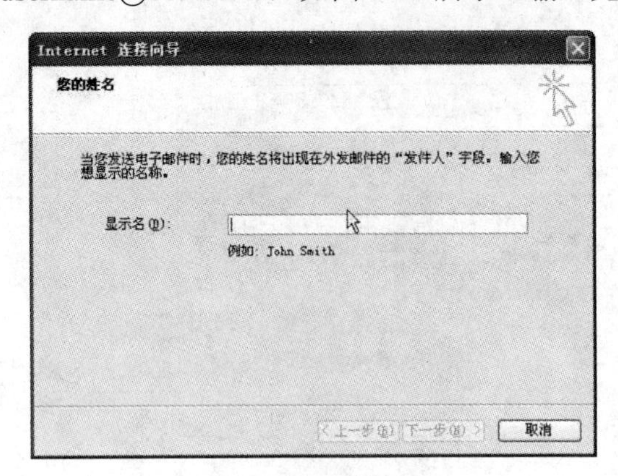

图3-25 输入姓名

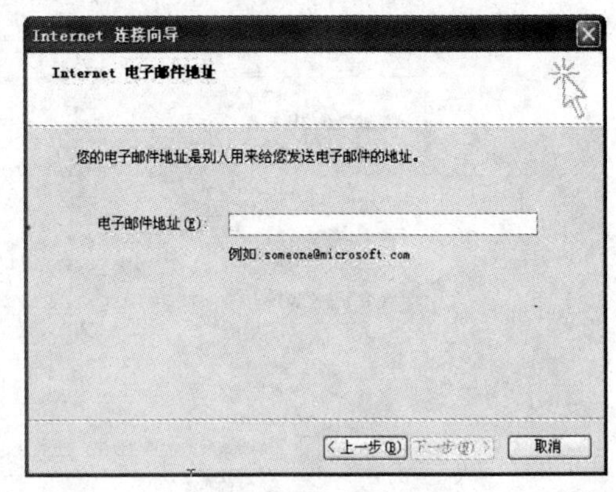

图3-26 输入完整的邮箱地址

（5）在出现对话框的“接收邮件（POP3、IMAP或HTTP）服务器”文本框中输入pop.163.com，在“发送邮件服务器（SMTP）”文本框中输入smtp.163.com，如图3-27所示，完成后单击“下一步”按钮。

（6）在出现对话框的“账户名”字段中输入163免费邮箱的用户名（仅输入@前面的部分），在“密码”字段中输入邮箱的密码，然后单击“下一步”按钮，如图3-28所示。

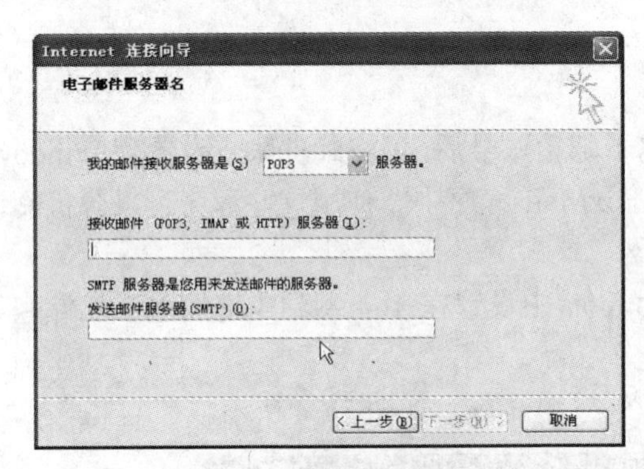

图3-27 输入服务器名

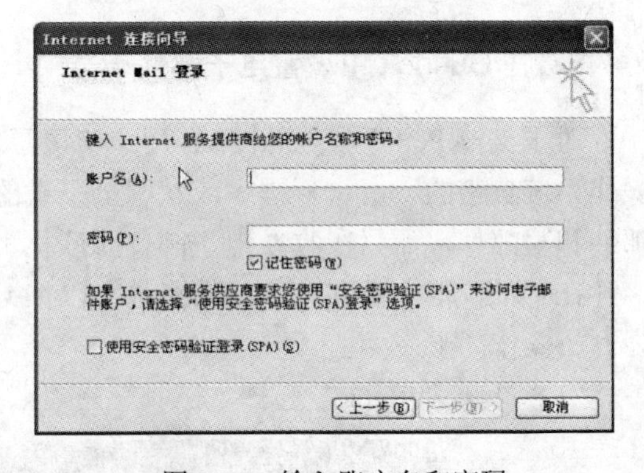

图3-28 输入账户名和密码

（7）在弹出的对话框中单击“完成”按钮，如图3-29所示。

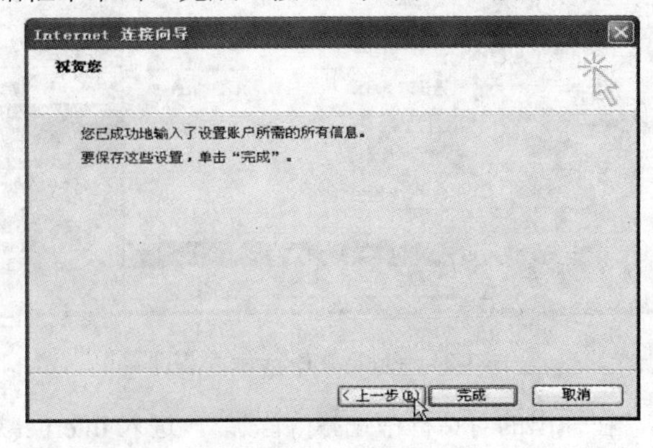

图3-29 设置完成

现在完成 Outlook 客户端配置了，可以收发 163 免费邮件了。其他收发邮件的软件，如 FoxMail 等的设置方法与此类似，请读者自行试用。

3.3.4 文件传输

1. 文件传送协议（FTP）

FTP（File Transfer Protocol）是 TCP/IP 协议族中的协议之一。该协议是 Internet 文件传送的基础，它由一系列规格说明文档组成，目标是提高文件的共享性，提供非直接使用远程计算机，使存储介质对用户透明和可靠高效地传送数据。简单地说，FTP 就是完成两台计算机之间的复制，从远程计算机复制文件至自己的计算机上，称为“下载（download)”。若将文件从自己计算机中复制至远程计算机上，则称为“上传（upload)”。

要想实现 FTP 文件传输，必须在相连的两端都装有支持 FTP 协议的软件，装在用户计算机上的部分叫做 FTP 客户端软件，装在服务器上的部分叫做 FTP 服务器端软件。客户端 FTP 软件使用方法很简单，启动后首先与远程主机建立连接，然后向远程主机发出传输命令，远程主机在收到命令后就给予响应，并执行正确的命令。FTP 有一个根本的限制，就是如果用户在某个主机上没有注册获得授权，即没有用户名和口令，就不能与该主机进行文件传输。

2. FTP 文件传送

如何通过 FTP 下载文件呢？当用户的计算机连接到 Internet 后，通过 IE 浏览器访问 FTP 服务器，就可以与 FTP 服务器之间进行文件传送。要进行 FTP 传送，必须知道 FTP 服务器的域名或 IP 地址，在登录 FTP 服务器后，有的还需要输入注册的用户名和密码。

FTP 文件传送。在 IE 窗口登录 ftp://ftp.microsoft.com 服务器，并下载文件到本地磁盘，操作如下。

（1）打开 IE 浏览器，在地址栏中输入 ftp://ftp.microsoft.com，登录到微软 FTP 服务器上，如图 3-30 所示。

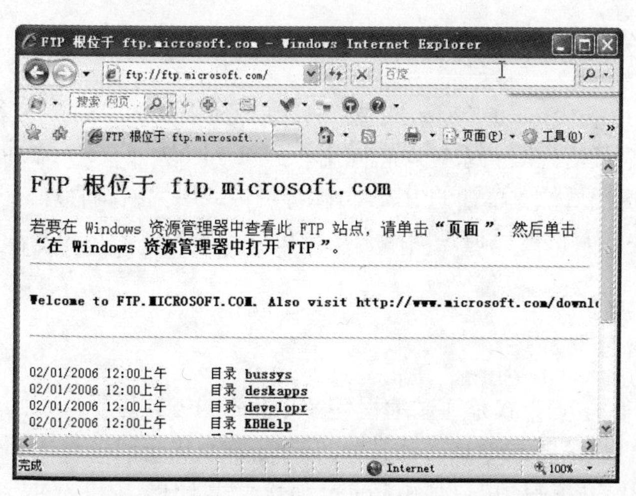

图 3-30 登录微软 FTP 服务器

（2）在窗口中打开相关目录，选择要下载的文件，然后复制到本地磁盘的某个文件夹中。

就可以完成 FTP 上资源的下载。

（3）如果单击页面，然后单击“在 Windows 资源管理器中打开 FTP”，将会在资源管理器窗口打开该 FTP 站点，使用 FTP 上的资源就像使用本地磁盘上的一样，如图 3-31 所示。

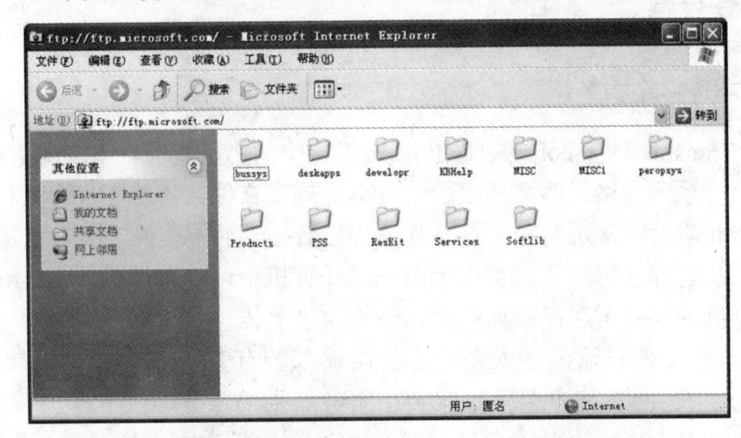

图 3-31　在资源管理器中打开的 FTP 站点

目前 FTP 客户端程序主要使用 flashfxp、cuteftp 等软件进行文件传输。这些工具软件具有断点续传，批量下载，添加服务器地址等功能，使用起来非常方便。

3.3.5　远程登录与 BBS

1．远程登录（Telnet）

Telnet 是一台计算机连接到远程的另一台计算机上并可以运行其系统的程序。这种计算机互相连接的操作方式叫做“远程登录”。它可以使用户的计算机通过网络登录到世界任何一个角落的计算机中，让用户操作和使用远程计算机上的资源。远程登录计算机与本地终端具有同样的权利，它可以使用户得到一些采用其他方法无法得到的资料，特别是公共图书馆计算机系统内的资料信息等。

2．BBS

BBS 是英文 Bulletin Board System 的缩写，翻译成中文为“公告牌系统”或“电子布告栏”。BBS 是一种电子信息服务系统。它向用户提供了一块公共电子白板，每个用户都可以在上面发布信息或提出看法。早期的 BBS 由教育机构或研究机构管理，现在多数网站上都建立了自己的 BBS 系统，供网民通过网络来结交更多的朋友，表达更多的想法。目前国内的 BBS 已经十分普遍。

3．使用 Telnet 登录 BBS

早期访问 BBS 的主要方式是通过远程登录 Telnet 的方式进行。使用该方式的好处是速度快，对计算机的硬件性能要求不高，并且有的 BBS 站点也仅能通过 Telnet 的方式访问。

在 Windows 操作系统中，可以使用 Telnet 协议登录 BBS。在“运行”对话框中输入“telnet 远程主机名”即可登录远程主机。

远程登录。使用“运行”对话框登录水木清华主机（telnet bbs.tsinghua.edu.cn），然后浏览自己感兴趣的栏目。

（1）依次选择“开始”→“运行”命令，打开“运行”对话框。

（2）在对话框中输入“telnet bbs.tsinghua.edu.cn”后单击“确定”按钮，如图 3-32 所示。

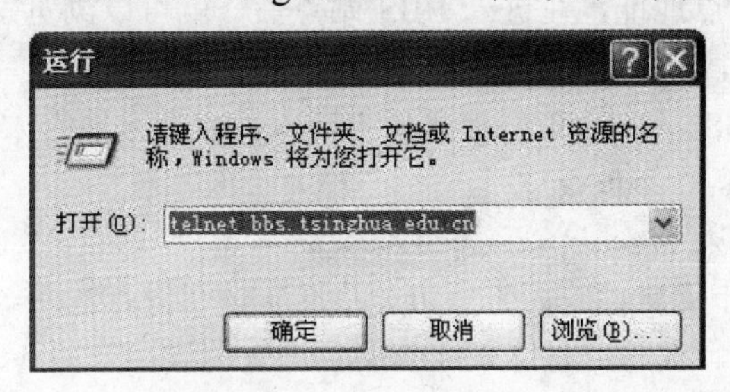

图 3-32　输入 telnet 命令

（3）登录成功后，会显示如图 3-33 所示的水木清华 BBS 主页面。

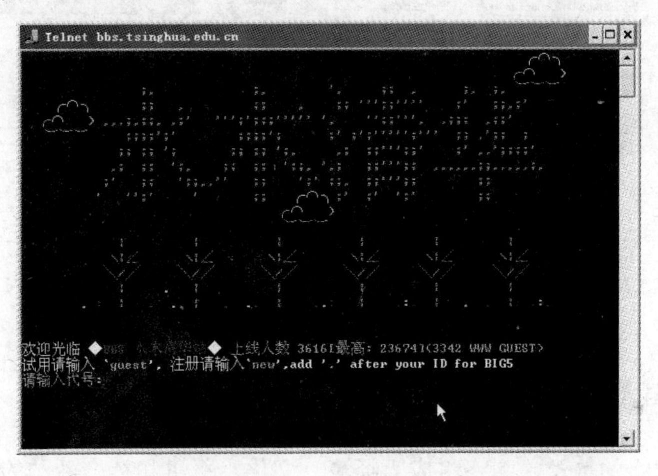

图 3-33　水木清华 BBS 主页面

（4）根据提示输入 guest 访问有关的资源，如图 3-34 所示。

（5）在此方式下登录的 BBS 站点，只能使用键盘进行操作，如图 3-35 所示，离开时按 Enter 键进行确认，鼠标无效。

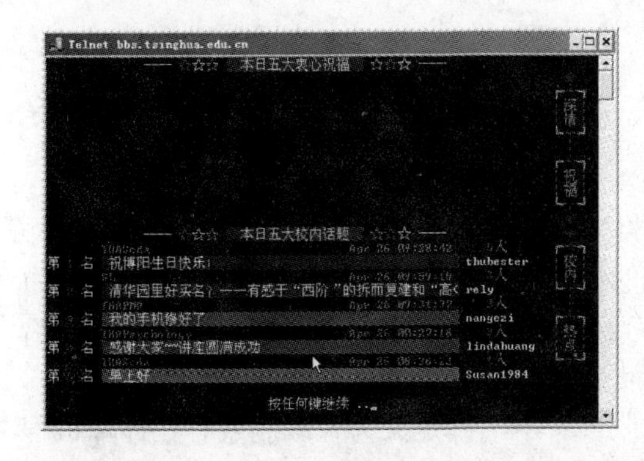

图 3-34　浏览信息

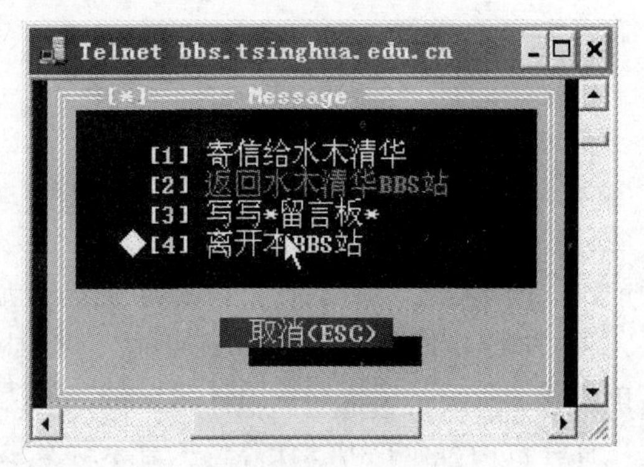

图 3-35　离开 BBS

4．使用浏览器登录 BBS

现在，通常使用浏览器和 WWW 方式进入 BBS。使用这种方式只需要在浏览器的地址栏中输入要访问的 BBS 站点地址，在进入 BBS 站点后，就可以浏览别人发布的帖子。如果自己要在 BBS 上发布信息，必须先登记注册成为 BBS 的会员。

使用浏览器进入 BBS。在 IE 窗口中登录中国人民大学天地人大 BBS 站，然后浏览自己感兴趣的栏目（http://bbs.ruc.edu.cn/）。

（1）在 IE 窗口中输入 http://bbs.ruc.edu.cn/，进入 BBS 站点，如图 3-36 所示。可以选择匿名登录，如果需要发布信息，则需先单击“注册”按钮进行注册。

（2）进入 BBS 之后，找到自己感兴趣的文章进行阅读，如图 3-37 所示。

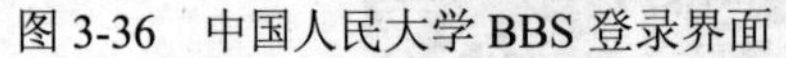
图 3-36　中国人民大学 BBS 登录界面

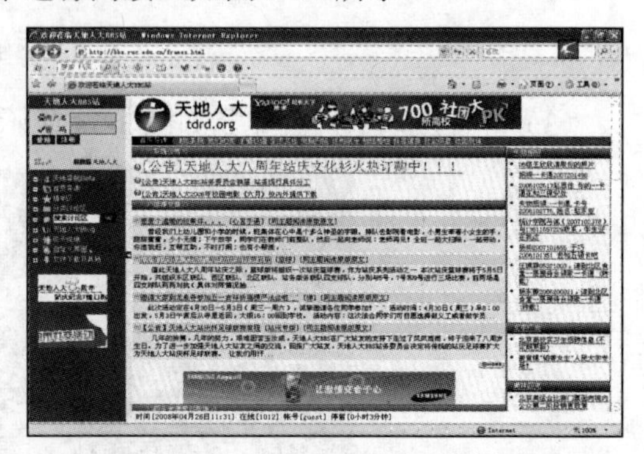

图 3-37　中国人民大学 BBS 主界面

3.4　计算机和网络的安全与防范

随着计算机网络的普及，网络将成为经济、文化、军事和社会活动的一种先进工具。网络的安全性和可靠性已经成为世界各国共同关注的焦点。而 Internet 的跨国界性、无主管性、缺乏法律约束的特点，在为世界各国带来民发展机遇的同时，也带来了风险。

计算机的安全性涉及计算机系统的硬件、软件和数据等方面。总之，计算机的安全已成为每一个用户必须面对的一个问题。计算机系统的安全威胁主要是来自黑客攻击和计算机病毒等方面。

3.4.1　计算机病毒

1．计算机病毒概念

计算机病毒（Computer Virus）被专家在实验室证实后，在很短时间内迅速蔓延到全世界。目前，国内、国际流行的计算机病毒很多，新的病毒还在不断地出现，计算机病毒已成为一大公害。“ILOVEYOU”、“Word 病毒”、“CIH”、“Happy99”等各种各样的计算机病毒，给许多单位和个人正常管理和使用计算机带来干扰和威胁，甚至造成重大的政治、经济损失。

计算机病毒在我国《计算机信息系统安全条例》中明确定义为“编制或者在计算机程序中插入破坏计算机功能或者毁坏数据，影响计算机使用，并能自我复制的一组计算机指令或者程序代码。”

计算机病毒不是一般生物学意义上的病毒，而是一种人为特制的计算机程序。它具有自我复制或繁殖的能力，感染性强，破坏性大，还具有潜伏性和特定的触发性，严重危及计算机的正常工作。

2．计算机病毒的来源

使用计算机对信息进行存取、复制、传送已是必不可少的操作，但由于计算机网络具有开放性和互联性等特征，而网络管理不可能是百分之百的无缺陷和无漏洞，在信息的存取、复制、传送过程中，病毒可以通过网络进行繁殖、感染并产生破坏作用。

3．计算机病毒的特征

计算机病毒的特征归纳起来有如下几个方面。

（1）传染性。传染性是所有计算机病毒具有的一大特征，它通过修改别的程序或文件内容，并把自身复制进去，从而达到传染和扩散的目的。

（2）隐蔽性。一是其存在的隐蔽性，它隐藏在磁盘的系统引导区或程序文件中；二是其攻击的隐蔽性，即病毒的侵入、传染和破坏等过程也是隐蔽的。

（3）潜伏性。系统或程序染上病毒后，要在特定的条件或时间下发作。病毒的潜伏期视系统的环境而定，长短不一，有的甚至长达一两年。

（4）破坏性。病毒的破坏目的取决于其制造者的意图，或占用系统资源，或破坏系统数据用或干扰系统运行，甚至造成系统瘫痪。

（5）变异性。为了逃脱反病毒软件的侦测和清除，它利用生物学中的病毒变异原理不断改变其代码。

4．计算机病毒的分类

按照计算机病毒的特点及特性，计算机病毒的分类方法有如下几种。

（1）按照破坏程度可以分为良性病毒和恶性病毒。

（2）按照发作的时间可以分为定时病毒和随机病毒。

（3）按链接的方式可以分为源码型病毒、入侵型病毒、操作系统型病毒和外壳型病毒。其中操作系统型病毒是最常见、危害最大的一种病毒。

（4）按传染方式可分为引导型病毒、文件型病毒、网络型病毒。

随着计算机技术的不断发展，病毒也不断地更新变种，新的分类又有：伴随型病毒、蠕虫型病毒、寄生型病毒等。

5．病毒的传播途径

计算机病毒的传播途径主要来自软盘、硬盘、光盘、计算机网络、点对点通信系统和无线通道传播等。

6．计算机病毒的防治措施

（1）防毒。对待计算机病毒要以防为主。防毒是指根据系统特性，采取相应的系统安全措施预防病毒侵入计算机。如在计算机上安装防毒软件或防毒卡，以便在病毒侵入系统时发出警报，并记录携带病毒的文件，及时清除其中的病毒；对网络而言，能够向网络管理员发送关于病毒入侵的信息，记录病毒入侵的工作站，必要时注销工作站，隔离病毒源。

（2）查毒。在计算机中运行查毒软件，检测内存、引导区（含主引导区）、文件系统、网络等是否感染病毒，并能准确地报出所发现的病毒名称。

（3）杀毒。清除或屏蔽文件中的病毒源代码，恢复原文件，恢复过程不能破坏未被病毒修改的内容。目前市场上杀毒软件众多，令人目不暇接。其中比较著名的杀毒、防毒软件有：金山毒霸、瑞星杀毒软件、KV3000 等。

7．安全管理

这是目前最有效的一种预防病毒的措施，目前世界各国大都采用这种方法。一般通过以下 3 条途径。

（1）法律制度。规定制造和传播计算机病毒是违法行为，对罪犯用法律制裁。

（2）制定计算机系统管理和使用制度。有系统使用权限的规定、系统支持资料的建立和健全的规定、文件使用的规定、定期清除病毒和更新磁盘的规定等。

（3）加强思想教育。这是一种防止计算机病毒的重要策略。通过宣传、教育，使用户了解计算机病毒的常识和危害，尊重知识产权，不随意复制计算机软件，养成定期检查和清除病毒的习惯，杜绝制造病毒的犯罪行为。

3.4.2 黑客

网络黑客（Hacker）一般指的是计算机网络的非法入侵者。他们大都是程序员，对计算机技术和网络技术非常精通，了解系统的漏洞及其原因所在，喜欢非法闯入并以此作为一种智力挑战而沉醉其中。有些黑客仅仅是为了验证自己的能力而非法闯入，并不会对信息系统或网络系统产生破坏，但也有很多黑客非法闯入是为了窃取机密的信息，盗用系统资源或出于报复心理而恶意毁坏某个信息系统等。

1．黑客的攻击步骤

一般黑客的攻击分为：信息收集，探测分析系统的安全弱点，实施攻击 3 个步骤。

（1）信息收集。为了了解所要攻击目标的详细信息，通常黑客利用相关的网络协议或实用程序来收集。例如，用 SNMP 协议查看路由器的路由表，了解目标主机内部拓扑结构的细节；用 TraceRoute 程序获得目标主机所要经过的网络数和路由数，用 Ping 程序检测一个指定主机的位置并确定是否可到达等。

（2）探测分析系统的安全弱点。在收集到目标的相关信息以后，黑客会探测网络上的每一台主机，以寻找系统的安全漏洞或安全弱点。黑客一般会使用 Telnet、FTP 等软件向目标主机申请服务，如果目标主机有应答就说明开放了这些端口的服务。其次使用一些公开的工具软件，如 Internet 安全扫描程序 ISS（Internet Security Scanner）、网络安全分析工具 SATAN 等来对整个网络或子网进行扫描，寻找系统的安全漏洞，获取攻击目标系统的非法访问权。

（3）实施攻击。在获得了目标系统的非法访问权以后，黑客一般会实施以下的攻击。

① 试图毁掉入侵的痕迹，并在受到攻击的目标系统中建立新的安全漏洞或后门，以便在先前的攻击点被发现以后能继续访问该系统。

② 在目标系统安装探测器软件，如特洛伊木马程序，用来窥探目标系统的活动，继续收集黑客感兴趣的一切信息，如账号与口令等敏感数据。

③ 进一步发现目标系统的信任等级，以展开对整个系统的攻击。

④ 如果黑客在被攻击的目标系统上获得了特许访问权，那么他就可以读取邮件，搜索和盗取私人文件，毁坏重要数据以至破坏整个网络系统，那后果将不堪设想。

2. 黑客的攻击方式

黑客通常采用以下几种典型的攻击方式。

（1）密码破解。通常采用的攻击方式有字典攻击、假登录程序、密码探测程序等，主要是获取系统或用户的口令文件。

字典攻击是一种被动攻击，黑客获取系统的口令文件，然后用黑客字典中的单词一个一个地进行匹配比较，由于计算机速度的显著提高，这种匹配的速度也很快，而且由于大多数用户的口令采用的是人名、常见的单词或数字的组合等，所以字典攻击成功率比较高。

假登录程序设计了一个与系统登录画面一模一样的程序并嵌入到相关的网页上，以骗取他人的账号和密码。当用户在这个假的登录程序上输入账号和密码后，该程序就会记录下所输入的账号和密码。

密码探测是在 Windows NT 系统内保存或传送的密码都经过单向散列函数（Hash）的编码处理，并存放到 SAM 数据库中。于是网上出现了一种专门用来探测 NT 密码的程序 LophtCrack，它能利用各种可能的密码反复模拟NT的编码过程，并将所编出来的密码与 SAM 数据库中的密码进行比较，如果两者相同就得到了正确的密码。

（2）IP 嗅探与欺骗。

嗅探是被动式的攻击，又称为网络监听，就是通过改变网卡的操作模式让它接收流经该计算机的所有信息包，这样就可以截获其他计算机的数据报文或口令。监听只能针对同一物理网段上的主机，不在同一网段的数据包会被网关过滤掉。

欺骗是主动式的攻击，即将网络上的某台计算机伪装成另一台不同的主机。目的是欺骗网络中的其他计算机误将冒名顶替者当做原始的计算机而向其发送数据或允许它修改数据。常用的欺骗方式有 IP）欺骗、路由欺骗、DIHS 欺骗、ARP（地址转换协议）欺骗以及 Web 欺骗等。典型的 Web 欺骗原理是：攻击者先建立一个 Web 站点，使它具有与真正的 Web 站点一样的页面和链接，由于攻击者控制了伪装的 Web 站点，被攻击对象与真正的 Web 站点之间的所有信息交换全都被攻击者所获取，如用户访问 Web 服务器时所提供的账号、口令等信息。攻击者还可以假冒成用户给服务器发送数据，也可以假冒成服务器给用户发送消息。这样攻击者就可以监视和控制整个通信过程。

（3）系统漏洞。漏洞是指程序在设计、实现和操作上存在错误。由于程序或软件的功能一般都较为复杂。程序员在设计和调试过程中总有考虑欠缺的地方，绝大部分软件在使用过程中都需要不断地改进与完善。被黑客利用最多的系统漏洞是缓冲区溢出（Buffer Overflow），因为缓冲区的大小有限，一旦往缓冲区中放入超过其大小的数据，就会产生溢出，多出来的数据可能会覆盖其他变量的值。正常情况下程序会因出错而结束，但黑客却可以利用这样的溢出来改变程序的执行流程，转向执行事先编好的黑客程序。

（4）端口扫描。由于计算机与外界通信都必须通过某个端口才能进行，黑客可以利用一些端口扫描软件，如 SATAN、IP Hacker 等对被攻击的目标计算机进行端口扫描，查看该机器的哪些端口是开放的，由此可以知道与目标计算机能进行哪些通信服务。例如，邮件服务器的 25 号端口接收用户发送的邮件，而接收邮件则与邮件服务器的 110 号端 L1 通信。访问 Web 服务器一般都是通过其 80 号端口等。了解了目标计算机开放的端口服务以后，黑客一般会通过这些开放的端口发送特洛伊木马程序到目标计算机上，利用木马来控制被攻击的目标。

3．防止黑客攻击的策略

防止黑客攻击的策略主要有：数据加密，身份认证，建立完善的访问控制策略，审计等。

加密的目的是保护信息内系统的数据、文件、口令和控制信息等，同时也可以提高网上传输数据的可靠性。这样即使黑客截获了网上传输的信息包，一般也无法得到正确的信息。

身份认证是指通过密码或特征信息等来确认用户身份的真实性，只对确认了的用户给予相应的访问权限。

系统应当建立完善的访问控制策略，设置入网访问权限、网络共享资源的访问权限、目录安全等级控制、网络端口和结点的安全控制、防火墙的安全控制等，通过各种安全控制机制的相互配合，才能最大限度地保护系统免受黑客的攻击。

审计是指把系统中和安全有关的事件记录下来，保存在相应的日志文件中，例如，记录网络上用户的注册信息，如注册来源、注册失败的次数等；记录用户访问的网络资源等各种相关信息，当遭到黑客攻击时，这些数据可以用来帮助调查黑客的来源，并作为证据来追踪黑客；也可以通过对这些数据的分析来了解黑客攻击的手段以找出应对的策略。

不随便从 Internet 上下载软件，不运行来历不明的软件，不随便打开陌生人发来的邮件中的附件，经常运行专门的反黑客软件，可以在系统中安装具有实时检测、拦截和查找黑客攻击程序用的工具软件，经常检查用户的系统注册表和系统启动文件中的自启动程序项是否有异常，做好系统的数据备份工作，及时安装系统的补丁程序等可以提高防止黑客攻击的能力。

3.4.3 杀毒工具的使用

下面介绍常用杀毒软件金山毒霸 2009 的使用方法。

金山毒霸 2009 软件安装完成后，打开其中的主要组件之一：金山毒霸 2009，如图 3-38 所示。

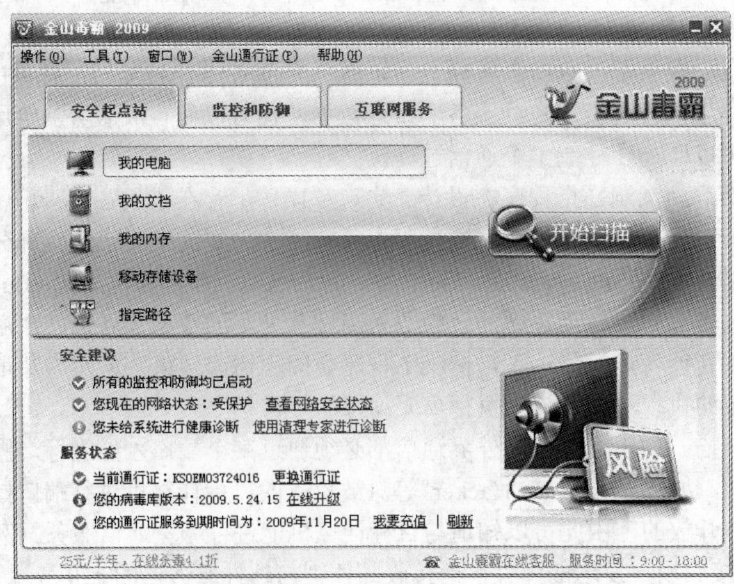

图 3-38　金山毒霸 2009

1. 对快捷方式项杀毒

打开金山毒霸 2009，选择“安全起点站”选项卡，如图 3-38 所示。可分别选择“我的电脑”、“我的文档”、“我的内存”和“移动存储设备”进行杀毒。

选择一项后，单击“开始扫描”按钮开始扫描文件并杀毒。

2. 对指定路径杀毒

打开金山毒霸 2009，选择“指定路径”选项，如图 3-39 所示。可对“我的电脑”中某一磁盘或分区以及磁盘中的某一文件夹进行病毒扫描。用鼠标选中相应的文件夹项后，单击“开始扫描”按钮开始扫描文件并杀毒。

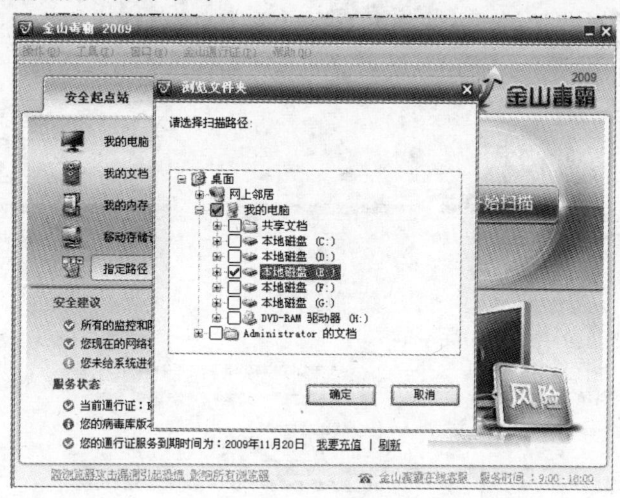

图 3-39 “指定路径”选项

3. 查看监控和防御状态

打开金山毒霸 2009，选择“监控和防御”选项卡，如图 3-40 所示。在这里可以查看到“文件实时防毒”、“邮件监控”和“网页防挂马”等其他几个功能组件的运行情况，也可以对这几个组件进行启用或停止的操作。

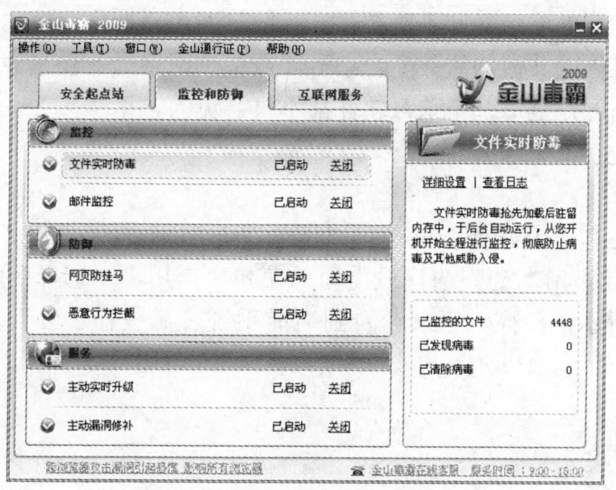

图 3-40 “监控和防御”选项卡

3.4.4 “360 安全卫士”的用法

网络上的病毒和恶意软件很多，有些恶意流氓软件很容易地就破坏了 IE，目前查杀恶意软件的工具很多，比如超级兔子、瑞星卡卡，还有 360 安全卫士，都不错，在查杀不同病毒的时候都有各自的长处。这里主要介绍一下 360 安全卫士的用法。360 安全卫士下载的官方网站是：http://www.360.cn。

在打开 360 安全卫士后，可以看见一个操作界面，360 安全卫士会自动检测当前系统的状态和安全措施，对于有安全漏洞的位置进行提示。

1. 清理恶意软件

选择最上面的菜单“常用”→选择下面的标签“清理恶评插件”→单击“开始扫描”按钮，如图 3-41 所示，这样会扫描出系统当前的恶评插件，查出后全选删除。

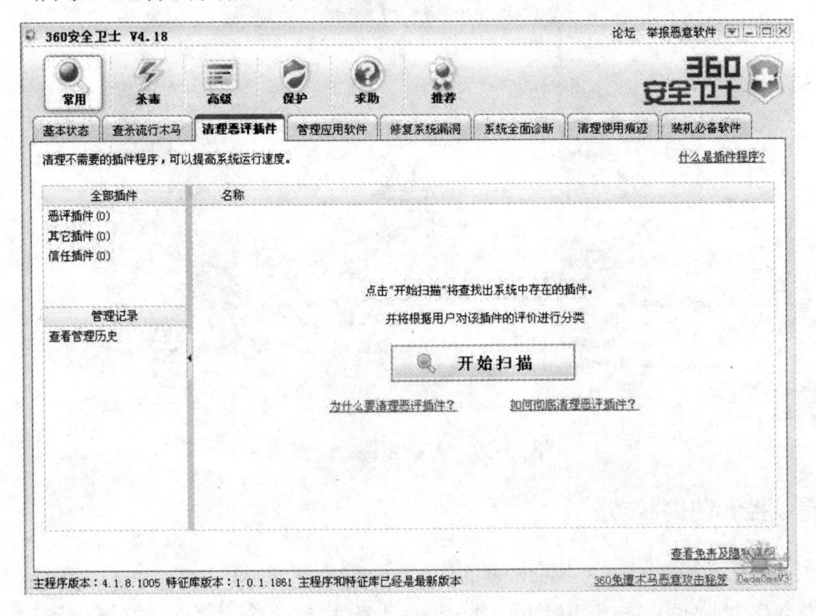

图 3-41　清理恶评插件

当然，病毒有病毒的灵活性和不确定性，有的时候可以彻底查杀，但是有的时候杀得不彻底，这个时候可以借助其他的软件配合杀毒，或是到网络上下载某种病毒的专杀软件。杀不干净或杀不了的问题，是每一个杀毒软件都不可避免的。

2. 更新系统补丁

360 安全卫士还有一个好处，就是可以下载 Windows 的一些补丁，因为系统有漏洞，再怎么杀毒也是治标不治本的。选择最上面的菜单“常用”→选择下面的标签“修复系统漏洞”，如图 3-42 所示，扫描一下就会看到当前系统有哪些补丁没有打，全选后，下载并修复。

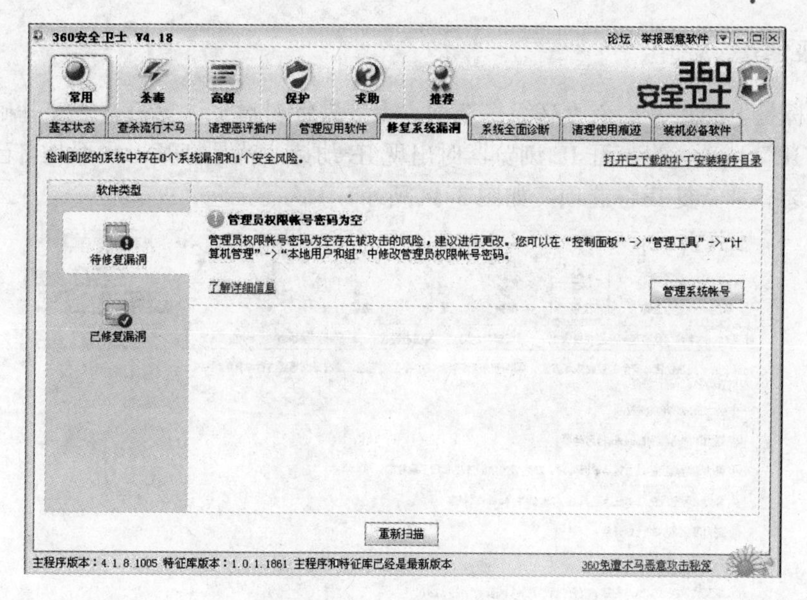

图 3-42 修复系统漏洞

3. 清理临时文件和使用痕迹

选择最上面的菜单“常用”，会看到下面的“清理使用痕迹”，如图 3-43 所示。

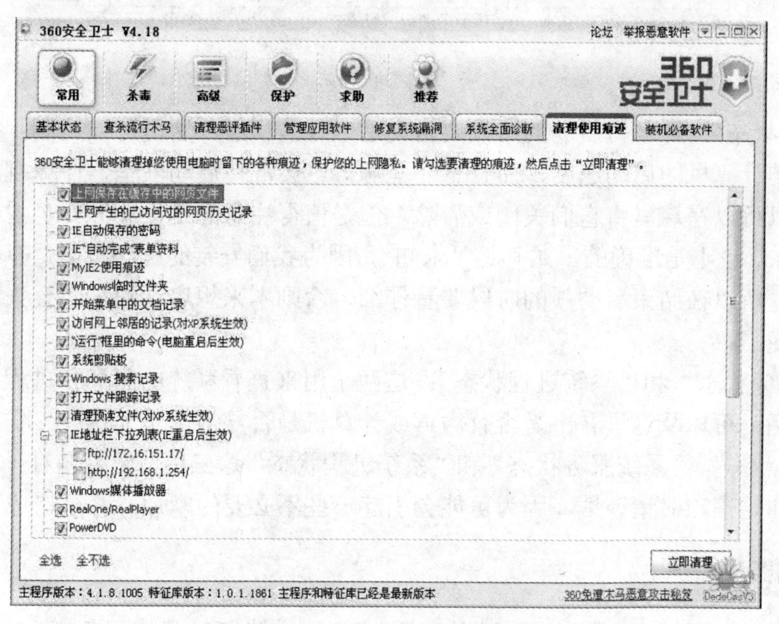

图 3-43 清理使用痕迹

在上网的时候，计算机会记录很多信息，存在计算机的临时文件夹里，还会保存很多的 Cookie 等，这些有时就是病毒的发源地，所以，在杀毒的时候先清空一下，可以保证杀毒的效果。

4. 高级修复

在上面标签里面还有一个“高级”选项，主要是针对对于计算机有一定基础的人，可以使用“修复 IE”选项。当打开 IE 浏览器时出现 IE 劫持，就是打开一些不是自己设置的主页面时，可以选择“修复 IE”选项，如图 3-44 所示。

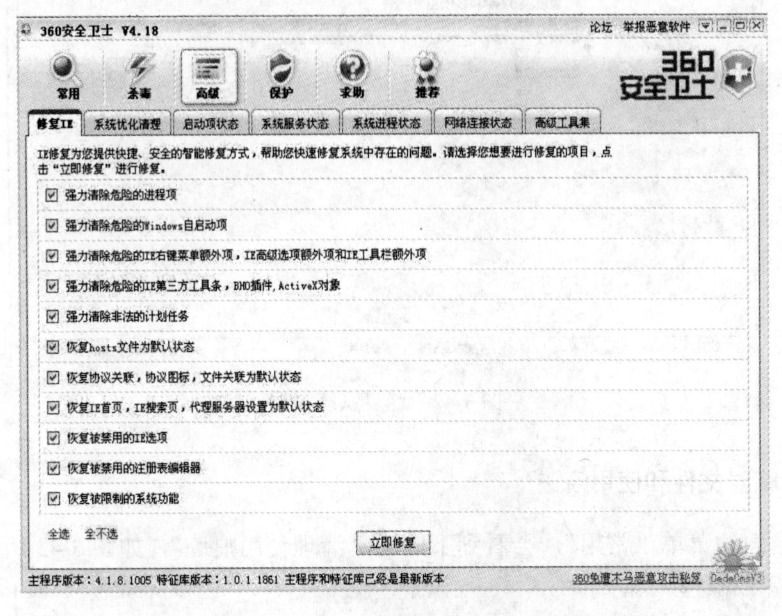

图 3-44 高级修复

“启动项状态”：计算机启动的时候要自动地运行些程序，这里可以控制，如果启动的东西太多会影响计算机的启动速度，而且有一些病毒也会混在启动项里，计算机一开启，它们就运作，所以可以在这里将它们关闭或清除。但是值得注意的是，360 安全卫士提示的“安全”和“未知”也不是准确的，尤其是“未知”，因为我们安装的程序很多，有很多 360 是不可以控制的，所以在结束启动项的时候要看仔细，否则本来想启动的东西会失败，结果使用起来倒不方便了。

“系统服务状态”和“系统进程状态”：这两个用来查看系统的服务和进程，如果你对计算机了解的话，可以从这里看出是否有病毒或计算机是否异常。

“启动项状态”、“系统服务状态”和“系统进程状态”这三项，如果你对计算机没有太多的了解，操作这三项时请谨慎，因为可能会引起一些不必要的麻烦，甚至造成计算机瘫痪。

5. 开启实时保护

针对于 ARP 病毒和 U 盘病毒，可以打开 ARP 防火墙和 U 盘病毒免疫。

单击最上面的标签“防护”，我们会看到“开启实时保护”选项，如图 3-45 所示，建议大家把所有的防护机制都打开，可以确保上网安全。

如果网络内部有 ARP 病毒攻击，则建议开启“局域网 ARP 攻击拦截”功能。

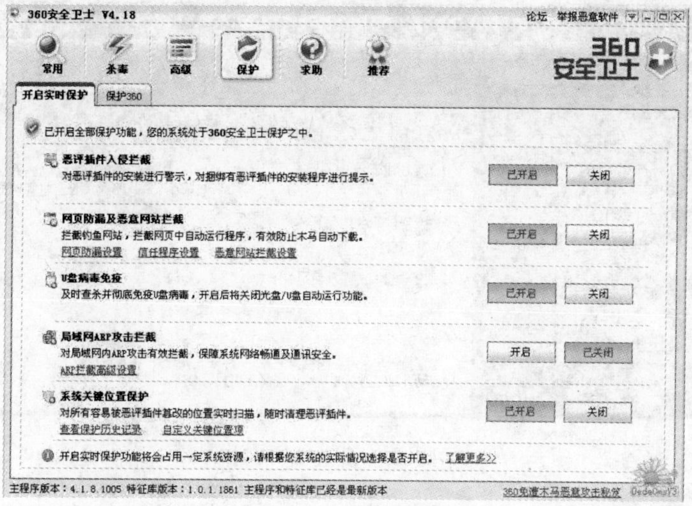

图 3-45　开启实时保护

3.4.5　Windows XP 中的安全设置

在计算机网络技术迅猛发展，信息的价值日益重要的今天，计算机安全已成为每一位用户所必须面对的问题。Internet 的发展在为人们提供更便捷的通信手段的同时，也为计算机信息泄密、密码作案、非法盗用账号等提供了方便。因此，Windows XP 提供了多种新的工具和程序，它们可以确保数据的保密和安全。

1．设置和更改密码

当与其他人共享计算机时，如果为登录名或用户账户分配一个密码，则用户自定义的设置、程序以及系统资源会更加安全。登录的用户可以直接设置或更改自己能看到的用户密码。

设置或更改密码的操作步骤如下。

（1）在“开始”菜单中选择“控制面板”命令，打开“控制面板”窗口，双击其中的“用户账户”图标，打开“用户账户”窗口，如图 3-46 所示。

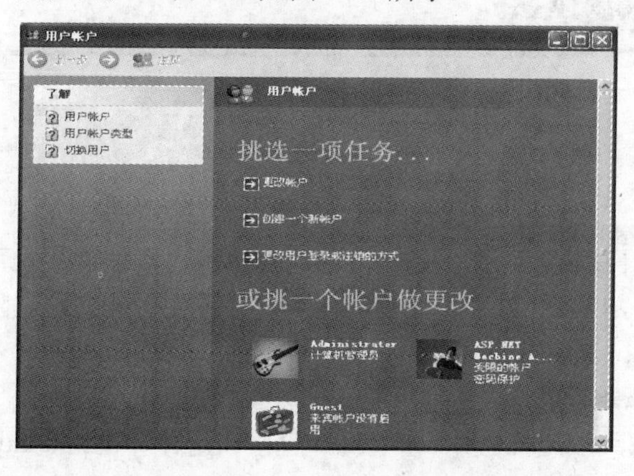

图 3-46　“用户账户”窗口

（2）在“或挑一个账户做更改”栏中，单击需要更改的账户名称，显示如图 3-47 所示的更改账户窗口。在其中可以更改用户账户的名称，创建密码，更改图片，更改账户类型等。

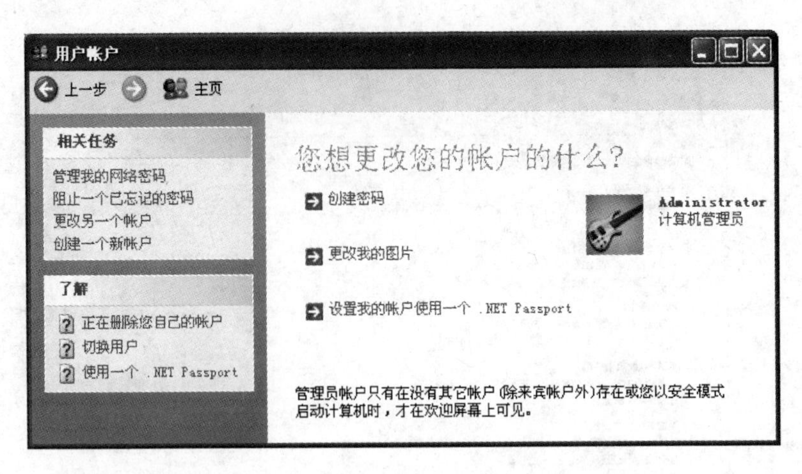

图 3-47　更改账户窗口

（3）单击“创建密码”或“更改我的密码”项。若本机之前已设置密码，则此处不显示“创建密码”项，而显示“更改我的密码”和“删除我的密码”项。

（4）在弹出的创建密码的窗口中输入新密码等，也可以设置密码提示，以帮助用户记忆密码，如图 3-48 所示。单击“创建密码”按钮，新密码生效。

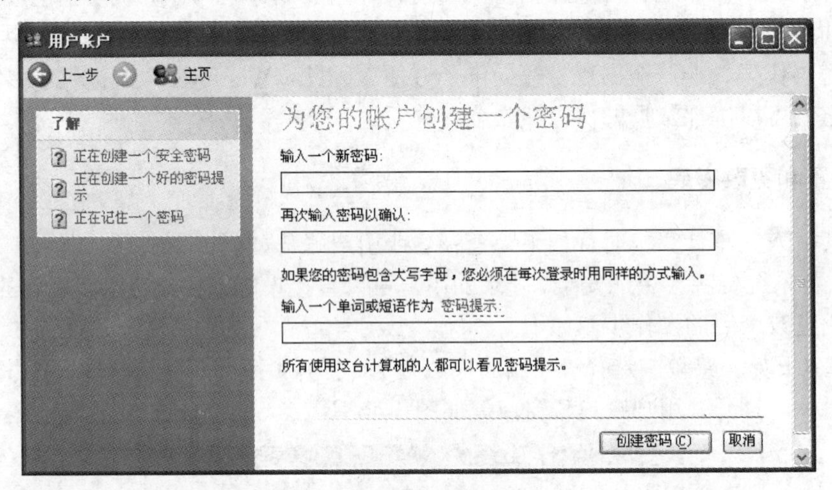

图 3-48　创建密码

2. 锁定计算机

在长时间不使用计算机时，为了防止其他用户更改自己的设置，可以锁定计算机。系统被锁定后，除了本用户和系统管理员之外，任何人都无权对计算机解除锁定并查看任何打开的文件或程序。

锁定计算机的操作步骤如下。

按“Windows 徽标（ ）+ L”组合键，直接锁定计算机。Windows XP 显示“解除计算机锁定”对话框，表明系统已经处于锁定状态，用户只有输入锁定账户的密码才可解除锁定并操作计算机。

3．使用屏幕保护程序密码

使用屏幕保护程序密码，当计算机在一定时间内未接受键盘或鼠标操作后自动锁定计算机或工作站。重新开始工作时，系统将提示用户输入密码，Windows XP 的屏幕保护程序密码与系统登录时的密码相同。如果没有设置系统登录密码，用户将不能设置屏幕保护程序密码。

设置屏幕保护程序密码的操作步骤如下。

（1）在桌面空白处右击，从弹出的快捷菜单中选择“属性”命令，或在“控制面板”窗口中，双击“显示”图标，打开“显示 属性”对话框。

（2）选择“屏幕保护程序”选项卡，如图 3-49 所示。

（3）设置好屏幕保护程序和等待时间后，选中“在恢复时使用密码保护”复选框。这样，在激活屏幕保护程序时就会锁定用户的计算机。用户要重新开始工作时，系统将提示用户输入密码进行解锁。

（4）单击“确定”按钮，完成屏幕保护程序密码的设置。

4．隐藏、显示文件或文件夹

用户为了使某些系统文件或程序不被更改或删除，可以将这些文件或文件夹隐藏。隐藏某个文件或文件夹的操作如下。

（1）在“我的电脑”或“资源管理器”窗口中，选择准备设置为隐藏的文件或文件夹。

（2）右击该文件或文件夹，然后在弹出的快捷菜单中选择“属性”命令。

（3）默认打开“常规”选项卡，选中“隐藏”复选框，如图 3-50 所示。

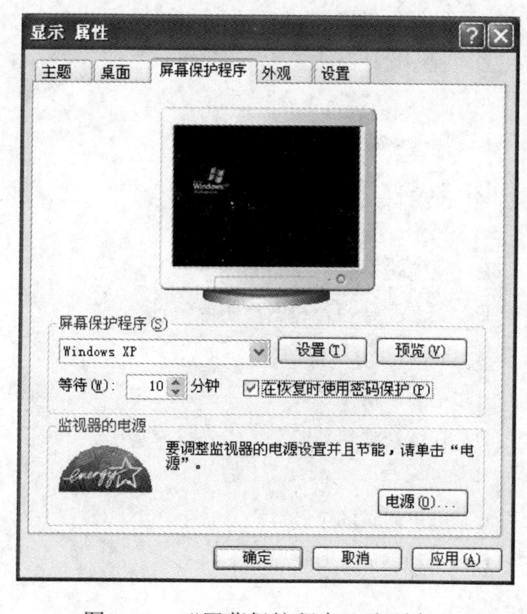

图 3-49 “屏幕保护程序”选项卡

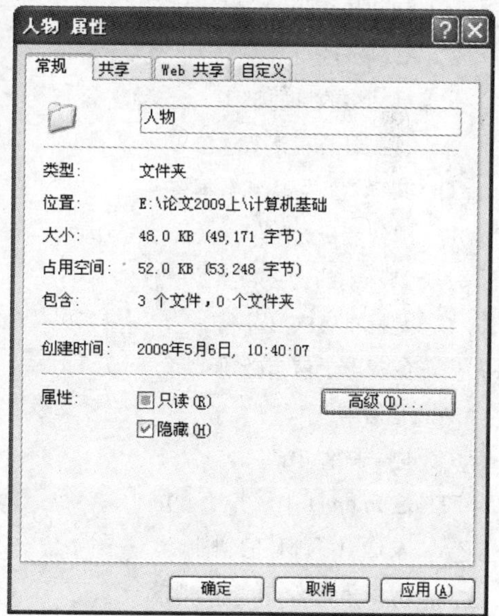

图 3-50 “属性”对话框

（4）单击“确定”按钮完成设置。

说明：

① 被隐藏的文件或文件夹显示为淡色。

② 要显示隐藏文件或文件夹，可以在“工具”菜单的“文件夹选项”对话框中打开“查看”选项卡，然后选中“显示所有文件和文件夹”单选钮。

练习题三

一、选择题

1. 要访问 Internet 上的 WWW 服务器至少要安装一个________软件。

   A. 浏览器　　B. Outlook Express　　C. 数据库　　D. UNIX

2. 以下关于 Internet 的说法正确的是________。

   A. E-mail 地址一律以http://开头

   B. 网站的 URL 地址一定包含符号@

   C. 域名系统用域名来表示 IP 地址，是 IP 地址的一个映射

   D. 域名的最左端级别最高

3. 超文本是指________。

   A. 包含多种文本的文本　　B. 包含多种颜色的文本

   C. 包含图像的文本　　D. 包含链接的文本

4. 在 IE 中，要保存当前网页，正确的操作是________。

   A. 在网页上右击，在弹出的快捷菜单中执行“目标另存为”命令

   B. 执行“文件”→“另存为”命令

   C. 执行“收藏”→“添加到收藏夹”命令

   D. 可以使用剪贴板复制，并粘贴到 Word 2003 中加以保存

5. 计算机网络协议是为保证准确通信而制定的一组________。

   A. 用户操作规范　　B. 硬件电气规范

   C. 规则或约束　　D. 程序设计语法

6. 计算机网络的目的是（　　）。

   A. 提高计算机运行速度　　B. 连接多台计算机

   C. 共享软、硬件和数据资源　　D. 实现分布处理

7. 电子邮件能传送的信息（　　）。

   A. 是压缩的文字和图像信息　　B. 只能是文本格式的文件

   C. 是标准 ASCII 字符　　D. 是文字、声音和图形图像信息

8. 申请免费电子信箱必须（　　）。

   A. 写信申请　　B. 电话申请

   C. 电子邮件申请　　D. 在线注册申请

9. FTP 是 Internet 中（　　）。

   A. 发送电子邮件的软件　　B. 浏览网页的工具

   C. 用来传送文件的一种服务　　D. 一种聊天工具

二、填空题

1. IP 地址点分十进制表示是由________个用小圆点隔开的数字组成的。
2. 上传表示________，下载表示________。URL 的含义是________。
3. WWW 服务器提供的第一个信息页面称为________。
4. Internet 中采用的协议是________。

5．网络的最大特点是________________。

6．计算机网络的拓扑结构主要有________、________、________等几种。

7．计算机网络最基本的功能是________和________。

8．网络硬件主要包括网络服务器、网络工作站、________、________以及________、路由器、网桥、网关等。

9．目前最流行的网络操作系统有________、________和________。

10．计算机与Internet的连接有多种方式，通常按连接的线路分类，有________、________和________等方式。

11．________是网络设备用来通信的一套规则，这套规则可以理解为一种彼此都能听得懂的公用语言。

12．________叫做传输控制/网际协议，又称为网络通信协议，这个协议是Internet国际互连网络的基础。

13．Internet有两种类型的地址：________地址和________。

14．URL的第一部分是________，或称服务方式；第二部分是存有被查资源的________，可包括端口号；第三部分是资源的________，如目录名、文件名等。第三部分有时可以省略。

15．电子邮件地址由三部分组成，分别是________、________、________。______中文名称为万维网，也有许多人把它称为“Web”或“3W”。

16．在安装了Windows的局域网中，只要打开Windows中的________，就可浏览网上工作组中的计算机。

三、简答题

1．什么是超链接？鼠标指到超链接后指针是什么形状？

2．用什么方法可以迅速找到已浏览过的某网页？

3．精确计算一下，可以有多少个A、B、C类网络地址存在？

4．说出下面这几个IP地址的类型和作用。

202.112.1.4　　127.0.0.1　　172.2.0.0　　5.255.255.255

5．计算A类、B类和C类子网中实际可以容纳的主机数。估算一下全国的家庭数量，若给每一个家庭分配一个IP地址，可用的IP地址足够吗？

6．思考局域网、广域网和Internet三者之间有什么区别和联系。如果有机会的话，观察一下上机机房的网络是怎样的，了解它是怎样与Internet相连接的。

7．计算机网络按拓扑结构可以分为哪几种？按通信距离又可以分为哪几种？

8．如果你在家里通过计算机上网，想一下你将选用哪种连接方式，需要购买一些什么设备。

9．当发送电子邮件的时候，将分别需要什么应用协议的支持？

10．当浏览一个网页时，计算机和WWW服务器之间用的是什么应用协议？

11．试述由HTML语言编写的文档基本结构。

12．观察一下学校里的校园网上开设了多少种网络服务，这需要一定的上网时间。找一下对自己的专业学习有帮助的网络资源，并为自己建立一个电子邮件信箱。

第 4 章

Word 2003 文档处理

通过本章学习后，应掌握以下内容。

- 掌握 Word 的启动与退出，文档的打开与保存。
- 知道如何选定文本，能对文本进行基本的输入编辑，主要包括剪切、复制、粘贴、插入符号、拼写检查、改写修改等。
- 能对文档进行格式化设置，包括字符格式化及段落格式化、分栏、首字下沉、设置项目符号编号等。
- 能对文档进行页面设置和打印设置。

4.1 Word 2003 应用基础

4.1.1 启动 Word 2003

1. 从“开始”菜单启动 Word

从“开始”菜单启动 Word 的具体操作步骤如下。

（1）单击任务栏最左边的“开始”按钮，弹出“开始”菜单。

（2）执行“所有程序”→“Microsoft Office” →“Microsoft Office Word 2003”命令，打开 Word 窗口，如图 4-1 所示。

图 4-1　从“开始”菜单启动 Word

2．在 Word 窗口中打开已有的文档

启动 Word 后，按以下操作步骤可以打开已有的 Word 文档。

（1）选择“文件”→“打开”命令，或单击工具栏中的“打开”按钮，或按快捷键“Ctrl＋O”，弹出“打开”对话框，如图 4-2 所示。

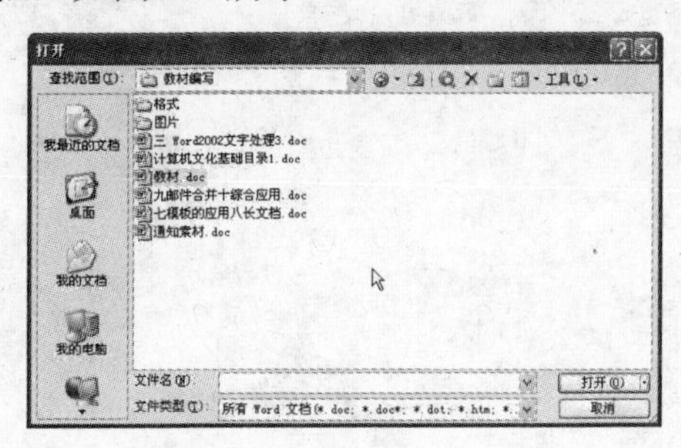

图 4-2　“打开”对话框

（2）在“查找范围”下拉菜单中选择文件路径，并选中文件。

（3）双击文件名，或单击“打开”按钮可打开文件。

通过单击“文件”菜单底部所列出的文件名，可以打开最近使用过的文档，如图 4-3 所示。

3．打开最近使用过的文档

最近使用过的文档还可以采用以下操作步骤打开。

（1）单击“开始”按钮，弹出“开始”菜单。

（2）选择 “我最近的文档”命令，在级联菜单中单击目标文件，如图 4-4 所示。

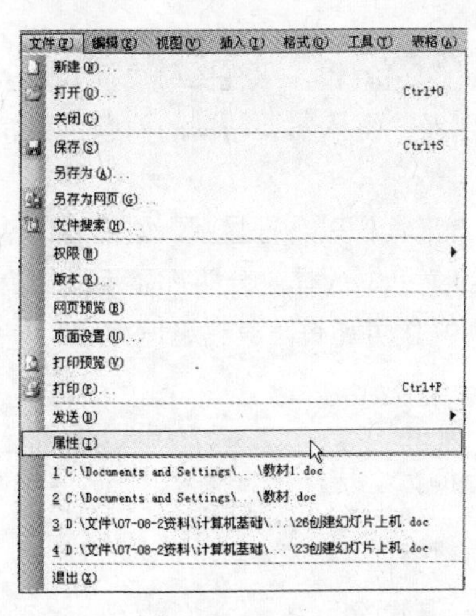

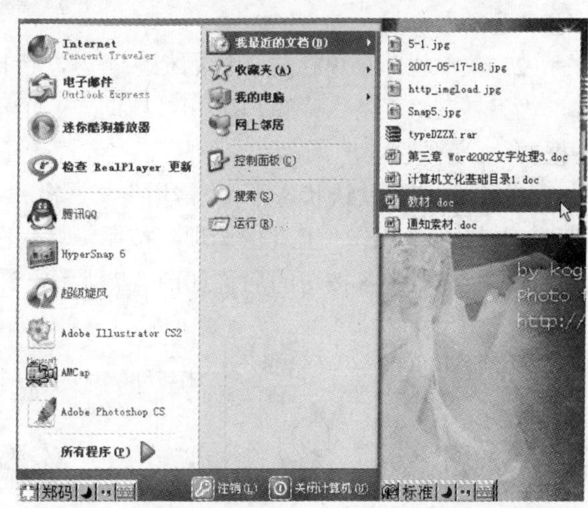

图 4-3　“文件”菜单底部列出最近使用的文档　图 4-4　通过“我最近的文档”命令打开最近使用过的文档

4．Word 窗口简介

启动 Word 后进入其窗口，在输入文档内容前先来认识一下窗口界面，如图 4-5 所示。

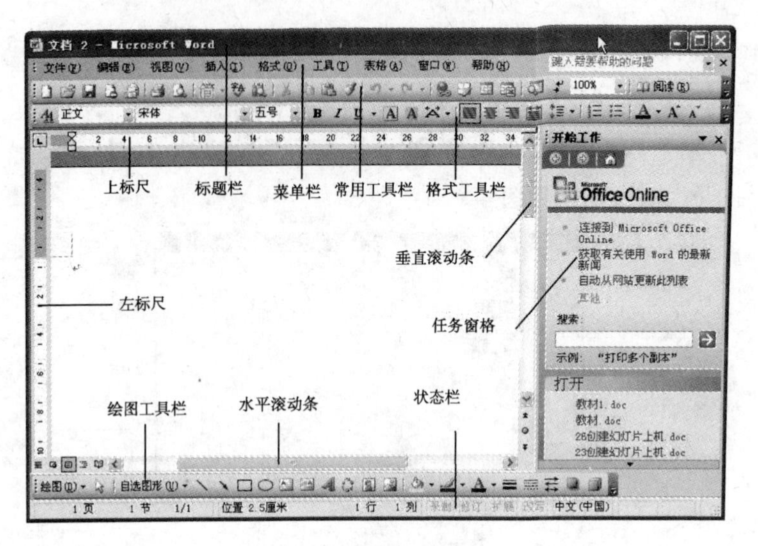

图 4-5　Word 窗口

（1）标题栏。标题栏位于程序窗口的最顶端，如图 4-6 所示。标题栏最左边是控制菜单图标，单击该图标，可弹出下拉式菜单。控制菜单中包括“还原”、“移动”、“大小”、“最小化”、“最大化”和“关闭”命令，使用这些命令可以进行相应的操作。当右击标题栏中任意位置时（除右端 3 个按钮），系统会弹出快捷菜单，其中的命令和控制菜单中的相同。

紧接着控制菜单图标的是应用程序和当前文件的名称。标题栏的右端是“最小化”按钮、“还原”/“最大化”按钮和“关闭”按钮，可以用来控制程序窗口的显示状态。

图 4-6　标题栏

（2）菜单栏。菜单栏位于标题栏的下方，包括“文件”、“编辑”、“视图”、“插入”、“格式”、“工具”、“表格”、“窗口”和“帮助”9 个菜单项以及“键入需要帮助的问题”下拉列表框。

（3）工具栏。默认状态下，“常用”工具栏和“格式”工具栏以一行显示。如果要以两行显示工具栏，则单击“工具栏选项”按钮，然后在弹出的菜单中选择“分两行显示按钮”命令即可。工具栏中各按钮的名称如图 4-7 所示，许多常规操作可通过工具栏迅速完成。

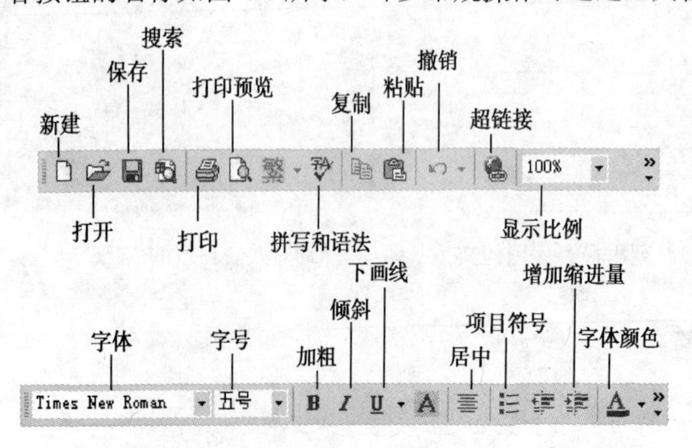

图 4-7　工具栏

注意：如果不清楚工具栏按钮的用途，只需将鼠标指针移动到相应的按钮位置，Word 将自动提供“屏幕提示”，将按钮的相关说明显示在旁边。

（4）标尺。标尺用于文章的排版（控制版面边距、缩排与制表位），通常分为上标尺和左标尺，分别位于工具栏下方与窗口左侧。

（5）滚动条。滚动条用于浏览屏幕信息，通常分为垂直和水平两个滚动条。垂直滚动条可以上下移动文档内容，水平滚动条则用于左右移动。

（6）状态栏。状态栏位于窗口底部，用于显示计算机运行状态，各部分作用如图 4-8 所示。

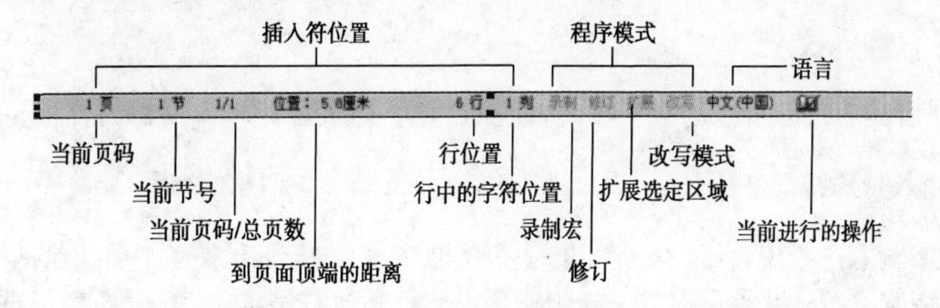

图 4-8　状态栏

（7）任务窗格。任务窗格是一个可用于创建新文档，查看剪贴板内容，搜索信息，插入剪贴画以及执行其他任务的区域。它位于整个窗口的右侧，如图 4-9 所示。

如果要关闭任务窗格，只需取消对“视图”菜单中“任务窗格”的选择，或者单击任务窗格标题栏最右边的关闭按钮。如果要重新显示任务窗格，只需在“视图”菜单中选择“任务窗格”选项即可。

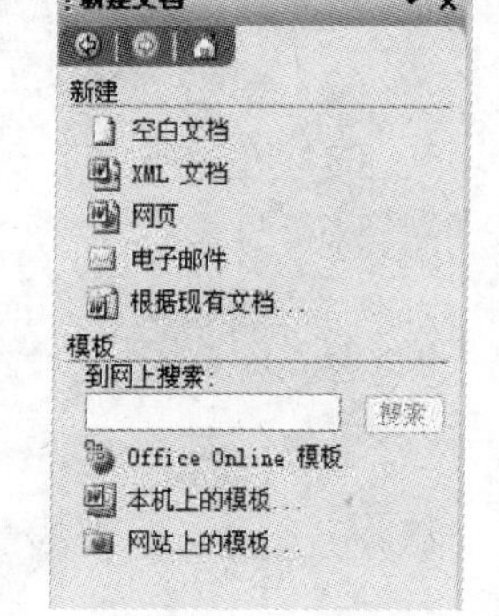

图 4-9　任务窗格

4.1.2　输入文档前的准备

1．屏幕视图方式

Microsoft Word 提供了多种不同类型的文档视图，以适应文字编辑、格式设置、组织和出版工作的需要。可以单击窗口左下角视图切换按钮在各种视图之间切换，也可以通过“视图”菜单选择各种视图。

- 普通视图：此视图可以显示页面编辑符号，但不显示实际页边距、页眉、页脚信息，适用于页面控制一类的编辑活动。
- 页面视图：此视图可以保证屏幕显示内容与实际打印稿版式相符，该视图为默认视图。
- Web 版式：此视图为图形状态，便于处理有背景、声音、视频剪辑和其他与 Web 页内容相关的编辑和修饰处理。
- 大纲视图：此视图可以直接显示文档的纲目结构，适用于长文件的组织、结构化编辑操作。
- 阅读版式：可以像阅读杂志一样查看文档，同时提供文档结构图及缩略图两种方式。

2．控制显示的工具

Word 还提供了其他一些控制页面显示的工具，用于控制文档当前的显示状态与效果。

- 显示比例：按显示要求改变文稿在屏幕上的显示比例，通过“常用”工具栏上的“显示比例”下拉列表框，单击右侧下拉按钮，从列表中选择适当的显示比例。
- 全屏显示：全屏显示文稿内容，隐藏所有工具栏，经常用于阅读状态。通过“视图”菜单选择“全屏显示”命令即可。
- 隐藏空白：在“页面”视图下隐藏多页面的间隔（版边）区域，以便阅读更多内容。移动鼠标光标，至两页之间的间隔区域，鼠标光标变形后单击即可。

注意：默认状态下页面的显示比例为100%。

4.1.3 输入文档

Word启动后，即可以用键盘在编辑区的I形闪烁光标处输入文档内容。

1．输入特殊符号

在文字输入过程中，经常会遇到一些特殊的符号。符号通常有3类，包括中文符号、西文符号和特殊字符。键盘只提供了一组常用符号，其他符号可从“符号”对话框中选取输入。

在文章中输入特殊的编辑符号或特殊字符的操作步骤如下。

（1）将光标定位在要插入符号的位置。

（2）单击“插入”菜单中的“符号”命令，出现如图4-10所示的“符号”对话框。

（3）在“符号”对话框中，通过“字体”下拉列表框选择字体。不同的字体中包含不同的特殊符号。

（4）选择要插入的字符，单击“插入”按钮即可在当前位置输入所选符号。

有些字体提供“子集”，可通过对话框中的“子集”下拉列表框选择子集类型。如果插入特殊字符，可在“特殊字符”选项卡中选取。

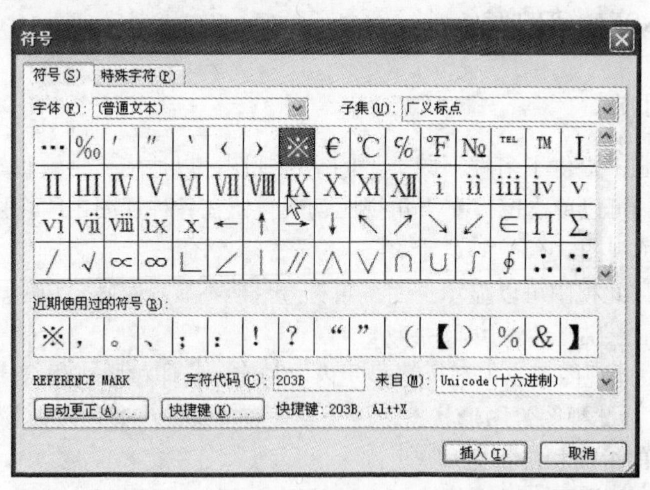

图4-10 “符号”对话框

2．更改输入中的错误

文章内容输入完成后，如果出现常见的简单错别字、病句等，系统都会提示更改。即在有疑问的单词或句子下方标注为红色或绿色波浪线。红色波浪线主要指拼写错误，绿色波浪线主要指语法错误。如果文章输入内容存在明显错误，Word 可自动检测输入文字的类型，根据内置词典进行拼写和语法检查，并标记出错误位置。

（1）自动更正习惯性输入错误

在日常输入过程中，Word 可以帮助作者更改一些较常见的输入错误。Word 可以自动更正的内容包括中/英文常见性输入错误。在中文版中还提供了大量四字成语和常见短语的自动更正功能。在“自动更正”对话框的“自动更正”选项卡内，可查看预更正词汇列表。

读者在文档中输入错误的词汇，观察更正结果。如输入“付总指挥”后回车，此时自动更正为“副总指挥”。

（2）处理输入错误的更正

如输入单词“way”时输成“wya”，需要对其更正，具体操作步骤如下。

在当前文档中输入错误单词“wya”，此单词下面将显示红色虚线。右键单击该单词，出现快捷菜单，如图 4-11 所示。单击菜单中的“自动更正”命令，在显示的级联菜单中选择“way”即可。

（3）使用“自动更正智能”标记

“自动更正智能”标记用于控制和修改 Word 自动更正的选择操作，包括撤销自动更正，停止将句首字母自动设置为大写，停止自动更正等功能。如果要撤销自动更正，将输入的字母显示原形，操作步骤如下。

上例中当输入 wya 后，自动更正为 way，此时，左下角显示“自动更正”智能标记。右击此标记，出现快捷菜单，如图 4-12 所示，选择“停止自动更正‘wya’”命令即可。

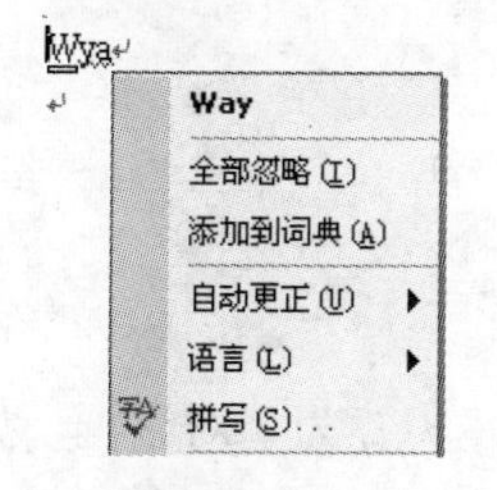

图 4-11　快捷菜单（1）

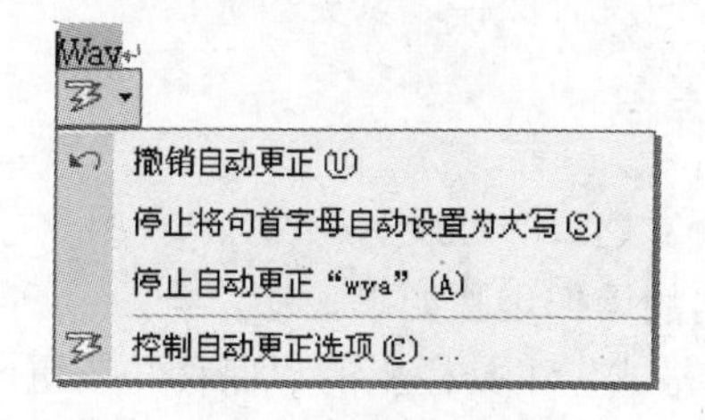

图 4-12　快捷菜单（2）

3．简、繁体转换和翻译

（1）简、繁体转换

简、繁体转换即在简体中文和繁体中文之间切换，同时按简、繁体文字的使用习惯，自动完成翻译工作。具体操作步骤如下。

在文档中选择好要转换的内容，单击“常用”工具栏上中文简繁转换按钮的“繁”，或选择“工具”菜单的“语言”子菜单中“中文简繁转换”命令项。单击简繁转换按钮右侧的选择按钮，可显示选择菜单，如图 4-13 所示。同样，选择“转换为简体中文”项即可恢复简体格式。

（2）用“翻译”任务窗格进行翻译

Word 提供的双语词典和翻译功能可以将输入的中、英文内容互译，并提供了网上翻译选项，使用方便。翻译的具体操作步骤如下。

① 在文档中选定某个词语，单击“工具”菜单中的“语言”命令，再选择级联菜单中的“翻译”命令，“翻译”任务窗格将显示于窗口右侧，如图 4-14 所示。

② 单击任务窗格内的“浏览”按钮，翻译结果将显示于“结果”框中。如果需要选择翻译结果，可通过“结果”框右侧的滚动条进行。

③ 如果需要将翻译结果替换到屏幕上，则单击任务窗格中的“替换”按钮。

④ 双向切换。可以通过“词典”下拉列表框选择“英语（美国）到中文（中国）”或其他选项，然后单击“浏览”按钮，即可进行相应的翻译显示。

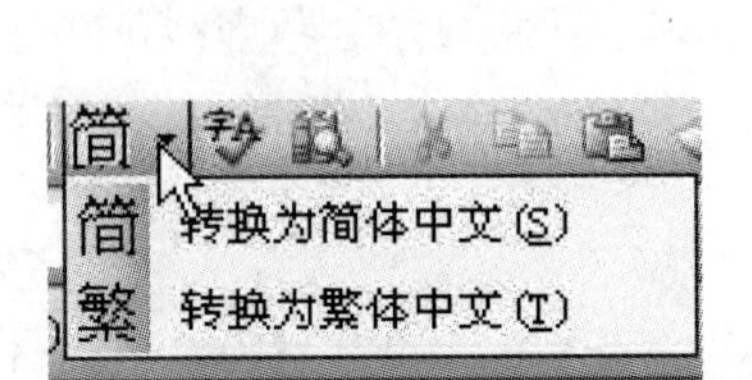

图 4-13　选择菜单

图 4-14　“翻译”任务窗格

4.1.4　保存文档和退出 Word

输入的文档应及时保存，以免丢失信息。

1．文档的保存

（1）保存新文档

保存新文档的操作步骤如下。

① 单击“格式”工具栏上的“保存”按钮，弹出“另存为”对话框，如图 4-15 所示。

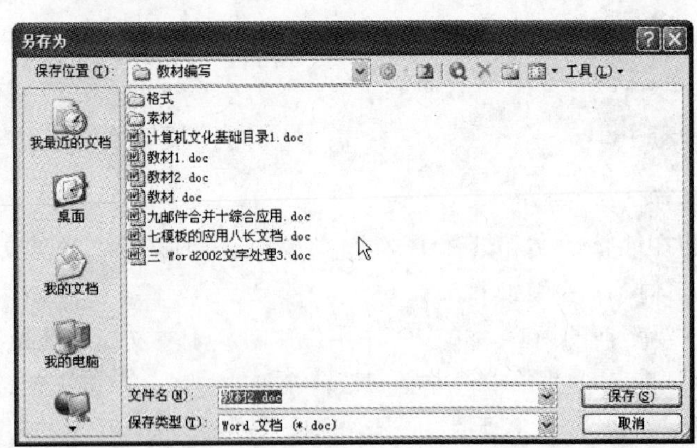

图 4-15　“另存为”对话框

② 在对话框中选择保存位置、输入文件名，并选择保存类型。

③ 单击“保存”按钮。

注意：通过快捷键“Ctrl + S”也可打开“另存为”对话框。

（2）将文档更名保存

如果要使用已有文档中已设定好的格式，只更改其中内容，需要将文件更名保存，然后直接在新文档中输入内容。具体操作步骤如下。

① 选择“文件”菜单中的“另存为”命令，弹出“另存为”对话框。

② 在“文件名”下拉列表框中输入和原文件名不同的名字。

③ 单击“保存”按钮。

2．关闭文档

如果用户在 Word 中同时打开多个文档进行编辑，系统可能会因为内存大量损耗而使性能降低，用户可以关闭一些文档，来提高 Word 性能。关闭文档的操作步骤如下。

（1）使用快捷键“Ctrl+F6”或“窗口”菜单将需要关闭的文档设置成当前文档。

（2）选择“文件”→“关闭”菜单项。当用户处理多个文档时，先按住 Shift 键然后打开“文件”菜单，“关闭”菜单项将变成“全部关闭”，选择“全部关闭”菜单项，Word 将关闭所有文件。如果文档修改后没有保存，Word 在关闭文件时会弹出一个对话框提示用户是否保存文件。

3．退出 Word

退出 Word 的方法有以下几种。

（1）单击窗口标题栏右侧的“关闭”按钮。

（2）选择“文件”菜单下的“退出”命令。

（3）使用快捷键“Alt＋F4”。

（4）双击标题栏左侧的控制菜单图标。

（5）单击标题栏左侧的控制菜单图标，在弹出的菜单中选择“退出”命令。

4.2 编辑文档

4.2.1 选定编辑对象

一篇文章的修改与编辑时所做的操作，主要包括插入、移动、删除、查找及替代等。但是，编辑操作对象又可分为字、词、句、行、段落及全文等。所以准确选择操作对象就成为编辑文档中重要的一步。

利用鼠标选择对象的方法如表 4-1 所示。

表 4-1 鼠标选定对象的方法

对 象 名	选 择 方 法
一个字	按所选的方向拖动
字词	用光标拖动选择
句子	按住 Ctrl 键同时用鼠标单击待选句子
整行	单击文本行左边空白区
段落	双击段落左边空白区
全文	三击段落左边空白区

利用键盘选择操作对象的方法如表 4-2 所示。

表 4-2 键盘选择文本的方法

操 作 方 法	选 择 内 容
Shift + ←	向左选择一字符
Shift + →	向右选择一字符
Shift + Ctrl+ ←	当前单词的开头
Shift + Ctrl+ →	下一个单词的开头
Shift + Home	当前行的开头
Shift + End	当前行的末尾
Shift + PageUp	上一屏
Shift + PageDown	下一屏

4.2.2 文本的剪切/复制/移动/粘贴及删除

1. 文本的剪切和粘贴

（1）使用快捷菜单。选定文本并右击，在弹出的快捷菜单中执行“剪切”命令，再将光标定位在目标位置，右击后在快捷菜单中执行“粘贴”命令。

（2）使用快捷键。选定文本后按“Ctrl＋X”组合键，再将光标定位在目标位置按“Ctrl＋V”组合键。

（3）使用菜单。选定文本，执行“编辑”→“剪切”命令后，将光标定位在目标位置后执行“编辑”→“粘贴”命令。

（4）使用常用工具栏。选定文本，单击“剪切”按钮，将光标定位在目标位置后单击“粘贴”按钮。

剪切的目的是将所选定的文本放到 Word 的剪贴板中，原选定的内容消失。粘贴的目的就是将 Word 剪贴板内的内容放到光标定位的目标处。

2. 复制文本

（1）使用快捷菜单。选定文本后并右击，在弹出的快捷菜单中执行“复制”命令，然后再将光标定位在目标位置，右击后在弹出的快捷菜单中执行“粘贴”命令。

（2）使用快捷键。选定文本后按“Ctrl＋C”组合键，再将光标定位在目标位置后按“Ctrl＋V”组合键。

（3）使用菜单。选定文本，执行“编辑”→“复制”命令，再将光标定位在目标位置后执行“编辑”→“粘贴”命令。

（4）使用常用工具栏。选定文本，单击“复制”按钮，再将光标定位在目标位置后单击“粘贴”按钮。

（5）使用鼠标拖动。选定文本后按住 Ctrl 键，此时光标的形状会变成一个虚线矩形框，而且外面有一个“＋”号，拖动选定区域到目标处即可。

复制的目的是将选定的文本放到剪贴板中，原选定的内容依然存在。

3. 移动文本

（1）使用快捷菜单。选定文本后并右击，在弹出的快捷菜单中执行“剪切”命令，然后再将光标定位在目标位置，右击后在弹出的快捷菜单中执行“粘贴”命令。

（2）使用快捷键。选定文本后按“Ctrl＋X”组合键，再将光标定位在目标位置后按“Ctrl＋V”组合键。

（3）使用菜单。选定文本，执行“编辑”→“剪切”命令，再将光标定位在目标位置后执行“编辑”→“粘贴”命令。

（4）使用常用工具栏。选定文本，单击“剪切”按钮，再将光标定位在目标位置后单击“粘贴”按钮。

（5）使用鼠标拖动。选定文本后直接拖动选定区域到目标处。

移动文本实际上就是剪切与粘贴的操作。

4. 删除文本

（1）选定文本，执行“编辑”→“清除”命令。

（2）选定文本，按 Delete 或 Back Space 键。

4.2.3 撤销与恢复

在文档的编辑过程中，难免出现一些误操作，只要没有保存对该文档的最新操作，就可以通过 Word 提供的撤销功能使文档恢复到原来的状态。

常用工具栏中有一个“撤销”按钮和一个“恢复”按钮，它们与“编辑”菜单中的“撤销”与“恢复”命令功能相同。若要取消前一次的操作，可单击“撤销”按钮。Word 2003 具有多级撤销功能，可一直撤销到文档上一次保存后的第一步操作。“恢复”按钮的功能与“撤销”按钮正好相反，它可以恢复被撤销的一步或多步操作。

4.2.4 查找和替换

1. 查找文本

中文版 Word 2003 查找文本的功能是十分强大的，它不仅可以查找任意组合的字符，包括中文、英文、全角、半角等，还可以查找英文单词的各种形式。查找文本的具体操作步骤如下。

（1）如果是想查找某一特定范围内的文档，则在查找之前应先选取该区域的文档。选择“编辑”→“查找”菜单项，打开“查找和替换”对话框，如图 4-16 所示。

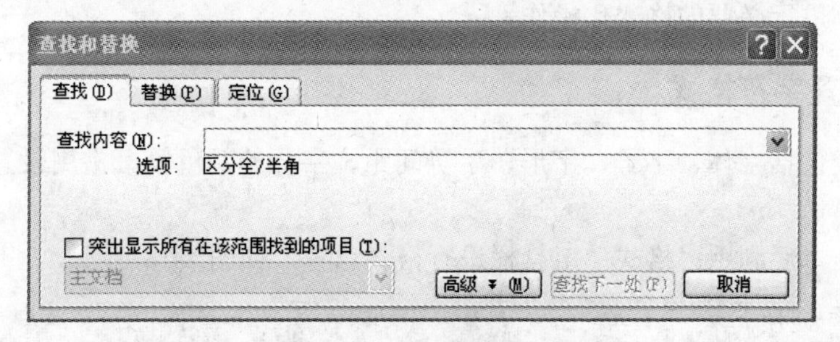

图 4-16 “查找和替换”对话框

（2）在“查找内容”下拉列表框中输入要查找的内容，如“Word”。当选中“突出显示所有在该范围找到的项目”复选框时，其下方的下拉列表框成为可用状态，从中可以选择要在文档的哪些部分进行查找。

（3）单击“查找下一处”按钮，即可找到指定的文本，找到后，Word 会将该文本所在的页移到屏幕中央，并高亮反白显示找到的文本。此时，“查找和替换”对话框仍然显示在窗口中，用户可以单击“查找下一处”按钮，继续查找指定的文本，或单击“取消”按钮回到文档中。

2. 替换文本

Word 提供的替换功能可以用一段文本替换指定的文本，例如，可以把“计算机”替换为“Computer”。执行替换功能的操作步骤如下：

（1）选择“编辑”→“替换”菜单项，打开“查找和替换”对话框，这时默认打开“替换”选项卡，如 4-17 所示。

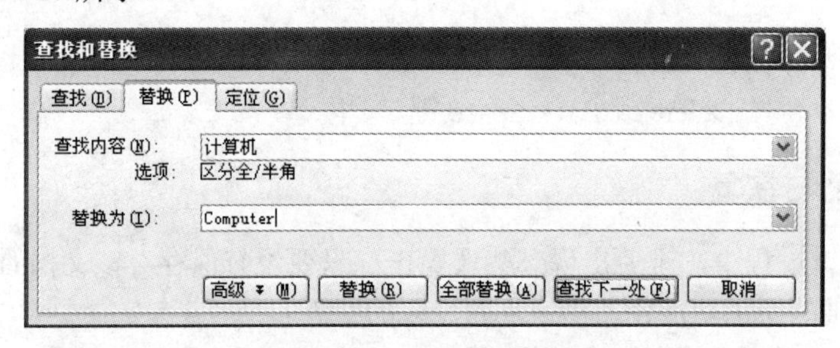

图 4-17 “替换”选项卡

（2）在“查找内容”下拉列表框中输入要替换的文本，如“计算机”。

（3）在“替换为”下拉列表框中输入替换文本，如“Computer”。

（4）单击“查找下一处”按钮，Word 会自动找到要替换的文本，并以高亮反白的形式显示在屏幕上，如果用户决定替换，则单击“替换”按钮，否则可单击“查找下一处”按钮继续查找，或单击“取消”按钮不进行替换。如果单击“全部替换”按钮，则会自动替换所有指定的文本，即将文档中所有的“计算机”替换为“Computer”。

4.3 文档的排版

在完成了文档的基本创建工作之后，为方便他人阅读文档或特意强调文档中的某部分内容，需要对文档进行必要的格式化操作。

4.3.1 设置字符格式

字符的格式包括字体、字号、字形、字符间距、字体的颜色等。常用设置字符格式的方法有以下两种。

（1）选定文本后利用“格式”工具栏进行格式设置，如图 4-18 所示。

正文 + 首行 宋体 五号 B I U A A

图 4-18 “格式”工具栏

（2）选定文本后执行“格式”→“字体”命令，弹出“字体”对话框，在各选项卡中进行格式设置，如图 4-19 所示。

1．设置字体、字号、字形及文字效果

（1）设置字体。Word 2003 提供了几十种中、英文字体供用户选择。设置字体的具体方法是，单击如图 4-18 所示的“格式”工具栏中“字体”下拉列表右侧的下三角按钮，在弹出的下拉列表中选择所需字体，如图 4-20 所示。也可以单击如图 4-19 所示的“字体”对话框的“字体”选项卡中的“中文字体”或“西文字体”下拉列表右侧的下三角按钮，为所选定的文本设置不同的字体。

（2）设置字号。Word 2003 提供了两种表示文字大小的方法：一种是“磅”，用阿拉伯数字表示大小，数字越大所表示的字越大；另一种是“字号”，初号字最大，其次是小初、一号、小一、……，最小为八号字。

下面是几种不同字体、字号的例子。

宋体小三号字，仿宋 10.5 磅字，华文新魏 18 磅字，黑体小四。

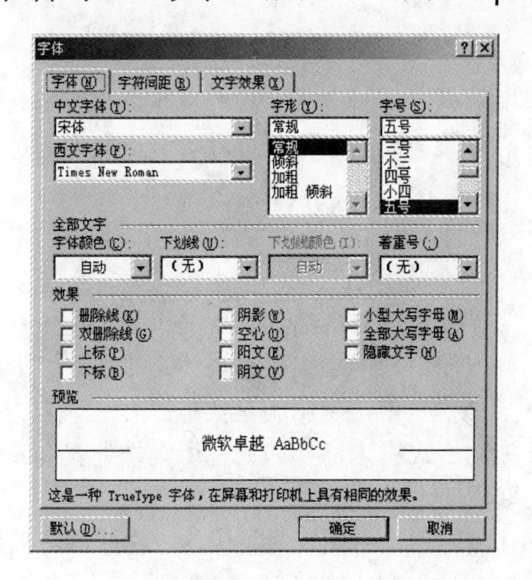

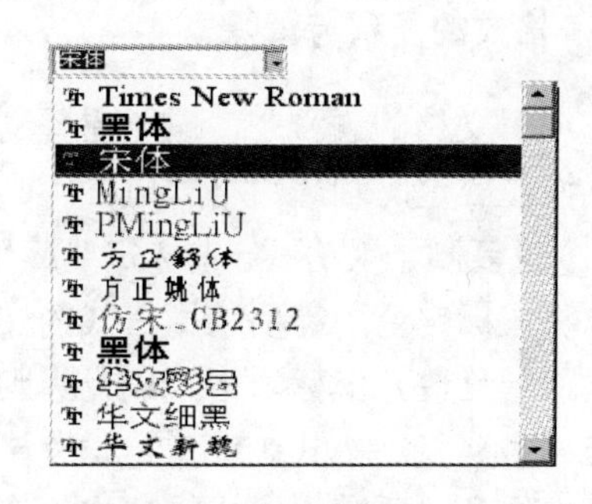

图 4-19 “字体”对话框　　　　图 4-20 “格式”工具栏中的“字体”下拉列表

（3）设置字形及其他效果

在 Word 2003 中，还可以改变文字形状或增加一些修饰的效果。如使文本变为粗体、斜体，加下画线，设置空心、阴影、阴文，加着重号，加删除线等。这些效果都可以通过如图 4-19 所示的“字体”对话框中的“字体”选项卡进行设置。

2．设置字符间距

字符间距是指两个字符之间的间隔距离，简称字间距。单击选择如图 4-21 所示的“字符间距”选项卡。在“缩放”下拉列表中可设置字符的缩放比例。在“间距”下拉列表中有“标准”、“加宽”和“紧缩”3 个选项，“位置”下拉列表中有“标准”、“提升”和“降低”3 个选项，在相应的“磅值”文本框中输入磅值，即可设置字符间距及字符位置。图 4-22 给出了字符间距设置的简单示例。

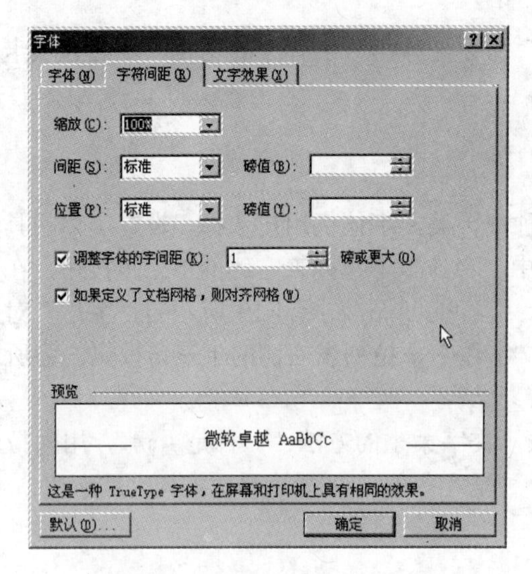

图 4-21 “字符间距”选项卡

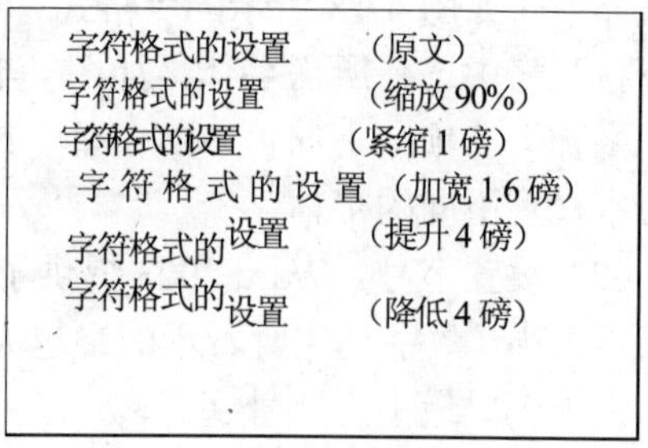

字符格式的设置 （原文）
字符格式的设置 （缩放 90%）
字符格式的设置 （紧缩 1 磅）
字 符 格 式 的 设 置 （加宽 1.6 磅）
字符格式的设置 （提升 4 磅）
字符格式的设置 （降低 4 磅）

图 4-22 设置字符间距、缩放及位置示例

3．设置动态效果

选定文本后，在图 4-19 所示的“字体”对话框中单击选择“文字效果”选项卡，即可对文本设置如“礼花绽放”、“七彩霓虹”等动态效果。动态效果只能在屏幕上显示而不能打印在纸上。

4．格式的复制与清除

在编辑文档的过程中，常常希望对多处文本设置相同的格式，但又不想反复执行同样的格式化操作。这时利用“格式刷”工具就十分方便。使用格式刷的具体操作步骤如下。

（1）只复制一次格式。先选定要应用格式的文本，单击常用工具栏中的“格式刷”按钮，然后再将鼠标定位到需要应用格式的文本处拖动格式刷光标，光标所经之处就会应用指定的格式，一旦放开鼠标，格式刷光标则自动取消。

（2）多次复制格式。选定已设置格式的文本，双击常用工具栏中的“格式刷”按钮，将鼠标定位到需要应用格式的文本处拖动格式刷光标。再将鼠标定位到下一个需要应用格式的文本处拖动格式刷光标，文本选定之处就会应用到指定的格式。若要取消“格式刷”功能，再次单击工具栏中的“格式刷”按钮或按 Esc 键即可。

4.3.2 设置段落格式

在 Word 2003 中，段落是文档的基本组成单位。它是指以段落标记“↵”作为结束的一段任意数量的文字、图形、图表及其他内容的组合。段落标记是一个非打印字符（只可在屏幕上看到，而不能打印输出），可以通过执行“视图”→“显示段落标记”命令来显示或隐藏段落标记。

段落的格式设置包括段落对齐方式、缩进设置、段落行距以及段间距等。

注意：对单个段落进行格式设置前，可以选定该段落，也可只将光标定位在段落中的任意位置；当需要对多个段落进行段落格式设置时，选定段落必须包含段落标记。

1．段落的对齐方式

段落的对齐方式有左对齐、右对齐、居中、分散对齐和两端对齐 5 种类型，在“格式”工具栏上有 4 个段落对齐按钮，从左到右依次为“两端对齐”、“居中”、“右对齐”、“分散对齐”。选定需要排版的文本后，单击相应的对齐按钮即可。

也可以通过执行“格式”→“段落”命令，在弹出的“段落”对话框中的“缩进和间距”选项卡中的“常规”选项区域中选择“对齐方式”来实现段落对齐方式的设置，如图 4-23 所示。图 4-24 所示是 5 种段落对齐方式的简单示例。

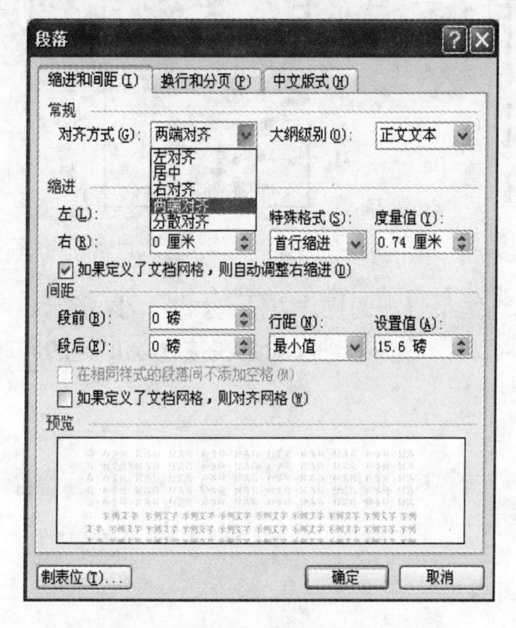

图 4-23　设置段落对齐方式

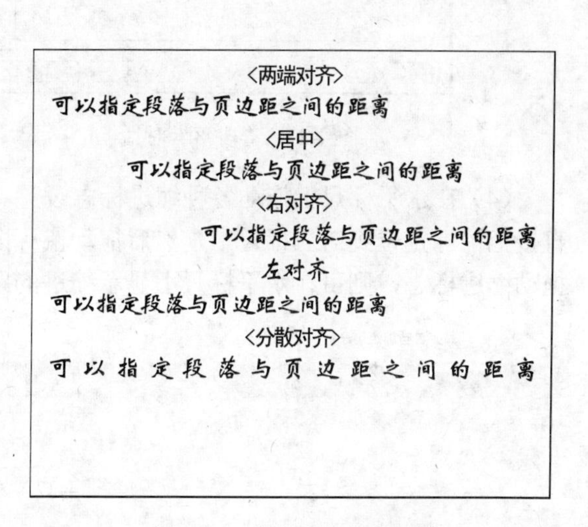

图 4-24　段落对齐方式示例

2．设置段落缩进

通过设置段落缩进，可以指定段落与页边距之间的距离。段落的缩进有首行缩进、左缩进、右缩进和悬挂缩进 4 种形式。Word 提供了 4 种实现段落缩进的方法。

（1）利用菜单方式。执行“格式”→“段落”菜单命令，在弹出的“段落”对话框的“缩进和间距”选项卡中用数值精确地指定缩进位置，如图 4-25 所示。

（2）通过鼠标右击设置。右击选中的段落，在弹出的快捷菜单中执行“段落”命令，如图 4-26 所示，同样可以打开“段落”对话框。

左、右缩进的单位可以是厘米，也可以是字符。在“特殊格式”下拉列表框中可以选择首行缩进与悬挂缩进。如想要文档文字最左边与页边距距离是 2 个字符，则只要在“左（L）”文本框中输入“2 字符”，然后再单击“确定”按钮即可。若要求文档文字最左边与页边距距离是 2 厘米，则在“左（L）”文本框中输入“2 厘米”，然后再单击“确定”按钮即可。

（3）通过工具栏设置。单击“格式”工具栏上的“增加缩进量”按钮或“减少缩进量”按钮来调节缩进量。

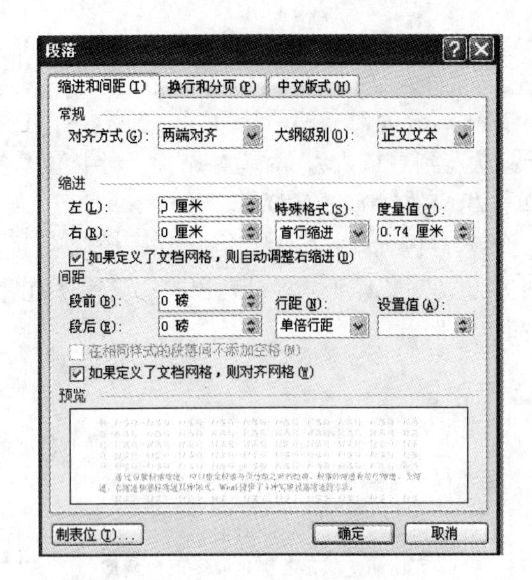

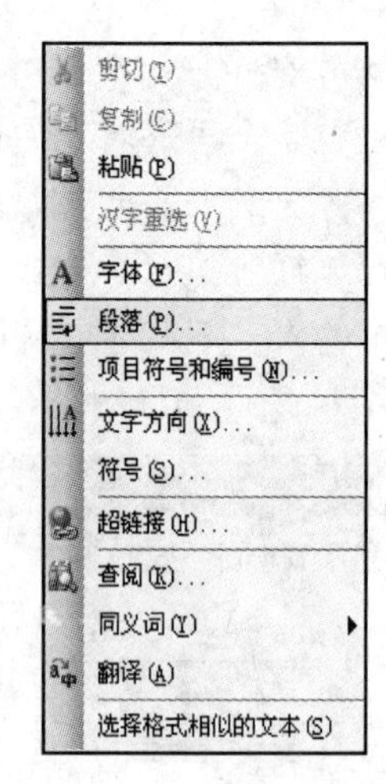

图 4-25 "段落"对话框　　　　图 4-26 在快捷菜单中执行"段落"命令

（4）在水平标尺上拖动各种缩进标志设置。这是最直观的操作方法，如图 4-27 所示。可直接把鼠标定位到对应标尺上，然后拖动鼠标即可调节各种缩进。如果在按住 Alt 键的同时拖动缩进标志，则可在水平标尺上显示缩进的距离。

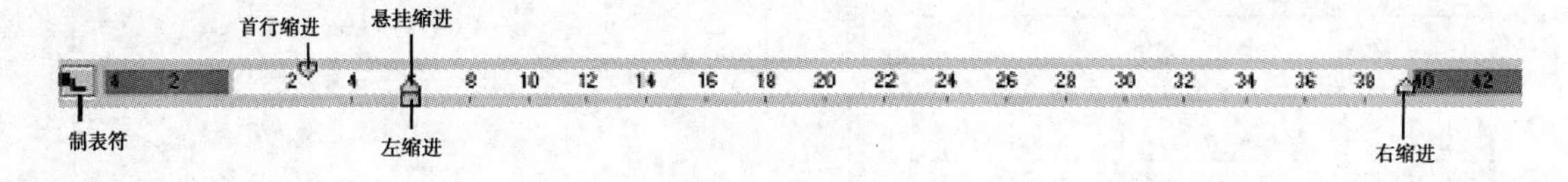

图 4-27 水平标尺

表 4-3 列出了标尺上 4 个缩进标记的含义。

表 4-3 标尺上 4 个缩进标记的含义

标　记	含　　义
▽	首行缩进。拖动此标记可设置所选段落第 1 行行首与左边界的距离
△	悬挂缩进。拖动此标记可设置所选段落中除首行以外的其他各行的起始位置
■	左缩进。拖动此标记设置所选段落的左边界
△	右缩进。拖动此标记设置所选段落的右边界

3. 设置行间距与段间距

利用图 4-28 所示的"段落"对话框中的"缩进和间距"选项卡，还可以设定段落的行间距和段间距等。

行间距是指文档中行和行之间的距离。在"缩进和间距"选项卡的"行距"下拉列表框中可以选择"单倍行距"、"1.5 倍行距"、"固定值"、"最小值"及"多倍行距"等选项。当选取"固定值"或"多倍行距"选项时，要输入一个具体的数值来确定行间距大小。

段间距是指段落与段落之间的距离，包含了段前与段后的距离。可以在"缩进和间距"选项卡中的"段前"、"段后"文本框中输入确定的值来调节段落之间的距离。

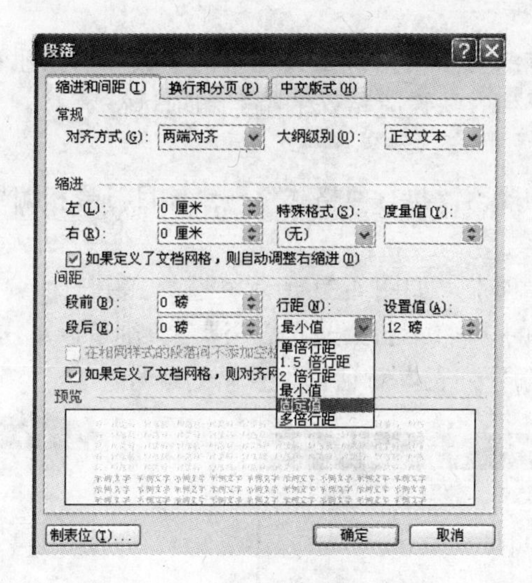

图 4-28　“缩进和间距”选项卡

4．设置边框和底纹

在实际应用中，有时为了使某些段落更加突出和美观，还可以通过执行“格式”→“边框和底纹”命令，为选定的段落添加边框和底纹。图 4-29 所示为“边框和底纹”对话框的“页面边框”选项卡。可以对页面边框设置阴影、三维效果，选择不同的线型及宽度，还可以在“艺术型”下拉列表框中选择不同的艺术图形设置漂亮的页面边框。

在“边框”选项卡中可以为文字或段落设置各种类型和颜色的边框。在“底纹”选项卡中可以为文字或段落设置各种颜色、各种式样的底纹。图 4-30 所示为设置边框、底纹和页面边框的示例。

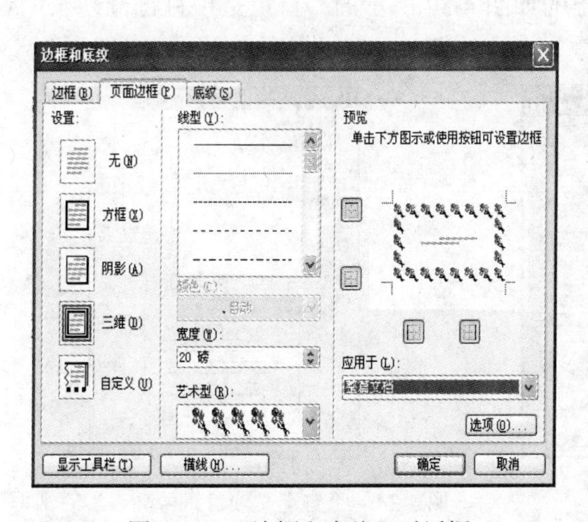

图 4-29　“边框和底纹”对话框

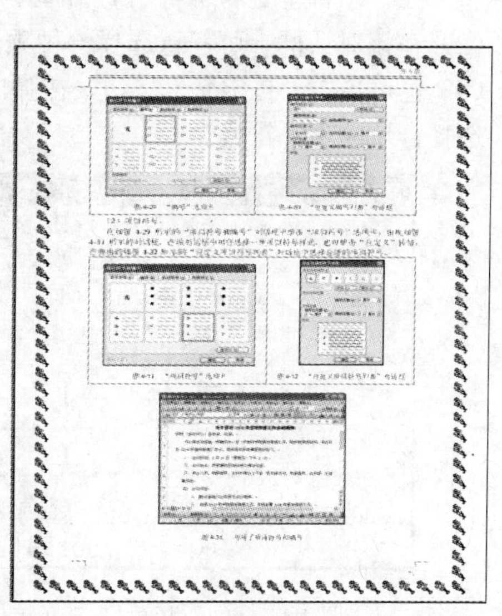

图 4-30　设置边框、底纹和页面边框示例

5．设置项目符号和编号

为了使文档层次分明，便于阅读和理解，可以将一些并列的段落进行统一编号或在段落

前加注项目符号。操作方法可单击格式工具栏中两个相邻的按钮为段落添加默认的编号和项目符号。还可通过下列方法设置特殊的编号和项目符号。

1）设置编号

（1）选定需要编号的段落，执行“格式”→“项目符号和编号”菜单命令，弹出“项目符号和编号”对话框。

（2）单击“编号”选项卡，如图 4-31 所示，选择其中一种编号。

（3）若对 Word 提供的 7 种编号预设样式不满意，则可以单击 “自定义”按钮，打开如图 4-32 所示的“自定义编号列表”对话框设置新的编号。

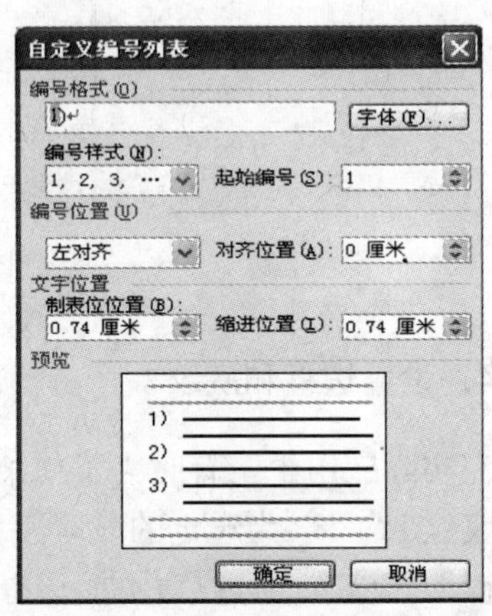

图 4-31 “编号”选项卡

图 4-32 “自定义编号列表”对话框

2）设置项目符号

（1）在“项目符号和编号”对话框中单击选择“项目符号”选项卡，如图 4-33 所示。

（2）在该对话框中可任意选择一种项目符号样式。

（3）也可单击“自定义”按钮，在弹出的如图 4-34 所示的“自定义项目符号列表”对话框中选择合适的项目符号。

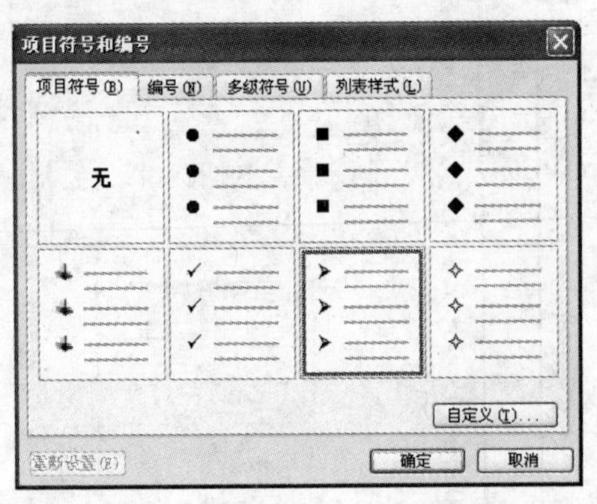

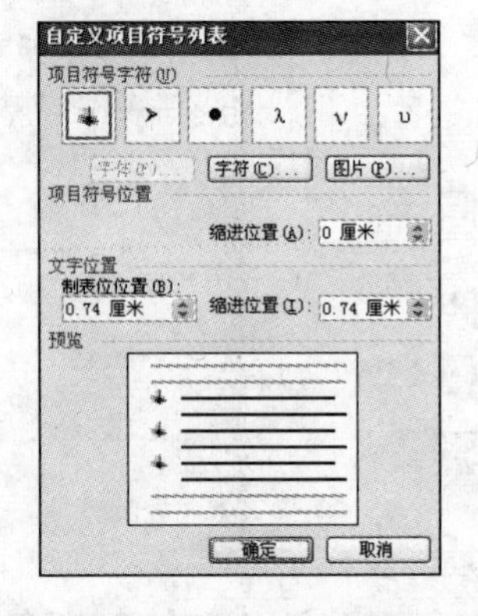

图 4-33 “项目符号”选项卡

图 4-34 “自定义项目符号列表”对话框

6. 分栏

在编辑过程中可能需要对部分段落进行分栏排版，分栏的具体操作步骤如下。

（1）首先选定要进行分栏的段落。

（2）选择“格式”菜单中的“分栏”命令，显示“分栏”对话框，如图 4-35 所示。

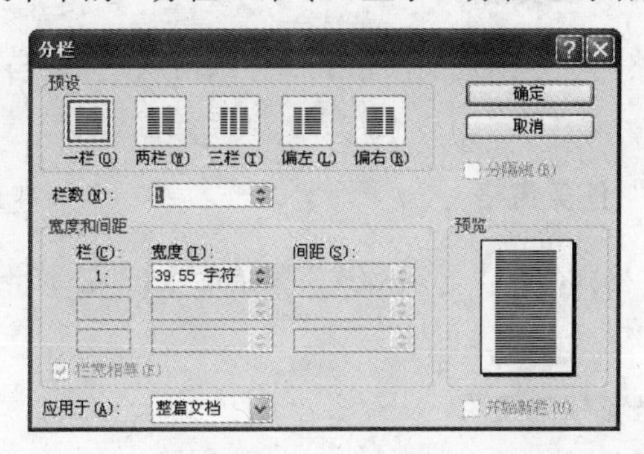

图 4-35 “分栏”对话框

（3）在“栏数”框中选择栏数，栏数最大值为 11。在“宽度和间距”栏设置栏宽和间距，在“应用于”下拉列表框中选择应用范围。

（4）单击“确定”按钮完成设置。

设置多栏版式时，标尺会显示每栏宽度和间距，如图 4-36 所示。可以通过拖动标尺上的页边距标记或改变工具栏上“分栏”的数值调整各栏的栏宽和间距。

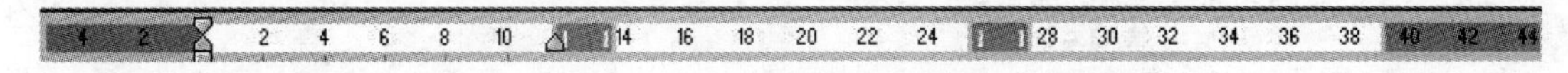

图 4-36 使用标尺调整栏宽和间距

操作技巧：如果要把文章内容像一本书打开那样在 A4 纸上打印，可以设置纸张为横向，然后在格式里分成两栏就可以了。

7. 首字下沉

将章节、段落的开头字符设置为醒目的大字或使正文首字悬挂，可以达到引人注目的特殊艺术效果，具体操作步骤如下。

（1）选定要设置首字下沉的段落。

（2）执行“格式”→“首字下沉”菜单命令，显示“首字下沉”对话框，如图 4-37 所示。

（3）在“位置”栏中单击相应的图标选择“下沉”。

（4）在“下沉行数”框中设置首字占据的行数 3；“距正文”栏中设置的是首字与正文的距离，现选择 1 厘米；“字体”列表选择“隶书”。

（5）单击“确定”按钮，效果如图 4-38 所示。

图 4-37 “首字下沉”对话框

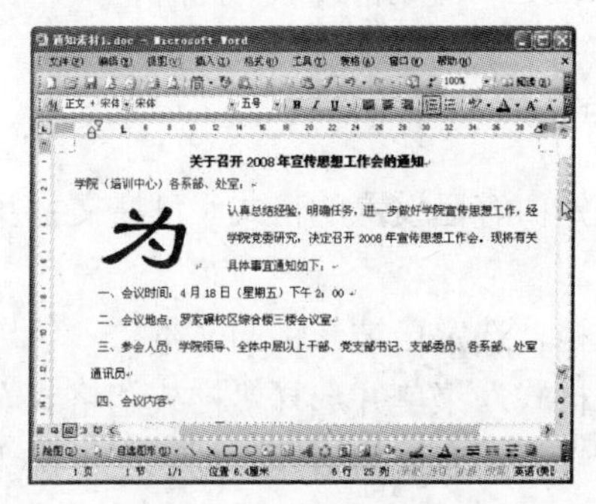

图 4-38 首字下沉效果

4.3.3 “显示格式”任务窗格

“显示格式”任务窗格可显示所选文字格式的详细信息，并能与其他选定内容相比较以显示格式间的差异。

1. 显示“显示格式”任务窗格

打开文档后，选择“格式”→“显示格式”菜单命令，“显示格式”任务窗格就会出现在文档右侧，如图 4-39 所示。

2. “显示格式”任务窗格的使用

使用“显示格示”任务窗格可以快速进行复杂的格式修饰，具体操作步骤如下。

（1）选定文本，在“显示格式”任务窗格的“所选文字的格式”区，将鼠标光标指向某种要修改格式的对象，如图 4-40 所示，此时显示为手形光标。

（2）单击后，直接进入“字体”或“段落”对话框，在对话框中即可修改格式。

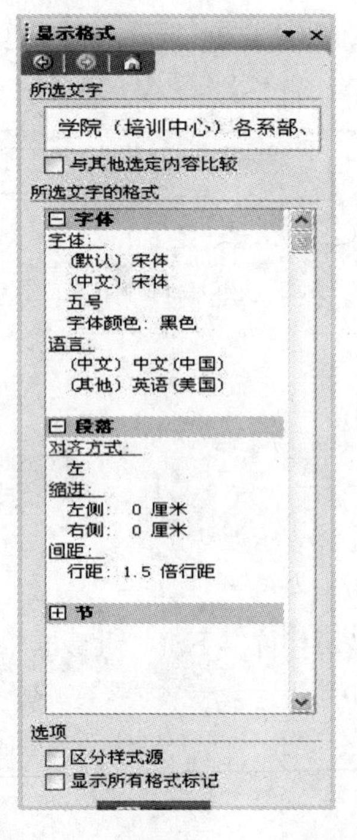

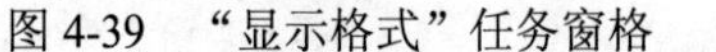

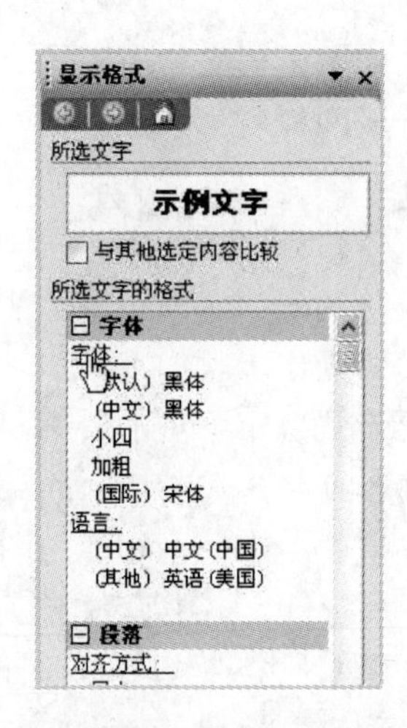

图 4-39 “显示格式”任务窗格　　　图 4-40 通过任务窗格完成格式修改

3. 清除格式

可以清除选定内容已设置的格式（包括文字及段落），使其恢复为“正文”格式，具体操作步骤如下。

（1）打开文档，选定已被修饰的文本。

（2）单击“格式”菜单并选择“样式和格式”命令，显示“样式和格式”任务窗格。

（3）在“请选择要应用的格式”列表区单击“清除格式”项即可。

4.3.4 设置页面格式

页面实际上就是文档的一个版面，一篇文档内容编辑得再好，如果没有进行恰当的页面设置和页面排版，打印出来的文档也将逊色不少。要使打印结果令人满意，就应该根据实际需要来设置页面的大小和方向、背景效果、页眉、页脚等。本节将介绍有关页面格式排版的基本操作。

1. 页面设置

页面设置主要包括页边距设置、纸张设置、版式设置等，其中页边距和纸张设置是最重要的，合适的纸张、合理的页边距将使文档显得更为美观。

（1）页边距。设置页边距的操作步骤如下：选择“文件”→“页面设置”菜单项，打开“页面设置”对话框，默认显示的是“页边距”选项卡，如图 4-41 所示。将光标置于“页边距”选项区中要改变数值的数值框中，删除原来的数字，输入新的数字。单击“确定”按钮，即可完成设置。

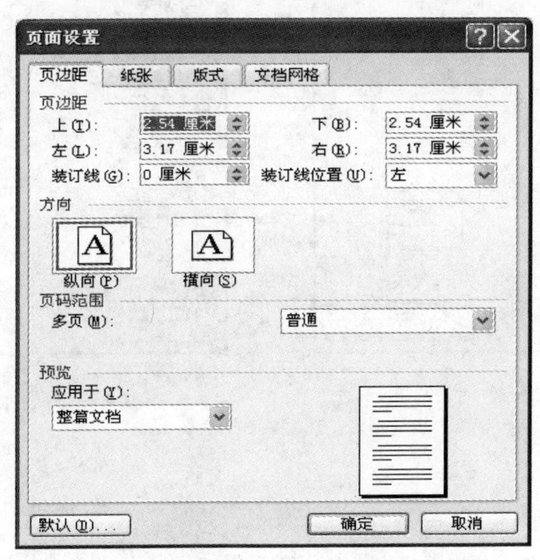

图 4-41 “页边距”选项卡

（2）纸张。中文版 Word 2003 支持许多纸张格式，用户可以方便地选择纸张类型，操作步骤如下：选择“文件”→“页面设置”菜单项，在打开的“页面设置”对话框中选择“纸张”选项卡。单击“纸张大小”选项区中下拉列表框右侧的下拉按钮，在弹出的下拉列表中选择需要的纸张类型，单击“确定”按钮，即可完成操作。

（3）版式。版式中可设置与页面有关的一些内容，比如分节的位置，奇数页、偶数页或首页不同的页眉、页脚，页眉、页脚在页面中的位置，页面文字的对齐方式，添加行号和边框等。选择“文件”→“页面设置”菜单项，在打开的“页面设置”对话框中选择“版式”选项卡，如图 4-42 所示。

（4）文档网格。如果文字排列、字符的精确位置及行间距等项目非常重要，可以利用“页面设置”对话框中的“文档网格”选项卡来调整页面布局，操作步骤如下。

① 选择“文件”→“页面设置”菜单项，打开“页面设置”对话框，选择“文档网格”选项卡，如图 4-43 所示。

② 如果需要文本垂直显示，以便输入时自上而下打开，可在“文字排列”选项区中选中“垂直”单选按钮；若用传统的自左向右的文本显示方式，则选中“水平”单选按钮。

③ 要显示网格，可选中下面任意一个单选按钮。

“只指定行网格”：仅使“行”选项区中的设置有效，这样就可以选择行间距和跨度。

“指定行和字符网格”：“字符”和“行”选项区的设置都有效，可同时选择每行字符数和每页行数以及行和字符的跨度。

“文字对齐字符网格”：禁用“跨度”设置，可选择每行字符数和每页行数。

④ 单击“应用于”下拉列表框右侧的下拉按钮，在弹出的下拉列表中选择应用范围。单击“确定”按钮，关闭对话框。

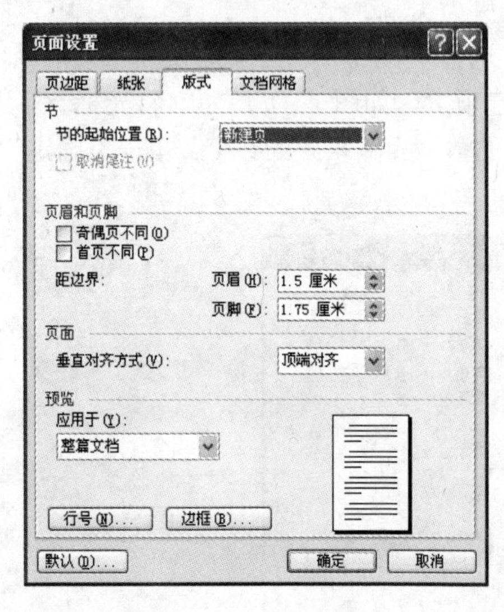

图 4-42 “版式”选项卡

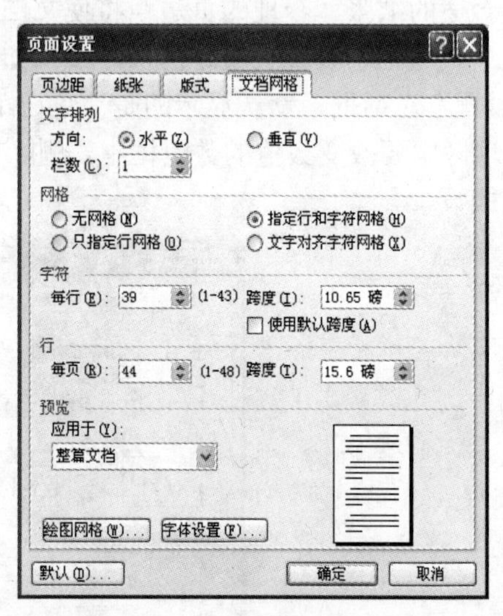

图 4-43 “文档网格”选项卡

2．背景

背景显示在页面的最底层，合理地运用背景会使文档活泼明快，使读者在阅读过程中有一种美的享受。

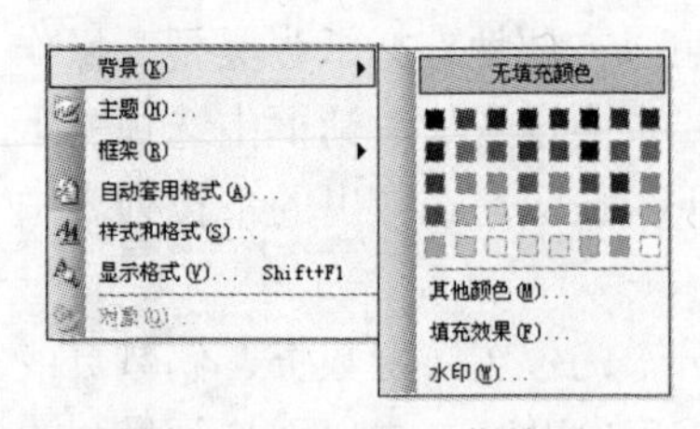

图 4-44 “背景”菜单项

（1）设置背景颜色。设置页面背景颜色的操作步骤如下：选择“格式”→“背景”菜单项，打开其子菜单，如图 4-44 所示。在子菜单中的调色板上单击需要的颜色块，即可为文档设置该颜色作为背景；如果要取消背景颜色，选择“背景”子菜单中的“无填充颜色”选项，背景颜色即被取消。

（2）设置背景填充效果。设置页面背景填充效果的操作步骤如下：选择“格式”→“背景”→“填充效果”菜单项，打开“填充效果”对话框。按需要进行如下设置：使用“纹理”效果填充，选择“纹理”选项卡，在其中选择一种纹理样式，如图 4-45 所示，单击“确定”按钮，即给文档设置了所选择的纹理。

此外，此对话框还可以使用颜色渐变、图案和图片来作为文档背景的填充效果。

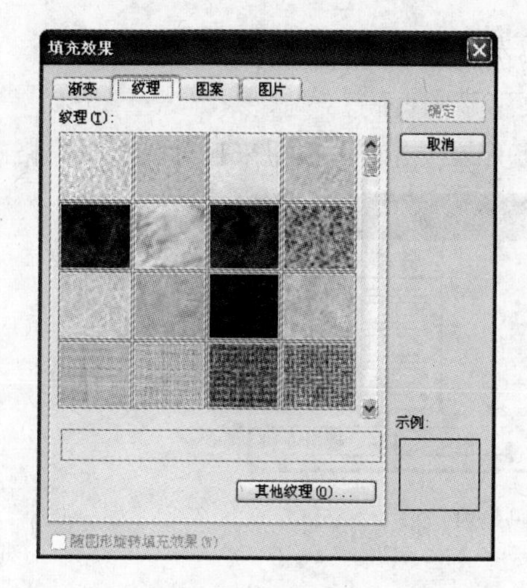

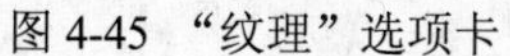
图 4-45 “纹理”选项卡

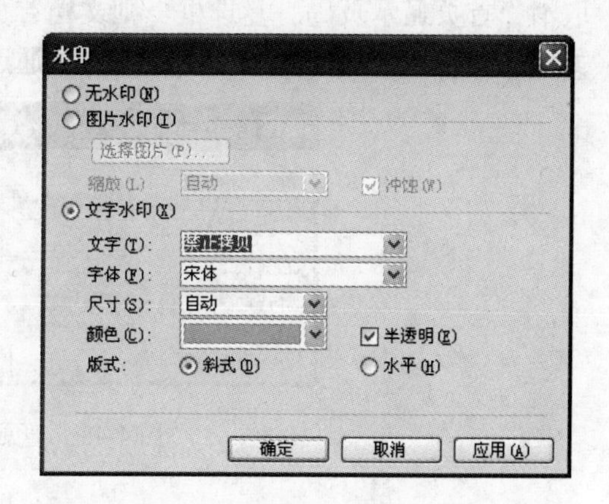

图 4-46 “水印”对话框

（3）设置背景水印。为页面设置背景水印的操作步骤如下：选择“格式”→“背景”→“水印”菜单项，打开“水印”对话框，如图 4-46 所示。选择需要的水印效果，并设置相关的选项，单击“确定”按钮，即可完成操作。

3．插入分隔符和页码

（1）插入分页符。文中的内容满一页之后，中文 Word 2003 会自动分页，但也可以在需要的位置人为插入分页符来强行分页。

插入人工分页符的操作步骤是：单击“插入”菜单中的“分隔符”命令，出现如图 4-47 所示的“分隔符”对话框，选中“分页符”选项按钮后单击“确定”按钮。

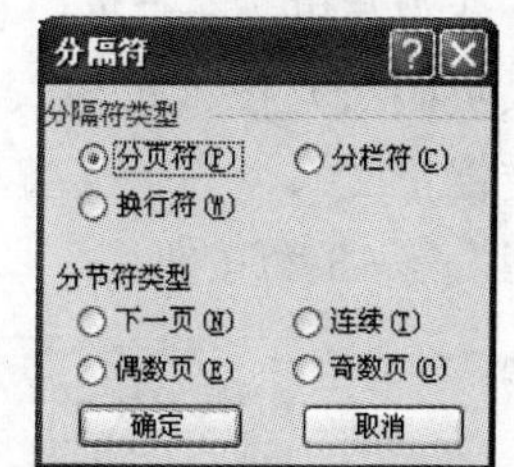

图 4-47 “分隔符”对话框

插入人工分页符也可以按快捷键“Ctrl+Enter”，即在当前光标处插入分页符。

（2）插入分节符。“节”是文档格式化的最大单位（或指一种排版格式的范围），分节符是一个“节”的结束符号。默认方式下，Word 将整个文档视为一“节”，故对文档的页面设置是应用于整篇文档的。若需要在一页之内或多页之间采用不同的版面布局，只需插入“分节符”将文档分成几“节”，然后根据需要设置每“节”的格式即可。

插入分节符的操作如下：光标置于需要插入分节符的位置，执行“插入”菜单中的“分隔符”命令，单击选取“分节符”下方的单选项。每个单选项表示一种插入方式，其意义如下。

“下一页”：插入一个分节符并分页，新节从下一页开始。

“连续”：插入一个分节符，新节从同一页开始。

“奇数页”或“偶数页”：插入一个分页符，新节从下一个偶数页或奇数页开始。

（3）删除分隔符。单击“视图”菜单，选择“普通”命令，单击选定要删除的分页符或分节符，按 Delete 键。

（4）页码的插入。选择“插入”→“页码”菜单项，显示如图 4-48 所示的对话框。

在“位置”框中，指定将页码位于页面上部的页眉，还是位于页面下部的页脚。

在“对齐方式”下拉列表框中，可选择页码在页面中的对齐方式。

取消“首页显示页码”复选框，则文档首页不显示页码。

如果对页码的预览样式不满意，还可以通过单击“格式”按钮来自行定义页码格式。

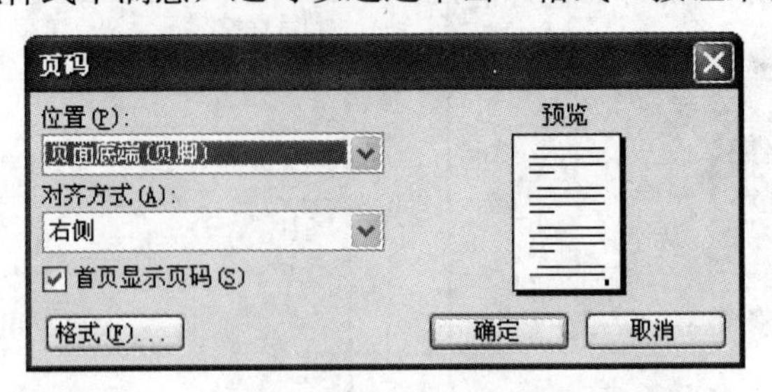

图 4-48　“页码”对话框

4．设置页眉和页脚

中文 Word 2003 将页面正文的顶部空白称为页眉，底部的页面空白称为页脚。通常一部装帧完整的书的页眉内都含有书名、章节名称及页码等内容，而页脚也常用来存放页码、提示等信息。在文档中可自始至终用同一个页眉或页脚，也可在文档的不同部分用不同的页眉和页脚。

（1）创建页眉或页脚。单击“视图”菜单中的“页眉和页脚”命令，即会出现一个“页眉和页脚”工具栏，如图 4-49 所示，并且插入点将自动移到页眉区或页脚区，文档的正文部分变为浅色。在“页眉和页脚”工具栏上，从左到右分别排列着“插入‘自动图文集’”、“插入页码”、“插入页数”、“页码格式”、“插入日期”、“插入时间”、“页面设置”、“显示/隐藏文档正文”、“与上一节相同”、“在页眉和页脚间切换”、“显示上一个”、“显示下一个”、“关闭”等 13 个按钮。

图 4-49　“页眉和页脚”工具栏

要创建一个页眉，可在页眉区输入文字或图形，也可单击“页眉和页脚”工具栏上的某个按钮。要创建一个页脚，可单击“在页眉和页脚间切换”按钮，然后重复上述步骤。要使本节页眉或页脚与上一节相同，可单击“与上一节相同”按钮，使其浮起。完成以上步骤后，单击“关闭”按钮。

（2）删除页眉或页脚。单击“视图”菜单中的“页眉和页脚”命令，将插入点移至要删除的页眉或页脚处，选定页眉、页脚区的文字或图形，然后按 Delete 键。

（3）奇偶页不同的页眉与页脚。要设置奇数页和偶数页不同的页眉与页脚，需先选择“文件”→“页面设置”菜单项，在打开的“页面设置”对话框中选择“版式”选项卡，从中选中“奇偶页不同”复选框，然后再分别设置奇数页和偶数页的页眉与页脚。

注意：修改页眉或页脚时，中文 Word 2003 自动对整个文档中相同的页眉或页脚进行修改。另外，在页面视图中，只需双击变暗的页眉或页脚或变暗的文档文本，就可迅速地在页眉或页脚与文档文本之间切换。

4.3.5 打印文档

1. 打印预览

在编辑排版之后，常要查看一下排版效果，可以使用打印预览功能来查看打印时的效果，同时还能返回编辑状态进行必要的修改或调整。

单击“打印预览”命令按钮，将进入“打印预览”窗口，屏幕上将会弹出“打印预览”工具栏，如图 4-50 所示。

图 4-50 “打印预览”工具栏

“打印预览”工具栏上各命令按钮的功能如下。

- “多页显示”命令按钮：可以选择在窗口中同时显示的页面数，鼠标拖过几个框，窗口中便显示几页文本，在一个窗口内最多可同时显示 36 个页面。
- “单页”命令按钮：单击此按钮后在打印预览窗口只显示一个页面。
- “显示比例”列表框：可以选择文档在打印预览窗口的显示比例。
- “缩至整页”命令按钮：如果文本的最后一页只含几行文字，单击此按钮后 Word 将进行自动调整，将最后一页文字调到前面几页文本中。
- “放大镜”命令按钮：可让用户在编辑与非编辑状态间切换。
- “标尺”命令按钮：可打开或关闭用于查看和修改边距的标尺。
- “全屏显示”命令按钮：单击后“打印预览”窗口将不显示菜单。

2. 打印文档

（1）常规打印。通过“常用”工具栏上的“打印”按钮，将打印当前文档的全部内容。

（2）打印部分文档。可以有选择地打印部分文档内容，具体操作步骤如下。

① 选择“文件”菜单中的“打印”命令，弹出“打印”对话框，如图 4-51 所示。

② 在“打印”对话框中的“页码范围”栏中输入要打印的页码。连续页码用“-”号连接，间隔页号使用英文状态下的“,”号分隔，比如 1,3,5-12，第二、四页就不会打印出来了。

③ 设置完成单击“确定”按钮即可。

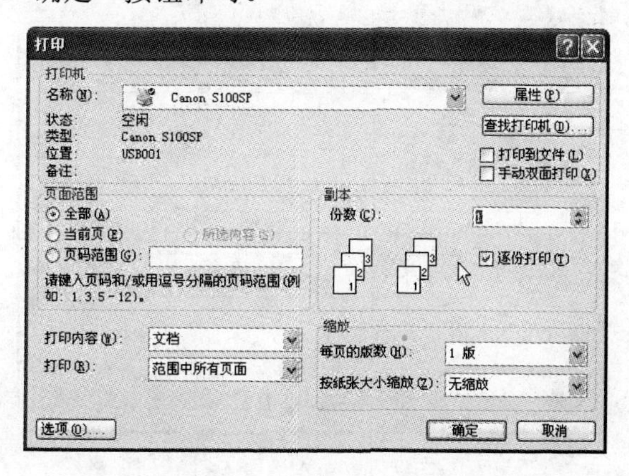

图 4-51 “打印”对话框

4.4 表格的制作

在 Word 中，表格是由粗细不同的横线和竖线构成的行和列组成的。表格中行和列相交构成的方格称为单元格。每一个单元格是一个独立的输入区域，可以输入文本和图形，并可单独进行排版和编辑。

4.4.1 创建表格

1. 通过“插入表格”按钮创建

通过“插入表格”按钮插入表格的具体操作步骤如下。

（1）将插入点放在要插入表格的位置。

（2）单击常用工具栏中“插入表格”命令按钮，屏幕出现一个 4×5 的网格。

（3）用鼠标拖动网格到 5 行 6 列，鼠标拖过的方格变成蓝色，用此方式选定表的行数和列数，如图 4-52 所示。

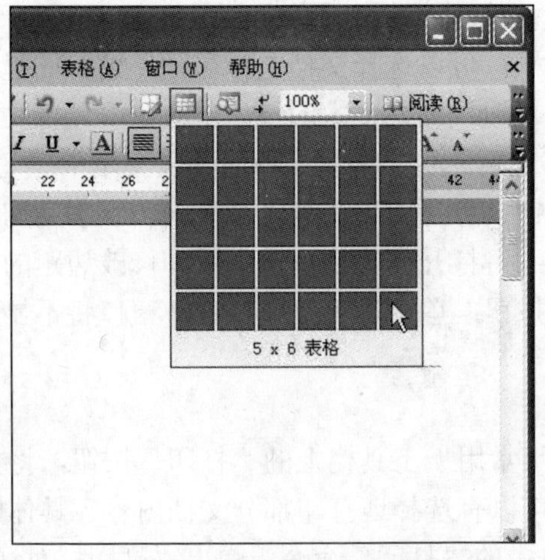

图 4-52　选定表格的行数和列数

（4）松开鼠标，即可在插入点插入一个表格，如图 4-53 所示。

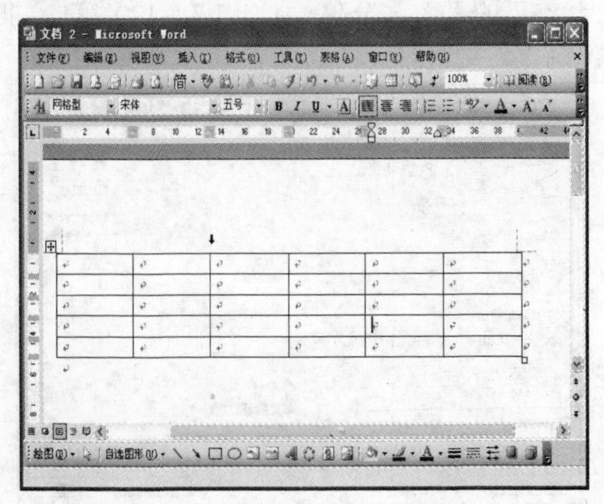

图 4-53　插入一个 5 行 6 列表格

2．通过菜单命令创建

通过菜单命令插入表格的具体操作步骤如下。

（1）选择“表格”菜单中的“插入表格”命令，弹出如图 4-54 所示的“插入表格”对话框。

（2）分别在“行数”和“列数”栏中设定表格的行数和列数。

（3）单击“确定”按钮即可插入表格。

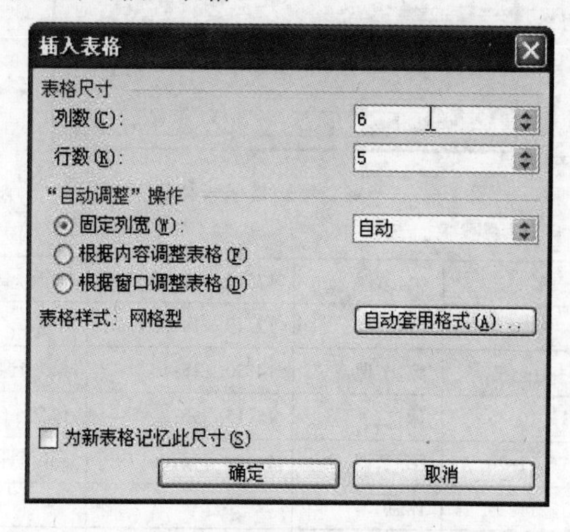

图 4-54 “插入表格”对话框

3．将列表式内容转换为表格

如果输入的文档是列表式的，可以将其转换成表格的形式。例如将图 4-55 所示的员工作息时间转换成表格形式的操作步骤如下。

（1）选定要转换表格的文本内容。

8:40—9:25	第1节课	12:10—12:40	中饭
9:25—9:30	休息	12:40—14:30	午休
9:30—10:15	第2节课	14:30—15:15	第5节课
10:15—10:35	休息	15:15—15:20	休息
10:35—11:20	第3节课	15:20—16:05	第6节课
11:20—11:25	休息		
11:25—12:10	第4节课		

图 4-55 作息时间

（2）通过“表格”菜单选择“转换”命令，显示级联菜单。

（3）选择“将文字转换成表格”选项，弹出“将文字转换成表格”对话框，如图 4-56 所示。

（4）在“文字分隔位置”栏中单击“制表符”单选按钮，则“列数”框中数字变为“4”。

（5）单击“确定”按钮后即可将所选内容转换为表格，如图 4-57 所示。

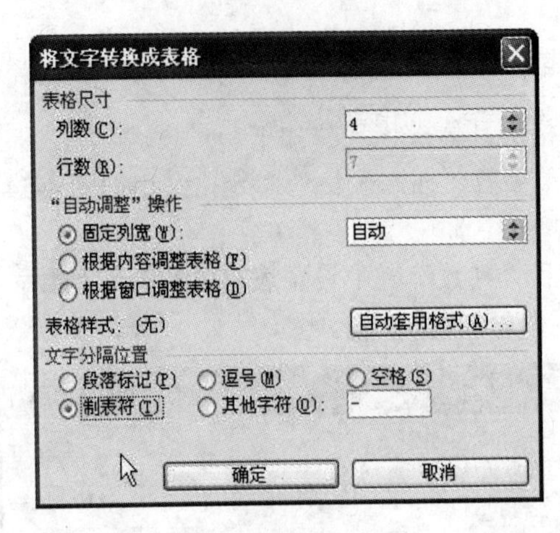

图 4-56 "将文字转换成表格"对话框

8:40—9:25	**第1节课**	12:10—12:40	**中饭**
9:25—9:30	**休息**	12:40—14:30	**午休**
9:30—10:15	**第2节课**	14:30—15:15	**第5节课**
10:15—10:35	**休息**	15:15—15:20	**休息**
10:35—11:20	**第3节课**	15:20—16:05	**第6节课**
11:20—11:25	**休息**		
11:25—12:10	**第4节课**		

图 4-57 转换后的表格

4.4.2 调整表格

表格的列通常为表格管理各个项目系列，行一般记录一组相关的信息，通过编辑表格结构，使表格信息更容易阅读。

1. 表格中鼠标光标的形状

鼠标光标在表格中的位置不同，其显示的形态和功能就不同，常见的光标形状、用途和显示位置如表 4-4 所示。

表 4-4 表格中的鼠标光标形状和用途

光标形状	用　途	位　置
	选择整个表格	显示于表格区域左上角外侧
	选择整行	显示于表格区域左侧线外
	选择单元格	显示当前单元格左侧线内部
	改变列宽	显示于当前列右侧列线上
	改变行高	显示于当前行底部行线上
	选择整列	显示于当前列顶部的横线外

2．通过鼠标调整行高和列宽

通过鼠标调整行高和列宽的具体操作步骤如下。

（1）若调整列宽，将鼠标光标移到表内的表格线列线上（或指向标尺行中的列标记符），如图 4-58 所示，当鼠标变成横向的双向箭头后，按住鼠标左键不放，左右拖动鼠标即可改变列宽。

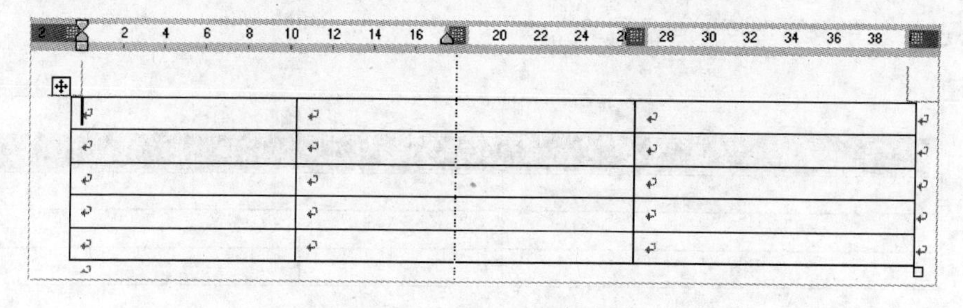

图 4-58　移动鼠标调整列宽

（2）若要调整行高，将鼠标光标移到表内的表格线行线上（或指向标尺行中的行标记符），当鼠标变成纵向的双向箭头时，按住鼠标左键不放，上下拖动即可改变行高。

3．通过对话框控制表格属性

通过对话框可以处理复杂的表格格式，包括列、行、单元格的结构状态，表格在版面中的排版格式等。具体操作步骤如下。

（1）将光标移到表格内。

（2）通过“表格”菜单选择“表格属性”命令，弹出“表格属性”对话框，如图 4-59 所示，可以分别通过“表格”、“行”、“列”和“单元格”4 个选项卡设置表格相应的属性。

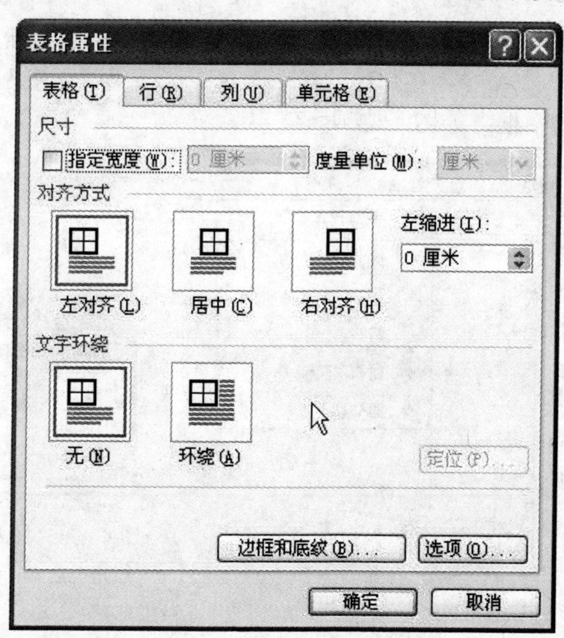

图 4-59　“表格属性”对话框

4.4.3 设置表格结构或内容

1．插入行、列和单元格

（1）在表格中间插入新行（列）。在表格的中间部分插入新行（列）的具体操作步骤如下：选定一行（列），被选定的行（列）变成黑色，如图 4-60 所示；单击“常用”工具栏中的“插入行（列）”按钮，即可插入一行（列）。

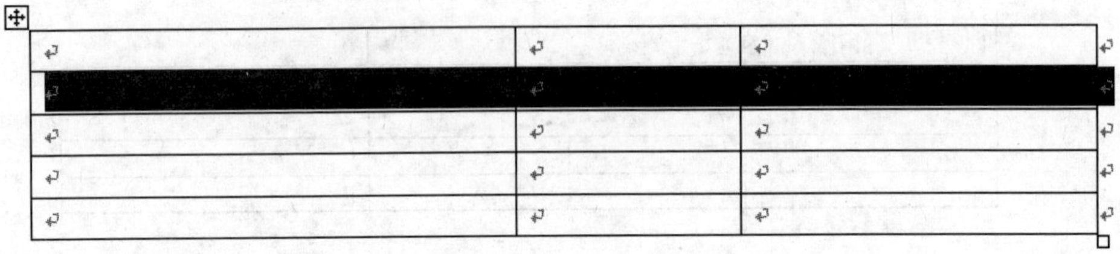

↵	↵	↵
↵	↵	↵
↵	↵	↵
↵	↵	↵
↵	↵	↵

图 4-60　选定表的一行

（2）在尾部插入新行。在表格的尾部插入新行的具体操作步骤如下：将插入点放在表格右下角最后一个单元格内，如图 4-61 所示；按 Tab 键可快速插入新行。

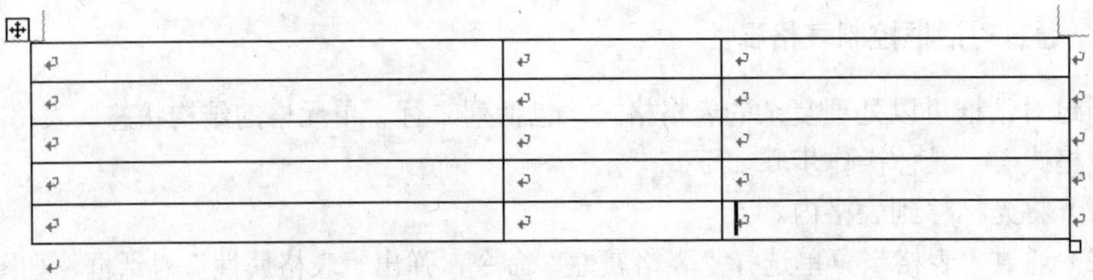

↵	↵	↵
↵	↵	↵
↵	↵	↵
↵	↵	↵
↵	↵	↵

↵

图 4-61　将插入点放在最后一行右下角单元格内

（3）在表格中插入单元格。具体操作步骤如下：将光标置于要插入单元格的位置，通过“表格”菜单选择“插入”命令，在弹出的级联菜单中选择“单元格”命令，如图 4-62 所示，弹出“插入单元格”对话框，如图 4-63 所示。

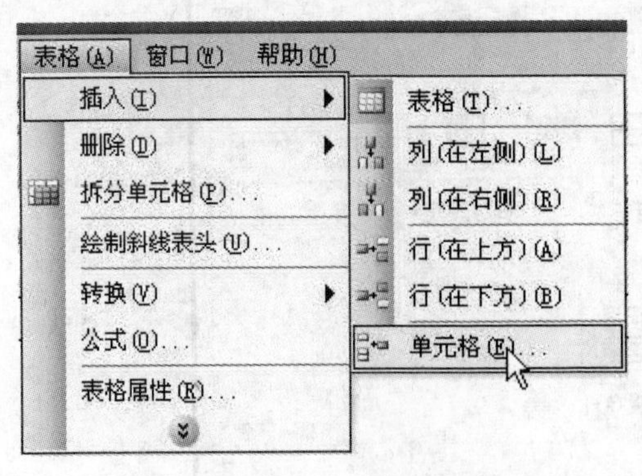

图 4-62　选择“单元格”命令

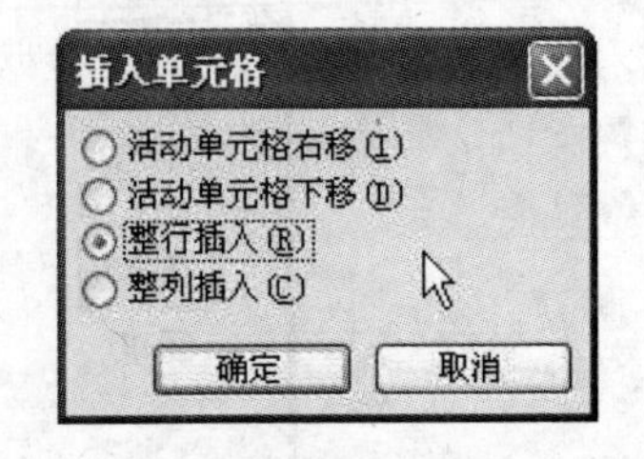

图 4-63　“插入单元格”对话框

2．删除行、列或单元格

删除行、列或单元格的具体操作步骤如下。

（1）将光标放入要删除的行、列或单元格中。

(2) 通过“表格”菜单选择“删除”命令，在弹出的级联菜单中选择相应的命令即可，如图 4-64 所示。

3. 合并与拆分单元格

(1) 合并单元格。在编辑表格时，经常会将一组单元格合并为一个单元格。合并单元格的操作步骤如下。

① 拖动鼠标选定表格中欲合并的单元格。

② 单击“常用”工具栏中的“表格和边框”按钮，显示“表格和边框”工具栏，如图 4-65 所示。

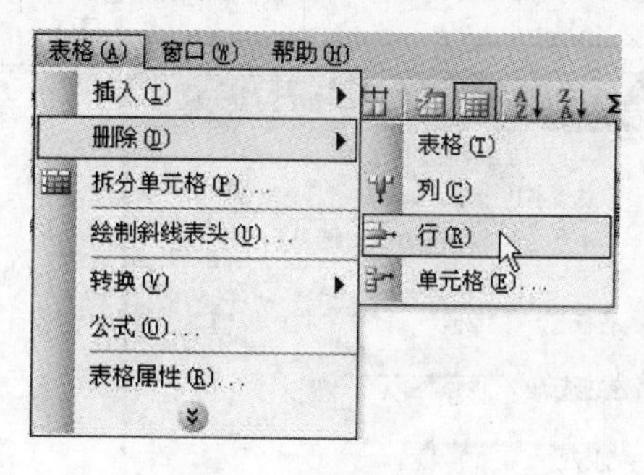

图 4-64 选择“行”命令

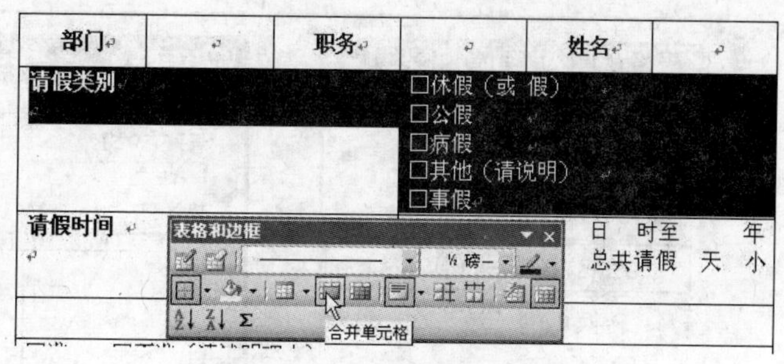

图 4-65 “表格和边框”工具栏

③ 单击“表格和边框”工具栏中的“合并单元格”按钮即可合并选定的单元格。

(2) 拆分单元格。可以将一个单元格拆分为多个，从而改变当前单元格的结构。拆分单元格的操作步骤如下。

① 将插入点放在欲拆分的单元格中。

② 通过“表格”菜单选择“拆分单元格”命令，弹出“拆分单元格”对话框，如图 4-66 所示。

③ 设置行数和列数后单击“确定”按钮，此时选定的单元格被拆分为指定的行数和列数。

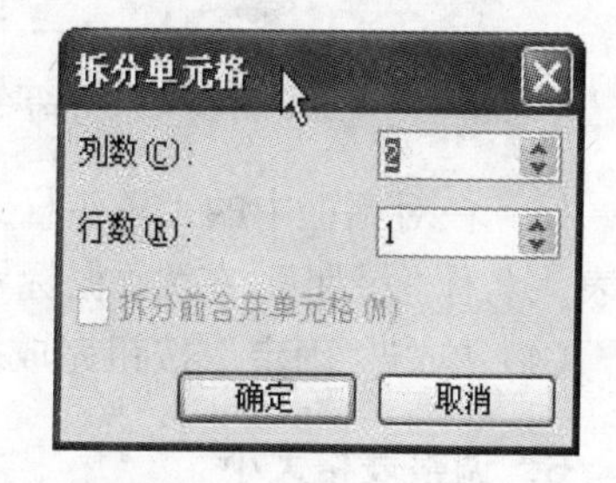

图 4-66 “拆分单元格”对话框

4. 移动和复制表格内容

可以将表格内的部分内容在表格区域内进行移动。如要移动文本，选定文本后拖动到指定位置后放开即可。如要复制文本，拖动过程中按住 Ctrl 键即可。另外，还可通过剪切、复制和粘贴完成。

5. 添加斜线

有些表格需要添加斜线及说明文字，使结构更加明晰，如表 4-5 所示的教学课程表。

为表格添加斜线的具体操作步骤如下。

(1) 选定要添加斜线的单元格。

(2) 通过“表格”菜单选择“绘制斜线表头”命令，如图 4-67 所示，弹出“插入斜线表头”对话框，如图 4-68 所示。

表 4-5　教学课程表

<table>
<tr><td colspan="2">星期
课程
节</td><td>星期一</td><td>星期二</td><td>星期三</td><td>星期四</td><td>星期五</td></tr>
<tr><td rowspan="4">上午</td><td>第 1 节</td><td rowspan="2">微机基础</td><td rowspan="2">软件工程</td><td rowspan="2"></td><td rowspan="2"></td><td rowspan="2">微机基础</td></tr>
<tr><td>第 2 节</td></tr>
<tr><td>第 3 节</td><td rowspan="2"></td><td rowspan="2"></td><td rowspan="2">微机基础</td><td rowspan="2">微机基础</td><td rowspan="2"></td></tr>
<tr><td>第 4 节</td></tr>
<tr><td rowspan="2">下午</td><td>第 5 节</td><td rowspan="2"></td><td rowspan="2">微机基础</td><td rowspan="2">软件工程</td><td rowspan="2"></td><td rowspan="2"></td></tr>
<tr><td>第 6 节</td></tr>
</table>

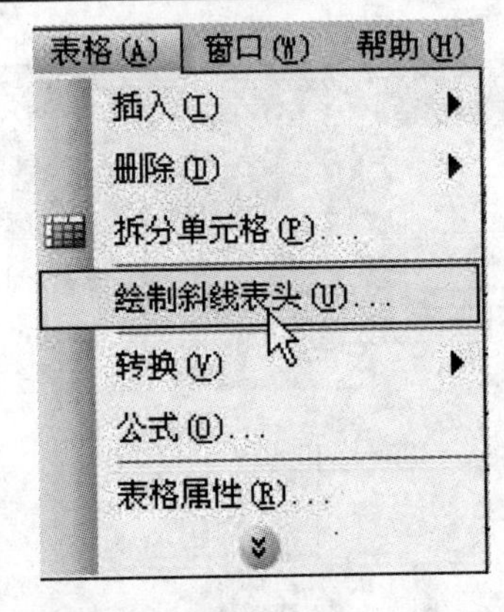

图 4-67　“绘制斜线表头”命令

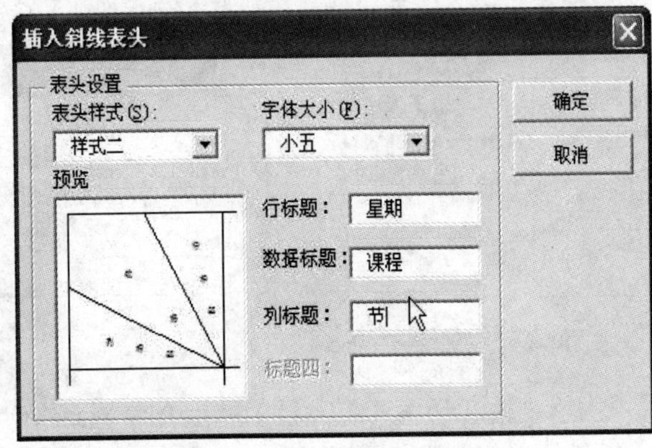

图 4-68　“插入斜线表头”对话框

（3）在对话框中的“表头样式”下拉列表框中选择“样式二”，在“行标题”文本框内输入表头名称“星期”，在“数据标题”文本框内输入“课程”，在“列标题”文本框内输入“节”。

（4）单击“确定”按钮完成操作。

6．调整表格大小

选中表格，表格的右下角会出现尺寸控制点，通过鼠标左键拖动尺寸控制点，可以改变整个表格的尺寸，如图 4-69 所示。

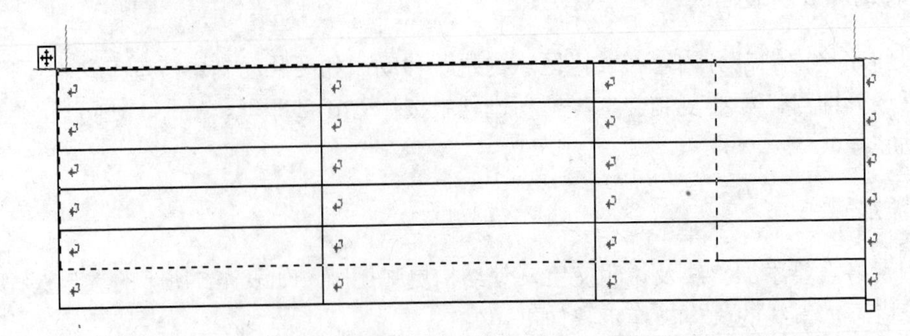

图 4-69　拖动尺寸控制点改变表格尺寸

7. 调整表格的位置

（1）调整表格文字对齐方式

调整表格文字对齐方式的具体操作步骤如下。

① 在表格中选定要设置对齐方式的文本。

② 通过“格式”工具栏中的一组对齐按钮可以调整单元格内文字在水平方向上“居左”、“居中”、“居右”或“分散”对齐。

③ 单击工具栏中的“表格和边框”按钮，弹出“表格和边框”工具栏，通过其中的对齐按钮，可以控制单元格内容的“居左”、“居中”、“居右”等9种排列方式，如图4-70所示。

（2）表格结构的均匀分布

选定要平均分布的行或列，单击“常用”工具栏上的“表格和边框”按钮，在出现的“表格和边框”工具栏中选择“平均分布各行”或“平均分布各列”按钮即可，如图4-71所示。

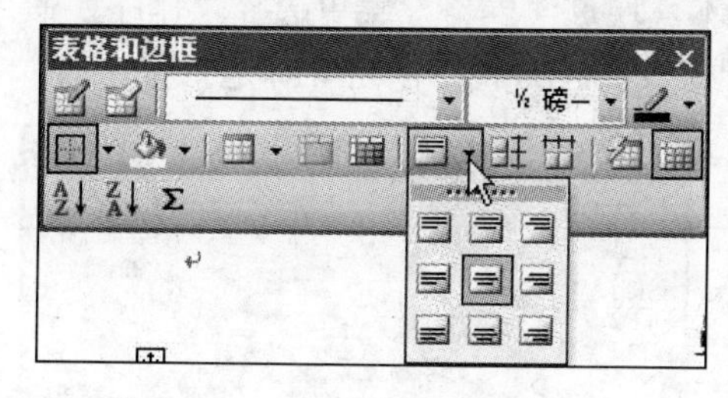

图4-70 “表格和边框”工具栏中的对齐按钮

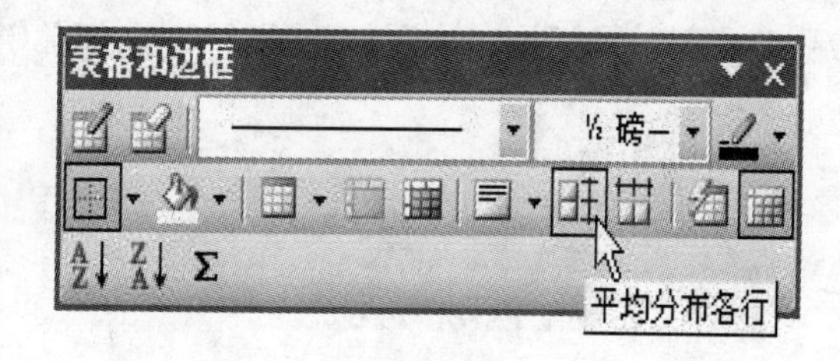

图4-71 “平均分布各行”按钮

（3）表格在页面中的排版方式

在Word文档中，可以方便地控制表格在纸张页面内的排版效果。

① 调整表格在页面中的位置。将光标放在表格中，通过“表格”菜单选择“表格属性”命令，显示“表格属性”对话框，如图4-72所示。在“表格属性”对话框中选择“表格”选项卡，在选项卡中的“对齐方式”栏设置表格的对齐方式。

② 调整表格占用页面的方式。将鼠标光标移至表格左上角，光标变成方形后单击，选择整张表。选择“表格”菜单中的“自动调整”命令，出现如图4-73所示的级联子菜单。

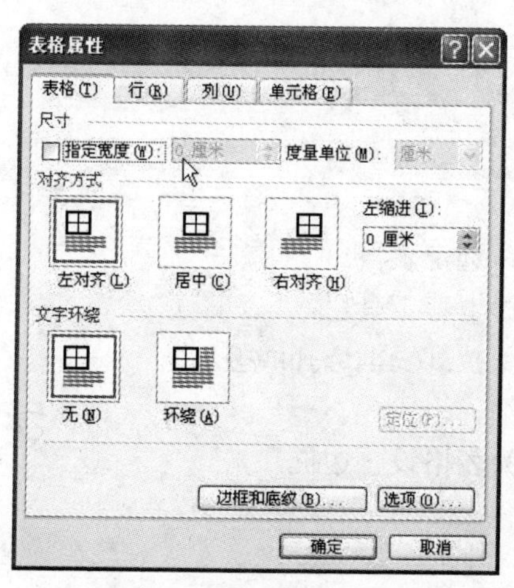

图4-72 “表格属性”对话框

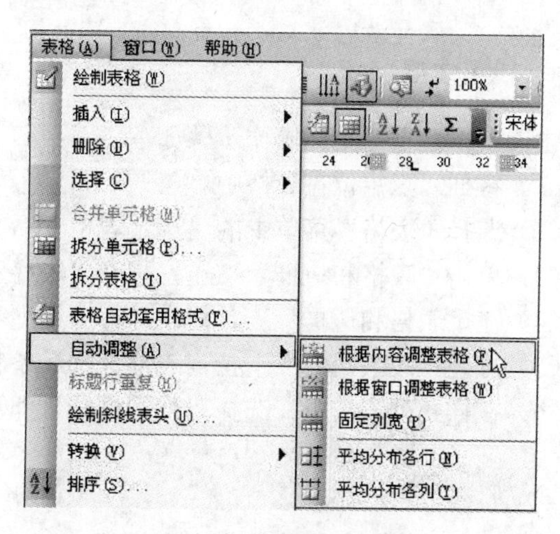

图4-73 “自动调整”级联子菜单

“自动调整”级联子菜单中各命令的功能如下。

● 根据内容调整表格：重新设置表格尺寸，使各列按内容调整。
● 根据窗口调整表格：重新设置各列尺寸，使各列按窗口的尺寸进行调整。
● 固定列宽：设置表格，使表格不能加宽至超出当前的文字栏宽度。
● 平均分布各行：使表格中的各行均匀分布。
● 平均分布各列：使表格中的各列均匀分布。

8. 表格中数据的排序

将表格中的数据按某一列进行排序的方法有以下两种。

（1）使用工具栏。选定要排序的文本，单击“表格和边框”工具栏上的“升序排序”或“降序排序”按钮即可进行排序，如图4-74所示。

（2）使用“排序”对话框。选定要排序的文本，通过“表格”菜单选择“排序”命令，显示“排序”对话框，如图4-75所示，选择关键字及排序方式后单击“确定”按钮。

图4-74 “升序排序”按钮

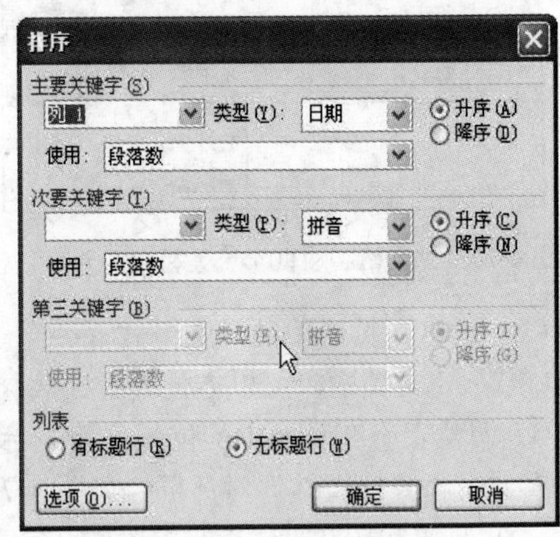

图4-75 “排序”对话框

4.4.4 修饰表格

1. 设置边框

设置表格边框的具体操作步骤如下。

（1）将插入点定位在表格中。

（2）选择“表格”菜单中的“选定表格”命令，选定表格。

（3）单击“表格和边框”按钮，打开“表格和边框”工具栏。

（4）在“表格和边框”工具栏中打开“线型”下拉列表框选择线型。

（5）打开“线条粗细”下拉列表框选择线条粗细。

（6）在样式列表框中，选择“外围框线”即可为表格设置边框。

2. 添加底纹

给表头添加底纹的具体操作步骤如下。

（1）选定表头所在行。

（2）选择“格式”菜单中的“边框和底纹”命令，弹出“边框和底纹”对话框。单击选择“底纹”选项卡，如图 4-76 所示。

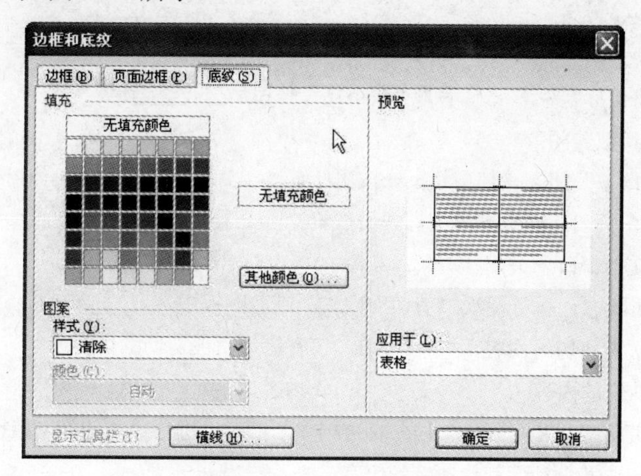

图 4-76　“底纹”选项卡

（3）在“填充”栏设置填充底纹后单击“确定”按钮即可。

3．表格自动套用格式

表格自动套用格式用于快速修饰表格，突出表格的结构。设置表格自动套用格式的具体操作步骤如下。

（1）选定表格。

（2）通过“表格”菜单选择“自动套用格式”命令，弹出“表格自动套用格式”对话框。

（3）在“表格样式”栏中选择一种合适的样式，如图 4-77 所示。还可选择“将特殊格式应用于”栏中相应的复选项。

（4）单击“应用”按钮完成设置。

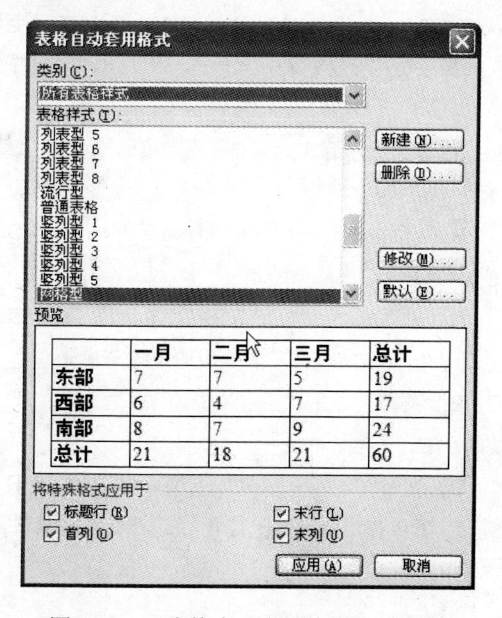

图 4-77　“表格自动套用格式”对话框

练习题四

一、选择题

1. 单击 Word 主窗口标题栏右边显示的“最小化”按钮后________。

A. Word 的窗口被关闭

B. Word 的窗口被关闭，是任务栏上一按钮

C. Word 的窗口关闭，变成窗口图标关闭按钮

D. 被打开的文档窗口未关闭

2. 在 Word 的编辑状态，执行两次“剪切”操作，则剪贴板中________。

A. 仅有第一次被剪切的内容　　B. 仅有第二次被剪切的内容

C. 有两次被剪切的内容　　D. 无内容

3. 在 Word 的编辑状态打开了一个文档，对文档作了修改，进行“关闭”文档操作后________。

A. 文档被关闭，并自动保存修改后的内容

B. 文档不能关闭，并提示出错

C. 文档被关闭，修改后的内容不能保存

D. 弹出对话框，并询问是否保存对文档的修改

4. 在 Word 的编辑状态，选择了一个段落并设置段落的“首行缩进”设置为 1 厘米，则________。

A. 该段落的首行起始位置距页面的左边距 1 厘米

B. 文档中各段落的首行只由“首行缩进”确定位置

C. 该段落的首行起始位置距段落的“左缩进”位置的右边 1 厘米

D. 该段落的首行起始位置在段落“左缩进”位置的左边 1 厘米

5. 在 Word 的编辑状态，打开了“w1.doc”文档，把当前文档以“w2.doc”为名进行“另存为”操作，则________。

A. 当前文档是 w1.doc　　B. 当前文档是 w2.doc

C. 当前文档是 w1.doc 与 w2.doc　　D. w1.doc 与 w2.doc 全被关闭

6. 在 Word 的编辑状态，选择了文档全文，若在“段落”对话框中设置行距为 20 磅的格式，应当选择“行距”列表框中的________。

A. 单倍行距　　B. 1.5 倍行距　　C. 固定值　　D. 多倍行距

7. Word 2003 具有的功能是________。

A. 表格处理　　B. 绘制图形　　C. 自动更正　　D. 以上三项都是

8. 下列选项不属于 Word 2003 窗口组成部分的是________。

A. 标题栏　　B. 对话框　　C. 菜单栏　　D. 状态栏

9. 在 Word 2003 编辑状态下，绘制一文本框，应使用的下拉菜单是________。

A. 插入　　B. 表格　　C. 编辑　　D. 工具

10. Word 2003 的替换功能所在的下拉菜单是________。

A. 视图　　B. 编辑　　C. 插入　　D. 格式

11. 在 Word 2003 编辑状态下，若要在当前窗口中打开(关闭)绘图工具栏，则可选择的操作是________。

A. 单击“工具”→“绘图”

B. 单击“视图”→“绘图”

C．单击“编辑”→“工具栏”→“绘图”

D．单击“视图”→“工具栏”→“绘图”

12．在 Word 2003 编辑状态下，若要进行字体效果的设置（如上、下标等），首先应打开________。

A．“编辑”下拉菜单　　B．“视图”下拉菜单

C．“格式”下拉菜单　　D．“工具”下拉菜单

13．在 Word 2003 的默认状态下，将鼠标指针移到某一行左端的文档选定区，鼠标指针变成向左的斜箭头，此时单击鼠标左键，则________。

A．该行被选定　　B．该行的下一行被选定

C．该行所在的段落被选定　　D．全文被选定

14．在 Word 2003 中无法实现的操作是________。

A．在页眉中插入剪贴画　　B．建立奇偶页内容不同的页眉

C．在页眉中插入分隔符　　D．在页眉中插入日期

15．在 Word 2003 编辑状态下，对于选定的文字不能进行的设置是________。

A．加下画线　　B．加着重号　　C．动态效果　　D．自动版式

16．在 Word 2003 编辑状态下，对于选定的文字________。

A．可以移动，不可以复制　　B．可以复制，不可以移动

C．可以进行移动或复制　　D．可以同时进行移动和复制

17．在 Word 2003 编辑状态下，若光标位于表格外右侧的行尾处，按 Enter 键，结果________。

A．光标移到下一列　　B．光标移到下一行，表格行数不变

C．插入一行，表格行数改变　　D．在本单元格内换行，表格行数不变

18．在 Word 2003 中，下述关于分栏操作的说法，正确的是________。

A．可以将指定的段落分成指定宽度的两栏

B．任何视图下均可看到分栏效果

C．设置的各栏宽度和间距与页面宽度无关

D．栏与栏之间不可以设置分隔线

二、填空题

1．在 Word 2003 编辑状态下，常用工具栏中的 按钮代表的功能是_______。

2．在 Word 2003 编辑状态下，当前对齐方式是左对齐，如果连续两次单击格式工具栏中的 按钮，得到的对齐方式应该是_______。

3．Word 2003 提供了 5 种视图方式，分别为________、________、________、________和________阅读版式。启动时默认为________。

4．在状态栏中，Word 2003 提供了两种工作状态，它们是________和________。

5．Word 2003 文件的扩展名是________。

6．在 Word 2003 视图中，________视图方式下的显示效果与打印预览效果基本相同。

7．在 Word 2003 中建立新文档，可执行“文件”菜单中的“新建”命令或使用________中的“新建”按钮。

8．工具栏、标尺、段落标记的显示与隐藏是通过________菜单完成的。

9．创建一个新的 Word 文档后，该文档默认的文件名为________。

10．在 Word 2003 编辑状态下，剪切、复制、粘贴操作的快捷键分别为________、________、__________。

三、问答题

1. 启动 Word 2003 的方法主要有几种？

2. 熟悉“常用”工具栏和“格式”工具栏中各功能按钮的名称，并说说显示和隐藏这些工具栏的操作方法。

3. 输入文本的改写方式与插入方式有何区别？

4. 请写出在 Word 2003 文档中插入特殊字符“∈”的方式。

5. 试解释“撤销”与“恢复”功能的作用。

6. 试比较“保存”与“另存为”功能的相同点与不同点。

7. 如何打开一个 Word 2003 文档（至少答出两种方法）？

8. 何谓“选定文本”？“选定文本”主要有哪些方法？

第 5 章

Word 2003 高级应用

通过对本章的学习，应掌握以下内容。

- 插入图片和图形，包括艺术字、剪贴画、文本框、来自文件的图片。
- 编辑图片和图形的内容和外观。
- 设置各个对象的格式。
- 插入和编辑数学公式。
- 对长文档进行样式的设置。
- 对文档相关对象进行引用的设置，如目录、题注等。

5.1 图片的输入和编辑

为使文稿编辑获得丰富的版面效果，同时又避免费时、费力的手工绘画过程，Microsoft Office 提供了一个内容丰富的剪辑库，其中包括大量的剪贴画、照片、声音、视频和其他媒体文件，使非专业绘画人员也能丰富自己文档的版面。当然也可以从自己的计算机上选择合适的图片插入到文档中。

5.1.1 插入图片

1. 查找剪辑内容并插入剪贴画

在旧版本的 Office 中，剪辑内容繁多，很难找到合适的剪贴画；新的 Office 提供了剪辑库管理器，能快速找到需要的资料。例如，添加一剪贴画作为制作贺卡的背景图的具体操作步骤如下。

（1）将光标定位在文档中要插入图片的位置，通过“插入”菜单选择“图片”命令，再从级联子菜单中选择“剪贴画”命令，如图 5-1 所示，屏幕右侧显示“剪贴画”任务窗格。

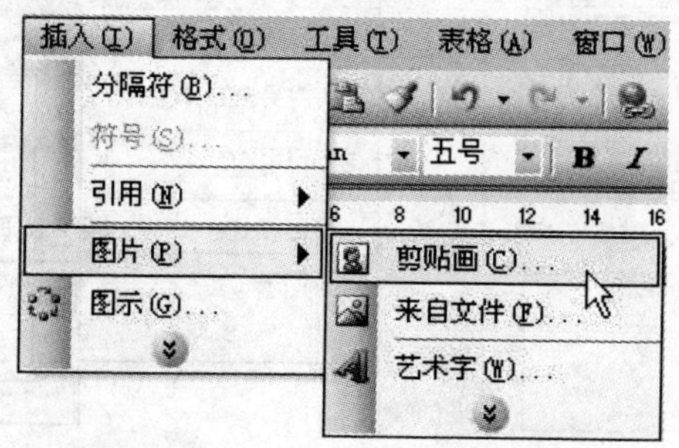

图 5-1　从菜单选择“剪贴画”命令

（2）在“剪贴画”任务窗格的“搜索文字”框内输入关键字“卡通”，如图 5-2 所示，单击“搜索”按钮后，相关剪辑将显示于“结果”区，如图 5-3 所示。

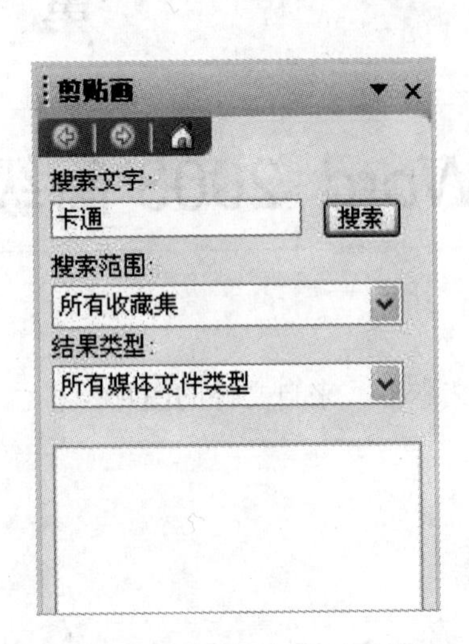

图 5-2 “剪贴画”任务窗格

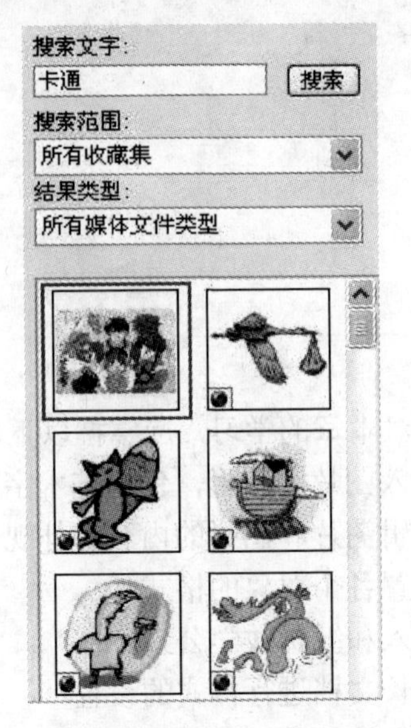

图 5-3 找到卡通类剪贴画

（3）在任务窗格“结果”区右侧拖曳滚动条，可以查询合适的剪辑。找到后，单击相应剪辑右侧的选择按钮，显示快捷菜单，如图 5-4 所示，单击“插入”命令即可插入所选的剪贴画。

2. 插入来自文件的图片

在很多情况下，文档中需要添加更加合适的图片，Office 自带的剪贴画不能完全满足需求，这时就可以从计算机上选择图片插入。

将光标定位在合适位置，选择“插入”菜单下的“图片”命令，在级联菜单中选择“来自文件”命令，如图 5-5 所示，在弹出的“插入图片”对话框中选择所需要的图片，单击“插入”按钮即可，如图 5-6 所示。

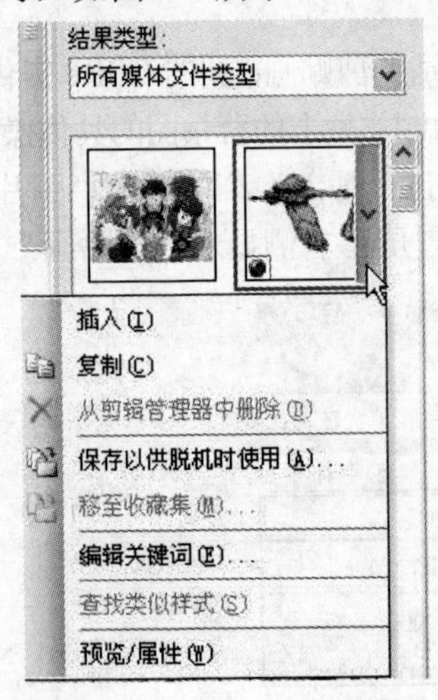

图 5-4 选择对剪贴画的操作

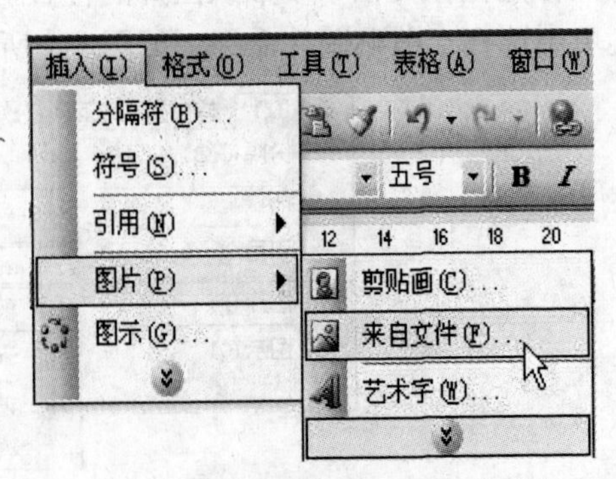

图 5-5 选择“来自文件”菜单命令

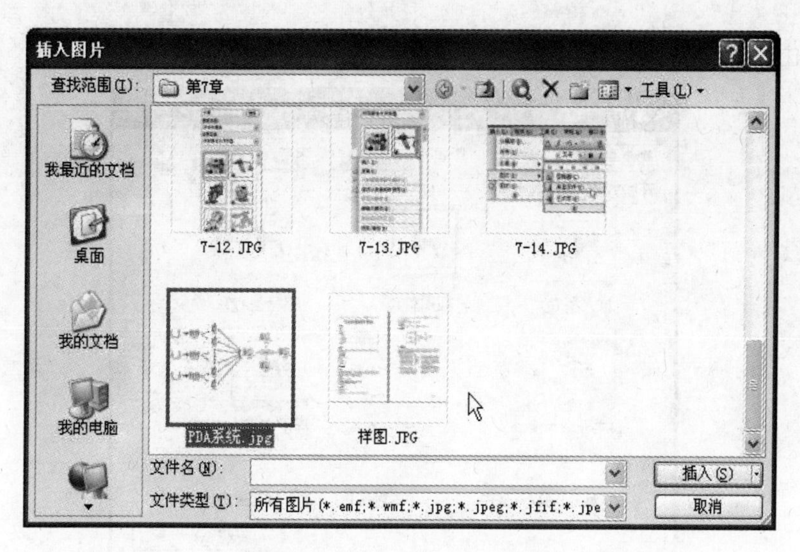

图 5-6 “插入图片”对话框

5.1.2 设置图片版式

通常，在页面中添加的剪辑（不论图片或剪贴画），均放在一个“框”中，框的作用就是帮助剪辑内容参与排版。“框”对象在屏幕中基本显示为四周黑色边框线，且边框线周围显示 8 个控制点，如图 5-7 所示。

根据图形排版的要求，Word 图框的定位标志分为两种。图 5-7 中显示为“实心”尺寸控制点，表示此框为文本格式，可以使图形尾随段落文字进行排版（插入剪贴画的默认状态），较适合科技类书籍插图，有相应说明性文字段落。对于文学书刊版式，需要灵活多样的格式，就需要周围控制点是空心的图框，如图 5-8 所示。

图 5-7 图框

图 5-8 控制点是空心的图框

调整图片格式的步骤如下。

（1）在添加图片的页面，用鼠标右键单击图框，显示快捷菜单。

（2）选择“设置图片格式”命令，进入“设置图片格式”对话框。

（3）单击“版式”选项卡，显示 5 种排版格式选项，选择需要的版式后单击“确定”按钮，如图 5-9 所示。

（4）单击“高级”按钮，可以设置更多的文字环绕方式。

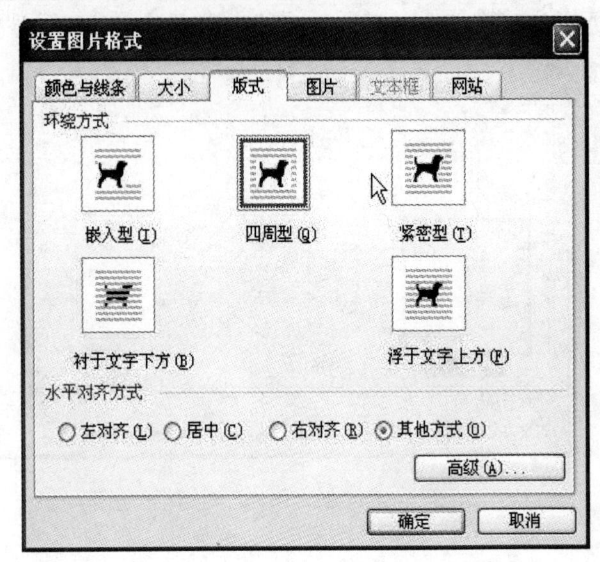

图 5-9　设置图片格式

5.1.3　编辑图片

1. 图框的旋转与翻转

通过对图框的旋转与翻转可以调整图片框在页面中的版式位置。

（1）图框的旋转

① 选定图片对象，移动鼠标光标至图框上中部“旋转控制点”位置，光标变为环形。

② 按住鼠标左键拖曳，拖曳至合适位置松开左键完成旋转，如图 5-10 所示。

图 5-10　旋转图片

（2）图框的翻转

① 单击“常用”工具栏上的“绘图”按钮，此时“绘图”工具栏显示于屏幕底部。

② 选中图片后，单击“绘图”工具栏左侧的“绘图”按钮，显示如图 5-11 所示的“绘图”菜单。

③ 从“绘图”菜单中选择“旋转或翻转”命令，从级联菜单中选择“水平翻转”命令，即可将图片在水平方向上翻转显示。

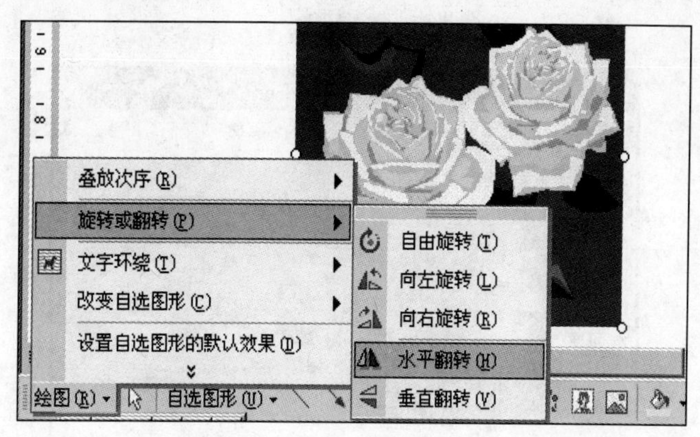

图 5-11 “绘图”菜单

2. 图片的移动

用鼠标单击选定图片，此时图片出现 8 个控制点。用鼠标指针指向图片边缘，鼠标指针变为一个四向箭头，拖曳鼠标至图片目标位置再放开，图片将被移到该位置。

3. 调整图片尺寸

用鼠标拖曳尺寸控制点，可以改变图片尺寸大小。可以拖动任意一边来拉伸或缩小图形，拖动四个角上的控制点使图形的高和宽按比例放大或缩小。将鼠标指针移到图片尺寸控制点处，鼠标指针变为一个双向箭头，拖曳鼠标，图片边框随着发生移动，同时图片的大小也随着发生变化。

4. 剪裁图片

选择“视图”菜单中的“工具栏”子菜单，单击“图片”命令，打开“图片”工具栏，如图 5-12 所示。

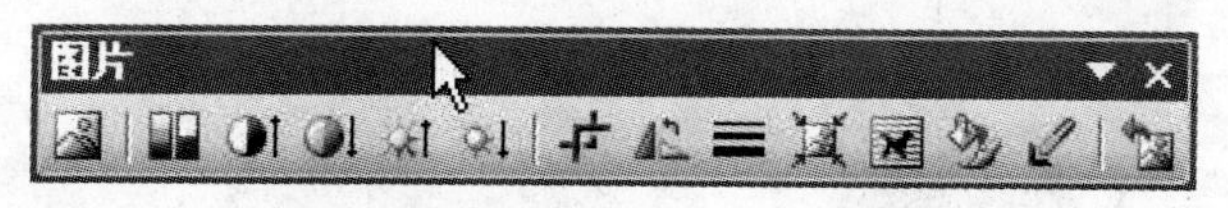

图 5-12 “图片”工具栏

修剪图片中多余部分的操作步骤如下。

（1）单击选定图片。

（2）单击“剪裁”命令按钮。

（3）按住 Alt 键不放，用鼠标拖动尺寸控制点向内移动，边框移动过的地方即被剪掉。

（4）单击“剪裁”命令按钮，结束剪裁。

5. 使用“设置图片格式”对话框

（1）选定图片。

（2）选择“格式”菜单中的“图片”命令，弹出“设置图片格式”对话框。

（3）在“设置图片格式”对话框中，共有 6 个选项卡可以对图片进行编辑操作，如图 5-13 所示。

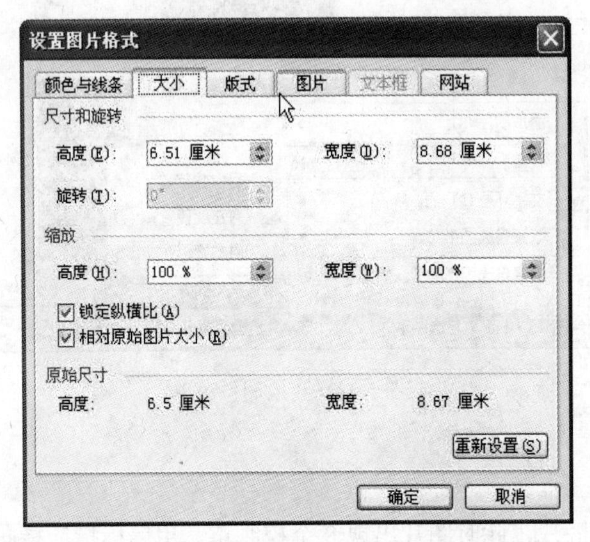

图 5-13 “设置图片格式”对话框

5.1.4 修饰图片

对图片的修饰包括设置图片的背景、边框颜色、对比度、明亮度及水印效果等。

（1）右击图片，显示图片框定位标志时，也显示“图片”工具栏，如图 5-14 所示。

（2）单击“颜色”按钮，在弹出的菜单中选择“冲蚀”选项即可将图片变成水印效果，如图 5-15 所示。

图 5-14 显示“图片”工具栏

图 5-15 水印效果

（3）单击“增加/减少对比度”和“增加/减少亮度”按钮增强屏幕显示效果。

5.1.5　图片压缩

采用图片压缩功能可以减小图片在文档中占用的空间，具体操作步骤如下。

（1）在待压缩的图片上右击，显示快捷菜单。

（2）选择“设置图片格式”命令，弹出“设置图片格式”对话框。

（3）单击“图片”选项，再单击“压缩”按钮，弹出“压缩图片”对话框，如图 5-16 所示。

（4）默认设置为“打印”方式压缩图片，单击“确定”按钮后弹出如图 5-17 所示的提示框。

（5）单击“应用”按钮返回上一层对话框，再单击“确定”按钮完成压缩。

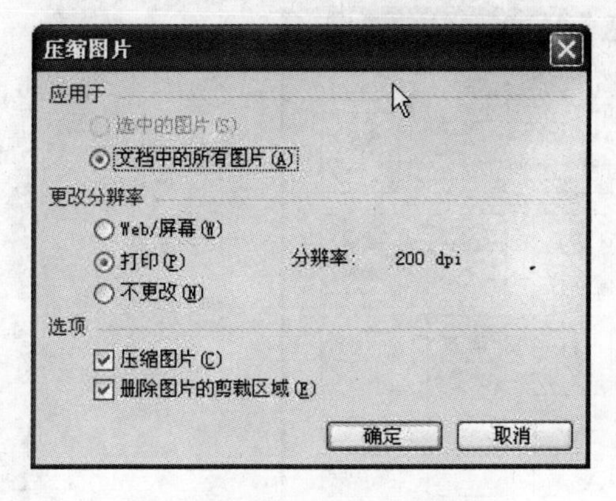

图 5-16 “压缩图片”对话框

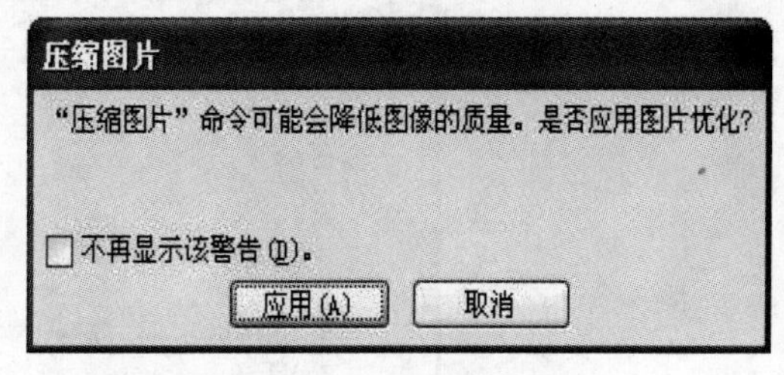

图 5-17　“压缩图片”提示框

5.1.6　剪辑管理器

剪辑管理器用于管理繁多的剪辑资料，以便于存档和查找。

1．打开剪辑管理器

打开剪辑管理器的具体操作步骤如下。

（1）通过“插入”菜单选择“图片”命令，再单击“剪贴画”，显示“插入剪贴画”任务窗格。

（2）单击窗格底部“剪辑管理器”超链接项目，稍后即可打开“卡通-Microsoft 剪辑管理器”窗口，如图 5-18 所示。

图 5-18　“卡通-Microsoft 剪辑管理器”窗口

（3）通过窗口左边可以浏览计算机中不同的剪辑分类，窗口右边将显示相应类别中的剪辑内容。

2. 添加剪辑

(1) 从硬盘添加媒体文件

从硬盘添加媒体文件的具体操作步骤如下。

① 在“卡通-Microsoft 剪辑管理器”窗口中，通过“文件”菜单选择“将剪辑添加到管理器”命令，显示级联菜单，如图 5-19 所示。

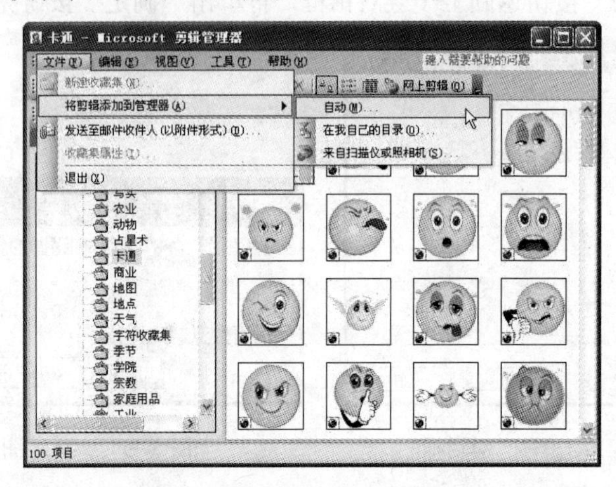

图 5-19 将剪辑添加到管理器

② 单击“在我自己的目录”命令项，显示相关窗口。

③ 通过“查找范围”搜索待添加剪辑的文件夹，并在列表区单击选中文件名。

④ 单击“添加到”按钮，选择该剪辑所要添加的集合。

⑤ 也可以单击“新建”按钮，将其添加到一个新创建的文件夹中。

⑥ 单击“添加”按钮，可直接将剪辑添加到“剪辑管理器”的当前目录中。

(2) 添加自定义剪辑对象

添加自定义剪辑对象的具体操作步骤如下。

① 选择图形，显示图框的定位标志。

② 单击“常用”工具栏上的“复制”按钮。

③ 通过“插入”菜单选择“图片”命令，再单击“剪贴画”命令，显示“剪贴画”任务窗格。

④ 单击“剪贴画”任务窗格底部的“剪辑管理器”项，进入“剪辑管理器”窗口。

⑤ 在窗口左侧收藏集区单击“我的收藏集”中的“收藏集”文件夹，打开此分类文件夹。

⑥ 在“剪辑管理器”窗口中单击工具栏上的“粘贴”按钮即可。

5.1.7 绘制图形

1. 绘图画布

画布是 Word 的新功能，在文档中提供了一个灵活的绘画空间，此空间中可以将相关对象（文本框、图片及绘制图形）合成一个独立编辑对象，并参与页面排版。

凡在页面上插入图形、艺术字、文本框等，画布自动出现，且在屏幕中显示为斜线边框，框中显示可用于绘图的十字光标，框内显示提示文字“在此处创建图形”，如图 5-20 所示，同时屏幕上增加一个与画布编辑排版有关的工具栏。

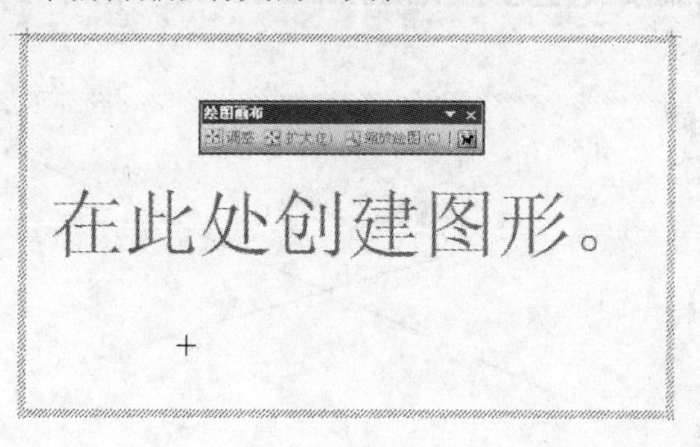

图 5-20　画布框

注意：画布是一个绘图工具，并不是“文本框”，所以画布本身不能直接输入文字，也不能添加表格。要输入文本只能先添加文本框，然后在文本框中输入文字。

2．绘制图形

在 Word 文档中，可以通过对各种对象的组合生成图形，这些对象包括：自选图形、任意形状、图表、曲线、直线、箭头、艺术字等。本节将介绍如何通过绘图工具来生成简单的图像。

（1）绘制新图形。在默认状态下，当在中文版 Word 2003 中生成一个图形时，这个图形是被放在一个画布上的，如果想显示一个新的画布，即绘制一个新图形，那么可以进行下列操作之一：选择“插入”→“图片”→“绘制新图形”菜单项；在“绘图”工具栏中选择“自选图形”下拉菜单中的一个选项，如图 5-21 所示；在“绘图”工具栏中单击“直线”、“箭头”、“矩形”、“椭圆”或者“文本框”按钮。

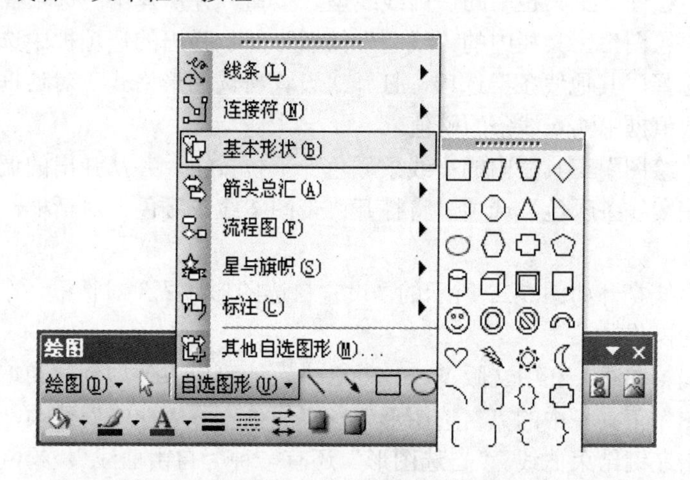

图 5-21　“绘图”工具栏中选择“自选图形”

如果希望在默认状态下，插入一个绘图对象时不弹出画布，可以改变设置，操作步骤如下：选择“工具”→“选项”菜单项，在打开的“选项”对话框中选择“常规”选项卡，取消选择“插入‘自选图形’时自动创建画布”复选框，单击“确定”按钮即可。

（2）绘制并编辑直线。画线是非常简单的，如果只画直线，则单击“绘图”工具栏上的“直线”按钮，在屏幕上需要放置直线的地方按下鼠标左键并拖动至需要的长度，释放鼠标即可，如图 5-22 所示。

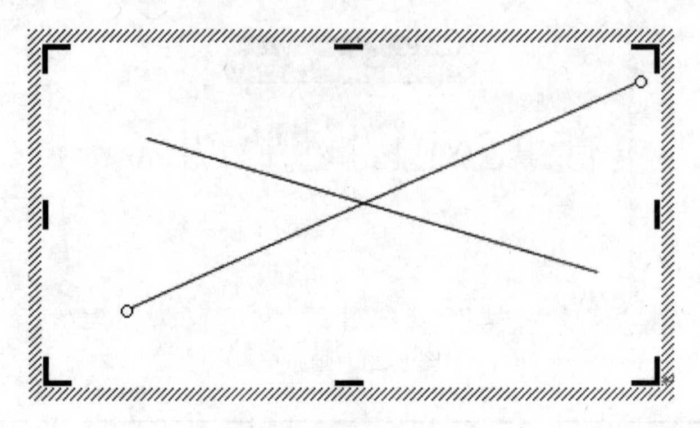

图 5-22　绘制并编辑直线

直线两端会出现控制点，通过拖曳控制点，可以更改直线的长度或角度。若要移动直线或调整其长度或角度，在选中该直线后，可以进行如下操作。

改变直线的角度：向上、向下或向侧面拖曳控制点，将出现一条虚线，这将是释放鼠标后生成的直线位置。

更改长度：拖曳控制点，当虚线长度适当后，释放鼠标即可。

移动直线：将鼠标指针移到直线上方，当鼠标指针变成十字箭头后按下鼠标左键并拖动直线到新的位置后释放鼠标即可。

（3）更改直线类型、宽度和颜色。默认设置时的直线均为 0.75 磅宽、黑色、实线，用户也可以通过“绘图”工具栏上的按钮进行修改。

选择直线后，按如下方法操作将其修改为点画线或虚线，并改变其宽度或颜色。

线型：单击“绘图”工具栏中的“虚线线型”按钮，并从弹出的选项板中选择线型。

宽度：单击“绘图”工具栏中的“线型”按钮，并从弹出的选项板中选择宽度。要使宽度大于 6 磅，可选择“其他线条”选项，打开“设置自选图形格式”对话框，在“线条”选项区的“粗细”数值框中输入线条的磅值。

颜色：单击“绘图”工具栏中的“线条颜色”下拉按钮，并从弹出的调色板中选择一种颜色。选择“带图案线条颜色”选项，将打开“带图案线条颜色”对话框，可选择一种特殊线。

也可以双击直线打开如图 5-23 所示的“设置自选图形格式”对话框，在该对话框中可进行各种有关直线的操作。

（4）绘制和编辑曲线。在中文版 Word 2003 中，还可以方便地创建和编辑曲线。要创建曲线，选择“绘图”工具栏中的“自选图形”→“线条”→“曲线”选项，然后在屏幕上拖曳鼠标即可，双击左键结束曲线。“自选图形”还有一种“自由曲线”，绘制时与铅笔一样，所画即得，如图 5-24 所示。

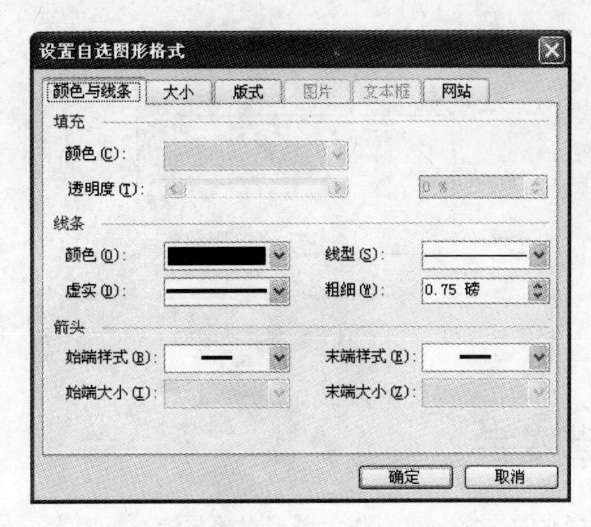

图 5-23 “设置自选图形格式”对话框

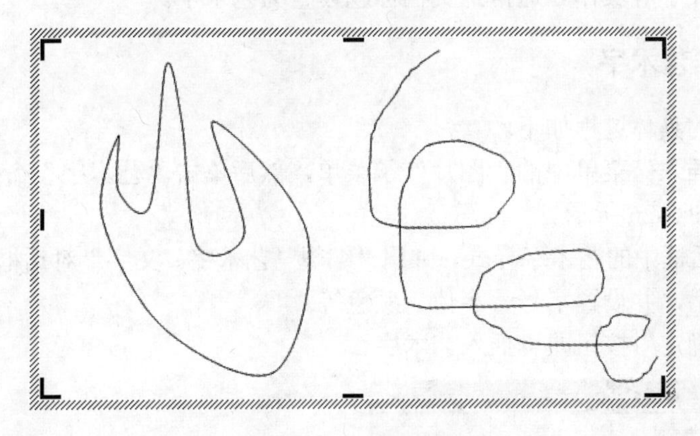

图 5-24 绘制和编辑曲线

在曲线上单击鼠标右键，从弹出的快捷菜单中选择“编辑顶点”选项，激活曲线各顶点，然后就可以对其进行调整了。

删除顶点：用鼠标右键单击曲线一个顶点，从弹出的快捷菜单中选择“删除顶点” 即可。

添加顶点：用鼠标右键单击曲线将放置的位置，从弹出的快捷菜单中选择“添加顶点”选项，并在线上拖曳该点即可添加曲线。

将曲线变成直线：在两点之间单击鼠标右键，并从弹出的快捷菜单中选择“抻直弓形”选项即可。同样，要将直线变为曲线，则选择“曲线段”选项。

（5）绘制其他图形。除了绘制直线和箭头外，还可以利用“绘图”工具栏中的工具来绘制图形以及自选图形，“绘图”工具栏提供了 60 多种不同的图形和自选图形，极大地方便了用户自己创建图形。

绘制图形或自选图形的方法如下：单击“绘图”工具栏上的“椭圆”或“长方形”按钮，可以画一个椭圆或长方形；也可以单击“自选图形”按钮，从各菜单项的子菜单中选择图形。此时，鼠标指针变为了十字形，在屏幕上按下鼠标左键并拖动，将创建选中工具对应的图形，释放鼠标，图形或自选图形上将出现控制点，通过调整这些控制点就可以移动图形和改变图形大小，如图 5-25 所示。

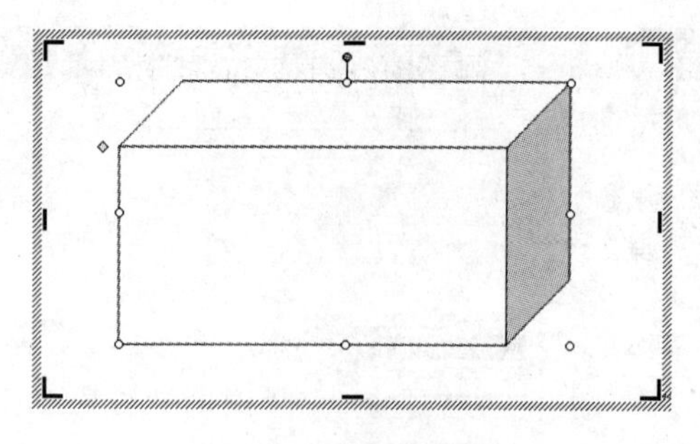

图 5-25　绘制其他图形

5.2　制作艺术字

艺术字是高度风格化的文字，可以作为图形对象放置在页面上，还可以对艺术字进行移动、旋转和调整大小等操作。通常把文档标题设置为艺术字。

5.2.1　创建艺术字

创建艺术字的具体过程如下。

（1）选择“插入”菜单中的“图片”子菜单，然后单击“艺术字”命令，弹出“艺术字库”对话框，如图 5-26 所示。

（2）双击对话框中的艺术字样式，弹出“编辑‘艺术字’文字”对话框，如图 5-27 所示。

（3）输入文字，并设置字号、字体、颜色等。

（4）单击“确定”按钮即可插入艺术字。

图 5-26　“艺术字库”对话框

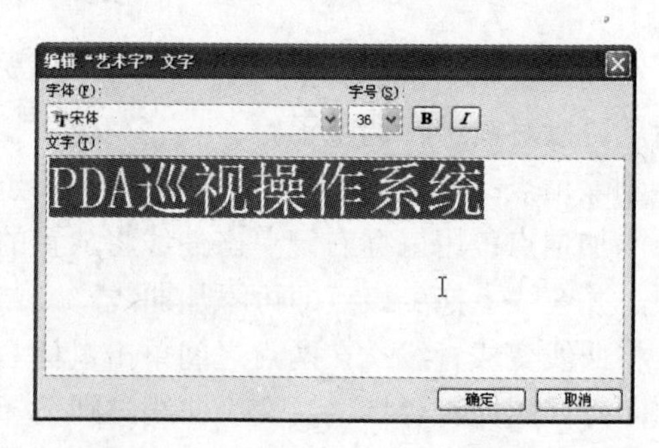

图 5-27　“编辑‘艺术字’文字”对话框

5.2.2　艺术字的修饰

1. 设置排列方式

可以使用“艺术字”工具栏中的按钮设置艺术字的排列方式。

（1）单击“艺术字字母高度相同”按钮，使艺术字所有文字等高。

（2）单击“艺术字竖排文字”按钮，垂直排列文字。

（3）单击“艺术字对齐方式”按钮，可选择艺术字不同的对齐方式，如图 5-28 所示。

图 5-28　设置艺术字对齐方式

（4）单击“艺术字字符间距”按钮，出现设置字符间距选项，如图 5-29 所示。

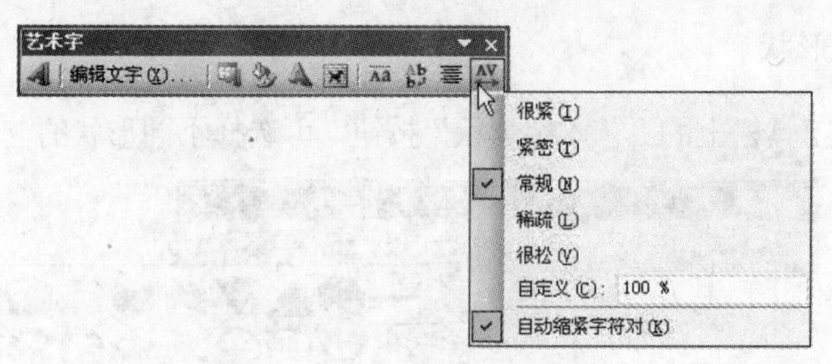

图 5-29　设置艺术字字符间距

2．改变艺术字的线条与填充色

（1）选定艺术字，单击“艺术字”工具栏上的“设置艺术字格式”按钮。

（2）在弹出的“设置艺术字格式”对话框中设置艺术字的线条与填充色，如图 5-30 所示。

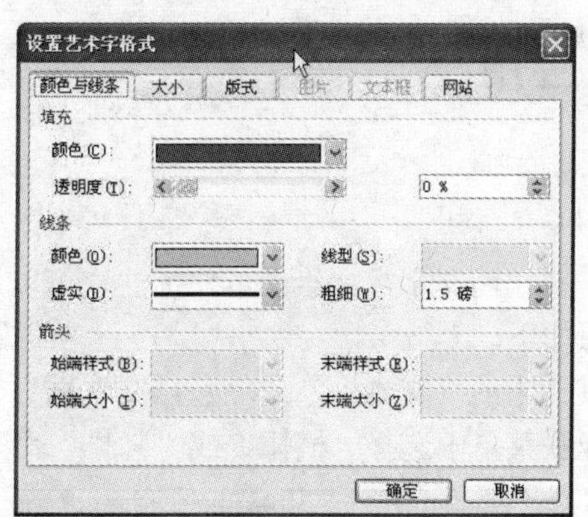

图 5-30　“设置艺术字格式”对话框

3．设置阴影和三维效果

（1）选中预设置阴影或三维效果的艺术字。

（2）通过“绘图”工具栏上的“阴影样式”调出阴影选项板，选择后单击可添加相应的阴影效果，如图 5-31 所示。

（3）通过“绘图”工具栏上的“三维效果样式”调出三维选项板，选择后单击可添加相应的三维效果，如图 5-32 所示。

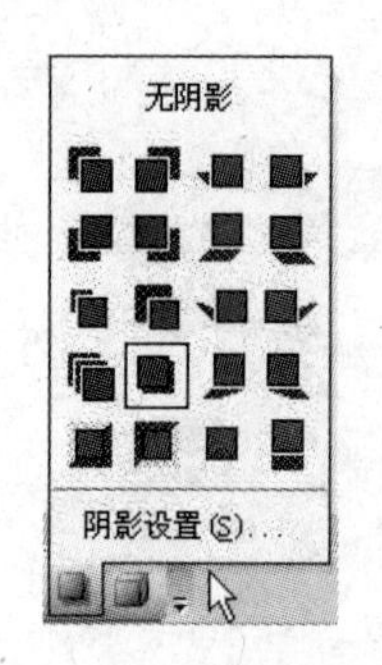

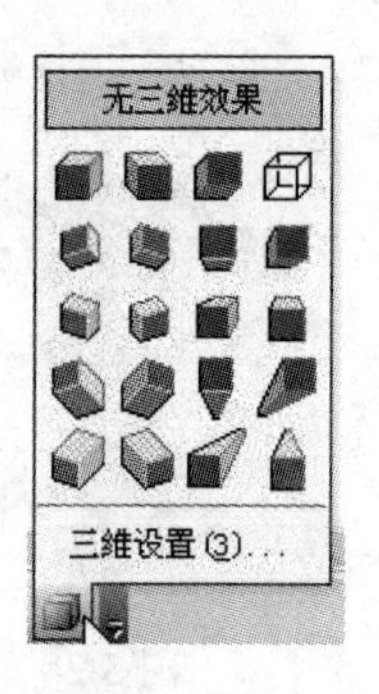

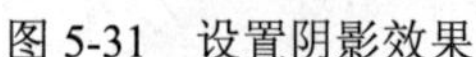

图 5-31　设置阴影效果　　　　图 5-32　设置三维效果

4．改变艺术字形状

单击“艺术字”工具栏上的“艺术字形状”按钮，可选择不同形状的艺术字，如图 5-33 所示。

图 5-33　设置艺术字形状

5.3　文本框的应用

1．插入文本框

在图形周围常常需要一些说明文字，如给图形作标注，可以用插入文本框的方式添加与图形相关的文本，操作步骤如下。

（1）单击“绘图”工具栏中的“文本框”或“竖排文本框”命令按钮，或通过“插入”菜单“文本框”命令，从级联菜单中选择“横排”或“竖排”命令，如图 5-34 所示。

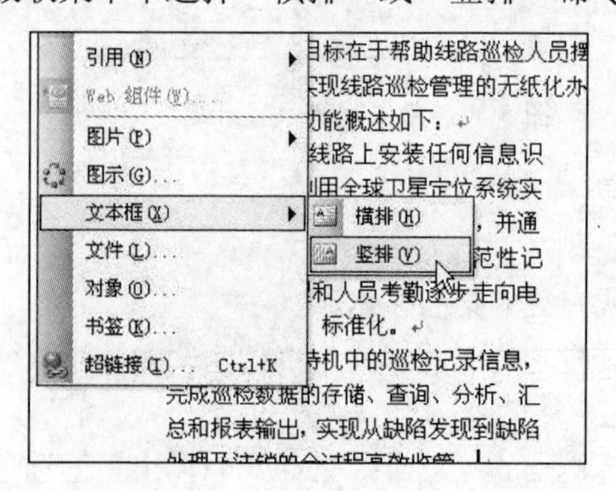

图 5-34　通过“插入”菜单插入文本框

（2）此时，画布框显示于新增页面中。如果不希望将文本框添加到新页中，则按 Esc 键，在页面指定位置拖曳形成文本框，如图 5-35 所示。

（3）文本框生成后，如果插入点在框线内，即可输入文字，如图 5-36 所示。

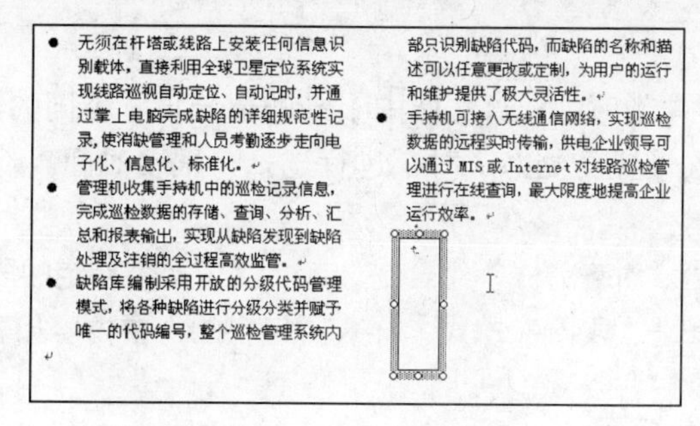

图 5-35　生成的文本框

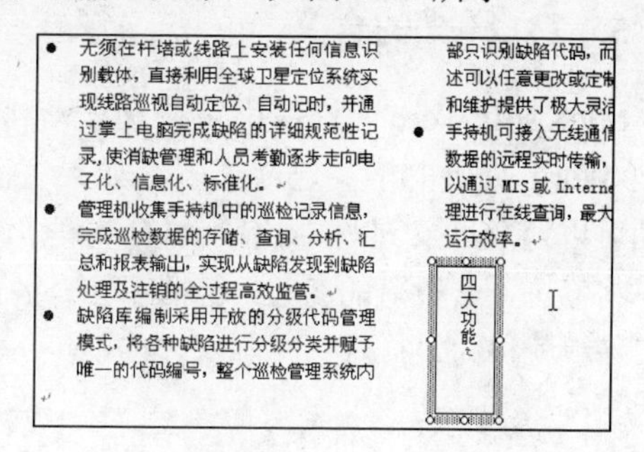

图 5-36　在文本框添加文本

2．调整文本框的大小和位置

调整文本框大小和位置的操作步骤如下。

（1）单击文本框，显示定位标志。

（2）移动鼠标至框线上尺寸控制点位置，光标变为双箭头光标。

（3）按住鼠标左键拖动，到合适位置松开鼠标。

3．设置文本框的背景色和边框线

设置文本框背景色和边框线的操作步骤如下。

（1）单击文本框边线，显示框定位标志。

（2）右击文本框，弹出快捷菜单，选择“设置文本框格式”命令，弹出“设置文本框格式”对话框，如图 5-37 所示。

（3）通过“填充”栏和“线条”栏可以设置文本框的背景色和框线。

（4）若将文本框填充色和线条设为“无”则只有文本。

4．设置文本框版式

在“设置文本框格式”对话框中选择“版式”选项，可以设置各种环绕方式，如图 5-38 所示。

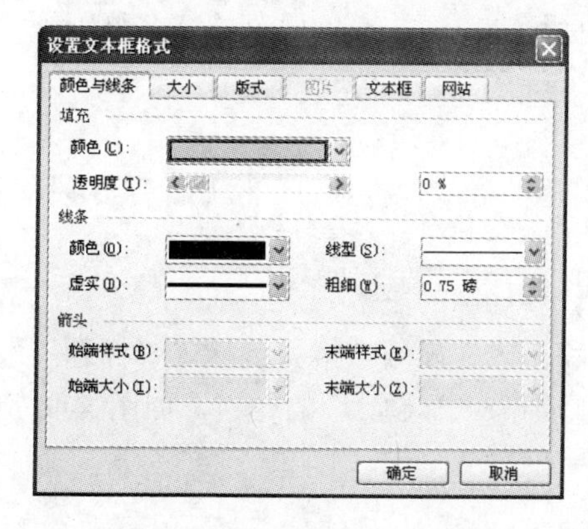

图 5-37　“设置文本框格式”对话框

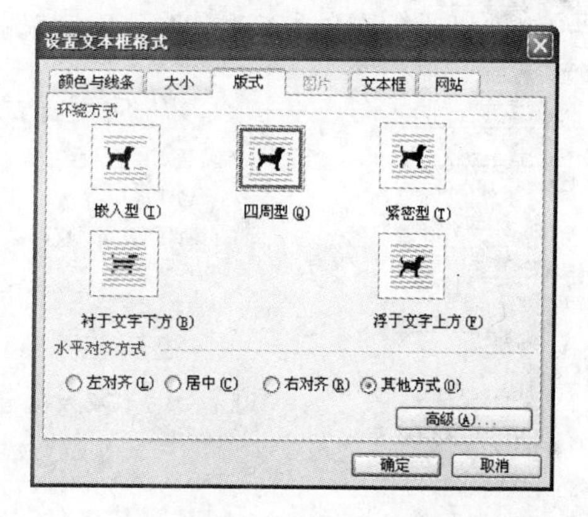

图 5-38　设置文本框版式

5.4 使用样式制作长文档

5.4.1 样式的含义

Microsoft Word 允许使用字符和段落格式选项对一篇文档中不同的部分设置不同的格式。但是 Word 提供的格式选项很多，如果每次设置文档格式时都进行选择，很费时间。使用样式则可以避免行文过程中烦琐的修饰操作。

将修饰某一段落的参数，包括字体、字号、对齐方式等组合在一起，赋予一个特定的段落样式名称，就称为“样式”。因此，样式其实就是“段落”样式。样式所包含的主要内容如表 5-1 所示。

表 5-1 样式的内容

类　别	格 式 参 数
字体格式	字体、字号、字形、下画线、效果、颜色、字符间距和文字效果
语言	控制拼写、语法检查器将使用何种词典更正文字
常规段落格式	段落缩进、段间距、段落行距、对齐方式、大纲级别和分页控制
制表位	段落内有效制表位的位置和类型
边框与底纹	环绕文字的边框和背景底纹
项目符号和编号	自动显示用于列表中段落的项目字符或编号

5.4.2 样式的使用

1. “样式和格式”任务窗格

通过“样式和格式”任务窗格，可以直接对段落样式进行编辑。“样式和格式”任务窗格还包含各种样式的效果。

打开“样式和格式”任务窗格的具体操作步骤如下。

（1）打开文档后，执行“格式”菜单中的“样式和格式”命令，“样式和格式”任务窗格显示于屏幕右侧，如图 5-39 所示。

（2）在“所选文字的格式”和“请选择要应用的格式”两个框内，将显示或标记当前插入点的段落样式名称。

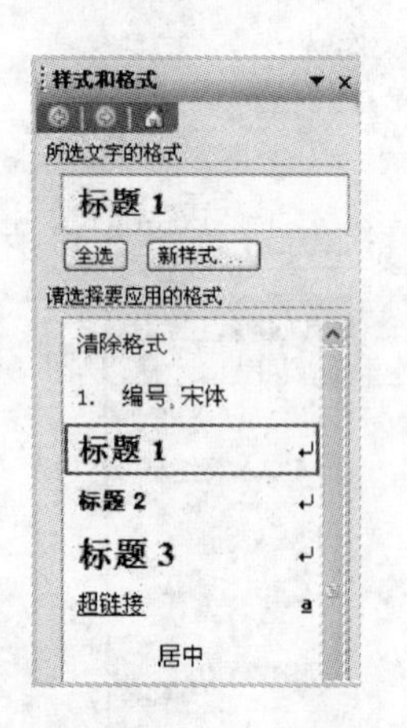

图 5-39 调出“样式和格式”任务窗格

2. 应用样式

将图 5-39 中所示的样式“标题 1”应用于某个段落的具体操作步骤如下。

（1）将光标放在要修饰的段落中。

（2）在“样式和格式”任务窗格找到样式“标题 1”，单击此样式后该段落被修饰为“标题 1”的样式，如图 5-40 所示。

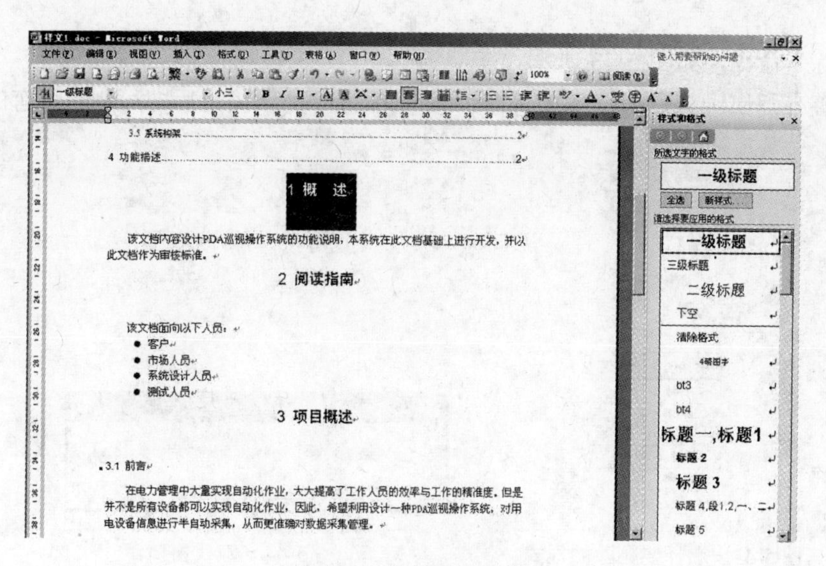

图 5-40　设置文本样式

可以在“样式和格式”任务窗格中对某个样式的部分参数进行修改，具体操作步骤如下。

① 打开文档，选定格式设置为样式“标题 2”的段落。

② 在“样式和格式”任务窗格中单击“标题 2”，开始设置样式，如三号、楷体、居左，则“标题 2”下面显示新样式，如图 5-41 所示。

③ 在“样式和格式”任务窗格上的原样式名，即“标题 2”右侧单击，显示快捷菜单。

④ 在下拉菜单中选择“更新以匹配选择”命令，设置的格式添加到原样式名称中，如图 5-42 所示。

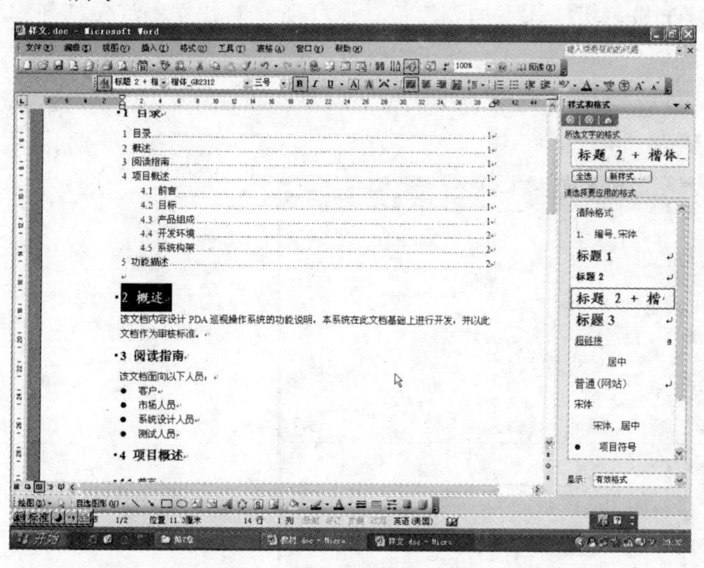

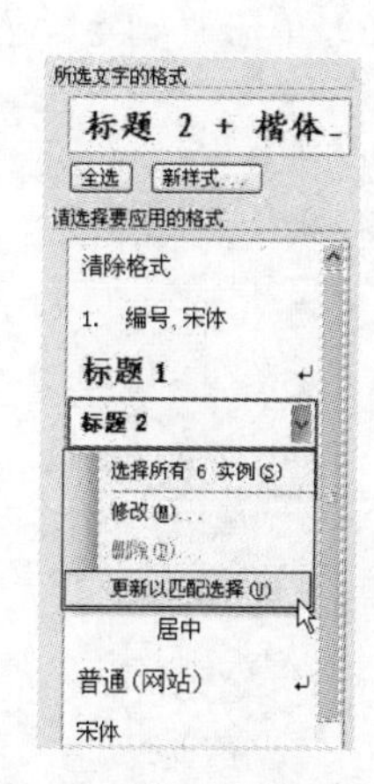

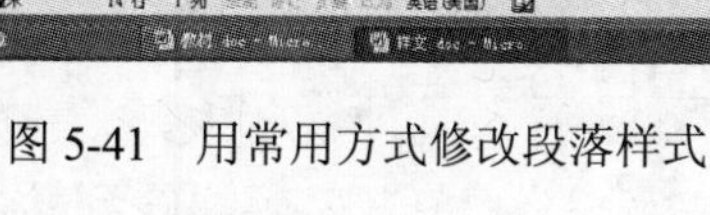

图 5-41　用常用方式修改段落样式　　　　图 5-42　将更新的内容放进原样式

3．删除已有样式

删除已有样式的具体操作步骤如下。

(1) 在“请选择要应用的格式”区中，选择某一样式后单击右侧的箭头，在下拉列表中选择“删除”命令，如图 5-43 所示。

（2）屏幕弹出确认窗口，如图 5-44 所示，单击“是”按钮后即可删除已有的样式。

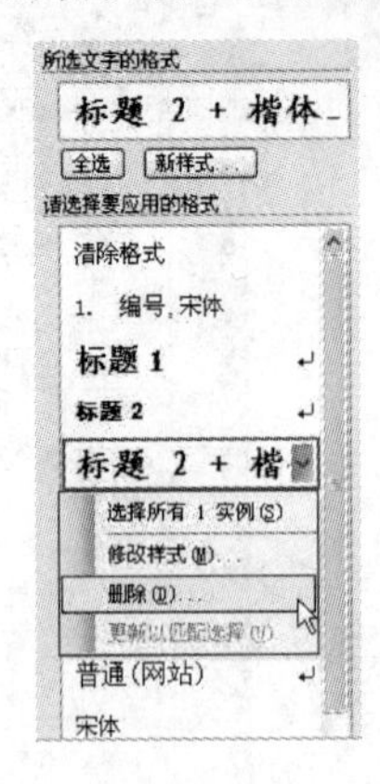

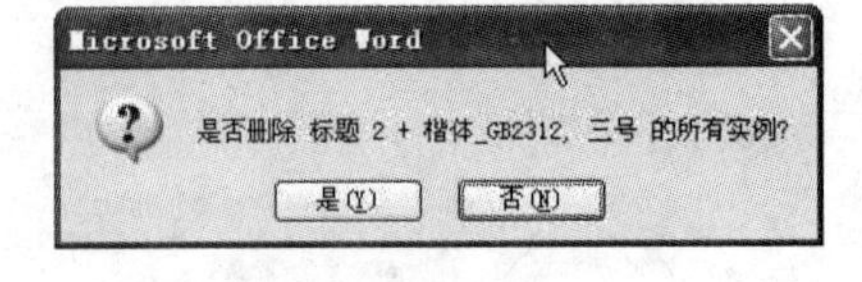

图 5-43　选择要删除的样式　　　　图 5-44　确认窗口

注意：删除了使用的样式后，将恢复成标准格式，Word 不允许删除正文和标题的样式。

---

4. 建立新样式

建立新样式的操作步骤如下。

（1）在“样式和格式”任务窗格中单击“新样式”按钮，弹出“新建样式”对话框，如图 5-45 所示。

（2）在“名称”框中输入样式名称，如“新样式”。

（3）选中“添加到模板”复选框，将样式添加到模板，这样所有新建文档都包括新样式。

（4）选中“自动更新”复选框，Word 会自动更新被修改的样式。

（5）单击“格式”按钮，可以对新样式进行详细的设置。

（6）单击“确定”按钮，保存新样式。

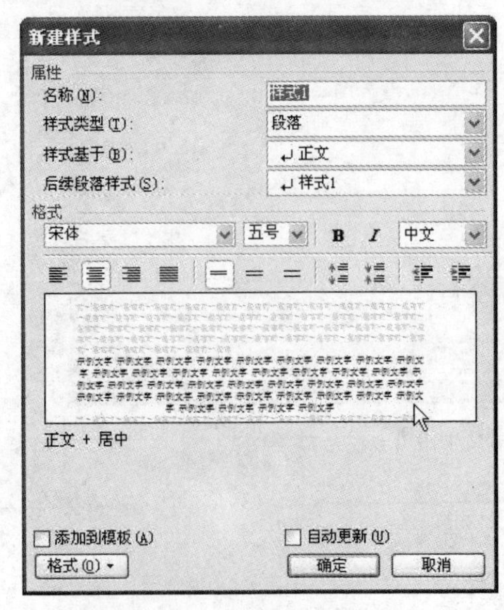

图 5-45　“新建样式”对话框

5.5　插入公式

有时候在文档里需要插入一些专业的数学公式，中文版 Word 2003 提供了方便的数学公式插入和编辑功能，本节将对其进行简要介绍。

1. 插入公式

在文档中插入公式的操作步骤如下。

（1）单击要插入公式的位置，选择“插入”→“对象”菜单项，在弹出的“对象”对话框中选择“新建”选项卡，如图 5-46 所示。

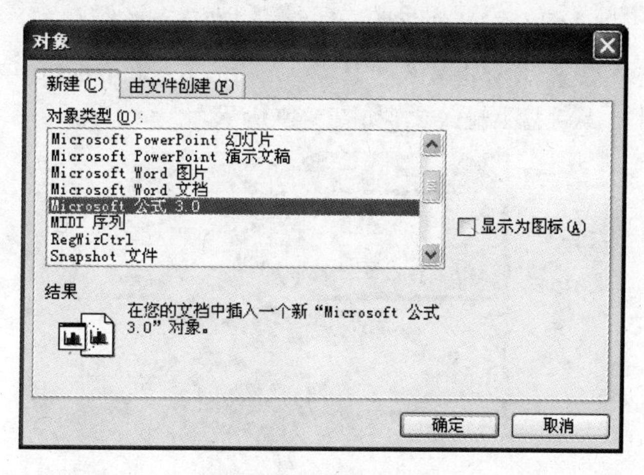

图 5-46　“对象”对话框

（2）选择“对象类型”列表框中的“Microsoft 公式 3.0”选项，如果列表框中没有 Microsoft 的公式编辑器，则需进行安装。

（3）单击“确定”按钮，弹出“公式”工具栏，从“公式”工具栏中选择符号，输入变量和数字，以创建公式，如图 5-47 所示。

在“公式”工具栏的第一行，用户可以在 150 多个数学符号中进行选择；在下面一行，可以在众多的样板或框架（包含分式、积分和求和符号等）中进行选择。

（4）公式输入完成后，单击正文文本即可返回。

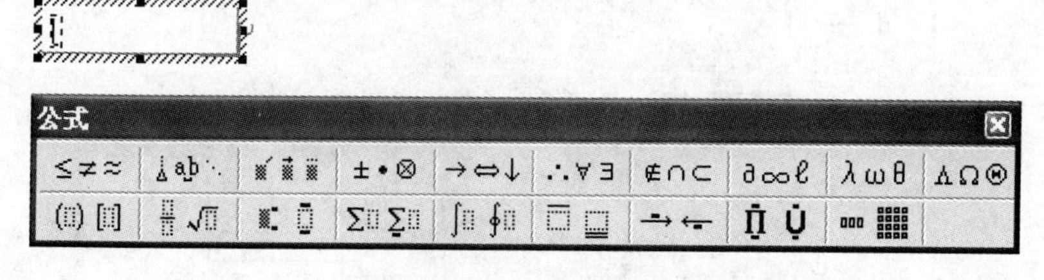

图 5-47　“公式”工具栏

2. 创建公式举例

创建如下公式：$\int x^2 \mathrm{d}x = \frac{1}{3}x^3 + C$。操作步骤如下。

（1）启动“公式编辑器”，进入公式编辑状态。在“公式”工具栏中单击“积分模板”按钮，如图 5-48 所示，选中第一项目（第一行第一列）。

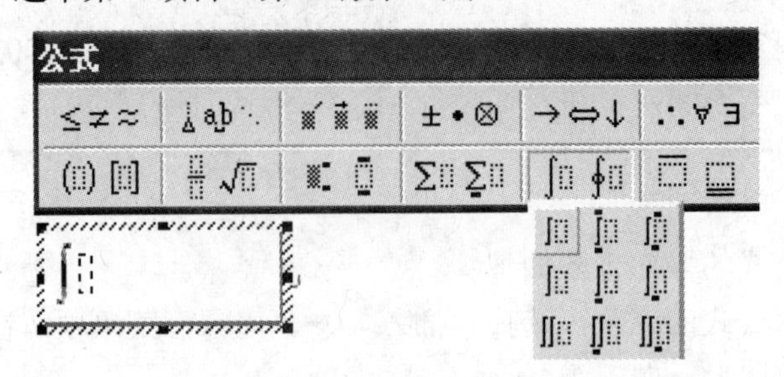

图 5-48 “积分模板”按钮

（2）从键盘上输入 x，在“公式”工具栏中单击“下标和上标模板”按钮，选中第一项目（第一行第一列），从键盘上输入 2，如图 5-49 所示。

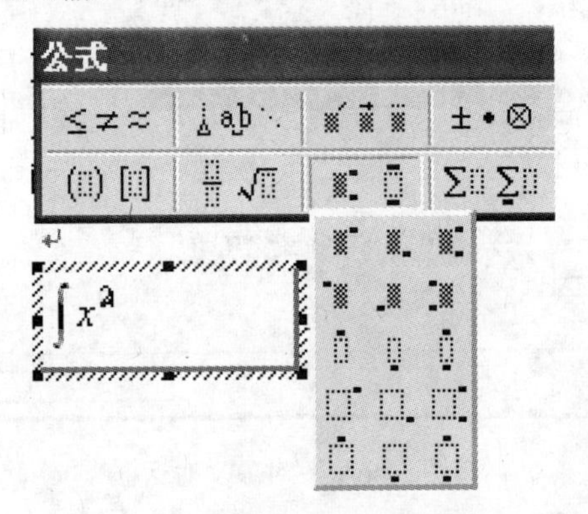

图 5-49 “下标和上标模板”按钮（1）

（3）按一下键盘向右的光标键，输入 dx=，结果变为：$\int x^2 \mathrm{d}x =$。

（4）在“公式”工具栏中单击“分式和根式模板”按钮，选中第一项目（第一行第一列），如图 5-50 所示。在分子中输入 1，按一下键盘向下的光标键，输入 3，再按一下键盘向右的光标键，结果变为如图 5-51 所示。

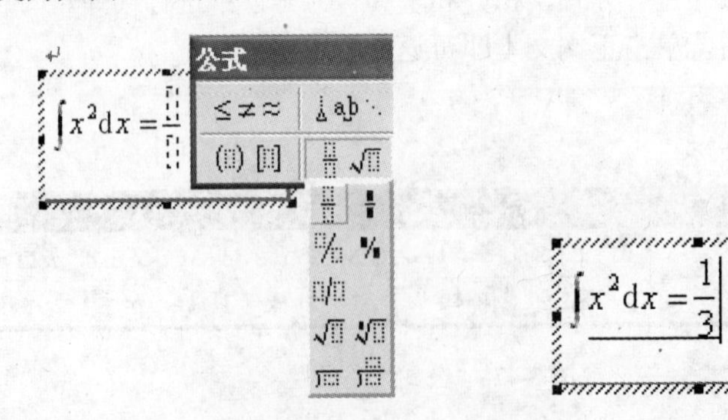

图 5-50 “分式和根式模板”按钮　　图 5-51 输入分式之后的公式

（5）输入 x，在“公式”工具栏中单击“下标和上标模板”按钮，选中第一项目（第一行第一列），输入 3，如图 3-52 所示。

（6）光标右移一次，从键盘上输入+C，单击公式外面完成数学公式的编辑。

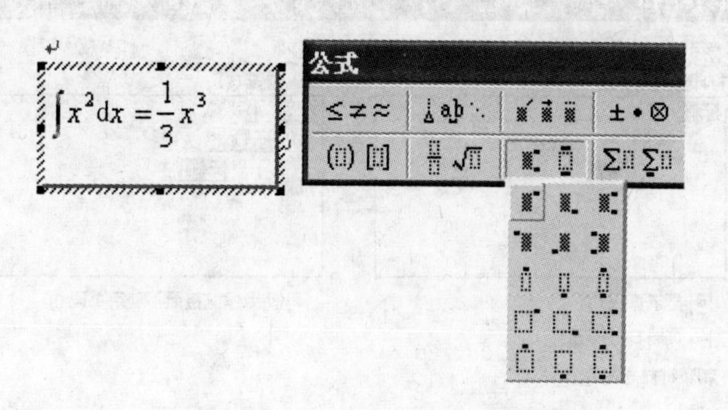

图 5-52 “下标和上标模板”按钮（2）

3．编辑公式

对已经存在的数学公式进行编辑的操作步骤如下。

双击要编辑的公式，使用“公式”工具栏上的各选项编辑公式，编辑完毕后，单击正文文本返回。

5.6 插入引用

5.6.1 插入目录

在编辑项目需求文档或其他长文档时，如果内容较多，通常会在前面加上目录，方便浏览。

1．设置标题样式

建立目录前，首先要将文章的标题设置好样式。比如文档中的章标题应用样式“标题 1”，节标题应用样式“标题 2”，小节标题应用样式“标题 3”。操作方法是将光标置于某章节标题行中，选择格式工具栏的“样式”框中的“标题 1”样式。

2．插入目录

插入目录的具体步骤如下。

（1）把光标移到要插入目录的位置。

（2）单击“插入”菜单中的“索引和目录”菜单项，在弹出的“索引和目录”对话框中选择“目录”选项，如图 5-53 所示。

（3）在“格式”下拉列表框中选择目录的风格，选择的结果可以通过“打印预览”框查看。如果选择“来自模板”，标识使用内置的目录样式（目录 1～目录 9）来格式化目录。如果要改变目录的样式，可以单击“修改”按钮，按更改样式的方法修改相应的目录样式。设置好目录后文档显示如图 5-54 所示。

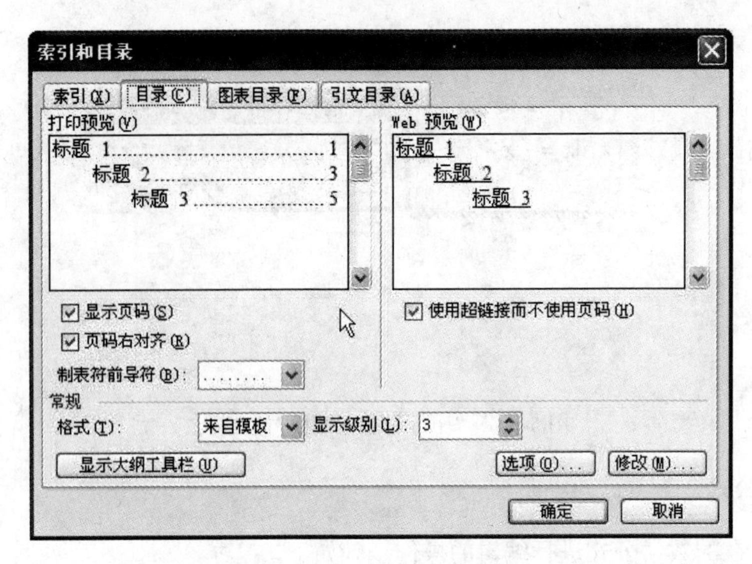

图 5-53 “索引和目录”对话框

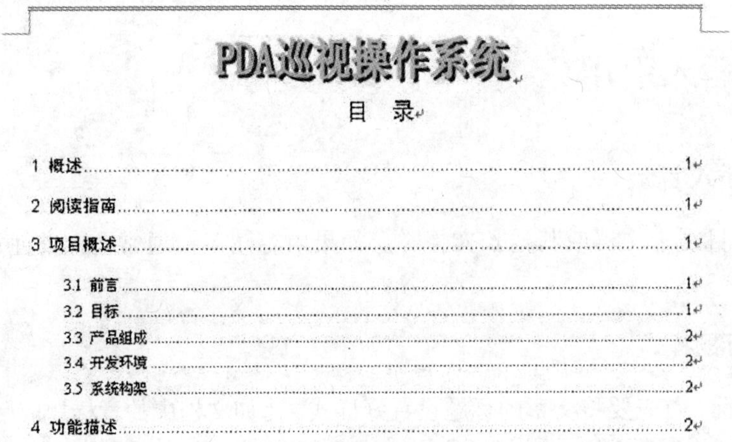

PDA巡视操作系统

目　录

1 概述..1

2 阅读指南..1

3 项目概述..1

3.1 前言..1

3.2 目标..1

3.3 产品组成..2

3.4 开发环境..2

3.5 系统构架..2

4 功能描述..2

图 5-54 插入的目录

3．更新目录

当文档中的内容改变之后，文档目录也要重新更新。对一个目录进行更新，操作步骤如下。

（1）在页面视图中，用鼠标右键单击目录中任意位置，从弹出的快捷菜单中选择“更新域”选项，如图 5-55 所示。

（2）弹出“更新目录”对话框，如图 5-56 所示，在该对话框中选择更新类型。

选中“只更新页码”单选按钮，目录将只对标题所对应页码的变化进行更新。

选中“更新整个目录”单选按钮，目录将根据所有标题内容以及页码的变化进行更新。

（3）单击“确定”按钮，目录即被更新。

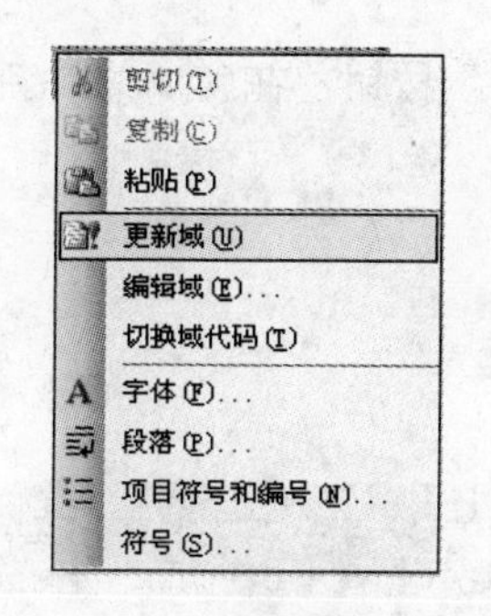

图 5-55　目录操作快捷菜单

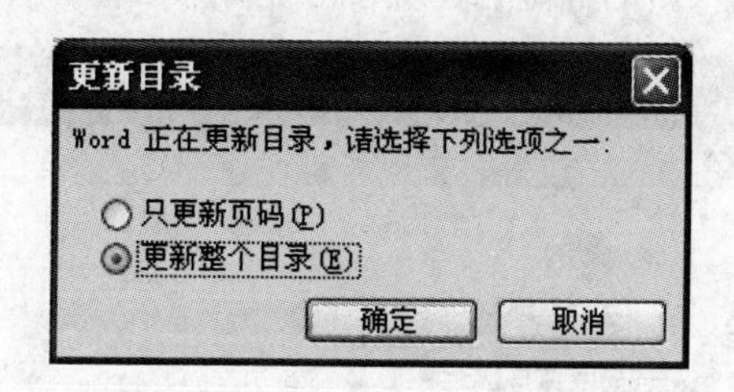

图 5-56　“更新目录”对话框

5.6.2　脚注和尾注

脚注和尾注是对文本的补充说明。脚注一般位于页面的底部，可以作为文档某处内容的注释；尾注一般位于文档的末尾，列出引文的出处等。脚注和尾注由两个关联的部分组成，包括注释引用标记和其对应的注释文本。插入脚注和尾注的步骤如下。

（1）将插入点移到要插入脚注和尾注的位置。

（2）单击“插入”菜单中的“脚注和尾注”菜单项，出现如图 5-57 所示的“脚注和尾注”对话框。

（3）选择“脚注”选项，可以插入脚注；如果要插入尾注，则选择“尾注”选项。

（4）如果在“编号格式”中选择了“连续”，Word 就会给所有脚注或尾注连续编号，当添加、删除、移动脚注或尾注引用标记时重新编号。

（5）如果要自定义脚注或尾注的引用标记，在“自定义标记”文本框中输入作为脚注或尾注的引用符号。如果键盘上没有这种符号，可以单击“符号”按钮，从“符号”对话框中选择一个合适的符号作为脚注或尾注的引用标记即可。

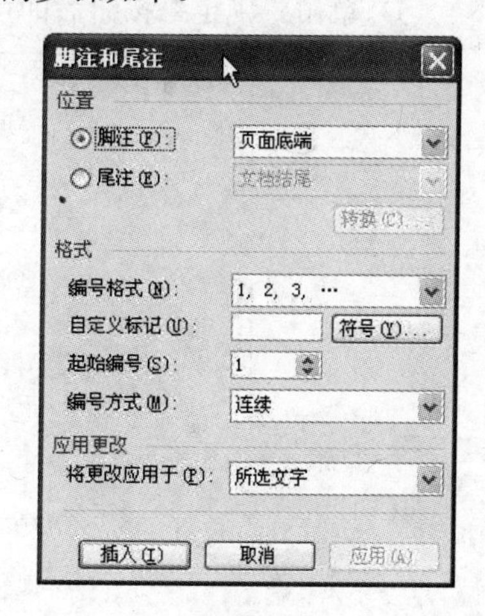

图 5-57　“脚注和尾注”对话框

（6）单击“确定”按钮后就可以开始输入脚注或尾注文本了。

5.6.3　题注

题注就是给图片、表格、图表、公式等项目添加的名称和编号。如文档中有一本书的图片，就在图片下面输入了图编号和图题，这可以方便读者的查找和阅读。使用题注功能可以保证长文档中图片、表格或图表等项目能够顺序地自动编号。移动、插入或删除带题注的项目时，Word 可以自动更新题注的编号。而且一旦某一项目带有题注，还可以对其进行交叉引用。要给文档中已有的图片、表格、公式加上题注，可以按如下步骤进行。

（1）选定要添加题注的项目。

（2）选择“插入”菜单中的“题注”菜单项，弹出如图 5-58 所示的“题注”对话框。

（3）在“题注”对话框中显示用于所选项的题注标签和编号，用户只要在后面直接输入题注即可。

（4）如果要选择其他标签，如对象是表格，就应该在“标签”后面的下拉列表框中选择合适的标签。如果没有合适的标签，可以单击“新建标签”按钮，在弹出的“新建标签”对话框中输入新的标签名，如图 5-59 所示。

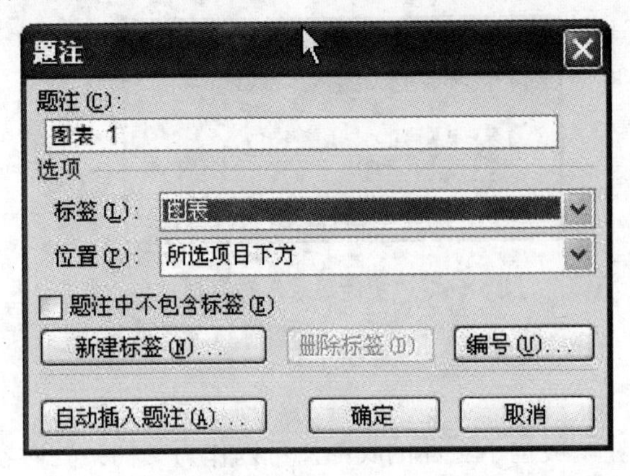

图 5-58 “题注”对话框

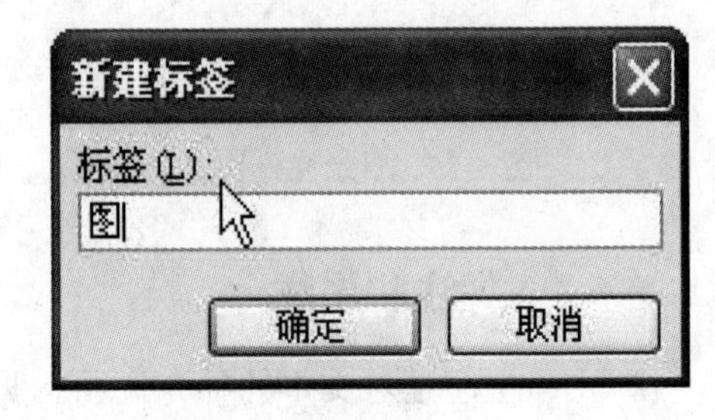

图 5-59 “新建标签”对话框

（5）单击“确定”按钮后即可为对象添加题注，如图 5-60 所示。

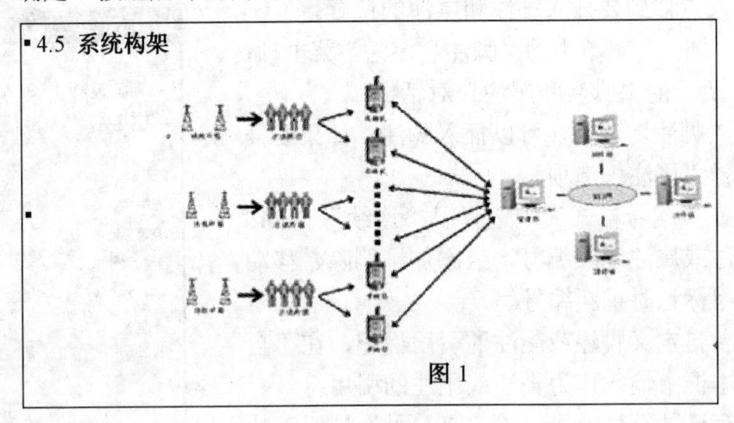

图 5-60 添加了新的题注

练习题五

一、选择题

1．在 Word 2003 文档编辑中，按________键可以删除插入点左边的字符。

A．Delete　　B．Back Space

C．“Ctrl+Delete”组合　　D．“Ctrl+Back Space”组合

2．在 Word 2000 中插入图片的环绕方式默认为____________。

A．嵌入型　　B．四周型　　C．紧密型　　D．穿越型

3．当 Word 2003 的“编辑”菜单中的“剪切”和“复制”命令呈灰色显示时，则表示________。

A．选定的内容是页眉或页脚

B．选定的文档内容太长，剪贴板放不下

C．剪贴板里已经有信息了

D．在文档中没有选定任何信息

4．下列操作中，________不能将选定的内容复制到剪贴板上。

A．单击工具栏中的“复制”按钮

B．单击工具栏中的“剪切”按钮

C．单击“编辑”菜单中的“复制”命令

D．按“Ctrl+V”组合键

5．文档编辑排版结束，要想预览其打印效果，应选择 Word 2003 中的________功能。

A．打印预览　　B．模拟打印

C．屏幕打印　　D．打印

6．在 Word 文档编辑中，文字下面有红色波浪下画线表示________。

A．对输入的确认　　B．可能有错误

C．可能有拼写错误　　D．已修改过的文档

7．Word 2003 中将插入点移到文档尾部的快捷键是________。

A．“Ctrl+Home”组合键　　B．“Ctrl+End”组合键

C．“Ctrl+Page Up”组合键　　D．“Ctrl+Page Down”组合键

8．能够从“改写”状态切换到“插入”状态的操作是________。

A．按“Ctrl+C”组合键　　B．用鼠标单击状态栏中的“改写”

C．按“Shift+I”组合键　　D．用鼠标双击状态栏中的“改写”

9．下列关于文档分页的叙述，错误的是________。

A．分页符也能打印出来

B．Word 2003 文档可以自动分页，也可以人工分页

C．将插入点置于硬分页符上，按 Delete 键便可将其删除

D．分页符标志前一页的结束，一个新页的开始

10．在 Word 2003 编辑状态中，可执行“________”菜单中的“分隔符”命令，在文档中指定位置强行分页。

A．编辑　　B．格式　　C．插入　　D．工具

11．在普通视图方式下，自动分页处显示________。

A．页码　　B．一条虚线　　C．一条实线　　D．无显示

12．在 Word 2000 中，使用（　　）可使本来放在下层的图移置于上层。

A．“绘图”下拉菜单中的“组合”命令

B．“绘图”下拉菜单中的“微移”命令

C．“绘图”下拉菜单中的“叠放次序”命令

D．“绘图”下拉菜单中的“编辑顶点”命令

13．在 Word 2003 编辑状态中，可执行“________”菜单中的“页眉和页脚”命令建立页眉和页脚。

A．编辑　　B．视图　　C．插入　　D．文件

14．Word 2003 具有分栏功能，下列关于分栏的说法中正确的是________。

A．最多可分 4 栏　　B．各栏的宽度必须相同

C．各栏的宽度可以不同　　D．各栏之间的间距是固定的

15．在 Word 2003 文档中插入图形，下列方法________是不正确的。

A．直接利用绘图工具绘制图形

B．执行“文件”→“打开”命令，再选择某个图形文件

C. 执行“插入”→“图片”命令，再选择某个图形文件

D. 利用剪贴板将其他应用程序中的图形粘贴到所需文档中

16. 在 Word 2003 文档中插入图形文件的正确说法是________。

A. 插入的图形文件只能在 Word 中绘制

B. 插入的图形文件只能是 BMP 文件

C. 插入的图形文件只能是统计图形

D. 插入的图形文件可以是 Windows 支持的各种格式的图形文件

17. 选定表格中的一行，再执行“编辑”→“剪切”命令，则________。

A. 删除该行　　B. 将该列边框线删除，保留文字内容

C. 在该行的上边拆分表格　　D. 将该行各单元格中的内容删除

18. 将文字转换成表格的第一步是________。

A. 调整文字的间距　　B. 选择要转换的文字

C. 执行“表格”→“转换”命令　　D. 设置页面格式

19. 要将表格中的多个单元格变成一个单元格，应执行“表格”菜单中的________命令。

A. 删除单元格　　B. 合并单元格

C. 拆分单元格　　D. 绘制表格

20. 执行“编辑”→“复制”命令的功能是将选定的文本或图形________。

A. 复制到剪贴板　　B. 由剪贴板复制到插入点

C. 复制到文件的插入点位置　　D. 复制到另一个文件的插入点位置

21. 在 Word 2003 文档编辑中，对所插入的图片不能进行的操作是________。

A. 放大或缩小　　B. 从矩形边缘裁剪

C. 修改其中的图形　　D. 复制到另一个文件的插入点位置

22. 在 Word 2003 中，关于设置页边距的说法不正确的是________。

A. 用户可以使用“页面设置”对话框来设置页边距

B. 用户既可以设置左、右页边距，也可以设置上、下页边距

C. 页边距的设置只影响当前页

D. 用户可以使用标尺来调整页边距

23. 在 Word 2003 中，与打印输出有关的命令可以在“________”菜单中找到。

A. 格式　　B. 工具　　C. 编辑　　D. 文件

24. 在 Word 2003 编辑状态下，按先后顺序依次打开了 d1.doc、d2.doc、d3.doc、d4.doc 共 4 个文档，则当前的活动文档是________。

A. d1.doc　　B. d2.doc　　C. d3.doc　　D. d4.doc

二、填空题

1. 要插入来自文件的图片可将光标定位在合适位置，选择“______”菜单下的“_______”命令，在级联菜单中选择“________”命令。

2. 在 Word 2003 编辑状态下，利用________可快速、直观地调整文档的左右边界。

3. “文件”菜单底部显示的文件名是________。

4. Word 2003 文档中，每个段落都有自己的段落标记，段落标记的位置在________。

5. 在 Word 2003 编辑状态中，选中一个句子的操作是，将插入光标定位在待选句子中的任意处，然后

按住________键，单击鼠标。

三、简答题

1．请简述制作长文档目录的一般步骤。

2．在字号中，中文字号越大表示字符越大还是越小？阿拉伯数字越大表示字符越大还是越小？

3．脚注、尾注和题注分别是什么含义？在文档中又是如何来使用的？

4．若想对一页中的各个段落进行多种分栏，如何操作？

5．如果文档中的内容在一页没满的情况下要强制换页，如何操作？

第6章

Excel 2003 电子表格

Excel 2003 是微软公司出品的 Office 2003 系列办公软件中的一个组件，确切地说，是一个电子表格软件。它除了可以对数据进行输入、编辑、打印等基本操作外，还具有丰富的函数和强有力的数据管理功能，极大地提高了工作效率，广泛应用于财务、行政、金融、经济、审计和统计等众多办公领域。

6.1 Excel 2003 基础知识

Excel 是 Microsoft Office 的主要组件之一，是 Windows 环境下的电子表格软件，具有很强的图形、图表处理功能。它可用于财务数据处理、科学分析计算，并能用图表显示数据之间的关系，对数据进行组织。Excel 2003 的主要功能可归纳为以下几点。

1. 快速制作表格

在 Excel 2003 中，使用工作表能快速制作表格。系统提供了丰富的格式化命令，可以利用这些命令完成数字显示、格式设计和图表美化等的操作。

2. 强大的计算功能

Excel 2003 增强了处理大型工作表的能力，提供了 11 大类函数。使用这些函数和公式，用户可以完成各种复杂的运算。

3. 丰富的图表

在 Excel 2003 中，系统有 100 多种不同格式的图表可供选用。用户只需通过几步简单的操作，就可以制作出精美的图表。可以把图表作为独立的文档打印，也可以与工作表中的数据一起打印。

4. 数据库管理

Excel 2003 中的数据都是按照行和列进行存储的。这种数据结构再加上 Excel 2003 提供的有关处理数据库的函数和命令，可以很方便地对数据进行排序、查询、分类汇总等操作，使得 Excel 2003 具备了组织和管理大量数据的能力，因而使 Excel 2003 的用途更加广泛。

5. 数据共享与 Internet

利用数据共享功能，可以方便地通过 Internet 实现多个用户同时使用一个工作簿文件，最后再完成共享工作簿的合并操作。通过超链接功能，用户可以将工作表的单元格链接到 Internet 上的其他资源。Excel 2003 还提供了将工作簿文件保存为网页的功能，这样用户可以直接在网上浏览这些数据。

6.1.1 启动 Excel 2003

启动 Excel 2003 一般有以下几种方法。

（1）执行“开始”→“程序”→“Office 2003”→“Excel 2003”命令。

（2）若桌面上有 Excel 2003 的快捷图标，双击该图标也可启动。

（3）在“资源管理器”或“我的电脑”窗口中，双击扩展名为 .xls 的文件的图标，将启动 Excel 2003，并将该文件打开。

启动 Excel 2003 后，屏幕上显示如图 6-1 所示的窗口，表明已进入 Excel 2003 的工作界面。

6.1.2 Excel 2003 的工作界面

从图 6-1 可以看到，Excel 2003 的窗口由标题栏、菜单栏、工具栏、编辑栏、工作表区、工作表标签、任务窗格、状态栏、滚动条等部分组成。

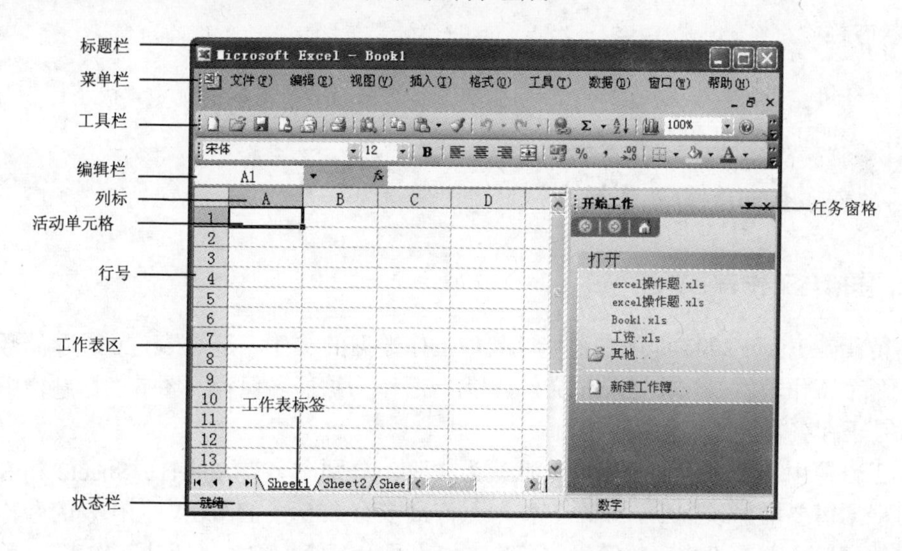

图 6-1 Excel 2003 的工作界面

1. 标题栏

标题栏位于窗口顶部，显示应用程序的名称。在工作簿窗口最大化的情况下，还将显示当前工作簿的名称。在默认的情况下，Excel 自动建立的工作簿名为 Book1。

2. 菜单栏

菜单栏位于标题栏的下方，它包含了 Excel 操作所必需的各个命令群组。在下拉菜单中，

如果有扩展符号 ¥ ，用鼠标单击它会显示该菜单中所有的选项。

3. 工具栏

工具栏将菜单中常用的命令设计成按钮的形式，通过用鼠标单击按钮来快速执行相应的命令。"常用"工具栏和"格式"工具栏通常位于菜单栏的下方。因为窗口的限制，还有很多其他工具栏被隐藏起来。通过执行"视图"→"工具栏"命令，可以显示或隐藏工具栏。

4. 编辑栏

编辑栏的左端是名称框，用来显示当前活动单元格的名称；右端的文本框用来显示、输入或编辑单元格中的数据或公式。

5. 工作表区

工作表区指的是工作表的整体及其中的所有元素，它由许多方格组成，是存储和处理数据的基本单元。

6. 任务窗格

任务窗格是 Excel 2003 的一个新增功能。用户能够通过与任务窗格的交互来快速启动一些操作和任务。

7. 状态栏

状态栏在屏幕的底部，显示当前工作区的状态信息。在大多数情况下，状态栏中显示"就绪"状态，表明工作表正准备接收信息。

6.1.3 Excel 2003 的基本概念

1. 工作簿与工作表

工作簿指在 Excel 2003 中用来存储并处理工作数据的文件，是 Excel 2003 存储数据的基本单位。一个工作簿就是一个 Excel 文件，以 .xls 作为扩展名保存。图 6-1 标题栏中显示的 Book1 就是正在编辑的工作簿的名称。

一个工作簿由若干张工作表组成，默认为 3 张，分别命名为 Sheet1、Sheet2 和 Sheet3。工作表可根据需要增加或删除。一个工作簿允许最多有 255 张工作表。工作表的名称显示在工作簿文件窗口底部的工作表标签里。当前工作表只有一个，称为"活动工作表"。用户可以在标签上单击工作表的名称，实现在同一工作簿中不同工作表之间的切换。

2. 单元格

每个工作表由若干水平和垂直的网格线分割，组成一个个的单元格，它是存储和处理数据的基本单元。每个单元格都有自己的名称。单元格名称由其所在的列标和行号组成，列标在前，行号在后。如 A6 就代表了第 A 列、第 6 行的单元格。

在 Excel 2003 中列标用字母表示，从左到右依次编号为 A，B，C，…，Z，AA，AB，…，AZ，BA，BB，…，BZ，直到 IA，IB，…，IV，共 26×（1+8）+22=256 列。行号从上到下

用数字 1，2，3，…，65 536 标记，共 65 536 行。

当前被选中的单元格称为活动单元格，以白底黑框标记。在工作表中，只能在活动单元格中输入或编辑数据。活动单元格的名称显示在编辑栏左端的名称框中，图 6-1 中显示的活动单元格为 A1。

3．填充柄

活动单元格右下角有一个黑色小方块，称为填充柄。拖动填充柄可以将活动单元格中的数据或公式复制到其他单元格。

6.1.4　退出 Excel 2003

完成工作簿的操作后，可采用以下方法退出 Excel 2003。

（1）执行“文件”→“退出”命令。

（2）单击标题栏中的“关闭”按钮。

如果没有对当前工作簿进行保存，则会出现如图 6-2 所示的提示保存对话框，用户根据提示进行相应的操作后，Excel 2003 窗口将会关闭。

图 6-2　提示保存对话框

6.2　Excel 2003 的基本操作

6.2.1　工作簿的操作

工作簿的基本操作主要有创建工作簿、保存工作簿、打开工作簿、关闭工作簿等。

1．创建新的工作簿

启动 Excel 2003 后，会自动建立一个名为 Book1 的工作簿。还可以采用下面 3 种方法新建工作簿。

（1）工具栏方式。单击“常用”工具栏中的“新建”按钮，可建立一个新的空白工作簿。

（2）菜单方式。执行“文件”→“新建”命令，弹出如图 6-3 所示的“新建工作簿”任务窗格，单击“空白工作簿”项，即建立一个新的空白工作簿。

（3）模板方式。Excel 2003 中的模板是预先定义好格式和公式的工作簿。当用模板方式建立了一个新工作簿后，新工作

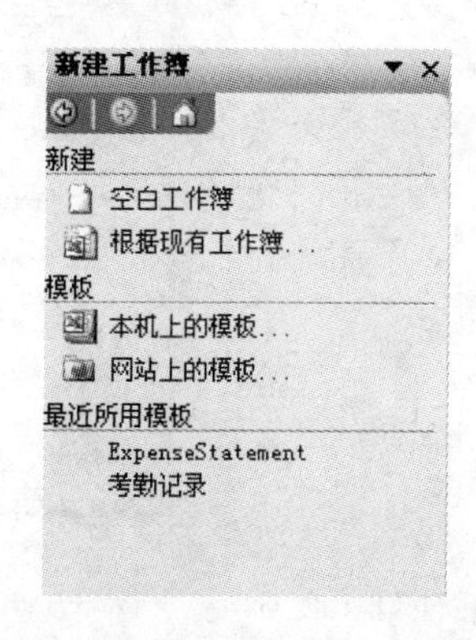

图 6-3　“新建工作簿”任务窗格

簿就具有了模板的所有特征。在图 6-3 所示的任务窗格中，单击“本机上的模板”项，弹出“模板”对话框，如图 6-4 所示。单击“电子方案表格”选项，选择所需要的模板，单击“确定”按钮，即可按选定模板建立新工作簿。

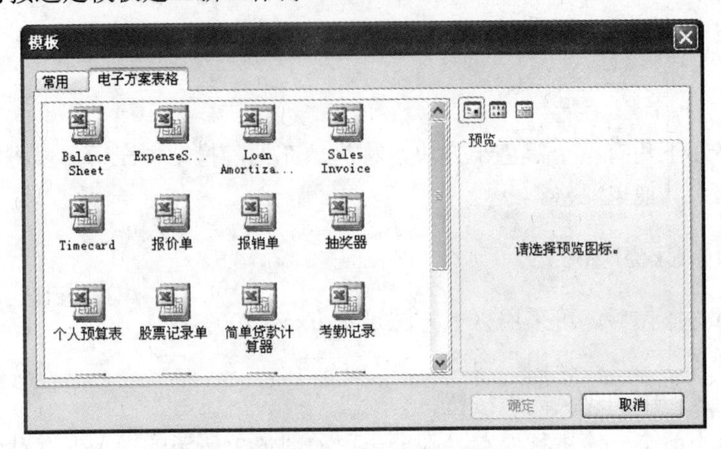

图 6-4 “模板”对话框

2. 保存工作簿

保存工作簿有 3 种方法：一是单击“常用”工具栏中的“保存”按钮；二是执行“文件”→“保存”或“文件”→“另存为”命令；三是使用快捷键“Ctrl+S”。

（1）保存新文件。新创建的工作簿第一次按上述 3 种方法保存时，会弹出“另存为”对话框，如图 6-5 所示。在该对话框中选择保存位置，输入文件名，单击“保存”按钮即可保存新文件。

（2）保存已有工作簿。对已经命名的工作簿的修改进行保存，可单击“常用”工具栏中的“保存”按钮或用快捷键“Ctrl+S”。如果希望对工作簿备份或者更名，可通过执行“文件”→“另存为”命令，在“另存为”对话框中输入新文件名或选择新的保存位置，从而实现工作簿的备份。

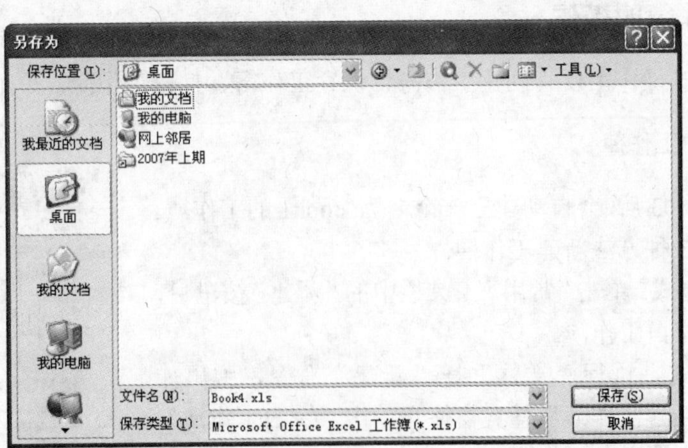

图 6-5 “另存为”对话框

（3）自动保存工作簿。为防止死机、断电等意外情况出现时数据因未及时存盘而丢失，

Excel 2003 提供了“自动保存”的功能。执行“工具”→“选项”菜单命令，弹出“选项”对话框，单击“保存”选项卡，可设置自动保存工作簿的间隔时间，如图 6-6 所示。

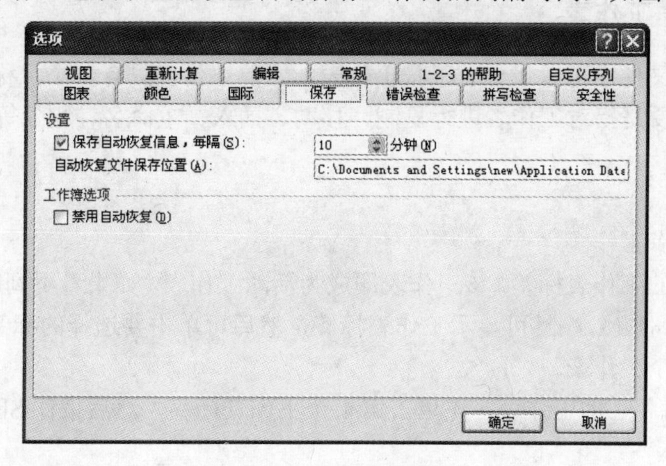

图 6-6　“保存”选项卡

3．打开工作簿

在 Excel 2003 中打开一个工作簿有 3 种方法：一是执行“文件”→“打开”命令；二是单击“常用”工具栏中的“打开”按钮；三是使用快捷键“Ctrl+O”。

此外，在 Excel 2003 中，系统会将最近使用过的文件名列在“文件”菜单的最下面。可以直接单击相应的文件名打开文件。用户可以对是否显示这一清单进行设置，也可设置最近使用的文件列表项数。执行“工具”→“选项”菜单命令，出现“选项”对话框。单击“常规”选项卡并做相应的修改即可，如图 6-7 所示。

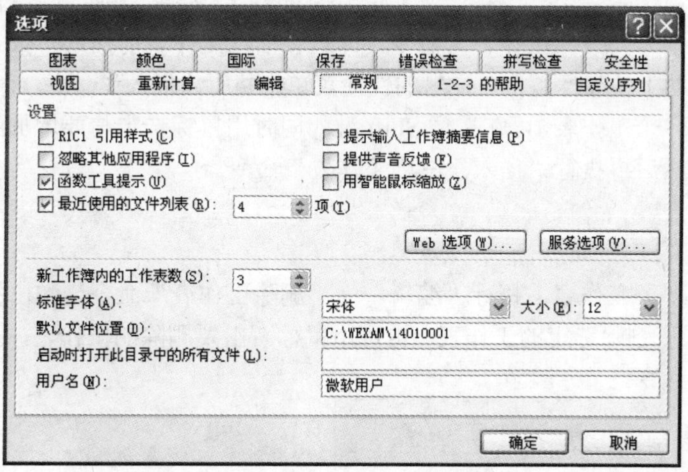

图 6-7　“常规”选项卡

4．关闭工作簿

当完成对某个工作簿的编辑后，如需关闭，执行“文件”→“关闭”命令。如果尚未保存，则会弹出对话框询问是否保存所做的修改。如果要关闭当前打开的所有工作簿，则按住

Shift 键，再执行“文件”→“全部关闭”命令。退出 Excel 2003 也可关闭所有打开的工作簿。

6.2.2 管理工作表

一个工作簿文件中可以包含若干张工作表。当前工作表只有一个，称为活动工作表。对工作表的管理主要是指对工作表进行复制、移动、插入、重命名、删除等操作。

1．选择工作表

（1）选择单个工作表

单击要使用的工作表标签，该工作表即成为活动工作表。如果看不到所需的工作表标签，单击标签滚动按钮 ◀◀ ◀ ▶ ▶▶ 可显示工作表标签，然后可单击要选择的标签。

（2）选择多个工作表

① 选择一组相邻的工作表：先单击第 1 个工作表标签，然后按住 Shift 键，再单击最后一个工作表标签。

② 选择一组不相邻的工作表：先单击第 1 个工作表标签，然后按住 Ctrl 键，再依次单击要选定的工作表标签。

③ 选定工作簿中的全部工作表：右击工作表标签，然后从弹出的快捷菜单中执行“选定全部工作表”命令。

选定多个工作表后，标题栏中会出现“工作组”。这时对当前工作表内容的改动，也将同时替换其他工作表中的相应数据。

2．插入工作表

新建工作簿时，默认的工作表只有 3 个。如果需要更多的工作表，可采用以下两种操作方法进行插入。

（1）执行“插入”→“工作表”命令，即可在活动工作表前插入一张工作表。

（2）右击活动工作表标签，在弹出的快捷菜单中执行“插入”命令，也可以插入工作表。

如果要插入多个工作表，可在按住 Shift 键的同时用鼠标选定与要增加的工作表数目相同的工作表标签，然后再执行“插入”→“工作表”命令。

3．删除工作表

选择一个或多个工作表，执行“编辑”→“删除工作表”命令，弹出提示对话框，单击“确定”按钮，即可删除选定的工作表。也可用鼠标右击要删除的工作表，在弹出的快捷菜单中执行“删除”命令。

4．移动或复制工作表

（1）在同一个工作簿中移动和复制工作表

要在一个工作簿中移动工作表，只需单击工作表标签，拖动选中的工作表到新的位置后松开鼠标即可；如果在拖动鼠标的同时，按住 Ctrl 键，就可以复制工作表。

在拖动鼠标的过程中，屏幕上会显示一个黑色的小三角，提示工作表要插入的位置。如果是移动工作表，鼠标箭头所指是一个空白的页面；如果是复制工作表，鼠标箭头所指的页面上有一个“+”号。

（2）在不同的工作簿之间移动和复制工作表

① 选择工作表后，执行“编辑”→“移动或复制工作表”命令，弹出“移动或复制工作表”对话框（右击后在弹出的快捷菜单中执行“移动或复制工作表”命令，也可弹出该对话框），如图 6-8 所示。

② 在“工作簿”下拉列表框中选择新工作簿，确定目标位置。

③ 若选中“建立副本”复选框，则为复制操作，否则为移动操作。

④ 单击“确定”按钮。

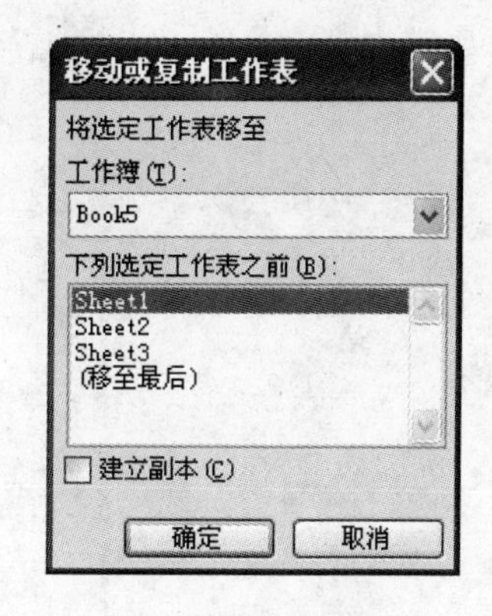

图 6-8 “移动或复制工作表”对话框

5．重命名工作表

Excel 2003 在建立新的工作簿时，自动为工作表命名为 Sheet1、Sheet2、Sheet3 等，不便于记忆和管理。用户可以改变工作表的名称以便进行有效的管理。

要重命名工作表，可双击工作表标签，工作表名会反白显示，输入新的名称，再按 Enter 键确认。或用鼠标右击工作表标签，在弹出的快捷菜单中执行“重命名”命令，也可完成工作表的重命名操作。

6.2.3 输入与编辑数据

1．输入数据

Excel 2003 有两种形式的输入数据：常量和公式。常量指的是不以等号开头的数据，包括文本、数字及日期和时间。公式是以等号开头的，中间包含了常量、函数、单元格名称、运算符等。如果改变了公式中所涉及的单元格中的值，则公式的计算结果也会相应地改变。

输入数据有两种方式：直接在单元格中输入数据和在编辑栏中输入数据。一般情况下，常量直接在单元格中输入，而公式在编辑栏中输入。无论哪种方法都有两种输入状态：插入状态和改写状态。如果活动单元格以黑粗线框表示，则处在改写状态，输入的字符会代替原有的字符。如果活动单元格以细实线框表示，则处在插入状态，这时输入的字符会插入到光标的后面。

（1）输入文本

在 Excel 2003 中，文本包括汉字、英文字母、数字、空格及所有键盘能输入的符号。文本输入后默认的对齐方式为左对齐。

输入的文本超过单元格列宽时，如果右边单元格没有数据，则超过宽度的数据会在右边单元格中显示，如图 6-9 所示的“学生基本情况表” G2 单元格中的“入学总成绩”；如果右边单元格中有数据，则超过部分在单元格中被隐藏起来，但文本仍然存在，只要改变单元格的列宽，即可显示。

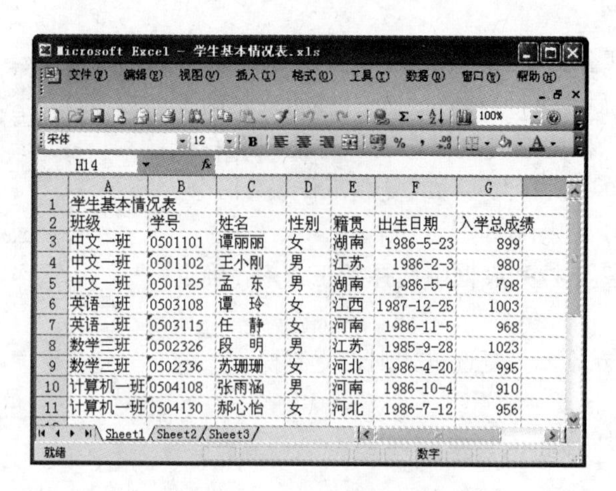

	A	B	C	D	E	F	G
1	学生基本情况表						
2	班级	学号	姓名	性别	籍贯	出生日期	入学总成绩
3	中文一班	0501101	谭丽丽	女	湖南	1986-5-23	899
4	中文一班	0501102	王小刚	男	江苏	1986-2-3	980
5	中文一班	0501125	孟　东	男	湖南	1986-5-4	798
6	英语一班	0503108	谭　玲	女	江西	1987-12-25	1003
7	英语一班	0503115	任　静	女	河南	1986-11-5	968
8	数学三班	0502326	段　明	男	江苏	1985-9-28	1023
9	数学三班	0502336	苏珊珊	女	河北	1986-4-20	995
10	计算机一班	0504108	张雨涵	男	河南	1986-10-4	910
11	计算机一班	0504130	郝心怡	女	河北	1986-7-12	956

图 6-9　学生基本情况表

有时为了将学号、电话号码、邮政编码等数字作为文本处理，输入时在数字前加一个单引号，即可变成文本类型。如在图 6-9 所示工作表中的 B3 单元格输入学号时，输入“'0501101”便可得到用户想要的结果。

（2）输入数字

在 Excel 2003 中，数字只可以为下列字符或它们的组合。

0　1　2　3　4　5　6　7　8　9　+　-　(　)　,　/　$　%　. E　e

在默认情况下，单元格中数字的对齐方式为右对齐。若单元格中的数较长，则以科学计数法显示。在 Excel 2003 中，默认数字有效位为 15 位。若数字长度超过 15 位，输入后自动将多余的数字位转换为零。如输入“12345678901234567”，则在编辑栏的文本框中显示为12345678901234500。也就是说，Excel 2003 中数字超过 15 位以后就不精确了。

输入数值时，Excel 2003 将忽略数字前面的正号“+”，即输入“+63”和输入“63”是等价的。而负数可以在数字前加“-”或将数字放在圆括号中，如-85 也可以输入（85）。

分数采用“/”字符，在整数与后面的分数之间要用空格分隔。例如输入“12 1/5”，编辑栏中将显示为 12.2。对于小于 1 的分数，应在分数前先输入一个 0 以及一个空格，否则 Excel 2003 将会把该数据作为日期处理。例如，要在单元格中显示 1/2，应输入“0 1/2”，否则 Excel 2003 会理解为“1 月 2 日”的日期格式。

（3）输入日期和时间

在输入了 Excel 2003 可以识别的日期或时间数据后，如图 6-9 所示的“出生日期”列中的数据，单元格格式会从“常规”数字格式改为某种内置的日期或时间格式。这种内置的日期或时间格式是指在控制面板“区域选项”中设置的日期或时间格式。

如果要在同一单元格中同时输入日期和时间，则需要在中间用空格分隔。如果要基于 12 小时制输入时间，需在时间后输入一个空格，然后输入“AM”或“PM”（也可以输入“A”或“P”），用来表示上午或下午。否则，Excel 2003 将默认为基于 24 小时制计算时间。例如，输入“3:00”将不被认为是 3:00PM，而将被视为 3:00 AM 保存。

如果要输入系统当天的日期，则按“Ctrl+”；组合键。如果要输入系统当前的时间，则按“Ctrl+Shift+;” 组合键。

在默认状态下，日期和时间项在单元格中右对齐。如果 Excel 2003 不能识别输入的日期或时间格式，输入的内容将被视为文本，并在单元格中左对齐。

（4）输入逻辑型数据

Excel 2003 中的逻辑型数据只有 TRUE 和 FALSE 两个，选择单元格后直接输入即可。

2．数据输入技巧

（1）改变 Enter 键移动方向

在默认情况下，数据输入完成后按 Enter 键，活动单元格会自动下移。如果希望按 Enter 键后活动单元格往右或往其他方向移动，可以执行如下操作进行修改。

① 执行"工具"→"选项"命令，弹出"选项"对话框，单击"编辑"选项卡。

② 选中"按 Enter 键后移动"复选框，然后在"方向"下拉列表框中选定移动方向。

③ 如果要在按 Enter 键后保持当前单元格为活动单元格，则清除该复选框。

（2）在同一单元格中输入多行文本

执行"格式"→"单元格"命令，在打开的"单元格格式"对话框中单击"对齐"选项卡并选中"自动换行"复选框。如果要在单元格中强制换行，可按"Alt+Enter"组合键。

（3）在多个单元格输入相同数据

先选定需要输入数据的多个单元格，再输入相应的数据，然后按"Ctrl+Enter"组合键即可将数据输入到所有选定的单元格中。

（4）灵活运用记忆式输入功能

如果在单元格中输入的起始字符与该列已有的录入项相符（如图 6-9 所示的"籍贯"列中的数据），Excel 2003 可以自动填写其余的字符。但 Excel 2003 只能自动完成包含文字的录入项或包含文字与数字的录入项。按 Enter 键接受建议的录入项。如果不想采用自动提供的字符，则继续输入。如果要删除自动提供的字符，则按 Back Space 键。还可以从当前数据列输入项列表中选择所需输入项。在输入时，按"Alt+↓"组合键即显示已有输入项列表，或者右击相应的单元格，在弹出的快捷菜单中执行"选择列表"命令。

如果要关闭按列输入时的记忆式填充功能，执行"工具"→"选项"命令，弹出"选项"对话框，再单击"编辑"选项卡，清除"记忆式键输入"复选框即可。

（5）快速填充数据

① 使用填充柄。如果需要在同一行或同一列的多个连续单元格中输入相同的数据，可以利用填充柄实现快速填充。如图 6-9 所示的工作表中，"班级"中有多处连续的单元格是相同的数据。在 A3 单元格中输入"中文一班"后，用鼠标拖动该单元格右下角的填充柄至 A5 单元格，就可以将 A3 单元格中的数据复制到 A4、A5 单元格中。

② 使用自定义序列。类似序列"Sunday、Monday、Tuesday、Wednesday…"和"甲、乙、丙、丁……"等，都是 Excel 2003 已经定义好的序列。只要在某个单元格中输入该序列的某个值，再拖动填充柄就可自动以该序列填充。

执行"工具"→"选项"命令，弹出"选项"对话框，单击"自定义序列"选项卡，在左边的列表中显示了已定义好的序列，如图 6-10 所示。

用户还可以自定义序列。在某单元格区域中输入将要用做填充序列的数据，选定数据区域。在如图 6-10 所示的对话框中，单击"导入"按钮，即可使用选定的数据作为填充序列。

如果要输入新的序列列表，可单击"自定义序列"列表框中的"新序列"选项，然后在"输入序列"列表框中，从第 1 个序列元素开始，输入新的序列。在输入每个元素后，按 Enter 键换行。整个序列输入完毕后，再单击"添加"按钮。若要删除自定义序列，则单击"删除"

按钮即可。

③ 使用序列生成器。像“1、3、9、27…”,“2002-01-01、2002-02-01、2002-03-01…”等一些有规律的数据序列，可以采用序列生成器来输入。

首先在某单元格中输入序列的初始值，然后选择包含该单元格的单元格区域，再执行“编辑”→“填充”→“序列”命令，弹出如图6-11所示的“序列”对话框，根据需要设置序列的属性。

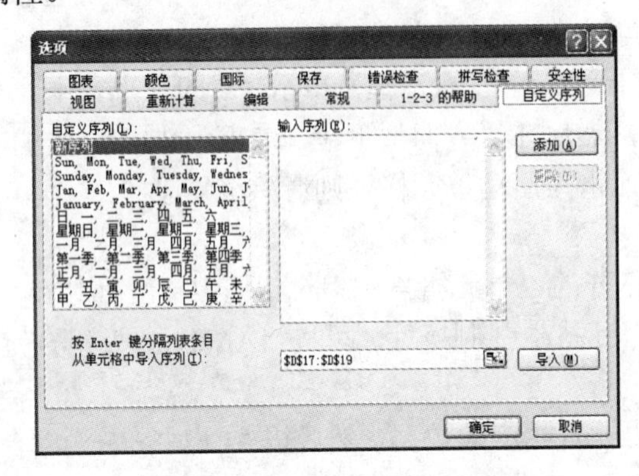

图6-10 “自定义序列”选项卡

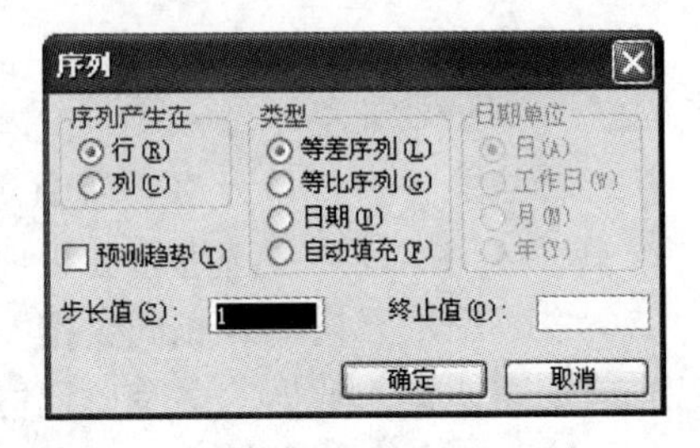

图6-11 “序列”对话框

- 序列产生在：选择“行”单选按钮表示生成的序列将填入活动单元格所在的“行”，选择“列”单选按钮表示填入活动单元格所在的“列”。
- 类型：“等差序列”、“等比序列”指按等差或等比序列进行填充。“日期”指按右边的日期单位进行变化。“自动填充”则依据当前单元格中的数据来进行填充（自定义序列、等差序列等）。
- 步长值：在“步长值”文体框中，输入序列的递增值。在等差序列中，初始值与步长值的和为第2个值，而其他后续值是当前值与步长值的和。在等比序列中，初始值与步长值的乘积为第2个值，而后续值为当前值与步长值的乘积。
- 终止值：在“终止值”文本框中，输入希望停止序列的限制值，也可以省略不写。

④ 使用“示范”方式。在起始单元格中输入序列初始值，再在相邻单元格中输入序列的第2个数值。前两个单元格中数值的差额将决定该序列的增长步长。同时选定这两个单元格，用鼠标拖动填充柄经过待填充区域。松开鼠标后便按“等差序列”填充数据。若从上向下或从左到右填充，则填充后的序列按升序排列。如果要按降序排列，则从下向上或从右到左填充。

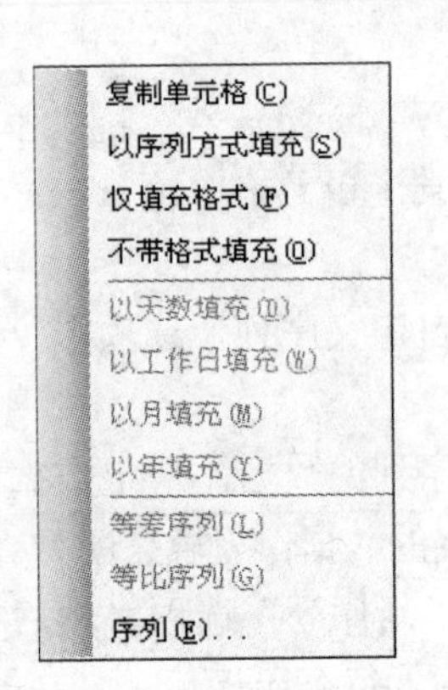

图6-12 序列填充快捷菜单

如果先右击再拖动填充柄，到指定单元格后松开鼠标，则弹出如图6-12所示的快捷菜单。

- 复制单元格：将选定单元格中的数据复制到鼠标经过的单元格区域。
- 以序列方式填充：以Excel 2003已定义的序列方式、自定义序列或等差序列进行填充。
- 仅填充格式：只复制选定单元格的格式，而不进行其他填充。
- 不带格式填充：将选定单元格的值复制到鼠标经过的单元

格区域，而不复制单元格格式。

- 等差序列、等比序列：以等差序列、等比序列方式进行填充。
- 序列：单击后将弹出如图 6-11 所示的“序列”对话框。

3. 编辑工作表数据

（1）选择单元格或区域

- 选择一个单元格：单击单元格。
- 选择整行或整列：单击行号或列标。
- 选择矩形区域：单击区域左上角单元格并向右下角拖动，到适当位置后松开鼠标即可。
- 选择相邻行/列：选择一行/列，按住 Shift 键，再单击最后一行/列。
- 选择不相邻的单元格/行/列：按住 Ctrl 键，再依次单击其他单元格/行/列。
- 选择整个工作表：单击“全选”按钮。
- 取消选择：用鼠标单击任意单元格。

（2）编辑单元格数据

- 若单元格中的数据全部需要进行修改，只要单击单元格，输入数据后再按 Enter 键即可。
- 若只修改单元格中的部分数据，先选中单元格，按 F2 键或双击单元格，出现插入点，即 I 形光标，就可以修改数据了。

（3）复制、移动单元格数据

可以用下列方法之一实现单元格数据的复制或移动。

- 选择要复制（或移动）的单元格或区域，按“Ctrl+C”组合键（或按“Ctrl+X”组合键），再单击目标区域，按“Ctrl+V”组合键，即可将单元格数据复制（或移动）到指定区域。
- 执行“编辑”→“复制”（或“剪切”）命令，再执行“粘贴”命令。
- 单击“常用”工具栏中的“剪切”、“复制”和“粘贴”按钮。
- 使用鼠标拖动实现：选择要复制的单元格区域，按住 Ctrl 键，用鼠标拖动选择区域的黑线框到目标位置，松开鼠标即可实现复制操作。直接用鼠标拖动选择区域的边框到目标位置可实现移动操作。

（4）选择性粘贴

Excel 2003 中的数据除了有值以外，还包含了公式、格式等特征。上面所讲的是将单元格中的数值连同公式、格式一起复制。但有时只需要单纯复制其中的值、公式或格式等，就必须用到“选择性粘贴”。

首先选择要复制的单元格或区域，按“Ctrl+C”组合键或单击“常用”工具栏中的“复制”按钮，再选择目标位置，执行“编辑”→“选择性粘贴”命令，弹出“选择性粘贴”对话框，如图 6-13 所示。

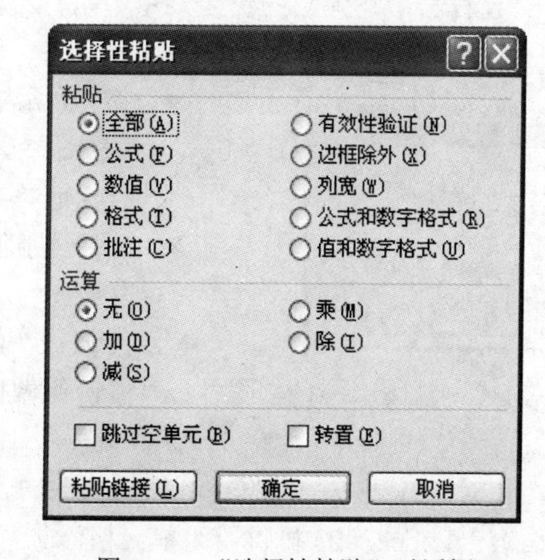

图 6-13 “选择性粘贴”对话框

如果选择“粘贴”栏中的“全部”单选按钮，

则和选择工具栏中“粘贴”按钮所实现的功能一样。如果选择“公式”、“数值”、“格式”、“批注”项，则表示只单纯复制指定的某项内容。若选中“运算”选项区域中的“加”、“减”、“乘”、“除”单选按钮，则所复制的内容将自动与目标区域中的数据进行相应运算。

（5）清除单元格数据

选择要清除数据的单元格，执行“编辑”→“清除”命令，从级联菜单中选择一项即可，如图 6-14 所示。其中，“全部”指的是清除格式、内容和批注。“格式”指保留数据而将所选单元格中设置的格式清除，恢复默认格式。“内容”指清除所选单元格中的数据，保留设置的格式，按 Delete 键也可清除内容。“批注”指清除为单元格所添加的批注。

（6）插入行、列和单元格

- 插入行：定位到要插入新行的位置，执行“插入”→“行”命令。
- 插入列：定位到要插入新列的位置，执行“插入”→“列”命令。
- 插入单元格：首先在要插入的位置选择好单元格区域，执行“插入”→“单元格”命令，弹出如图 6-15 所示的“插入”对话框，选择插入后活动单元格的移动情况，单击“确定”按钮。

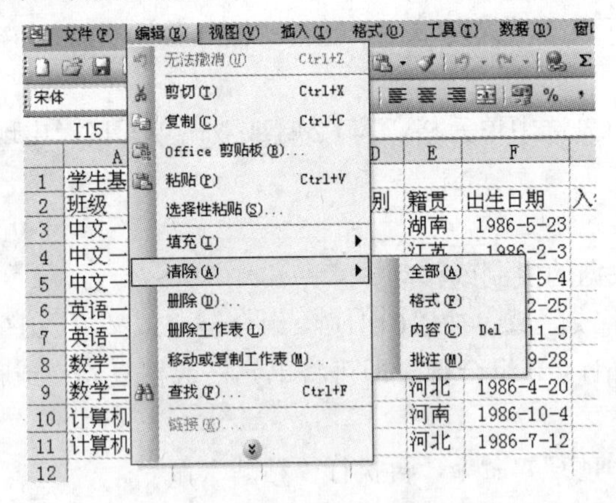

图 6-14 “清除”级联菜单

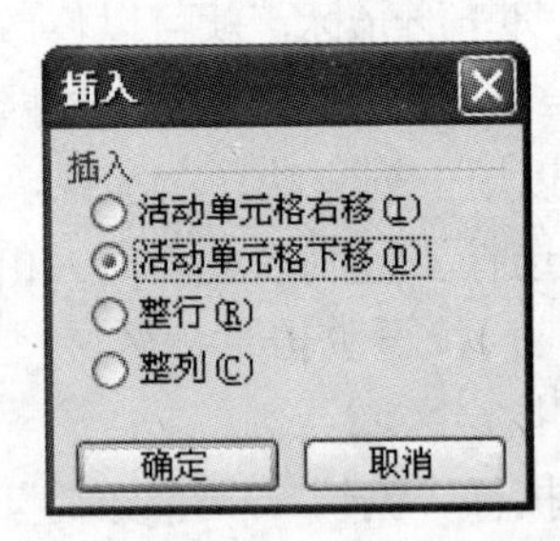

图 6-15 “插入”对话框

（7）删除行、列和单元格

- 删除整行或整列：单击要删除行或列的行号或列标，执行“编辑”→“删除”命令（或右击后在弹出的快捷菜单中执行“删除”命令）。删除了行或列后，下方的行或右侧的列将重新编号。

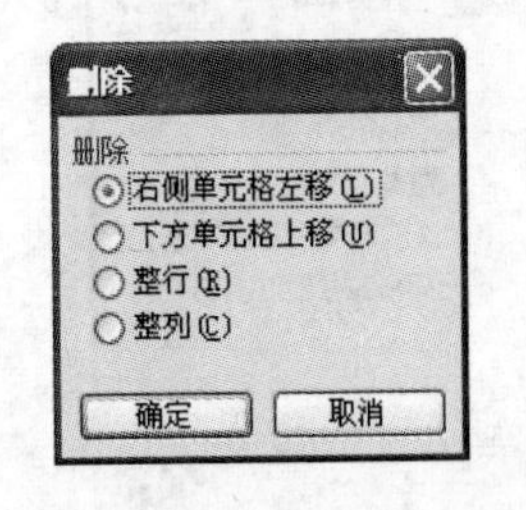

图 6-16 “删除”对话框

- 删除单元格：选择要删除的单元格区域，执行“编辑”→“删除”命令，弹出如图 6-16 所示的“删除”对话框，选择删除后其他单元格的移动情况，单击“确定”按钮。
- 如果误删除了不应该删除的单元格，可执行“编辑”→“恢复删除”命令取消删除操作，回到原来的状态。也可使用“Ctrl+Z”组合键或单击“常用”工具栏中的“撤销”按钮撤销所做操作。

（8）插入、编辑批注

在对工作表中的数据进行编辑修改时，有时需要在数据旁添加注释，注明与该数据有关的内容。Excel 2003 提供了为单元格添加批注的功能。

- 插入批注：首先单击要添加批注的单元格，执行“插入”→“批注”命令，在弹出的批注框中输入文本。输入完后在批注框外的单元格中单击，这时可以看到添加了批注的单元格的右上角有红色的三角形标志。
- 编辑批注：执行“插入”→“编辑批注”命令或右击后在弹出的快捷菜单中执行“编辑批注”命令，对批注进行修改。
- 删除批注：右击单元格，在弹出的快捷菜单中执行“删除批注”即可。执行“插入”→“清除”命令，在级联菜单中选择“批注”也可以删除批注。
- 显示或隐藏批注：右击单元格，在弹出的快捷菜单中执行“显示批注”或“隐藏批注”命令。

6.3 Excel 2003 的公式与函数

作为一个专门的电子表格系统，除了进行一般的表格处理外，最主要的还是进行数据运算。在 Excel 2003 中，用户可以在单元格中输入公式或者使用函数来完成对工作表的各种运算。

6.3.1 使用公式

1．建立公式

公式是在工作表中对数据进行运算的等式，它可以对工作表中的数据进行加、减、乘、除、比较等多种运算。输入一个公式时总是以“=”开头，然后才是公式的表达式。公式中可以包含运算符、单元格地址、常量、函数等。以下是一些公式的示例。

=52*156　　　　　　//常量运算
=E2*30%+F2*70%　　//使用单元格地址
=INT(8.6)　　　　　//使用函数

要在单元格中输入公式，首先要选择该单元格，然后输入公式（先输入等号），最后按 Enter 键或用鼠标单击编辑栏中的“✔”按钮，即可完成对公式的计算。如果按 Esc 键或单击编辑栏中的“✕”按钮，则取消本次输入。输入和编辑公式可在编辑栏中进行，也可在当前单元格中进行。

2．运算符

（1）算术运算符

Excel 2003 中可以使用的算术运算符如表 6-1 所示。

表 6-1　算术运算符

运 算 符	举　例	公式计算的结果	含　义
+	=1+5	6	加法
–	=10–2	8	减法
*	=5*5	25	乘法
/	=8/2	4	除法
%	=5%	0.05	百分数
^	=2^4	16	乘方

在执行算术运算时，通常要求有两个或两个以上的参数，但对于百分数运算来说，只有一个参数。

（2）比较运算符

比较运算符用于对两个数据进行比较运算，其结果只有两个：真（TRUE）或假（FALSE）。Excel 2003 中可以使用的比较运算符如表 6-2 所示。

表 6-2　比较运算符

运 算 符	举　例	公式计算的结果	含　义
=	=2=1	FALSE	等于
<	=2<1	FALSE	小于
>	=2>1	TRUE	大于
<=	=2<=1	FALSE	小于等于
>=	=2>=1	TRUE	大于等于
<>	=2<>1	TRUE	不等于

（3）文本连接符

文本连接符“&”用来合并文本串。如在编辑栏中输入“="abcd"&"efg"”再按 Enter 键，则在单元格中显示公式计算的结果为“abcdefg”。

（4）运算符优先级

在 Excel 2003 中，不同的运算符具有不同的优先级，同一级别的运算符依照“从左到右”的次序来运算。运算符优先级如表 6-3 所示。可以使用括号来改变表达式中的运算顺序。

表 6-3　运算符优先级

运 算 符	优 先 级	含　义
^	1	乘方
%	2	百分数
*和/	3	乘、除
+和—	4	加、减
=　<　>　<=	5	比较运算符

3．单元格的引用

（1）引用的作用

一个引用代表工作表上的一个或一组单元格，引用指明公式中所使用的数据的位置。通过引用，用户可以在一个公式中使用工作表上不同部分的数据，也可以在几个公式中使用同一个单元格中的数值。

（2）引用的表示

在默认状态下，Excel 2003 使用行号和列标来表示单元格引用。如果要引用单元格，只需顺序输入列标和行号即可。例如，D6 单元格引用了 D 列第 6 行的单元格。如果要引用单元格区域，则要输入区域左上角单元格的引用、冒号（:）和区域右下角单元格的引用。例如，如果要引用从 A 列第 10 行到 E 列第 20 行的单元格区域，则可以输入“A10:E20”。

（3）相对引用

相对引用是指单元格引用会随公式所在单元格的位置的改变而改变。

【例 6-1】 在如图 6-17 所示的工作表中，计算每位同学的“总分”。

Microsoft Excel - 学生成绩表

文件(F) 编辑(E) 视图(V) 插入(I) 格式(O) 工具(T) 数据(D) 窗口(W) 帮助(H)

宋体 12 B % 100%

H3 fx

	A	B	C	D	E	F	G	H	I
1	学生成绩表								
2	班级	学号	姓名	性别	两课	大学英语	计算机	总分	
3	中文一班	0501101	谭丽丽	女	90	88	70		
4	中文一班	0501102	王小刚	男	80	75	62		
5	中文一班	0501126	孟　东	男	78	80	68		
6	英语一班	0503108	谭　玲	女	75	90	48		
7	英语一班	0503115	任　静	女	86	93	60		
8	数学三班	0502326	段　明	男	72	72	87		
9	数学三班	0502335	苏珊珊	女	82	78	91		
10	计算机一班	0504109	张雨涵	男	78	56	95		
11	计算机一班	0504130	郝心怡	女	85	70	98		

学生总成绩 / 计算机成绩 / Sheet3 /

就绪 数字

图 6-17 “学生总成绩”工作表

① 单击 H3 单元格，输入“=E3+F3+G3”，并按 Enter 键。

② 对于其他各行“总分”的计算，可以采用复制公式的方法。选择 H3 单元格，拖动填充柄往下拖至 H11 单元格再松开鼠标，便可看到各单元格中出现计算结果。单击 H4 单元格，在编辑栏中可以看到其公式是“= E4+F4+G4”。对于 H5、H6 等单元格，公式也相应地变为“=E5+F5+G5”、“=E6+F6+G6”等，这就是相对引用。

（4）绝对引用

绝对引用是指引用的单元格地址将不随公式位置的变化而变化。创建绝对引用时只需在引用的行和列前插入一个“$”符号即可。绝对引用的形式为$A$1、$D$12 等。

【例 6-2】 在如图 6-18 所示的工作表中，计算每位同学的计算机课程的期评分。期评=平时*30%+期末*70%。

Microsoft Excel - 学生成绩表

文件(F) 编辑(E) 视图(V) 插入(I) 格式(O) 工具(T) 数据(D) 窗口(W) 帮助(H)

宋体 12 100%

G4 fx

	A	B	C	D	E	F	G
1	学生单科成绩表						
2					30%	70%	
3	班级	学号	姓名	性别	平时	期末	期评
4	中文一班	0501101	谭丽丽	女	77	67	
5	中文一班	0501102	王小刚	男	60	63	
6	中文一班	0501126	孟　东	男	73	66	
7	英语一班	0503108	谭　玲	女	53	46	
8	英语一班	0503115	任　静	女	60	60	
9	数学三班	0502326	段　明	男	85	88	
10	数学三班	0502335	苏珊珊	女	89	92	
11	计算机一班	0504109	张雨涵	男	93	96	
12	计算机一班	0504130	郝心怡	女	100	97	

学生总成绩 / 计算机成绩 / Sheet /

就绪 数字

图 6-18 “计算机成绩”工作表

从图 6-18 中可以看出 30%和 70%这两个数据已经存在于单元格 E2、F2 中。

首先计算第一位同学的期评分，在 G4 单元格中输入公式“=E4*E2+F4*F2”，按 Enter 键后可得到计算结果。其他各位同学的“期评”如果按例 6-1 中计算“总分”的方法拖动填充柄来复制公式，将会得到错误的结果，因为这里使用的是相对引用。其他各位同学的期评分应该等于本行的平时分乘以 E2（30%）再加上本行的期末分乘以 F2（70%）。也就是说，在复制公式时，E2 和 F2 应始终保持不变，这就要用到绝对引用。双击 G4 单元格，将公式修改为“=E4*$E$2+F4*$F$2”，再使用填充柄复制公式，就可以得到正确的结果。

（5）混合引用

在某些情况下，用户需要在复制公式时只保持行不变或者列不变，就要使用混合引用。

混合引用指的是在一个单元格引用中，有一个绝对引用和一个相对引用。复制粘贴公式后，公式中相对引用部分随公式位置的变化而变化，绝对引用部分始终保持不变。如图 6-19 所示，D1 单元格中的公式为“=$A1+$B1+C1”，将该公式复制到 E2 单元格后，其公式变为“=$A2+$B2+D2”，如图 6-20 所示。

D1 =$A1+$B1+C1

	A	B	C	D	E
1	1	2	3	6	
2	4	5	6		

图 6-19 混合引用（复制公式前）

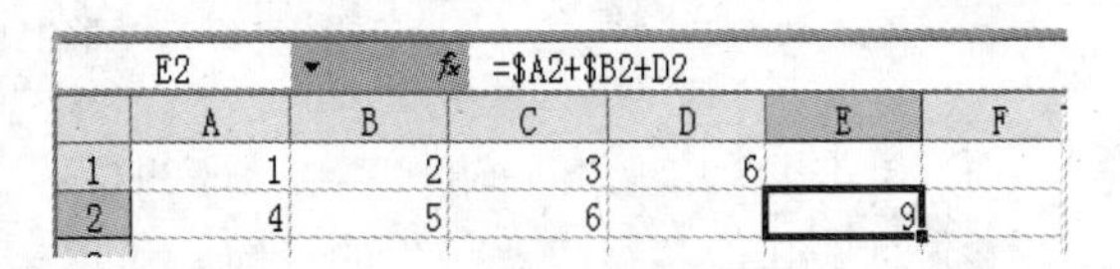
E2 =$A2+$B2+D2

	A	B	C	D	E	F
1	1	2	3	6		
2	4	5	6		9	

图 6-20 混合引用（复制公式后）

6.3.2 函数的使用

函数是预先编制好的用于数值计算和数据处理的公式。Excel 2003 提供了数百个可以满足各种计算需求的函数。

1．函数的格式

函数是以函数名开始的，后面是左圆括号、以逗号分隔的参数序列和右圆括号，即

函数名（参数序列）

参数序列可以是一个或多个参数，也可以没有参数。

2．函数的输入

如果能够记住函数名，则直接从键盘输入函数是最快的方法。如果不能记住函数，则可以用下列方法输入包含函数的公式。

单击编辑栏中的“fx”按钮，弹出“插入函数”对话框，从中选择所需函数，如图 6-21 所示。单击“确定”按钮后，将自动弹出一个对话框，要求为选定的函数指定参数。参数的设定将在常用函数中具体介绍。

此外，要在公式中插入函数，还可执行“插入”→“函数”命令，也会弹出如图 6-21 所示的“插入函数”对话框。

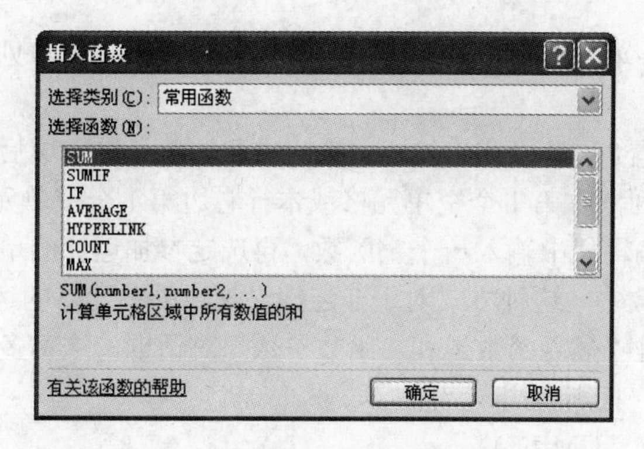

图 6-21 “插入函数”对话框

3．常用函数

（1）求和函数 SUM ( )

- 格式：SUM(number1,number2, ...)，其中 number1, number2, …为 1～30 个需要求和的参数。
- 功能：返回某一单元格区域中所有数字之和。

【例 6-3】 根据图 6-17 所示的“学生总成绩”工作表，计算每位学生的总分。

可以分别采用下列 4 种方法计算总分。

① 选定“学生总成绩”工作表，选定 H3 单元格，在编辑栏直接输入“=SUM(E3:G3)”，并按 Enter 键。

② 选定单元格区域 E4:G4，单击常用工具栏中的 Σ 按钮，则在 H4 中显示总分值。

③ 选定 H5 单元格，在编辑栏中输入“=SUM ( )”，将光标移到圆括号中，选定单元格区域 E5:G5，公式变为“=SUM（E5:G5）”，按 Enter 键即可求出总分值。

④ 选定 H6 单元格，单击 fx 按钮，弹出如图 6-21 所示的对话框，选定“常用函数”中的 SUM，弹出如图 6-22 所示的“函数参数”对话框。单击 Number1 文本框右边的按钮切换到 Excel 2003 的工作表界面，选定单元格区域 E6:G6，单击按钮返回到图 6-22 所示的“函数参数”对话框，然后单击“确定”按钮。

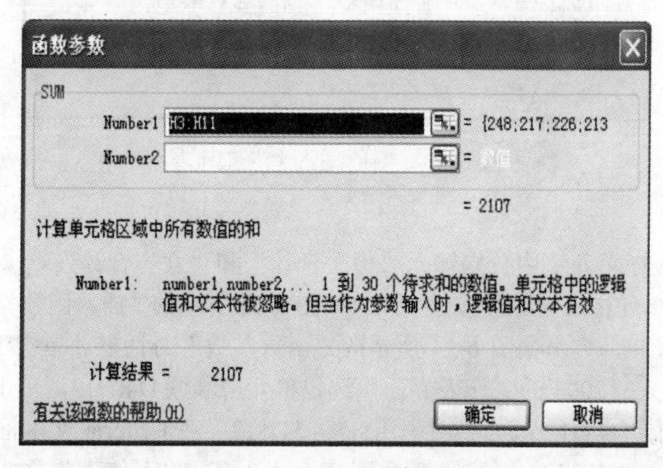

图 6-22 “函数参数”对话框

对这 4 种方法分别说明如下。

- 方法①是直接在单元格中输入完整的函数和参数，这是最常见的方式，但要记住函数名和参数序列。
- 方法②单击的是“快速求和”按钮，选定求和的单元格区域后再单击它，自动将值及公式保存到本列下方第 1 个空单元格或本行右边第 1 个空单元格中。
- 方法③是先在编辑栏中输入一个空函数，再选定参加运算的单元格，系统自动将选定单元格填入函数中，这种方式对于非连续没规律的单元格的运算较方便。
- 方法④采用的是“插入函数”和“函数参数”对话框，这对多项数据的运算及不熟悉函数格式的用户特别有用。

（2）条件求和函数 SUMIF( )

- 格式：SUMIF(条件范围，求和条件，求和范围)。“条件范围”是指用于条件判断的单元格区域；“求和条件”用于确定哪些单元格将被相加求和，其形式可以为数字、表达式或文本。例如，条件可以表示为 5、"45"、">=60"、"English"；“求和范围”指需要求和的实际单元格或区域。只有当“条件范围”中的相应单元格满足条件时，才对“求和范围”中的单元格求和。如果省略了“求和范围”，则直接对“条件范围”中的单元格求和。
- 功能：根据指定条件对若干单元格求和。

【例 6-4】 用 SUMIF( )函数计算如图 6-23 所示的“计算机成绩”工作表中男女生期评分的合计。

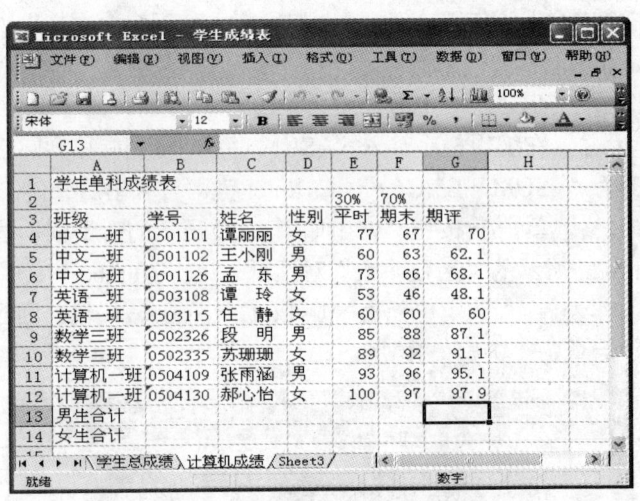

	A	B	C	D	E	F	G	H
1	学生单科成绩表							
2					30%	70%		
3	班级	学号	姓名	性别	平时	期末	期评	
4	中文一班	0501101	谭丽丽	女	77	67	70	
5	中文一班	0501102	王小刚	男	60	63	62.1	
6	中文一班	0501126	孟　东	男	73	66	68.1	
7	英语一班	0503108	谭　玲	女	53	46	48.1	
8	英语一班	0503115	任　静	女	60	60	60	
9	数学三班	0502326	段　明	男	85	88	87.1	
10	数学三班	0502335	苏珊珊	女	89	92	91.1	
11	计算机一班	0504109	张雨涵	男	93	96	95.1	
12	计算机一班	0504130	郝心怡	女	100	97	97.9	
13	男生合计							
14	女生合计							

图 6-23　“计算机成绩”工作表

操作步骤如下。

① 在 A13、A14 单元格中分别输入“男生合计”和“女生合计”。

② 单击 G13 单元格，单击 f_x 按钮，弹出如图 6-21 所示的“插入函数”对话框，选定“常用函数”中的 SUMIF，弹出如图 6-24 所示的“函数参数”对话框。单击 Range 文本框右边的按钮切换到 Excel 2003 的工作表界面，选定单元格区域 D4:D12，单击按钮返回到图 6-24，将单元格区域 D4:D12 改为绝对引用$D$4:$D$12。在 Criteria 文本框中输入“男”。单击 Sum_range 文本框右边的按钮切换到 Excel 2003 的工作表界面，选定单元格区域 G4:G12，单击按钮返回到图 6-24 所示的“函数参数”对话框，将单元格区域 G4:G12 改为

绝对引用$G$4:$G$12，然后单击“确定”按钮。在编辑栏中看到该单元格的公式为=SUMIF（$D$4:$D$12,"男",$G$4:$G$12）。

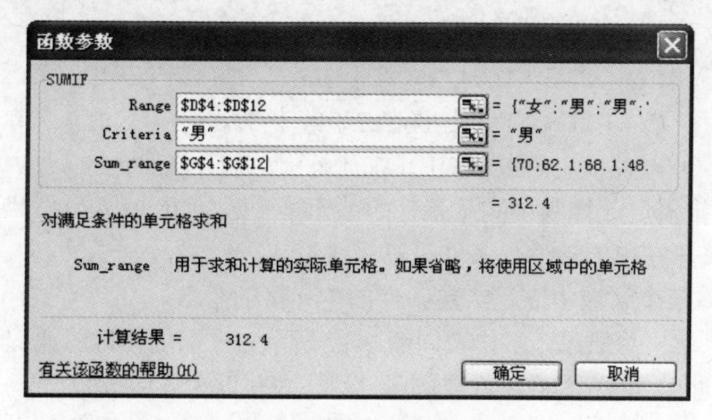

图 6-24 SUMIF( )函数参数

③ 拖动 G13 单元格右下角的填充柄至 G14 单元格。单击 G14 单元格，在编辑栏中将公式中的“男”改为“女”，按 Enter 键确定。

注意：步骤②中的“条件区域”和“求和区域”使用的是绝对引用。如果使用相对引用的话，则在复制公式时，不是原样复制，而是将公式中的列名按规律变化后才复制到目标单元格中，这样会得到错误的结果。“求和条件”除了可在文本框中输入具体值以外，还可通过单击按钮在 Excel 2003 的工作表界面中选取具体单元格。但是也必须注意使用绝对引用，否则在复制公式时也会出错。

（3）求平均值函数 AVERAGE( )

该函数的用法与 SUM( )函数相似，其功能为求若干单元格的平均值。

在图 6-17 所示的“学生总成绩”工作表中，要求计算第一个学生的平均成绩。单击 I2 单元格，在编辑栏中输入“平均分”。单击 I3 单元格，在编辑栏中输入“=AVERAGE（E2:G2）”，再按 Enter 键即可。

（4）求最大值、最小值函数 MAX( )、MIN( )

- 格式：MAX(number1,number2, ...)

number1,number2,...为需要找出最大数值的 1～30 个数值。

- 功能：返回数据集中的最大数值。参数可以为数字、单元格列表等。
- 函数 MIN( )与函数 MAX( )相似，其功能为求最小值。

【例 6-5】 在图 6-23 所示的成绩表中，求期评分最高分与最低分。

① 在 A15、A16 单元格中分别输入“最高分”、“最低分”。

② 单击 G15 单元格，在编辑栏的文本框中输入“=MAX( )”，将光标移到圆括号中，用鼠标选择单元格区域 G4:G12，按 Enter 键确认。

③ 单击 G16 单元格，按步骤②中的方法输入公式，只是将 MAX( )改为 MIN( )即可。

（5）统计函数 COUNT( )和 COUNTIF( )

- 格式：COUNT(value1,value2, ...)

value1, value2, ...是包含或引用各种类型数据的参数（1～30 个），但只有数字类型的数据才被计数。

- 功能：计算参数表中的数字参数和包含数字的单元格的个数，用来从混有数字、文本、逻辑值等的单元格或数据中统计出数字类型数据的个数。

	A
1	成绩
2	40
3	55.5
4	TRUE

图 6-25　数据表

【例 6-6】　如果数据表的部分如图 6-25 所示，则：

COUNT（A1:A4）等于 2；

COUNT（A1:A4, 2）等于 3；

COUNT（A1:A4,"look",2）等于 3。

- 格式：COUNTIF（统计范围，统计条件）

“统计范围”指需要计算其中满足条件的单元格个数的单元格区域。“统计条件”指确定哪些单元格将被计算在内的条件，条件可以是常量或表达式，如 5、"45"、">=80"等。

- 功能：计算某个区域中满足给定条件的单元格的个数。

【例 6-7】　“学生总成绩”工作表如图 6-17 所示，分别统计每门课程不及格（60 以下）、及格（60～80 之间）、良好（80～90 之间）、优秀（90 以上）的人数。

① 在 A13、A14、A15、A16 单元格中分别输入“不及格人数”、“及格人数”、“良好人数”和“优秀人数”。

② 在 E13 单元格中输入公式“=COUNTIF（E3:E11,"<60"）”，并将其复制到 F13、G13 单元格中。

③ 在 E14 单元格中输入公式“=COUNTIF（E3:E11,">=60"）–COUNTIF（E3:E11,"> =80"）”，并将其复制到 F14、G14 单元格中。

④ 在 E15 单元格中输入公式“=COUNTIF（E3:E11,"> =80"）–COUNTIF（E3:E11,"> =90"）”，并将其复制到 F15、G15 单元格中。

⑤ 在 E16 单元格中输入公式“=COUNTIF（E3:E11,">=90"）”，并将其复制到 F16、G16 单元格中。

（6）条件判断函数 IF( )

- 格式：IF(逻辑表达式,值 1,值 2)
- 功能：根据逻辑表达式的真假值返回不同的结果。当逻辑表达式为真时，返回值 1，否则返回值 2。

【例 6-8】　“学生总成绩”工作表如图 6-17 所示，在 J2 单元格中输入“评语”。如果“平均分”在 90 分以上，“评语”为“优秀”；如果“平均分”在 80～90 分之间，“评语”为“良好”；如果“平均分”在 60～80 分之间，“评语”为“合格”；如果“平均分”在 60 以下，“评语”为“不合格”。

① 单击 J3 单元格，单击 fx 按钮，弹出“插入函数”对话框，选定“逻辑”函数中的 IF，弹出“函数参数”对话框。

② 在 Logical_test 后的文本框中输入“I3>=90”，表示判断的条件。在 Value_if_true 后的文本框中输入“优秀”，表示平均分在 90 分以上（条件为真时）返回“优秀”，如图 6-26 所示。

③ 光标定位到 Value_if_false 后的文本框中，单击编辑栏中左侧的 IF 按钮，在条件为假时嵌入一个 IF 语句进行判断是否为“良好”，如图 6-27 所示。

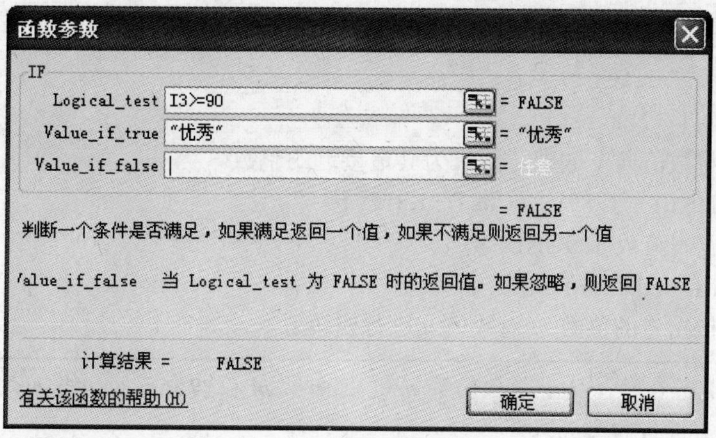

图 6-26　IF( )函数参数

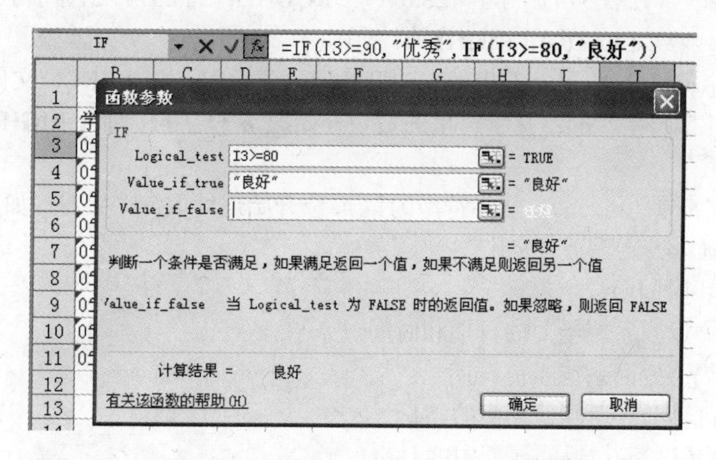

图 6-27　在条件为假时嵌入一个 IF()函数

④ 方法同第③步，在 Value_if_false 后的文本框中再次嵌入一个 IF 语句判断是“合格”还是“不合格”，如图 6-28 所示。单击“确定”按钮，则在编辑栏中显示该单元格的公式为“=IF(I3>=90,"9 优秀",IF(I3>=80,"良好",IF(I3>=60,"合格","不合格")))”。该公式在一个 IF( )函数中又嵌套了两个 IF( )函数。IF( )函数最多可以嵌套 7 层，用 Value_if_true 及 Value_if_false 参数可以构造很复杂的检测条件。

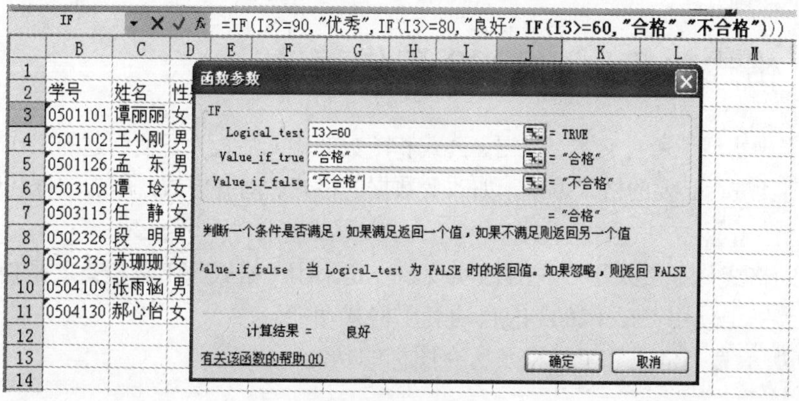

图 6-28　3 层嵌套

⑤ 将 J3 单元格中的公式复制到 J4～J11 单元格中。

（7）取整函数 INT( )

- 格式：INT（Number）
- 功能：将数值向下取整，结果为其最接近的整数。

例如：INT(8.6)等于 8；　　INT(−1.8)等于 –2。

（8）四舍五入函数 ROUND( )

- 格式：ROUND(n,m)
- 功能：按指定的位数 *m* 对数值 *n* 进行四舍五入。

注意：当 *m*>=0 时，从小数位的第 *m*+1 位向第 *m* 位四舍五入。当 *m*<0 时，从整数位的第（−*m*）位向前进行四舍五入。

例如：ROUND(128.6374,2)等于 128.64；　　ROUND(128.6374,−2)等于 100。

（9）取子串函数 LEFT( )、RIGHT( )、MID( )

- LEFT（字符串，n）：从字符串的左边开始取 *n* 位字符。如：LEFT（"文化",1）等于“文”。
- RIGHT（字符串，n）：从字符串的右边开始取 *n* 位字符。如：RIGHT（"文化",1）等于“化”。
- MID（字符串，m，n）：从字符串的第 *m* 位开始连续取 *n* 个字符。如：MID（"计算机文化基础",4,2）等于“文化”。

（10）日期、时间函数

- NOW( )：返回系统当前的日期和时间。
- TODAY( )：返回系统当前日期。
- YEAR（日期）：返回日期中的年份。
- MONTH（日期）：返回日期中的月份。
- DAY（日期）：返回日期中的日。
- WEEKDAY（日期）：返回日期是本星期的第几天（数字表示，星期日是本星期的第一天）。
- HOUR（时间）：返回时间中的小时。
- MINUTE（时间）：返回时间中的分钟。
- SECOND（时间）：返回时间中的秒。

6.4 格式化 Excel 2003 工作表

在工作表中实现了所有文本、数据、公式和函数的输入后，为了使创建的工作表美观，数据醒目，可以对其进行必要的格式编排，如改变数据的格式、对齐方式，添加边框和底纹，调整行高与列宽等。

工作表的格式化一般采用 3 种方法实现：一是采用“格式”工具栏：二是使用“单元格”格式对话框；三是使用 Excel 2003 的自动套用格式功能。

图 6-29 所示为“格式”工具栏及所有图标的功能。

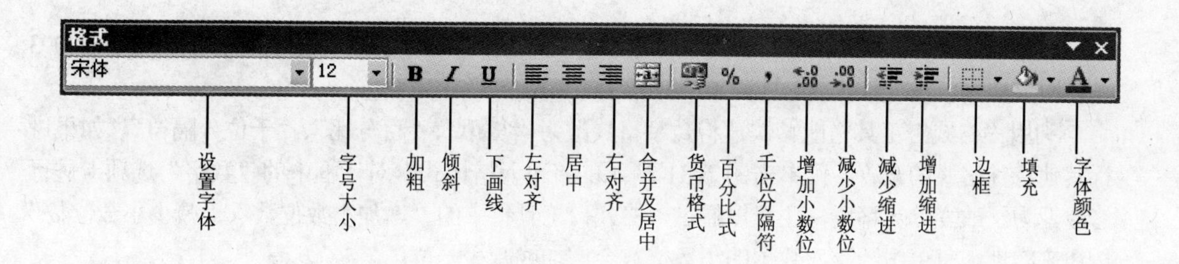

图 6-29 “格式”工具栏

6.4.1 格式化数据

1. 设置文本格式

文本格式包括工作表中文本的字体、大小、颜色等。

（1）更改文本字体或大小

选定单元格或单元格区域，在“格式”工具栏中的“字体”宋体下拉列表框中选择所需的字体。在“字号”五号下拉列表框中选择所需的字号。

（2）更改文本颜色

要应用最近所选的颜色，可单击“格式”工具栏中的“字体颜色”按钮A；要应用其他颜色，可单击“字体颜色”按钮A旁的下三角按钮，然后单击调色板上的某种颜色。

（3）设置为粗体、斜体或带下画线格式

在“格式”工具栏中，单击所需的格式按钮。

除了通过“格式”工具栏进行设置以外，还可以选定单元格或单元格区域，执行“格式”→“单元格”命令，弹出 “单元格格式”对话框，单击“字体”选项卡进行相应的设置，如图 6-30 所示。

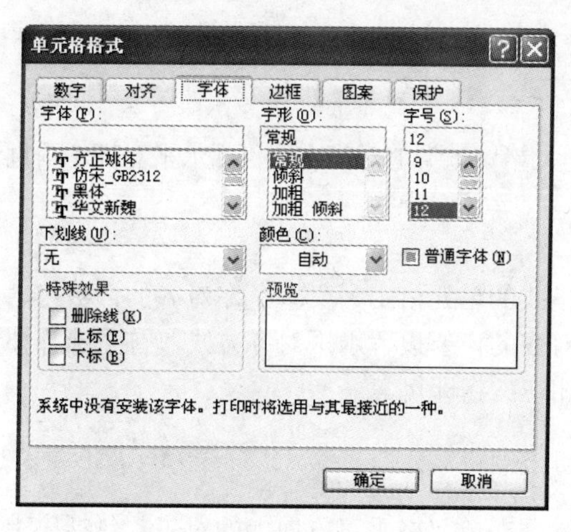

图 6-30 “字体”选项卡

2. 设置数字格式

在 Excel 2003 中，可以使用数字格式只更改数字（包括日期和时间）的外观，而不更改数字本身。所应用的数字格式并不会影响单元格中的实际数值（显示在编辑栏中的值），而 Excel 2003 是使用该实际值进行计算的。

利用“格式”工具栏能够快速将数字格式改为“货币”、“百分比”、“千位分隔符”。如果进行其他特殊格式的设置，可单击图 6-31 所示的“单元格格式”对话框中的“数字”选项卡进行修改。为了改变计算精度，还可以通过“格式”工具栏中的“增加小数位数”、“减少小数位数”按钮来实现。每单击一次，数据的小数位数会增加或减少一位。

各种数据格式的例子如图 6-32 所示。

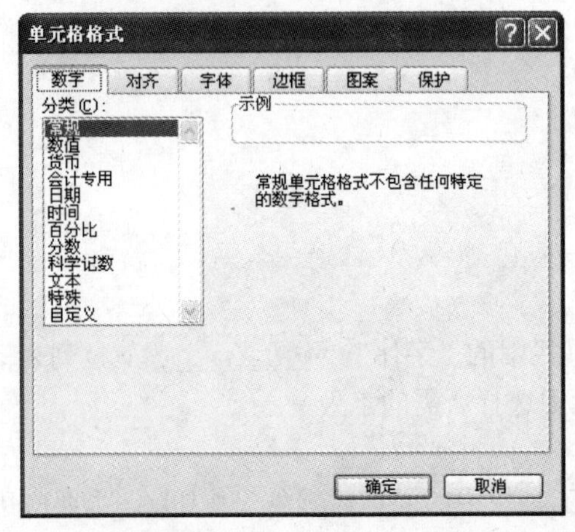

图 6-31　“数字”选项卡

	A	B	C	D
1	对1234.56的不同格式表示			
2	货币样式		￥ 1,234.56	$1,234.56
3	百分比样式		123456%	
4	千位分隔符样式		1,234.56	
5	分数样式		1234 5/9	
6	科学计数法样式		1.23E+03	
7	中文小写数字样式		一千二百三十四.五六	
8	中文大写数字样式		壹仟贰佰叁拾肆.伍陆	
9	增加小数位数		1234.560	
10	减少小数位数		1234.6	
11				

图 6-32　数据格式实例

3. 设置日期、时间格式

选择要设置格式的单元格，执行“格式”→“单元格”命令，弹出“单元格格式”对话框，单击“数字”选项卡。选择“分类”列表中的“日期”或“时间”选项，然后单击所需的格式即可。

6.4.2　设置对齐方式

在 Excel 2003 中，单元格中数据的对齐方式包括水平对齐、垂直对齐和任意方向对齐 3 种。

1. 水平对齐

在默认为“常规”格式的单元格中，文本是左对齐的，数字、日期和时间是右对齐的，逻辑型数据是水平居中对齐的。要设置水平对齐方式，首先选择要设置格式的单元格，再单击“格式”工具栏中的相应按钮即可。

2. 垂直对齐

垂直对齐方式是指数据在单元格垂直方向上的对齐，包括靠上、居中、靠下等。选定要设置格式的单元格，再执行“格式”→“单元格”命令，单击“单元格格式”对话框中的“对齐”选项卡，如图 6-33 所示，在“垂直对齐”下拉列表框中选择需要的对齐方式，单击“确定”按钮即可。

3. 任意方向对齐

选择要旋转文本的单元格。在图 6-33 所示的“方向”栏中，单击某一角度值，也可拖动指示器到所需要的角度。要垂直显示文本，单击“方向”栏下的垂直“文本”框。

4. 标题居中

设置表格的标题居中，首先选择标题及该行中按照实际表格的最大宽度的单元格区域，然后采用以下 3 种方法进行操作。

（1）在“单元格格式”对话框中选择“水平对齐”方式为“跨列居中”。

（2）单击“格式”工具栏中的“合并及居中”按钮。

（3）在图 6-33 所示的选项卡中选择“水平对齐”方式为“居中”，再选中“合并单元格”复选框。

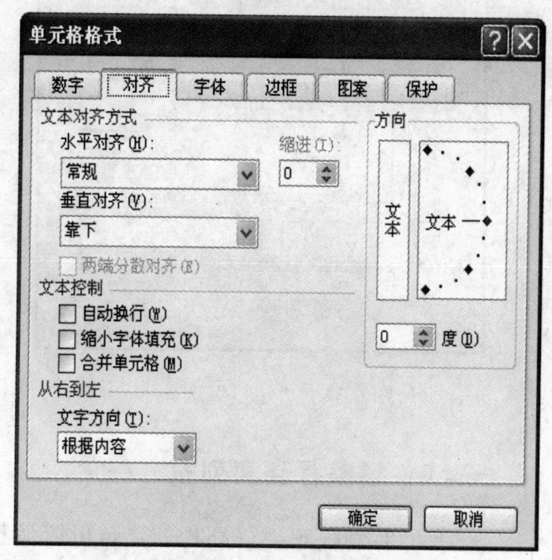

图 6-33　“对齐”选项卡

6.4.3　添加边框和底纹

用户可以为选定的单元格区域添加边框、背景颜色或图案，用来突出显示或区分单元格区域，使表格更具表现力。

1. 边框

在默认情况下，单元格的边框是虚线，不能打印出来。如果要在打印时加上表格线，必须为单元格加边框。

利用“格式”工具栏中的“边框”按钮可为表格加上简单的框线。若要设置较复杂的框线，则可在“单元格格式”对话框的“边框”选项卡中进行设置。如图 6-34 所示，先在“样式”栏中选择线型，然后在“颜色”下拉列表框中选择线条颜色，再在边框各位置上单击，设置所需的上、下、左、右框线。

2. 颜色和图案

（1）用纯色设置单元格背景色

选择要设置背景色的单元格，单击“格式”工具栏中的“填充颜色”按钮或单击按钮旁向下的三角按钮，选择模板上的一种颜色。

（2）用图案设置单元格背景色

选择要设置背景色的单元格，执行“格式”→“单元格”命令，在弹出的“单元格格式”对话框中单击选择“图案”选项卡，如图 6-35 所示。要设置图案的背景色，单击“单元格底纹颜色”中的某一颜色。在“图案”下拉列表框选择所需的图案样式和颜色。

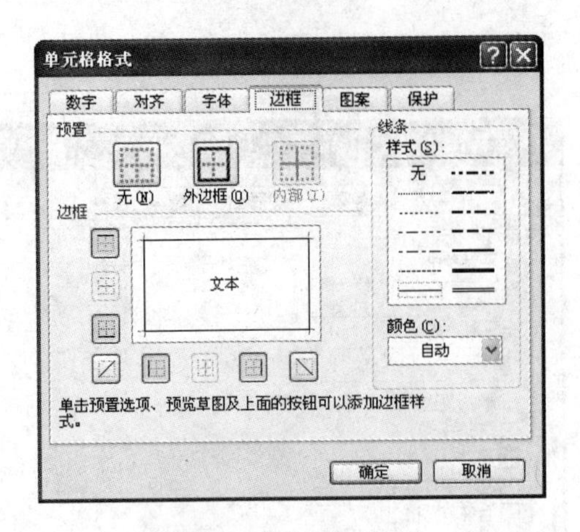

图 6-34 “边框”选项卡

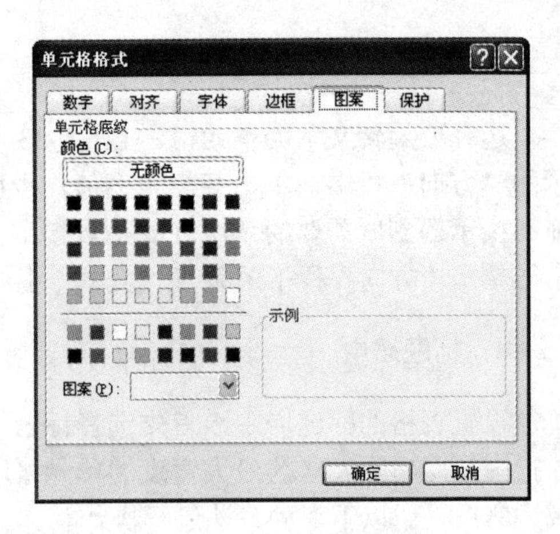

图 6-35 “图案”选项卡

6.4.4 调整行高和列宽

在 Excel 2003 中，行高和列宽是可以调整的。调整行高和列宽有两种方法：使用鼠标拖动或执行菜单命令。

1．调整单元格行高

（1）使用鼠标：将鼠标指向要改变行高的行号的下边界，此时鼠标变成一个竖直方向的双向箭头，拖动鼠标使其边界到适当的高度，松开鼠标。若要改变多行的高度，先选定这些行，然后拖动其中任一行的行号下边界到适当位置即可。如果要更改工作表中所有行的高度，单击“全选”按钮，然后拖动任意行的下边界。

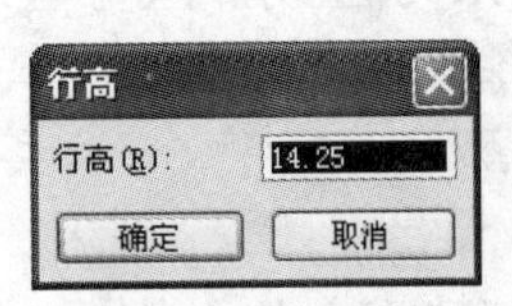

图 6-36 “行高”对话框

（2）使用菜单命令：选中一行或多行，执行“格式”→“行”→“行高”命令，在如图 6-36 所示的“行高”对话框中输入行高值，单击“确定”按钮完成操作。

注意：双击行号下方的边界可使行高适合单元格中的内容。

2．调整单元格列宽

在对工作表的编辑过程中，有时会出现单元格中显示一长串“####”的情况。如果调整单元格的列宽，使之大于数字的宽度，则会恢复显示数字。

（1）使用鼠标：将鼠标指向要改变列宽的列标的右边界，此时鼠标变成一个水平方向的双向箭头，拖动其边界到适当的宽度，松开鼠标。如果要更改多列的宽度，先选定所有要更改的列，然后拖动其中某一选定列标的右边界。如果要更改工作表中所有列的列宽，单击“全选”按钮，然后拖动任意列标的边界。

（2）使用菜单命令：选中一列或多列，执行“格式”→“列”→“列宽”命令，在如图 6-37 所示的“列宽”对话框中输入列宽值，单击“确定”按钮完成操作。

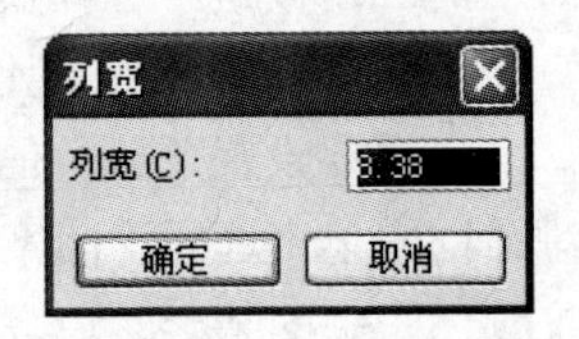

图 6-37 “列宽”对话框

注意：双击列标右边的边界可使列宽适合单元格中的内容。

6.4.5 使用条件格式化

条件格式化是指当单元格中的数值达到设定的条件时的显示方式。通过条件格式化可增加工作表的可读性。

【例 6-9】 在如图 6-17 所示的“学生总成绩”工作表中，将小于 60 分的各项成绩设置为红色、倾斜格式，并为所在单元格添加淡紫色底纹；90 分及以上的成绩设置为蓝、加粗格式，并为所在单元格添加浅绿色底纹。

（1）选定“学生总成绩”工作表中的所有“成绩”单元格，即单元格区域 E3:G11。

（2）执行“格式”→“条件格式”命令，弹出如图 6-38 所示的“条件格式”对话框。

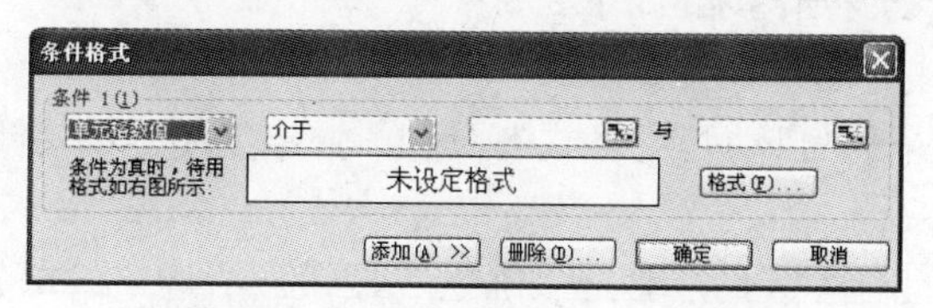

图 6-38 “条件格式”对话框

（3）在“条件 1”栏中的“单元格数值”后的比较框中选择“小于”，在数值框中输入“60”。单击“格式”按钮，弹出“单元格格式”对话框。在“字体”选项卡中选择字形为“倾斜”，字体颜色为“红色”；在“图案”选项卡中选择单元格底纹颜色为“淡紫”；单击“确定”按钮，回到如图 6-39 所示的对话框。

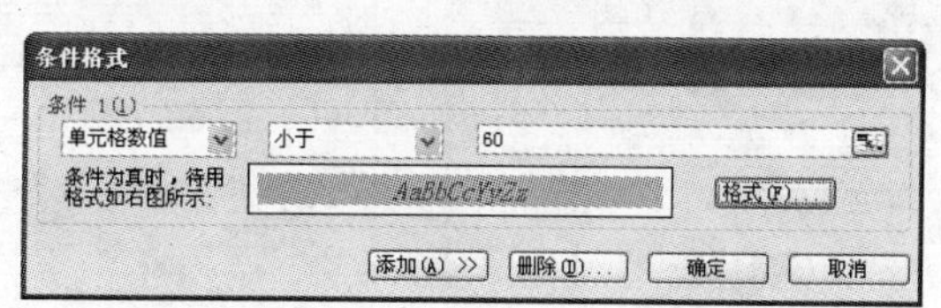

图 6-39 设置第 1 个条件

（4）在如图 6-39 所示的对话框中加入第 2 个条件，单击“添加”按钮，出现第 2 个输入框，如图 6-40 所示。

图 6-40 设置第 2 个条件

（5）修改第 2 个条件比较符为“大于或等于”，数值框中输入“90”。单击“格式”按钮，在“单元格格式”对话框中设置字形为“加粗”，字体颜色为“蓝色”，单元格底纹颜色为“浅绿”，单击“确定”按钮。

（6）最后单击“确定”按钮完成操作。

注意：

① 如果要更改格式，单击相应条件的“格式”按钮。

② 要删除一个或多个条件，单击“删除”按钮，然后选中要删除条件的复选框。

③ 如果设定了多个条件且同时有不止一个条件为真，Excel 2003 只会使用其中为真的第1个条件。如果设定的所有条件都不满足，则单元格将会保持原有格式。

6.4.6 自动套用格式

Excel 2003 提供了自动套用格式的功能，它可以根据预先设定的表格格式方案，将用户的表格格式化，使得用户的编辑工作变得十分轻松。

使用自动套用格式的操作步骤如下。

（1）先选择要格式化的单元格区域。

（2）执行“格式”→“自动套用格式”命令，弹出如图 6-41 所示的“自动套用格式”对话框。

（3）选择要套用的表格格式，单击“确定”按钮。所选定的单元格区域被已选定的格式进行格式化。

自动格式化时，格式化的项目包含数字、边框、字体、图案和列宽/行高。在使用中可根据实际情况选用其中的某些项目，没有必要每一项都接受。在图 6-41 所示的对话框中，单击“选项”按钮，出现“要应用的格式”栏，如图 6-42 所示。可以选择只应用其中的几项格式。

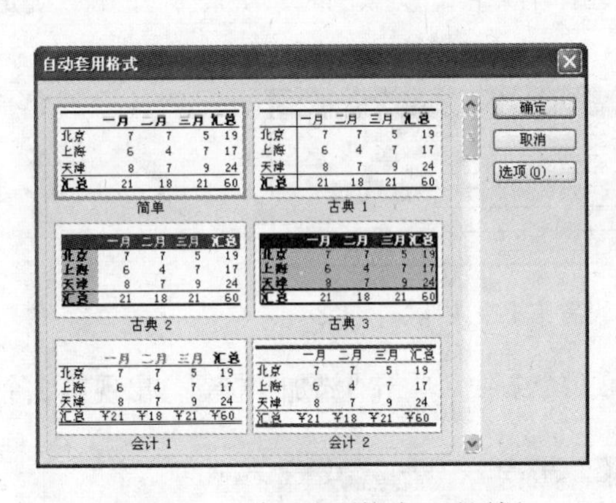

图 6-41 “自动套用格式”对话框

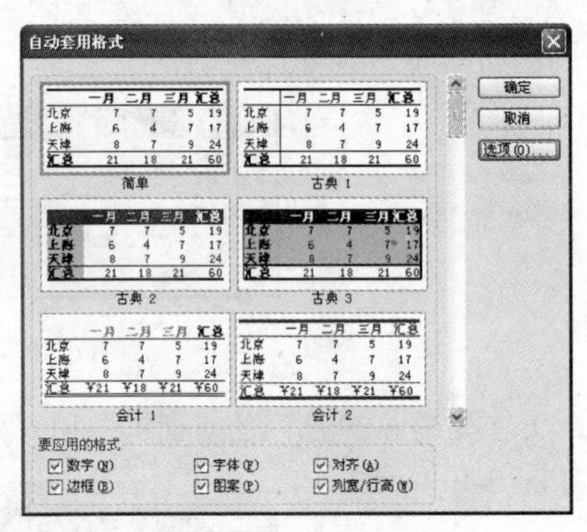

图 6-42 “要应用的格式”栏

6.5 Excel 2003 的图表

将工作表中的数据以图表的形式展示出来，可以使枯燥的数据变得直观、生动，便于分析和比较数据之间的关系。Excel 2003 提供了强大的图表制作功能，不仅能够制作多种不同类型的图表，而且能够对图表进行各种修饰，使数据能够一目了然。

6.5.1 创建图表

在 Excel 2003 中，图表可以放在工作表中，称为嵌入式图表；也可以放在具有特定名称的独立工作表中，称为图表工作表。嵌入式图表和图表工作表均与工作表数据相链接，并随工作表数据的变化而自动更新。

创建图表的方法有两种：“一步法”与“向导法”。

1．一步法

Excel 2003 默认的图表类型是柱形图。在工作簿中创建图表工作表的方法很简单，首先在工作表上选定需要绘制图表的数据，如图 6-43 所示，再按 F11 键，便得到如图 6-44 所示的图表工作表，其默认工作表名称为 Chart1。

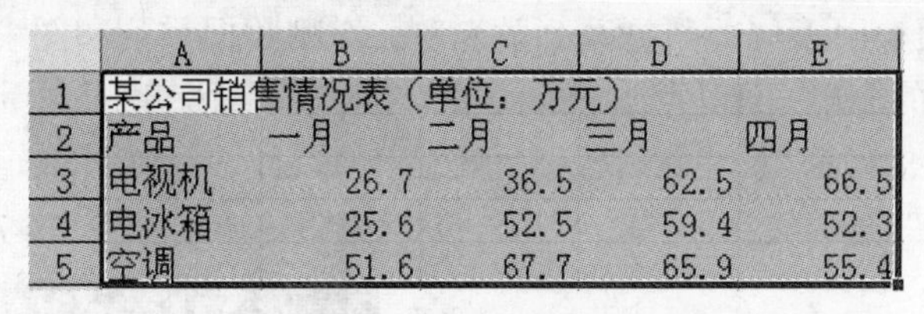

	A	B	C	D	E
1	某公司销售情况表（单位：万元）				
2	产品	一月	二月	三月	四月
3	电视机	26.7	36.5	62.5	66.5
4	电冰箱	25.6	52.5	59.4	52.3
5	空调	51.6	67.7	65.9	55.4

图 6-43　选定图表数据

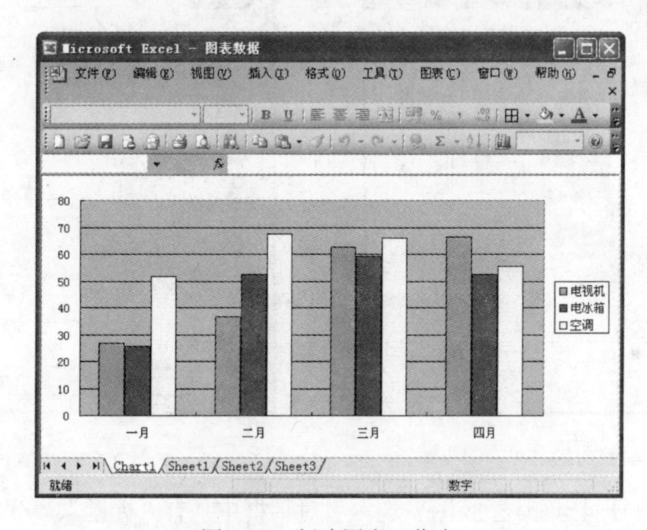

图 6-44　创建图表工作表

用 F11 键自动创建图表是创建图表的最简单方法，但是只能创建柱形图。若要快速地创建其他类型的图表，可使用“图表”工具栏，其中有许多图表工具。

首先选中图 6-43 中的数据，单击“图标类型”按钮右边向下的三角按钮，弹出类型列表，从中选择一种图表类型，即可建立图表并嵌入到当前工作表中。

2．向导法

使用“一步法”能快速创建图表，但除可选择“图表类型”外，其他设置都为默认值。如果想在创建图表过程中对图表进行更多的设置，可使用“向导法”。

当使用“图表向导”建立图表时，可以指定工作区域，选定图表类型和格式，还可以指定绘制数据的方式，增加图例、图表标题及每个坐标轴的标题。

【例 6-10】　针对图 6-43 所示的“销售情况表”建立一个三维簇状柱形图。

（1）单击“常用”工具栏中的“图表向导”按钮，或执行“插入”→“图表”命令，弹出如图 6-45 所示的图表向导。

（2）在“图表向导-4 步骤之 1-图表类型”对话框中，有“标准类型”和“自定义类型”两个选项卡。在“标准类型”选项卡中可选择图表类型，还可进一步选择子图表类型。如果在启动向导之前选择了数据区域，单击“按下不放可查看示例”按钮可查看反映用户数据的图表效果。在“自定义类型”选项卡中可选择各种自定义类型。本例选择“柱形图”中的“三维簇状柱形图”。单击“下一步”按钮，出现如图 6-46 所示的对话框。

（3）在“图表向导-4 步骤之 2-图表源数据”对话框中，有“数据区域”和“系列”两个选项卡。“数据区域”选项卡用于输入或修改图表的数据区域及选择图表强调的是行数据还是列数据。“系列”选项卡用于修改数据系列的名称，增删数据系列和图表项的放置位置等。单击“数据区域”右边的按钮返回到 Excel 2003 工作表界面，选择单元格区域 A2:E5，单击按钮返回对话框，出现公式=Sheet1!$A$2:$E$5（Sheet1 表示工作表名）。在“系列产生在”选项区域中选择“列”单选按钮。单击“下一步”按钮，出现如图 6-47 所示的对话框。

图 6-45　图表向导之一

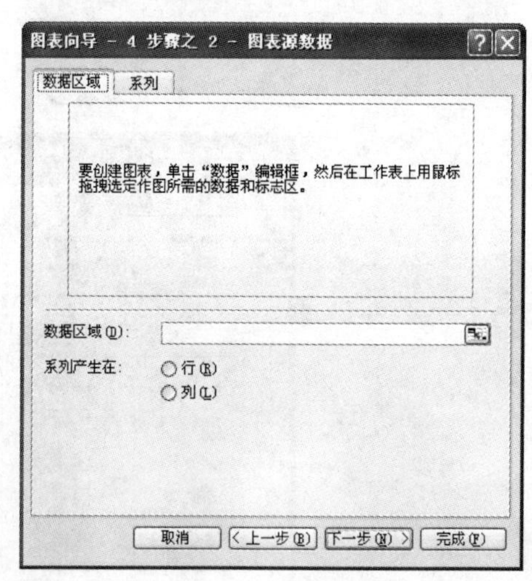

图 6-46　图表向导之二

（4）在“图表向导-4 步骤之 3-图表选项”对话框中，有“标题”、“坐标轴”、“网格线”、“图例”、“数据标志”和“数据表”选项卡。

① 在“标题”选项卡中，选择是否在图表中添加图表标题和坐标轴标题。本例中图表标题为“销售情况表”，分类（X）轴标题为“品种”，数值（Z）轴标题为“金额:（万元）”。

② 在“坐标轴”选项卡中，进行关于坐标轴的设置。不同的图表类型选项不同。本例选中“分类（X）轴”和“数值（Z）轴”两个复选框。

③ 在“网格线”选项卡中，确定在图表中是否显示各方向网格线。设定该项应该掌握好视觉效果，否则会增加读取数据的难度。一般“数值（Z）轴”的“主要网格线”要选上，以便于对准图中数据。

④ 在“图例”选项卡中，设置是否有图例及图例的位置等。

⑤ 在“数据标志”选项卡中，设置是否在图表中显示数据标志及显示数据标志的方式。根据图表类型不同，可用的标志类型也不一样。

⑥ 在“数据表”选项卡中，确定在图表中是否带有数据表。

单击“下一步”按钮，弹出如图 6-48 所示的对话框。

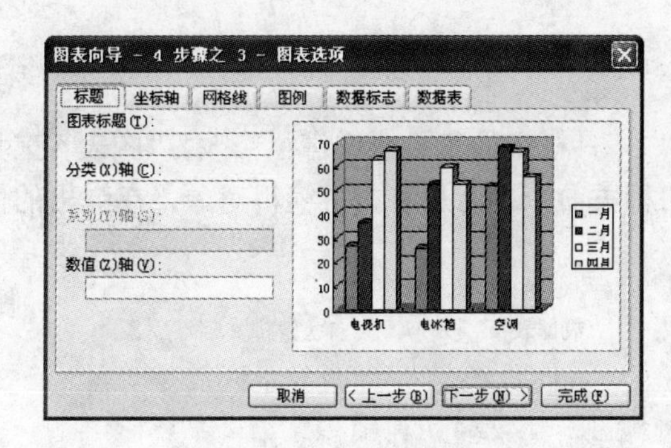

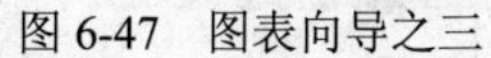
图 6-47　图表向导之三

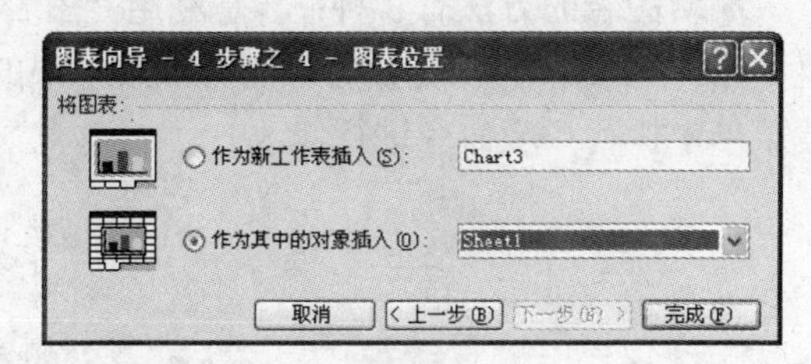

图 6-48　图表向导之四

（5）在“图表向导-4 步骤之 4-图表位置”对话框中，可以设置新建的图表是作为一个单独的图表工作表插入到工作簿中，还是作为一个嵌入图表插入到工作表中。此例选择将新建立的图表作为对象插入到工作表中。单击“完成”按钮，便会看到图表嵌入到工作表中。

根据“图表向导”创建的三维簇状柱形图如图 6-49 所示。在该图中，标出了图表各组成部分的名称。当鼠标指针在图表上指向该位置时，指针下方将会显示该名称。

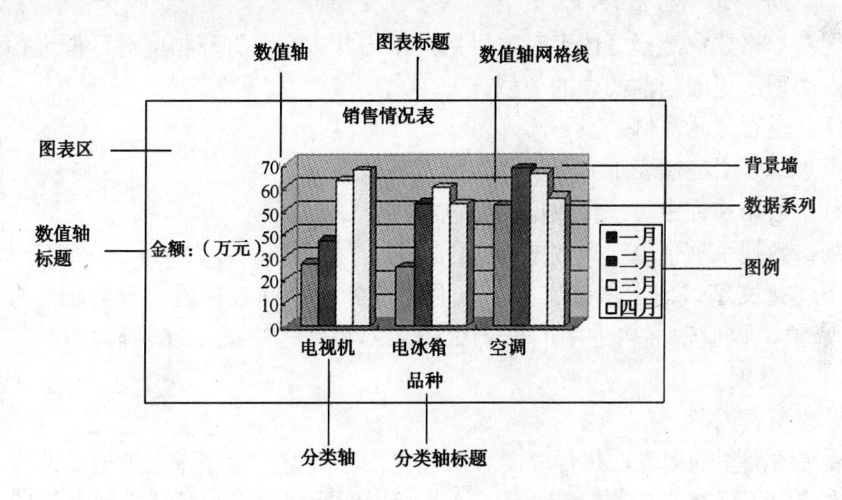

图 6-49　用“向导法”创建的图表

6.5.2　编辑图表

用“一步法”或“向导法”创建图表后，还可以对其进行编辑、修改和格式化，使其更加美观，更具表现力。

1．调整图表

作为对象嵌入在工作表中的图表可以移动或改变其大小。

（1）移动图表。在 Excel 2003 中移动图表非常简单，首先选定要移动的图表，然后拖动图表到目标位置。

（2）调整图表的大小。选定要调整的图表，图表四周会出现 8 个控制块，拖动这些控制块即可调整图表的大小。

2．编辑图表

编辑图表的方法有3种：一是利用“图表”工具栏中的工具按钮进行修改，“图表”工具栏如图6-50所示；二是执行“图表”菜单中的相关命令；三是右击待编辑对象，在弹出的快捷菜单中执行相应命令进行修改。

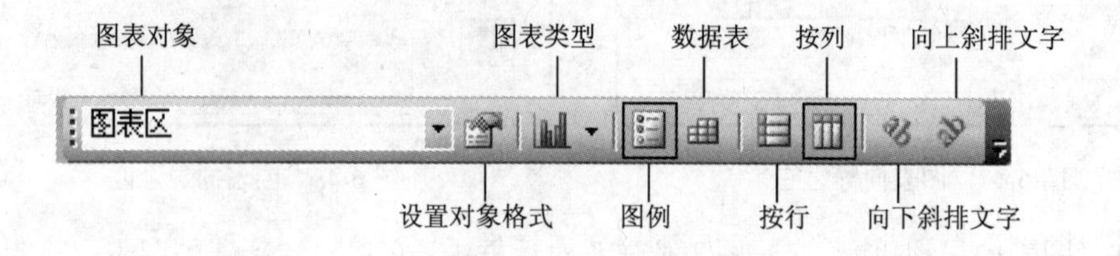

图6-50　“图表”工具栏

（1）“图表”工具栏

- 图表对象：打开“图表对象”列表框，可从中选择编辑对象，如图表区、图表标题、图例、分类轴、数值轴等。
- 设置对象格式：选择好图表对象以后，单击此按钮可打开相应对话框进行属性设置。
- 图表类型：更改当前图表的类型。
- 图例：是否显示图例。
- 数据表：是否在图表下方显示产生图表的数据。
- 按行：数据系列中每一行数据的颜色相同。
- 按列：数据系列中每一列数据的颜色相同。
- 向下斜排文字、向上斜排文字：只有在选择了“图表标题、分类轴、分类轴标题、数值轴、数值轴标题”中的任一个图表对象时才有效。在实际应用中只针对分类轴进行设置。

（2）更改图表类型

选择要更改类型的图表，执行“图表”→“图表类型”命令，或单击“图表”工具栏中的“图表类型”按钮，或右击图表区并从弹出的快捷菜单中执行“图表类型”命令，出现类似图6-45所示的“图表向导-4步骤之1-图表类型”对话框，选择图表和子图表类型，单击“确定”按钮完成图表类型的更改。

（3）修改图表标题

选定图表，执行“图表”→“图表选项”命令或右击图表区并从弹出的快捷菜单中执行“图表选项”命令，出现类似图6-47所示的“图表向导-4步骤之3-图表选项”对话框，单击“标题”选项卡，在对话框中输入相关文字信息，再单击“确定”按钮。如果所创建的图表中已包含标题，只需在图表上相应位置单击标题进行修改即可。

（4）修改网格线、数据标志、图例

如果要添加网格线、数据标志或图例，只需在“图表选项”对话框中选择相关信息即可。

如果要删除网格线、数据标志或图例，只需在图标区选中各对象按Delete键即可。

（5）图表的更新

图表的更新包括以下3个方面。

- 如果修改工作表中的数据，图表会自动更新。

- 如果删除工作表中的数据，图表会自动更新。
- 如果向嵌入图表添加数据，图表会自动更新。

向图表添加数据后，只需将该工作表中的数据复制和粘贴到图表中，或按住 Ctrl 键，拖动选中数据区域的边框到图表区即可。

（6）修改图表的源数据

首先单击要修改的图表，执行“图表”→“源数据”命令，在“数据区域”选项卡中通过单击按钮，在 Excel 2003 工作表界面选择单元格区域。在“系列”选项卡中还可添加或删除系列。如果希望新数据的行列标志也显示在图表中，则选定区域还应包括含有标志的单元格。

【例 6-11】 假设在如图 6-43 所示的“销售情况表”中增加了一行和一列数据，如图 6-51 所示，需要把该数据添加到如图 6-49 所示的三维簇状图中。

	A	B	C	D	E	F
1	某公司销售情况表（单位：万元）					
2	产品	一月	二月	三月	四月	五月
3	电视机	26.7	36.5	62.5	66.5	53.2
4	电冰箱	25.6	52.5	59.4	52.3	53.8
5	空调	51.6	67.7	65.9	55.4	70.1
6	洗衣机	52.3	45.3	40.5	55.6	35.9

图 6-51　添加数据

具体操作步骤如下。

（1）选中单元格区域 A6:E6，按“Ctrl+C”组合键，再单击图表，按“Ctrl+V”组合键，将数据复制到图表中。调整图表的大小，使所有对象可见，如图 6-52 所示。

（2）选中图表，执行“图表”→“源数据”命令，打开“源数据”对话框，单击“系列”选项卡，如图 6-53 所示。

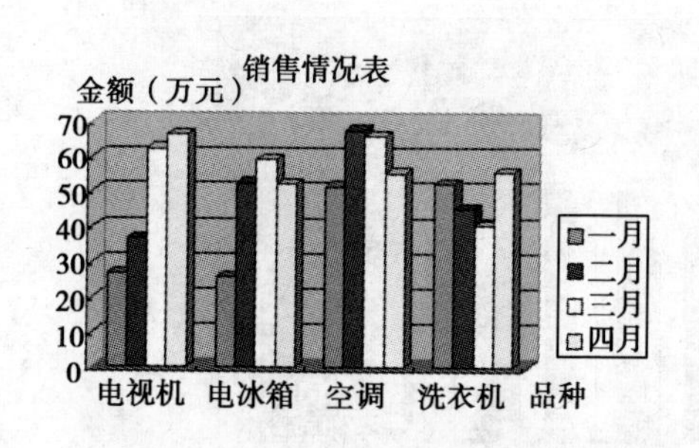

图 6-52　添加一行数据

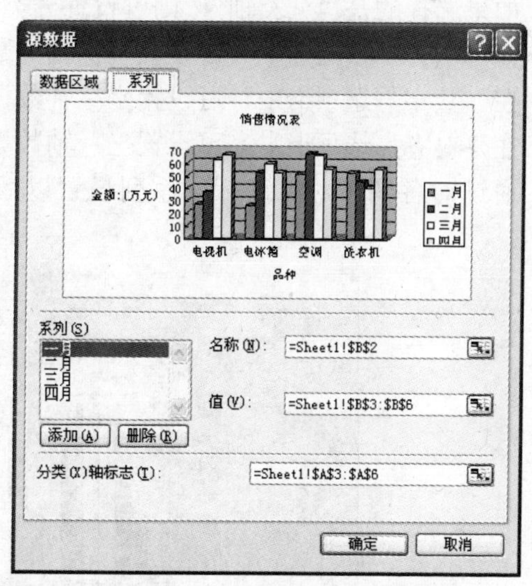

图 6-53　“源数据”对话框

（3）在“系列”列表框下方单击“添加”按钮。

（4）单击“名称”文本框后面的按钮返回到工作表界面，单击 F2 单元格。

（5）单击“值”文本框后面的按钮返回到工作表界面，选择单元格区域 F3:F6。

（6）返回“源数据”对话框单击“确定”按钮，图表修改完成，如图 6-54 所示。

3. 格式化图表

创建好图表之后，为了让其更加美观，还可以对其进行格式化。图表格式化是指对图表对象进行格式设置，包括字体、字号、图案、颜色、数字样式等。

设置对象格式的方法有 3 种，一是双击该对象；二是右击该对象，在弹出的快捷菜单中执行相应的格式设置命令；三是通过单击“图表”工具栏的“设置对象格式”按钮。3 种方法都能打开相应的格式设置对话框。下面以坐标轴格式设置为例，其他对象格式的设置类似。

双击分类轴或数据轴，弹出“坐标轴格式”对话框，如图 6-55 所示。

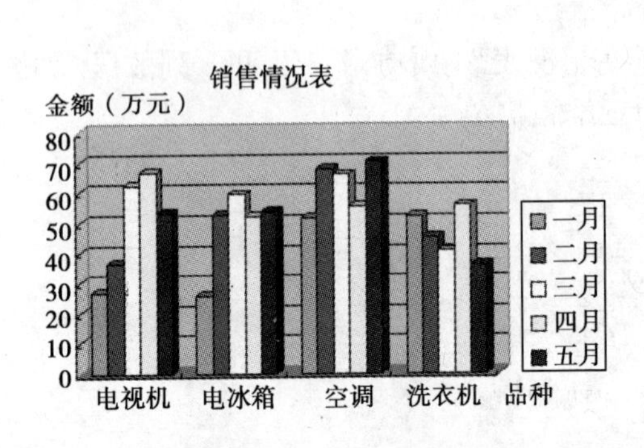

图 6-54 修改源数据后的图表

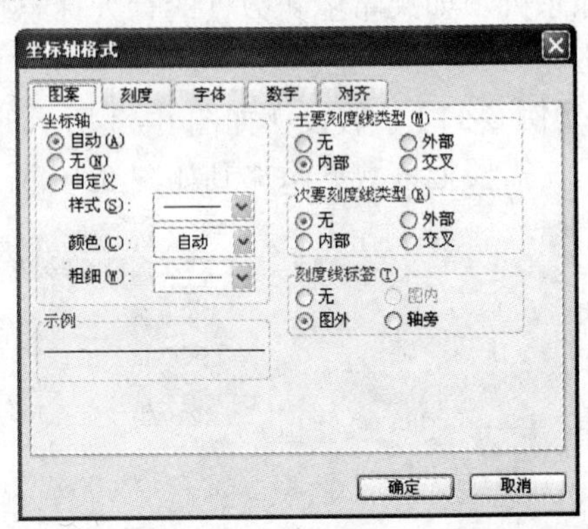

图 6-55 “坐标轴格式”对话框

在“图案”选项卡中，可以设置坐标轴轴线的线型、线宽及线条颜色。另外还可设置是否显示刻度线及刻度线的位置。

在“刻度”选项卡中，如果选择的是“数值轴”，则可设置数值轴上的刻度范围及刻度单位。如果选择的是“分类轴”，则可设置分类轴上的分类数，从刻度线可以体现出来。

在“字体”选项卡中，可设置坐标轴上数据的字体、字号、颜色等格式。

在“数字”选项卡中，可设置坐标轴数据的显示方式。

在“对齐”选项卡中，可设置坐标轴数据的排列方向。

通过对各图表对象进行一系列设置以后，就能得到一张非常美观的图表，如图 6-56 所示。

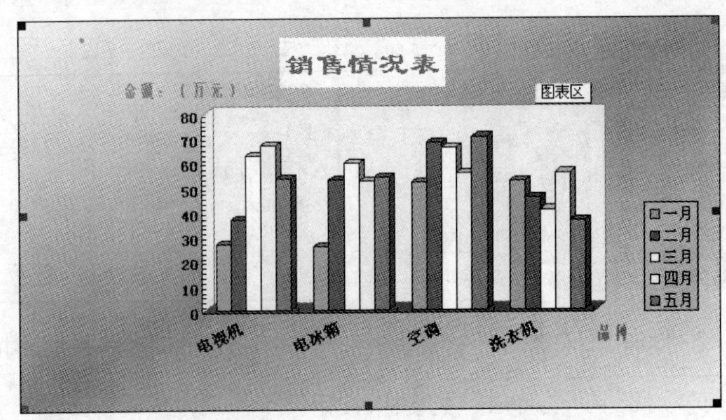

图 6-56 格式化后的图表

6.6 Excel 2003 的数据管理

Excel 2003 中，常见的数据管理主要有对工作表的相关数据进行添加、删除、排序、汇总、筛选等各种处理。

6.6.1 创建和使用数据清单

数据清单是包含相关数据的一系列工作表数据行，如学生成绩单或工资表等。数据清单可以像数据库一样使用，其中行表示记录，列表示字段。如图 6-57 所示的某单位工资表，每一行代表一个人的基本信息，每一列分别表示部门、姓名、工资等属性。

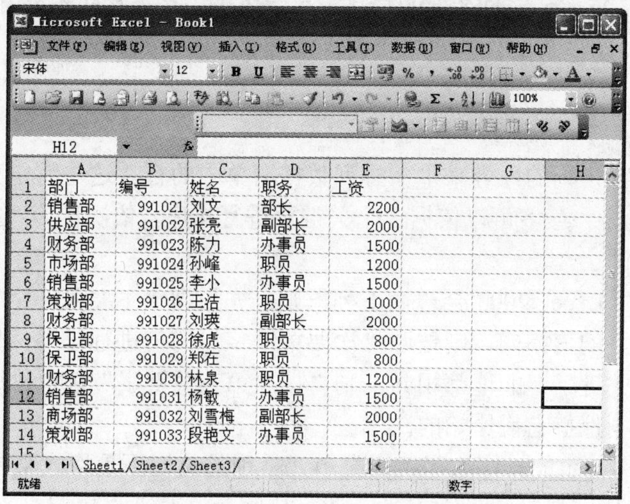

部门	编号	姓名	职务	工资
销售部	991021	刘文	部长	2200
供应部	991022	张亮	副部长	2000
财务部	991023	陈力	办事员	1500
市场部	991024	孙峰	职员	1200
销售部	991025	李小	办事员	1500
策划部	991026	王洁	职员	1000
财务部	991027	刘瑛	副部长	2000
保卫部	991028	徐虎	职员	800
保卫部	991029	郑在	职员	800
财务部	991030	林泉	职员	1200
销售部	991031	杨敏	办事员	1500
商场部	991032	刘雪梅	副部长	2000
策划部	991033	段艳文	办事员	1500

图 6-57　数据清单示例

创建数据清单时应注意以下问题。

（1）一个工作表中只能建立一个数据清单。

（2）在数据清单的第一行中创建列标志，每一列的名称（字段名）必须是唯一的。

（3）在设计数据清单时，应使同一列中的各行具有相似的数据项。

（4）在数据清单的字段名下至少要有一行数据。

（5）一个数据清单中不能包含空白行或空白列。

（6）在工作表的数据清单与其他数据间至少留出一个空白列和一个空白行。

Excel 2003 提供了“记录单”功能管理数据清单，记录单可以在数据清单中查看、更改、添加及删除记录，还可以根据指定的条件查找特定的记录。记录单中只显示一个记录的各字段，当数据清单比较大时，使用记录单会很方便。在记录单上输入或编辑数据，数据清单中的相应数据会自动更改。

使用记录单的方法如下：首先单击数据清单中的任意单元格，执行“数据”→“记录单”命令，弹出如图 6-58 所示的记录单对话框。首先显示的是数据清单中的第一条记录的内容。

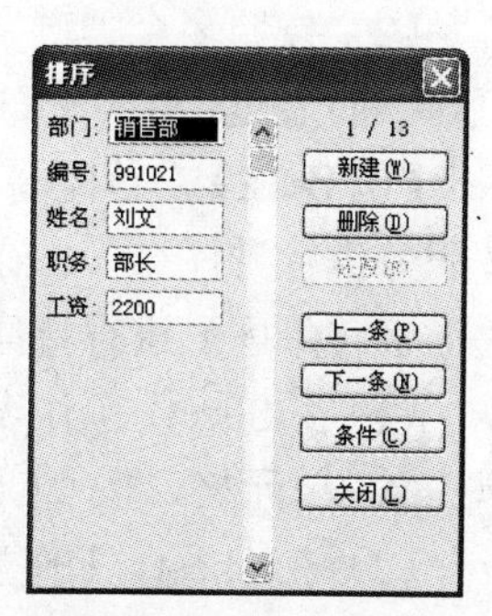

图 6-58　记录单对话框

记录单对话框顶部显示的是工作表的名字。左边为各字段名，即列标志。字段名框中为各字段当前记录值，可以修改，但含有公式的字段后没有框，不能修改。中间的滚动条用于选择记录。记录单右上角显示的分数表示当前记录是总记录的第几个。

记录单对话框中各按钮作用如下。

- “新建”：用于在数据清单末尾添加记录。
- “删除”：用于删除显示的记录。
- “还原”：取消对当前记录的修改。
- “上一条”：显示上一条记录。
- “下一条”：显示下一条记录。
- “条件”：按指定条件查找与筛选记录。单击该按钮后，在字段名框中输入条件，按 Enter 键显示第 1 条满足条件的记录，单击“下一条”按钮查看其他满足条件的记录。
- “关闭”：关闭记录单，返回工作表。

6.6.2 数据排序

可以根据某些特定列的内容来重新排列数据清单中的行。这些特定列称为排序的“关键字”。在 Excel 2003 中，最多可以依据 3 个关键字进行排序，依次称为“主要关键字”、“次要关键字”、“第三关键字”。

对数据排序时，Excel 2003 会遵循下列原则：先根据“主要关键字”进行排序，如果遇到某些行的主关键字的值相同，则按照“次要关键字”的值进行排序，如果某些行的“主要关键字”和“次要关键字”的值都相同，则再按“第三关键字”进行排序。如果 3 个关键字的值都相同的话，则保持它们原始的次序。

Excel 2003 使用特定的排序次序，根据单元格中的值而不是格式来排列数据。

数字（包括日期、时间）按照数值大小进行排序，由小到大为升序，由大到小为降序。

英文字母、标点符号按“ASCII 码”值大小进行排序。

汉字一般按照拼音字母顺序排序，也可设置按笔画顺序排序。

当以逻辑值为关键字进行升序排序时，FALSE 排在 TRUE 之前；进行降序排序时，TRUE 排在 FALSE 之前。

空格始终排在最后。

排序的方法有以下两种。

（1）按照一个关键字进行排序，可单击“常用”工具栏中的“升序排序”按钮和“降序排序”按钮。

（2）按照多个关键字排序，可执行“数据”→“排序”命令。

下面通过一个实例来说明排序的步骤。

【例 6-12】 首先将图 6-57 所示的数据清单复制到 Sheet2 工作表中。在 Sheet1 工作表中按职务进行升序排序。在 Sheet2 工作表中以“部门”为主要关键字（升序），“工资”为次要关键字（降序）进行排序，要求“部门”以笔画顺序排序。

（1）在 Sheet1 工作表中选择数据清单，按“Ctrl+C”组合键，在工作表标签上单击 Sheet2，单击 A1 单元格，按“Ctrl+V”组合键，将 Sheet1 中的数据清单复制到 Sheet2 中。

（2）在 Sheet1 工作表中，单击“职务”所在列的任意单元格，单击按钮，使数据清单按“职务”进行升序排列。

（3）在 Sheet2 工作表中，单击数据清单中的某一单元格，执行“数据”→“排序”命令，弹出如图6-59所示的“排序”对话框。

（4）在该对话框中，设置主要关键字为“部门”，选中“升序”单选按钮，次要关键字为“工资”，选中“降序”单选按钮。单击“选项”按钮，弹出如图6-60所示的“排序选项”对话框，选择“方法”为“笔画排序”。先单击“确定”按钮关闭“排序选项”对话框，再单击“确定”按钮，完成排序操作。

注意：

① 排序前应选中数据清单中某一单元格，否则会出错。

② 一般情况下，第1行数据作为标题行，不参与排序，所以在图6-59所示的“排序”对话框中，默认为“有标题行”。如果出现第1行要参与排序的情况，则应选中“无标题行”单选按钮，在选择关键字时，显示的将是“列A、列B……”，而不是“部门、编号、姓名……”。

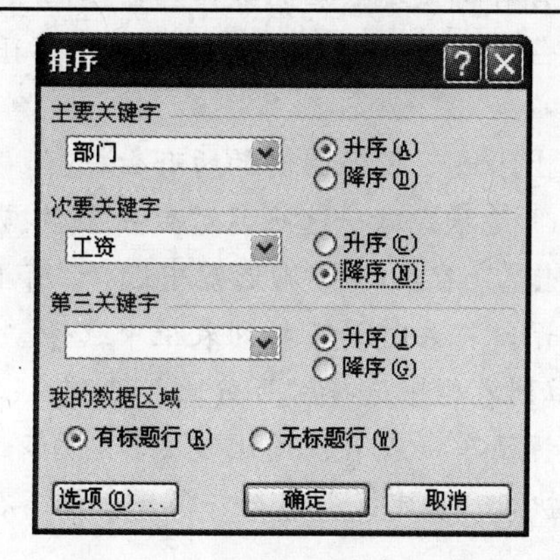

图6-59 “排序”对话框

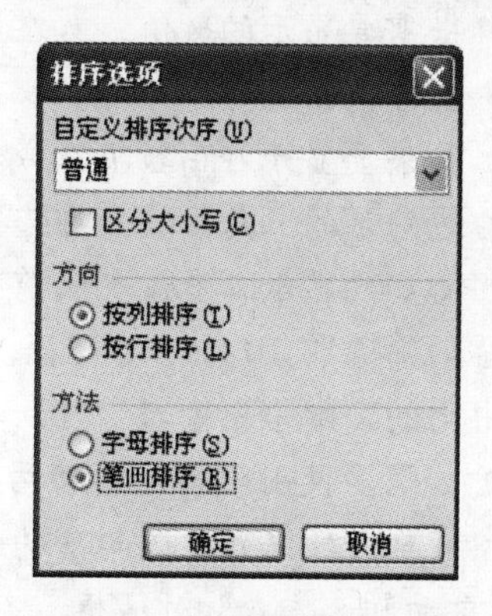

图6-60 “排序选项”对话框

6.6.3 数据筛选

对于一个大的数据清单，要快速找到所需的数据不太容易。Excel 2003提供了“自动筛选”和“高级筛选”命令来筛选数据，可以只显示符合用户设定的某一值或一组条件的行，而隐藏其他行。

1．自动筛选

使用自动筛选，实际上是在标题行建立一个自动筛选器。通过这个自动筛选器可以查询到含有某些特征值的行。使用自动筛选的步骤如下。

（1）在数据清单中单击任意一个单元格。

（2）执行“数据”→“筛选”→“自动筛选”命令，建立自动筛选器，如图6-61所示，可以看到标题行每列右边都有一个向下的三角按钮。

（3）单击包含想显示的数据列右边向下的三角按钮，从下拉列表中选定要显示的项，在工作表中就可以看到筛选后的结果。

（4）如果要使用基于另一列中数值的附加条件，请在另一列中重复第（3）步。

	A	B	C	D	E	F
1	部门	编号	姓名	职务	工资	
2	销售部	991021	刘文	部长	2200	
3	供应部	991022	张亮	副部长	2000	
4	财务部	991023	陈力	办事员	1500	
5	市场部	991024	孙峰	职员	1200	
6	销售部	991025	李小	办事员	1500	
7	策划部	991026	王洁	职员	1000	
8	财务部	991027	刘瑛	副部长	2000	
9	保卫部	991028	徐虎	职员	800	
10	保卫部	991029	郑在	职员	800	
11	财务部	991030	林泉	职员	1200	
12	销售部	991031	杨敏	办事员	1500	
13	商场部	991032	刘雪梅	副部长	2000	
14	策划部	991033	段艳文	办事员	1500	
15						

图 6-61　建立自动筛选器

注意：

（1）如果只显示含有特定值的数据行，单击含有待显示数据的数据列右边向下的三角按钮，再单击需要显示的数值。如在图 6-61 中，要显示所有销售部员工信息，只需在“部门”筛选器中选择“销售部”即可。

（2）如果要显示在由数据项或百分比指定的上限或下限范围内的所有数据行，单击对应数据列右边向下的三角按钮，再选择“前 10 个…”选项。这一选项只对数字型数据有效。在图 6-61 中，如要显示工资最少的前 20%的员工的信息，在“工资”筛选器中选择“前 10 个…”，进入“自动筛选前 10 个”对话框，如图 6-62 所示，在左边的下拉列表框中选择“最小”选项，在中间的文本框中输入“20”，在右边的下拉列表框中选择“百分比”选项。

（3）如果要使用同一列中的两个数值筛选数据清单，或者使用比较运算符而不是简单的“等于”，可单击数据列右边向下的三角按钮，再执行“自定义”命令，弹出如图 6-63 所示的“自定义自动筛选方式”对话框。

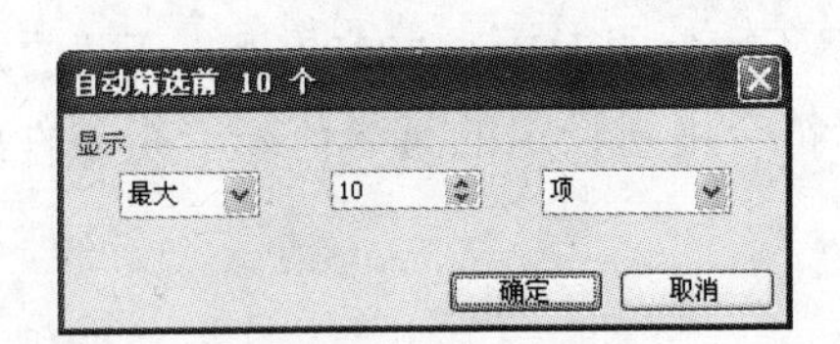

图 6-62　“自动筛选前 10 个”对话框

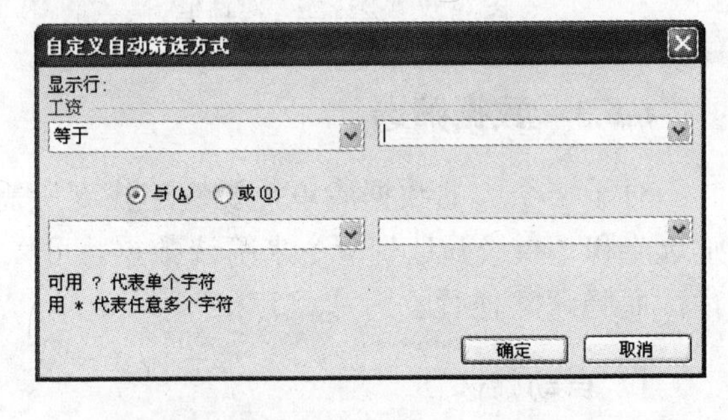

图 6-63　“自定义自动筛选方式”对话框

① 如果要匹配一个条件，在“显示行”选项区域的第 1 个下拉列表框中选择需要的比较运算符，接着在比较运算符右面的下拉列表框中选择或输入需要被匹配的值。

② 如果要显示同时匹配两个给定条件的数据行，先输入一个比较运算符和所需的值，再单击“与”按钮。在第 2 个比较运算符和数值框中输入第 2 个运算符和所需的值。

③ 如果要显示匹配两个条件之一的数据行，先输入一个比较运算符和所需的值，再单击“或”按钮。在第 2 个比较运算符和数值框中输入第 2 个运算符和所需的值。

④ 如果要查找某些字符相同但其他字符不一定相同的文本值，可使用通配符“？”或“*”。其中“？”代表一个未确定字符，“*”代表多个未确定字符。

在图 6-61 中，如果要显示工资在 1 000～1 500 元之间的员工信息，可在“工资”筛选器中选择“自定义”选项。将第 1 个比较运算符选择为“大于或等于”选项，值选择为“1 000”

选项。然后单击“与”按钮，再将第 2 个比较运算符选择为“小于或等于”选项，值选择为“1 500”，最后单击“确定”按钮。

如果要显示姓刘或姓张的员工的信息，可在“姓名”筛选器中选择“自定义”选项。第 1 个比较运算符不变，输入第 1 个值“刘*”，单击“或”按钮，再选择第 2 个比较运算符为“等于”，输入值“张*”，单击“确定”按钮。

（4）当对一列数据进行筛选后，如果还需对其他数据列进行双重筛选，只要在其他列的筛选器中做相应的设置即可。每次可筛选的值只能是那些在前几次筛选后的数据清单中显示的值，这样可以比较准确地从数据清单中查找出满足多个条件的数据。

（5）如果要在数据清单中取消对某一列进行的筛选，单击该列标题行右端的下三角按钮，再选择“全部”选项；如果要在数据清单中取消对所有列进行的筛选，可执行“数据”→“筛选”→“全部显示”命令；如果要撤销数据清单中的自动筛选器，可执行“数据”→“筛选”→“自动筛选”命令。

（6）执行“自动筛选”命令，对一列数据最多可以应用两个条件。如果要对一列数据应用 3 个或更多条件，则可使用“高级筛选”命令。

2. 高级筛选

要使用“高级筛选”命令，数据清单必须要有列标，而且在工作表的数据清单上方或下方，至少要有 3 个能用做条件区域的空行。

【例 6-13】 在图 6-57 所示的某公司基本情况表中筛选出策划部、销售部、财务部 3 个部门中工资在 1 000～1 500 元之间的员工信息。

（1）将数据清单中含有要筛选值的列的列标复制到第 16 行中，作为条件标志。在条件标志下面的一行中，输入所要匹配的条件，如图 6-64 所示。

（2）单击数据清单中的任意一个单元格，执行“数据”→“筛选”→“高级筛选”命令，弹出如图 6-65 所示的“高级筛选”对话框。

（3）分别单击“列表区域”和“条件区域”右边的按钮，返回到工作表界面选择数据清单和条件区域。注意数据清单的列标志和条件区域中的条件标志都必须选中。如果不通过单击按钮选定，而直接在编辑框中输入，则必须使用绝对地址。

（4）如果要将筛选结果放在原数据表中，可选中“在原有区域显示筛选结果”单选按钮。如果要将筛选结果放在工作表的其他地方，可选中“将筛选结果复制到其他位置”单选按钮，接着在“复制到”文本框中单击，然后在要放置筛选结果的区域左上角单击。

	A	B	C	D	E	F
1	部门	编号	姓名	职务	工资	
2	销售部	991021	刘文	部长	2200	
3	供应部	991022	张亮	副部长	2000	
4	财务部	991023	陈力	办事员	1500	
5	市场部	991024	孙峰	职员	1200	
6	销售部	991025	李小	办事员	1500	
7	策划部	991026	王洁	职员	1000	
8	财务部	991027	刘瑛	副部长	2000	
9	保卫部	991028	徐虎	职员	800	
10	保卫部	991029	郑在	职员	800	
11	财务部	991030	林泉	职员	1200	
12	销售部	991031	杨敏	办事员	1500	
13	商场部	991032	刘雪梅	副部长	2000	
14	策划部	991033	段艳文	办事员	1500	
15						
16	部门	工资	工资			
17	销售部	>=1000	<=1500			
18	策划部	>=1000	<=1500			
19	财务部	>=1000	<=1500			

图 6-64 输入匹配条件

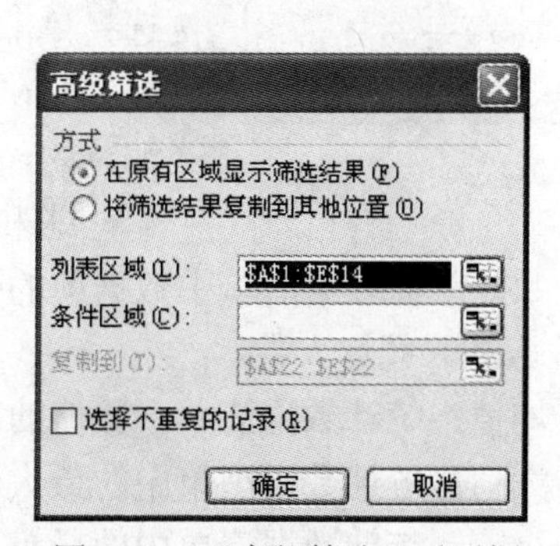

图 6-65 “高级筛选”对话框

（5）设置好数据区域和条件区域后，单击“确定”按钮即可得到筛选结果。

高级筛选条件可以包括一列中的多个条件和多列中的多个条件。

在“条件区域”中，条件在同一行上，表示是“与”运算，多个条件要同时满足。条件在不同行则表示是“或”运算，只要满足一个条件即可被筛选出来。

- 单列上具有多个条件：如果对于某一列具有两个或多个筛选条件，那么可直接在各行中从上到下依次输入各个条件。例如，图 6-64 条件区域将显示“部门”列中包含“销售部、策划部、财务部”中满足条件的数据行。
- 多列上具有单个条件：要在两列或多列中查找满足单个条件的数据，在“条件区域”的同一行中输入所有条件。例如，图 6-64 条件区域表示显示 3 个部门，“工资”在 1 000～1 500 元之间的数据行。
- 某一列或另一列上具有单个条件：要找到满足一列条件或另一列条件的数据，在条件区域的不同行输入条件。
- 两列上具有两组条件之一：要找到满足两组条件（每一组条件都包含针对多列的条件）之一的数据行，只要在各行中输入条件。

6.6.4 分类汇总

分类汇总是在数据清单中快速汇总数据的方法。使用“分类汇总”命令，将自动创建公式，插入分类汇总结果，并且可以对分类汇总后不同类型的明细数据进行分析。

注意：在分类汇总之前，必须对数据清单进行排序且数据清单的第 1 行必须有列标记。

---

1. 分类汇总

【例 6-14】 数据清单如图 6-57 所示，对某公司职员的工资按部门进行分类汇总，计算每个部门的平均工资。操作步骤如下。

（1）先选定分类汇总的分类字段，对数据清单进行排序。选择“部门”列中的某一单元格，单击按钮或按钮。

（2）在要分类汇总的数据清单中，单击任意一个单元格。

（3）执行“数据”→“分类汇总”命令，弹出如图 6-66 所示的“分类汇总”对话框。

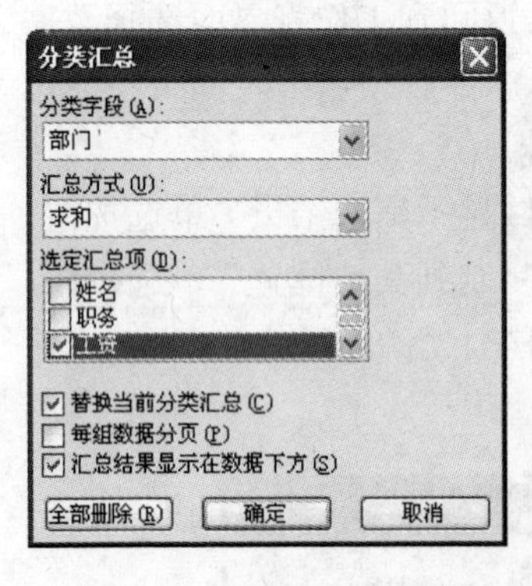

图 6-66 “分类汇总”对话框

（4）在“分类字段”下拉列表框中选择需要用来分类汇总的数据列。选定的数据列应与步骤（1）中进行排序的列相同，本例选择“部门”。

（5）在“汇总方式”下拉列表框中，选择所需的用于计算分类汇总的函数。常用的汇总方式有以下几种。

- 求和：统计数据清单中数值的和。它是数字数据的默认函数。
- 计数：统计数据清单中数据项的个数。它是非数字数据的默认函数。如可按姓名的计数方式来统计人数。
- 平均值：统计数据清单中数值的平均值。
- 最大值：统计数据清单中的最大值。
- 最小值：统计数据清单中的最小值。

- 乘积：统计数据清单中所有数值的乘积。
- 计数值：统计数据清单中含有数字数据的记录或行的数目。

本例选择“平均值”，即按部门统计平均工资。

（6）在“选定汇总项”（可有多个）选项区域中，选定包含需要对其汇总计算的数值列对应的复选框，本例选择汇总项为“工资”。

“分类汇总”对话框其他选项的含义解释如下。

- 替换当前分类汇总：如果之前已分类汇总，选择它则用当前分类汇总替换之前的分类汇总，否则会保存原有分类汇总。每次汇总的结果均显示在工作表中，这样就实现了多级分类汇总。
- 每组数据分页：选择后，每一类数据占据一页。打印时每组数据单独打印在一页上。
- 汇总结果显示在数据下方：不选择此项，汇总结果显示在数据上方。
- 全部删除：清除数据清单中的所有分类汇总，恢复数据清单原有状态。

（7）单击“确定”按钮，得到分类汇总结果。

2. 查看分类汇总结果

例 6-14 的分类汇总结果如图 6-67 所示。

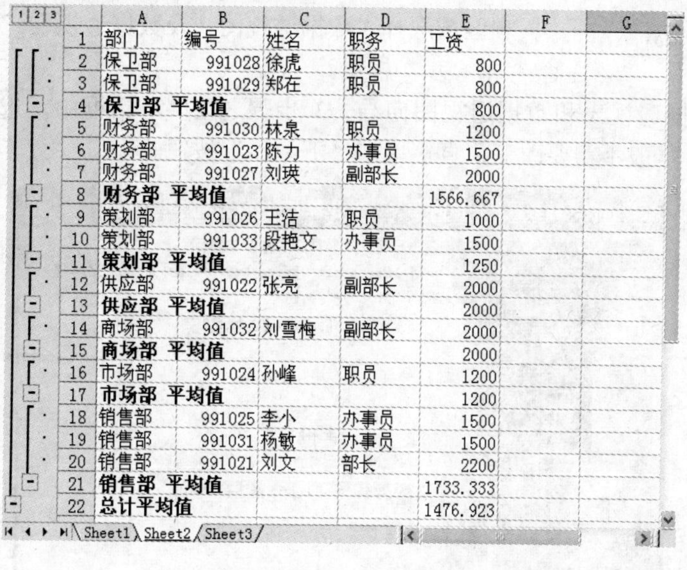

	A	B	C	D	E	F	G
1	部门	编号	姓名	职务	工资		
2	保卫部	991028	徐虎	职员	800		
3	保卫部	991029	郑在	职员	800		
4	**保卫部 平均值**				800		
5	财务部	991030	林泉	职员	1200		
6	财务部	991023	陈力	办事员	1500		
7	财务部	991027	刘瑛	副部长	2000		
8	**财务部 平均值**				1566.667		
9	策划部	991026	王洁	职员	1000		
10	策划部	991033	段艳文	办事员	1500		
11	**策划部 平均值**				1250		
12	供应部	991022	张亮	副部长	2000		
13	**供应部 平均值**				2000		
14	商场部	991032	刘雪梅	副部长	2000		
15	**商场部 平均值**				2000		
16	市场部	991024	孙峰	职员	1200		
17	**市场部 平均值**				1200		
18	销售部	991025	李小	办事员	1500		
19	销售部	991031	杨敏	办事员	1500		
20	销售部	991021	刘文	部长	2200		
21	**销售部 平均值**				1733.333		
22	**总计平均值**				1476.923		

Sheet1 Sheet2 Sheet3

图 6-67 分类汇总结果

在图 6-67 中，左边有一些特殊按钮，如 1、2、3、+、-。单击第 1 级显示级别符号 1，能隐藏所有明细数据，只显示对数据清单总的汇总值。单击第 2 级显示级别符号 2，则隐藏数据清单原有数据，显示各类汇总值。单击第 3 级显示级别符号 3，能显示所有的明细数据。按钮 + 和按钮 - 类似资源管理器中的展开和折叠按钮，单击它们可以显示或隐藏各级别的明细数据。

6.6.5 数据透视表和透视图

数据透视表是用于快速汇总大量数据和建立交叉列表的交互式表格。它可以转换行或列以查看对源数据的不同汇总，还可以通过显示不同的页面来筛选数据，或者根据需要显示明细数据。建立了透视表以后，还可根据需要建立透视图，它是一种为数据提供图形化分析的交互式图表。

	A	B	C	D
1	超市	品名	品种	销售量
2	旺和	伊利	纯牛奶	1080
3	旺和	伊利	酸奶	2036
4	新一佳	伊利	纯牛奶	2350
5	新一佳	伊利	酸奶	3250
6	旺和	蒙牛	纯牛奶	2568
7	旺和	蒙牛	酸奶	5356
8	新一佳	光明	酸奶	3020
9	家润多	伊利	纯牛奶	2010
10	家润多	伊利	酸奶	5620
11	家润多	光明	纯牛奶	2456
12	家润多	光明	酸奶	2563
13	新一佳	蒙牛	酸奶	2369
14	新一佳	蒙牛	纯牛奶	3200
15	家润多	蒙牛	纯牛奶	3556
16	家润多	蒙牛	酸奶	2653
17	旺和	光明	纯牛奶	2584
18	旺和	光明	酸奶	2698
19				

图 6-68 数据清单

使用 Excel 2003 的“数据透视表和数据透视图向导”，可以快速建立数据透视表和透视图。下面通过一个例子来介绍具体操作步骤。

【例 6-15】 数据清单如图 6-68 所示，按“品名”和“品种”统计销售量之和。

（1）单击数据清单中的某一单元格。

（2）执行“数据”→“数据透视表和图表报告”命令，弹出如图 6-69 所示的“数据透视表和数据透视图向导—3 步骤之 1”对话框。

（3）在该对话框中，选择数据源类型为“Microsoft Office Excel 数据列表或数据库”，并在“所需创建的报表类型”选项区域选择“数据透视图（及数据透视表）”单选按钮。单击“下一步”按钮。

（4）在“数据透视表和数据透视图向导—3 步骤之 2”对话框中，选择数据源区域，如图 6-70 所示。一般不需要改变，直接单击“下一步”按钮。

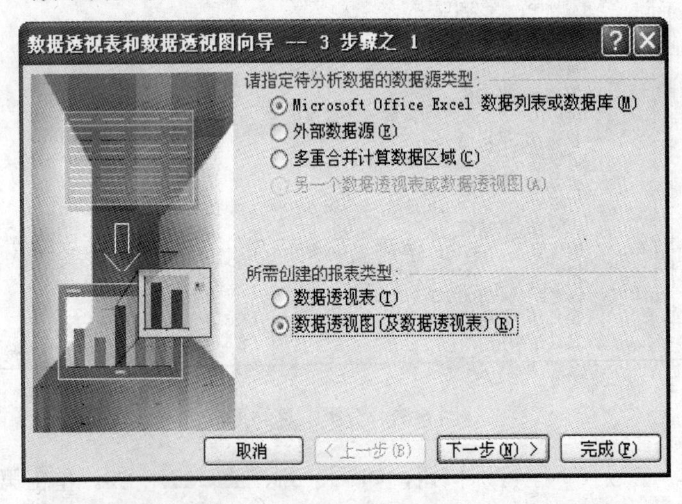

图 6-69 “数据透视表和数据透视图向导—3 步骤之 1”对话框

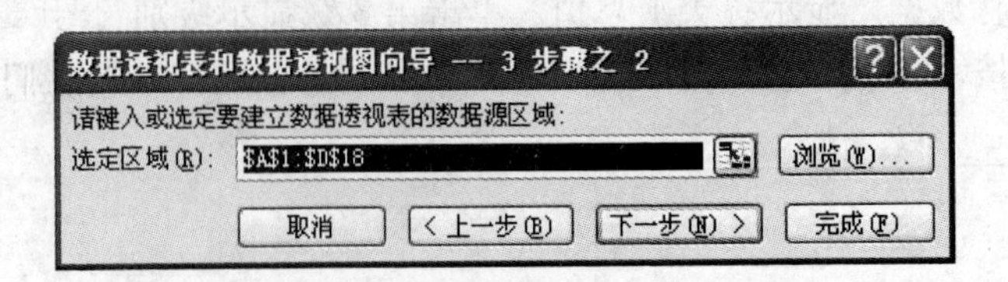

图 6-70 “数据透视表和数据透视图向导—3 步骤之 2”对话框

（5）在如图 6-71 所示的“数据透视表和数据透视图向导—3 步骤之 3”对话框中单击“布局”按钮，弹出“布局”对话框。将所需字段从右边的字段按钮组拖动到图示的“行”和“列”区域中：将要汇总其数据的字段拖到“数据”区；将要作为页字段使用的字段拖动到“页”区域中。本例按图 6-72 所示进行设置，即将“超市”拖到“页”位置，将“品名”拖到“行”位置，将“品种”拖到“列”位置，将“销售量”拖到“数据”位置。

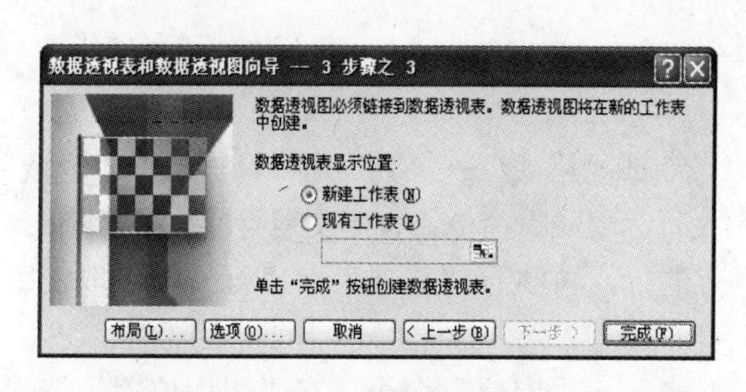

图 6-71 “数据透视表和数据透视图向导—3 步骤之 3”对话框

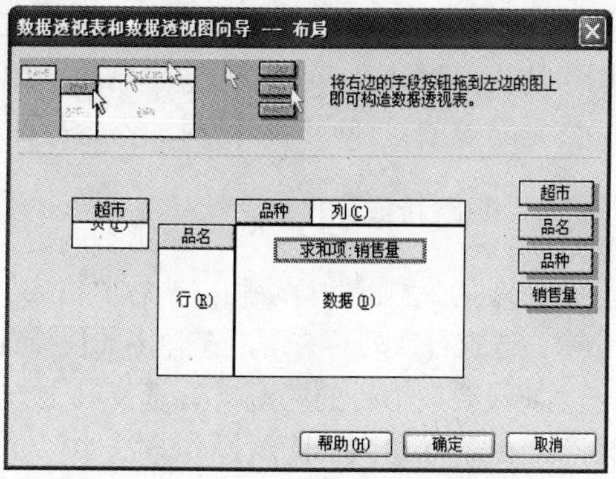

图 6-72 “数据透视表和数据透视图向导—布局”对话框

在图 6-73 中，显示有数据透视表和“数据透视表”工具栏。单击要隐藏或显示其中项的字段右侧向下的三角按钮，选中对应每个要显示的项的复选框，清除对应要隐藏的项的复选框。单击“确定”按钮即可查看不同级别的明细数据。

如果觉得创建的数据透视表不符合要求，还可以通过“数据透视表”工具栏把相关字段从数据透视表中拖出，再把合适的字段拖入到指定的区域中，便能重新获得不同的数据汇总结果。

数据透视图既具有数据透视表数据的交互式汇总特定性，又具有图表的可视性优点。和数据透视表一样，一张数据透视图可按多种方式查看相同数据，只需单击分类轴、数值轴及图例上的按钮，选择对应选项即可，如图 6-74 所示。

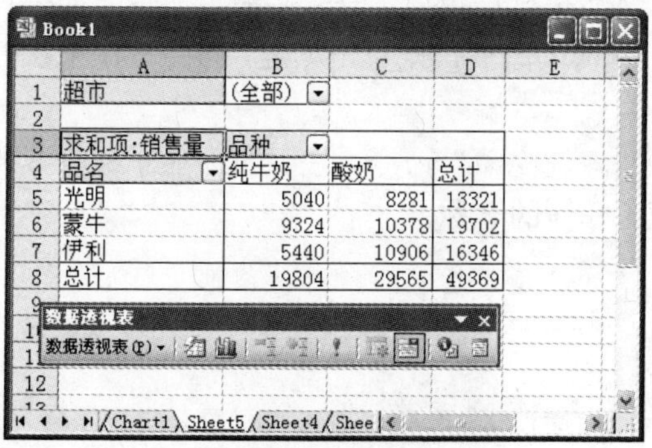

	A	B	C	D
1	超市	(全部)		
2				
3	求和项:销售量	品种		
4	品名	纯牛奶	酸奶	总计
5	光明	5040	8281	13321
6	蒙牛	9324	10378	19702
7	伊利	5440	10906	16346
8	总计	19804	29565	49369

图 6-73 数据透视表

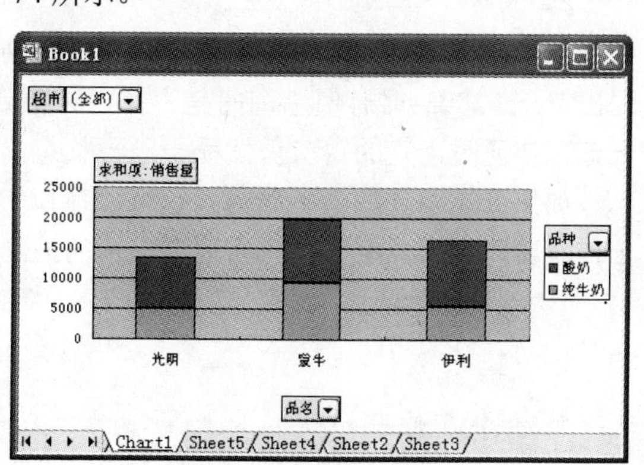

图 6-74 数据透视图

6.7 保护数据

6.7.1 隐藏工作簿和工作表

为了突出某些行或列，可将其他行或列隐藏；为避免屏幕上的窗口和工作表数量太多，并防止不必要的修改，可以隐藏工作簿和工作表。如果隐藏了工作簿的一部分，数据将从视图中消失，但并没有从工作簿中删除。如果保存并关闭了工作簿，下次打开它时隐藏的数据仍然是隐藏的。打印工作簿时，不会打印隐藏部分。

1. 隐藏行或列

先选定要隐藏的行或列，执行“格式”→“行”或“格式”→“列”命令，再执行“隐藏”命令。选定行或列后右击，在弹出的快捷菜单中执行“隐藏”命令，也可实现行或列的隐藏。

如果要取消行的隐藏，先选择其上方和下方的行，再执行“格式”→“行”→“取消隐藏”命令。取消列的隐藏操作方法类似。

如果隐藏了工作表的首行或首列，执行“编辑”→“定位”命令，在“引用位置”编辑框中输入“A1”，然后单击“确定”按钮。执行“格式”→“行”或“格式”→“列”命令，再执行“取消隐藏”命令。

2. 隐藏工作表

用户可隐藏不想显示的工作表，一个工作簿中至少要有一个工作表没有被隐藏。

隐藏工作表的操作方法是先选定需要隐藏的工作表，然后执行“格式”→“工作表”→“隐藏”命令。

如果要取消对工作表的隐藏，执行“格式”→“工作表”→“取消隐藏”命令。然后在“重新显示隐藏的工作表”列表框中，双击需要显示的被隐藏工作表的名称。

3. 隐藏工作簿

要隐藏某个工作簿，首先打开这个工作簿，然后执行“窗口”→“隐藏”命令。如果在退出 Excel 2003 时有信息询问是否保存对隐藏工作簿的改变，则单击“是”按钮。在下次打开该工作簿时，它的窗口仍然处于隐藏状态。

如果要显示隐藏的工作簿，执行“窗口”→“取消隐藏”命令。在“重新显示被隐藏的工作簿窗口”列表框中，双击需要显示的被隐藏工作簿的名称。

6.7.2 保护工作簿和工作表

1. 保护工作表

切换到需要实施保护的工作表，执行“工具”→“保护”→“保护工作表”命令，弹出如图 6-75 所示的“保护工作表”对话框。

如果要限制他人对工作表进行更改，可将“允许此工作表的所有用户进行”列表框的各选项前的复选框设置为空。如果要防止他人取消工作表保护，可在密码框中输入密码，再单击“确定”按钮，然后在“重新输入密码”文本框中再次输入同一密码。注意，密码是区分大小写的。

如果要撤销工作表的保护，可执行“工具”→“保护”→“撤销工作表保护”命令。如果设置了密码，则需输入工作表的保护密码才能撤销。

2．保护工作簿

执行“工具”→“保护”→“保护工作簿”命令，弹出如图 6-76 所示的“保护工作簿”对话框。

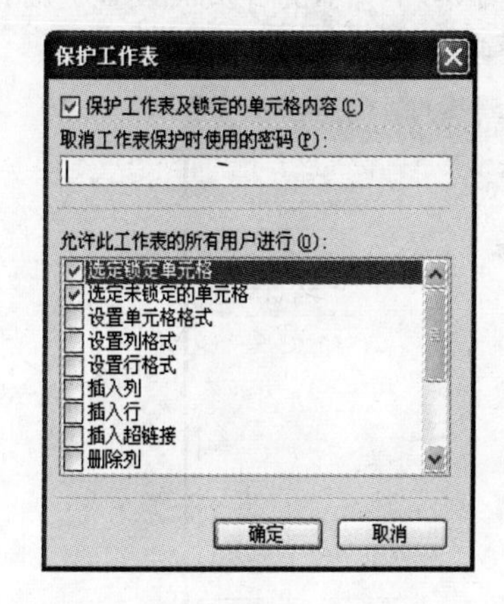

图 6-75　“保护工作表”对话框

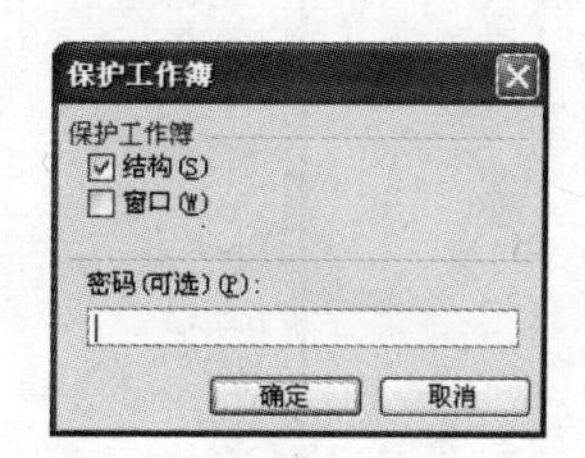

图 6-76　“保护工作簿”对话框

如果要保护工作簿的结构，选中“结构”复选框，这样工作簿中的工作表将不能进行移动、删除、隐藏、取消隐藏或重新命名操作，而且也不能插入新的工作表。

如果要在每次打开工作簿时保持窗口的固定位置和大小，则选中“窗口”复选框。

为防止他人取消工作簿保护，还可以设置密码。

如果要撤销对工作簿的保护，可先打开工作簿，然后执行“工具”→“保护”→“撤销工作簿保护”命令。如果设置了保护密码，输入密码后方可撤销对工作簿的保护。

3．为工作簿设置权限

如果想保护工作簿不被他人打开或修改，可以为工作簿设置打开权限和修改权限。

打开需要设置密码的工作簿，执行“文件”→“另存为”命令，在“另存为”对话框中，执行“工具”→“常规选项”命令，弹出如图 6-77 所示的“保存选项”对话框。“打开权限密码”是指打开工作簿时需输入正确密码，否则不能打开该工作簿。“修改权限密码”是指对该工作簿修改后保存时需输入的密码，密码不正确时任何改动将不会保存。如果选中“建议只读”复选框，打开该工作簿时系统建议以只读方式打开。

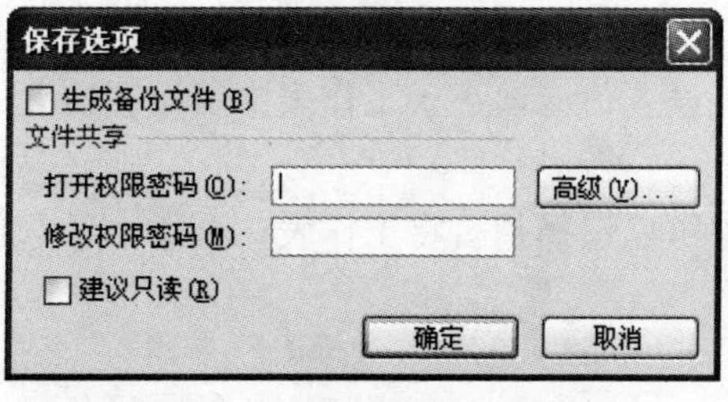

图 6-77　“保存选项”对话框

6.8 打印工作表

为了使打印出的工作表布局合理美观，还需设置打印区域，插入分页符，设置打印纸张大小及页边距，添加页眉和页脚等。

6.8.1 页面设置

执行“文件”→“页面设置”命令，弹出如图 6-78 所示的“页面设置”对话框。它包含了“页面”、“页边距”、“页眉/页脚”、“工作表”4 个选项卡。

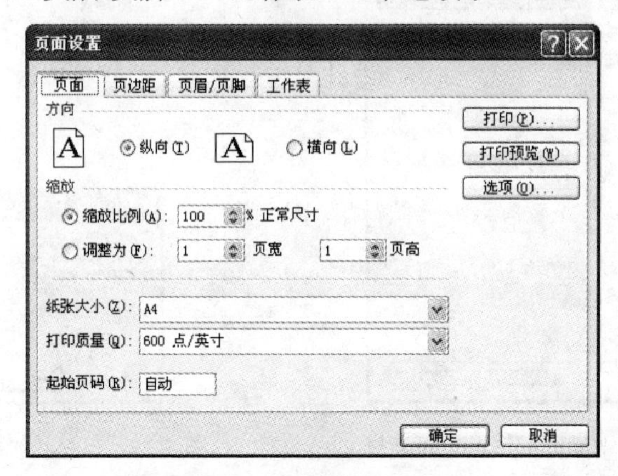

图 6-78 “页面设置”对话框

1. 设置页面

在图 6-78 所示的“页面”选项卡中，可完成纸张大小、打印方向、起始页码等设置。

- 方向：设置工作表是按照纵向方式打印还是横向方式打印。
- 缩放：可以将工作表中的打印区域按比例缩放打印。
- 纸张大小：设置打印纸型。
- 起始页码：在“起始页码”的文本框中可以输入第 1 页的页码。如果要使 Excel 2003 自动给工作表添加页码，在“起始页码”文本框中输入“自动”。

2. 设置页边距

单击“页面设置”对话框的“页边距”选项，弹出如图 6-79 所示的“页边距”选项卡，其中可以设置页面的上、下、左、右边距及工作表数据在页面的居中方式。

在“上”、“下”、“左”和“右”框中输入所需的页边距数值，更改打印数据与打印纸边缘的距离。还可在“页眉”框中更改页眉和页顶端之间的距离，在“页脚”框中更改页脚和页底端之间的距离。但这些设置值应该小于工作表中所设置的上、下页边距值，并且大于或等于最小打印边距值。

在“居中方式”选项中可以选择是否将工作表在页面水平方向或垂直方向居中打印。

3. 设置页眉/页脚

页眉和页脚是打印在工作表每页的顶端和底端的内容。单击“页眉/页脚”选项，出现如

图 6-80 所示的“页眉/页脚”选项卡。

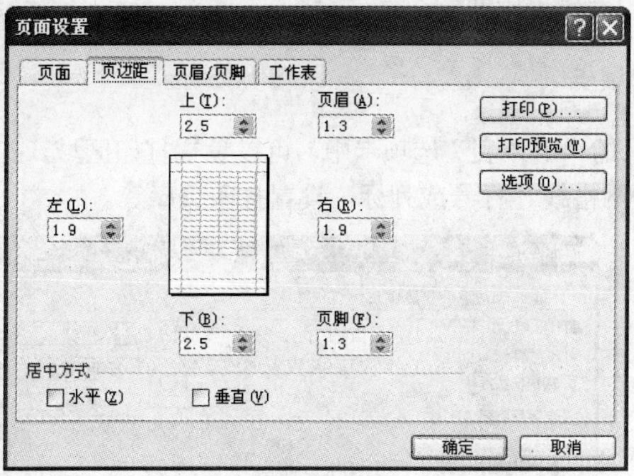

图 6-79　“页边距”选项卡

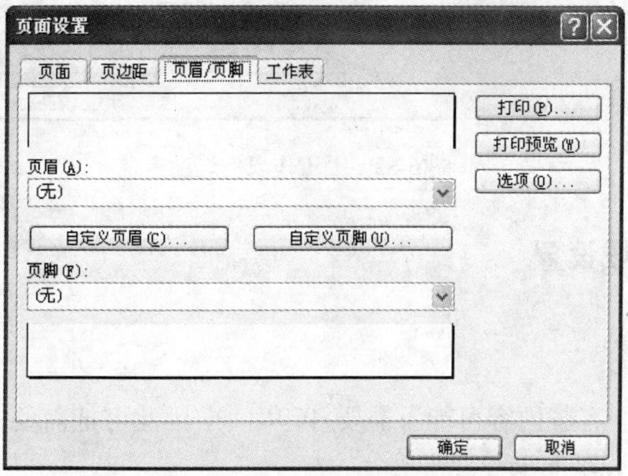

图 6-80　“页眉/页脚”选项卡

从“页眉”或“页脚”下拉列表框中选定需要的页眉或页脚，预览区域会显示打印时的页眉或页脚外观。如果需要根据已有的内置页眉或页脚来创建自定义页眉或页脚，在“页眉”或“页脚”下拉列表框中选择所需的页眉和页脚选项，再单击“自定义页眉”按钮，出现如图 6-81 所示的“页眉”对话框。

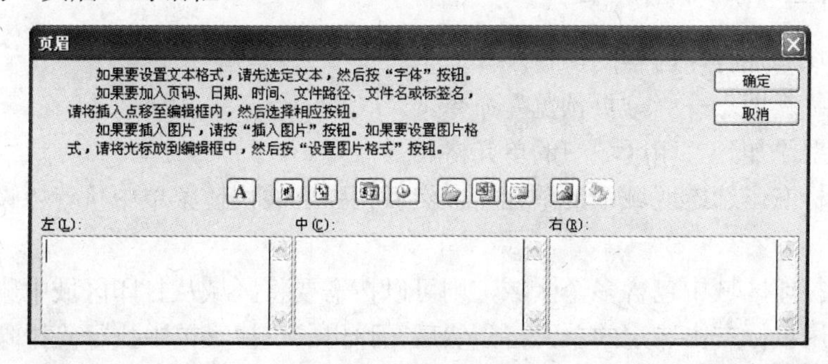

图 6-81　“页眉”对话框

单击“左”、“中”或“右”文本框，然后单击相应的按钮，在所需的位置插入相应的页眉或页脚内容，如页码、日期等。如果要在页眉或页脚中添加其他文字，在“左”、“中”或“右”文本框中输入相应的文字即可。

4．“工作表”选项卡

在如图 6-82 所示的“工作表”选项卡中，可以设置打印区域，指定每一页打印的行标题或列标题，是否打印网格线、行号或列标，设置打印顺序等。

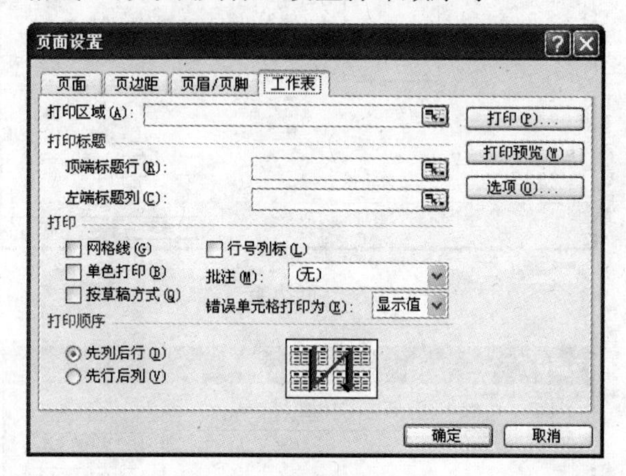

图 6-82　“工作表”选项卡

6.8.2　打印区域设置

1．设置打印区域

在打印工作表时，有些内容可能不需要打印出来，因此可把需要的内容设置为打印区域。设置打印区域的方法有以下 3 种。

（1）在“页面设置”对话框的“工作表”选项卡中设置。

（2）选定待打印的工作表区域，执行“文件”→“打印区域”→“设置打印区域”命令。

（3）执行“视图”→“分页预览”命令，选定待打印区域。右击选中的区域，在弹出的快捷菜单中执行“设置打印区域”命令。

2．向打印区域添加打印内容

向打印区域添加打印内容的操作步骤如下。

（1）执行“视图”→“分页预览”命令。

（2）选择要添加到打印区域中的单元格。

（3）用鼠标右击选定区域中的单元格，然后在弹出的快捷菜单中执行“设置打印区域”命令。

（4）如果打印区域中包含多个区域，则可以按需要将区域从打印区域中删除。选择要删除的区域，再用鼠标右击选定的单元格，然后在弹出的快捷菜单中执行“排除在打印区域之外”命令。

3．删除打印区域

执行“文件”→“打印区域”→“取消打印区域”命令，可以删除已经设置的打印区域。

6.8.3 控制分页

如果需要打印的工作表中的内容不止一页，Excel 2003 会自动插入分页符，将工作表分成多页。分页符的位置取决于纸张的大小、页边距设置和设定的打印比例。可以插入水平分页符或垂直分页符改变页面上数据行或数据列的数量。在分页预览中，还可以用鼠标拖动分页符改变其在工作表中的位置。

1．插入水平分页符

插入水平分页符的操作步骤如下。

（1）单击要插入分页符的行下面的行号。

（2）执行“插入”→“分页符”命令。

2．插入垂直分页符

插入垂直分页符的操作步骤如下。

（1）单击要插入分页符的列右边的列标。

（2）执行“插入”→“分页符”命令。

注意：如果单击的是工作表其他位置的单元格，Excel 2003 将同时插入水平分页符和垂直分页符，这样就把打印区域内容分成 4 页。

3．移动分页符

插入分页符后，会有虚线显示。执行“视图”→“分页预览”命令，可以看到有蓝色的框线，这些框线就是分页符。用户可以根据需要拖动分页符来调整页面。如果移动了 Excel 2003 自动设置的分页符，将使其变成人工设置的分页符。

注意：只有在分页预览中才能移动分页符。

4．删除分页符

如果要删除人工设置的水平或垂直分页符，可单击水平分页符下方或垂直分页符右侧的单元格，然后执行“插入”→“删除分页符”命令。

如果要删除工作表中所有人工设置的分页符，可执行“视图”→“分页预览”命令，然后用鼠标右击工作表任意位置的单元格，再在弹出的快捷菜单中执行“重置所有分页符”命令。也可以在分页预览中将分页符拖出打印区域以外来删除分页符。

6.8.4 打印预览与打印

1．打印预览

通过“打印预览”命令可以在屏幕上查看文档的打印效果，并且可以调整页面的设置来得到所要的打印输出。

打印预览有以下 3 种方法。

（1）执行“文件”→“打印预览”命令。

（2）执行“文件”→“页面设置”命令，再单击“打印预览”按钮。

（3）单击“常用”工具栏中的“打印预览”按钮。

用上述 3 种方法之一执行“打印预览”命令后，会出现如图 6-83 所示的打印预览窗口。

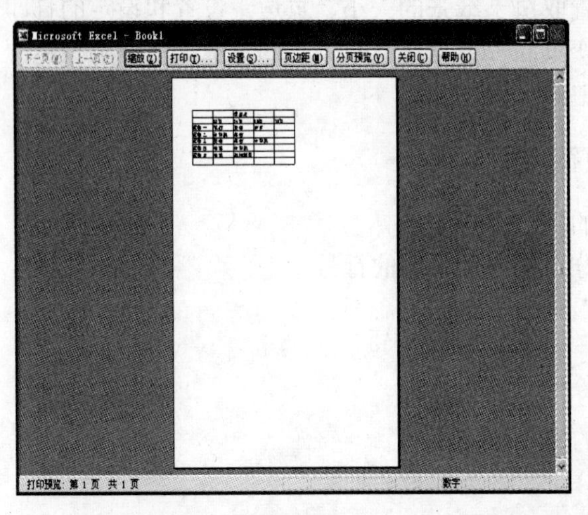

图 6-83　打印预览窗口

窗口顶部有一排按钮，它们的作用分别如下。

- 下一页、上一页：如果打印的页数较多，单击它们可以分别查看下一页和上一页。
- 缩放：放大或缩小打印内容，但不影响打印效果。
- 打印：弹出“打印”对话框，做相应设置。
- 设置：弹出“页面设置”对话框，根据预览效果重新进行设置。
- 页边距：显示或隐藏页边距、页眉和页脚以及列宽的控制点和控制虚线。拖动控制点或控制虚线，可以调整页边距、页眉和页脚以及列宽。
- 分页预览：切换到“分页预览”视图。
- 关闭：关闭预览窗口，返回编辑工作表窗口。

2．打印

打印有以下 4 种方法。

（1）单击“常用”工具栏中的“打印”按钮。

（2）执行“文件”→“打印”命令。

（3）在“页面设置”对话框中单击“打印”按钮。

（4）在“打印预览”窗口中单击“打印”按钮。

第 1 种方法可以直接打印，后 3 种方法将弹出“打印内容”对话框，如图 6-84 所示，其中各项的含义如下。

- 打印范围：可选择“全部”或选择“页”来指定要打印的工作表的页数。
- 打印内容：选择打印“选定区域”、“整个工作簿”或“选定工作表”。
- 份数：指定打印的份数。

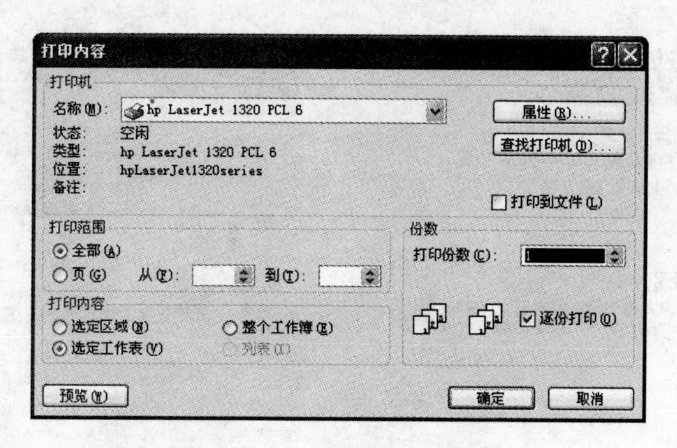

图 6-84 “打印内容”对话框

6.9 Word 与 Excel 的综合应用

6.9.1 与 Word 邮件合并的应用

在日常的办公过程中，可能对很多数据做相同的处理，面对如此繁杂的数据，是不是只能一个一个地复制、粘贴呢？能保证整个过程中不出错吗？其实，借助 Word 提供的一项功能强大的数据管理功能——邮件合并，就可以轻松、准确、快速地完成诸如标签、学生成绩单、准考证、工资条等任务。

如利用邮件合并制作成绩录取标签的具体操作如下。

（1）打开“成绩通知单”标签主文档，如图 6-85 所示。

（2）选择“工具”→“信函与邮件”→“邮件合并”菜单命令，打开“邮件合并”任务窗格，如图 6-86 所示。

（3）选择文档类型，这里选择“信函”，如图 6-86 所示。

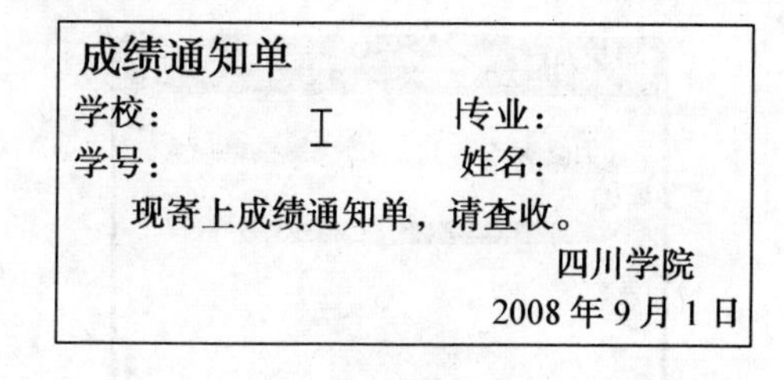
成绩通知单
学校： 专业：
学号： 姓名：
现寄上成绩通知单，请查收。
四川学院
2008 年 9 月 1 日

图 6-85 主文档

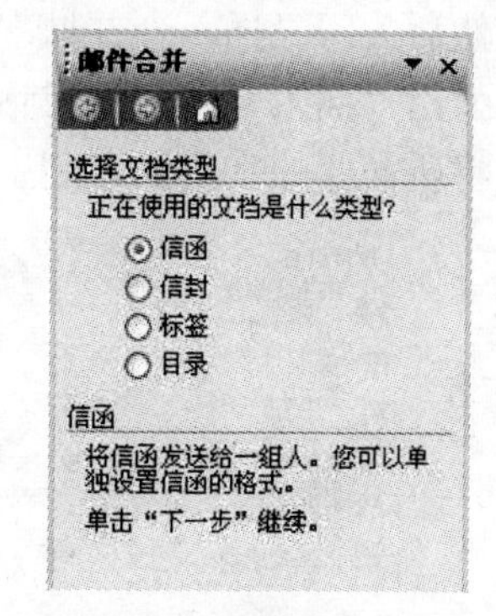

图 6-86 “邮件合并”任务窗格

（4）单击“下一步”按钮，选择开始文档，如图 6-87 所示，因为已经打开了“成绩通知单”主文档，所以选择“使用当前文档”。

（5）单击“下一步”按钮，选择收件人，如图 6-88 所示，也就是确定数据源。假设已经创建了一组数据，比如是 Excel 的表格数据，直接选择“浏览”按钮，打开“邮件合并收件人”对话框，如图 6-89 所示，单击“确定”按钮。

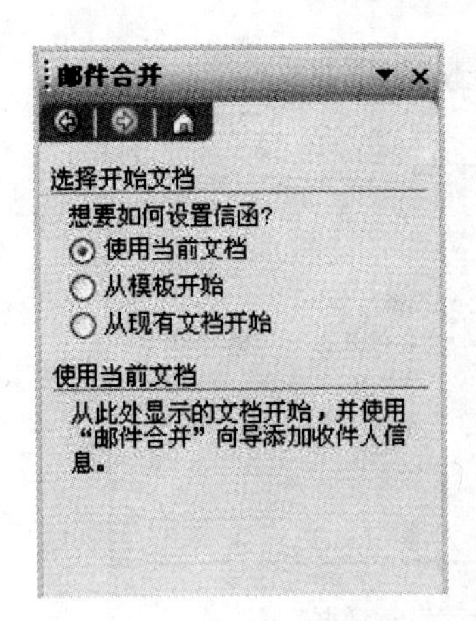

图 6-87　选择开始文档

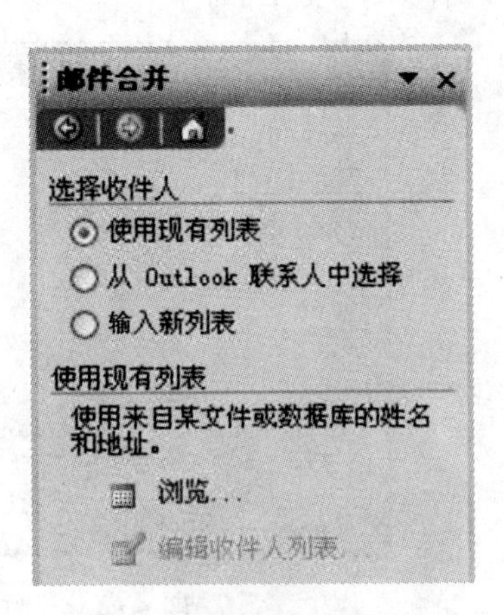

图 6-88　选择收件人

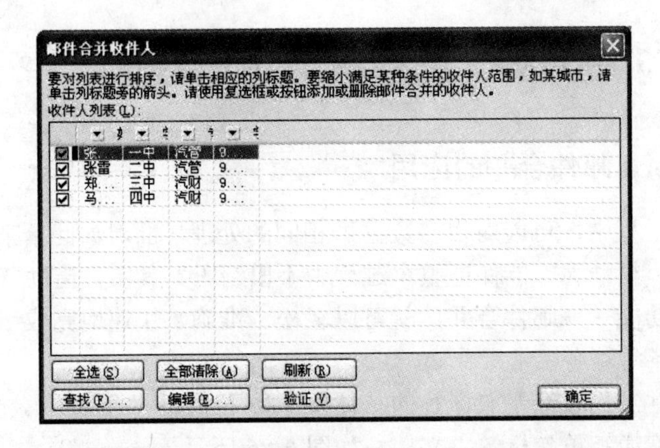

图 6-89　“邮件合并收件人”对话框

（6）撰写信函，如图 6-90 所示，这一步主要为了将数据源与主文档进行链接，选择“其他项目”后弹出“插入合并域”对话框，如图 6-91 所示。选择一项数据插入到主文档当前光标的位置，然后关闭“插入合并域”对话框，到主文档换一个当前光标的位置，再选择“其他项目”后弹出“插入合并域”对话框，选择一项数据插入到主文档当前光标的位置。依次执行可分别将所需要的字段插入到主文档合适的位置。

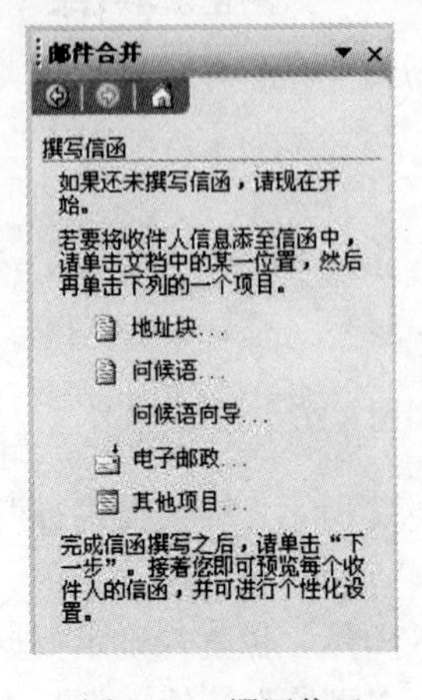

图 6-90　撰写信函

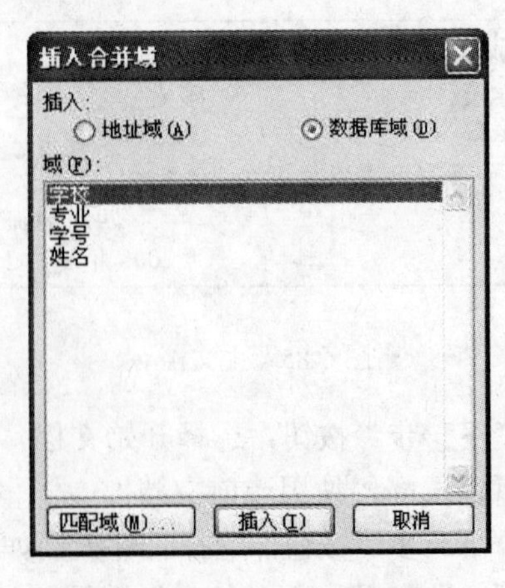

图 6-91　“插入合并域”对话框

（7）预览信函，如图 6-92 所示，单击预览信函后可以查看合并后的效果，如图 6-93 所示。

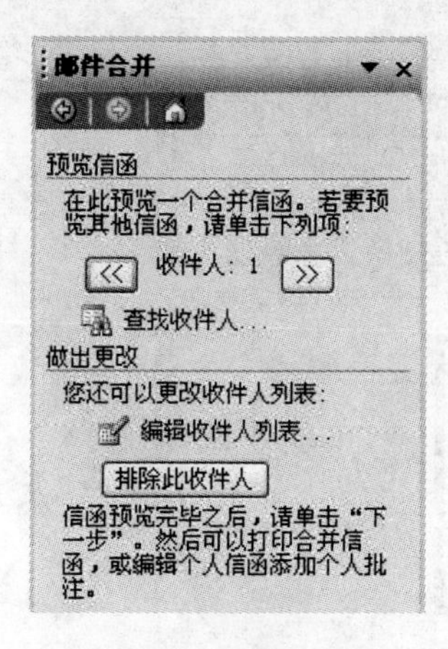

图 6-92　预览信函

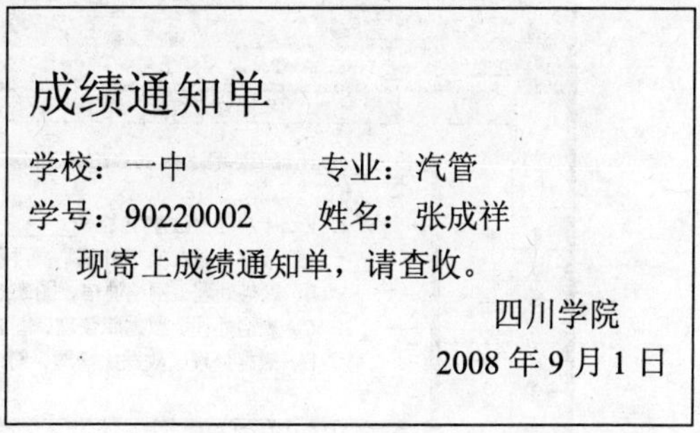

成绩通知单

学校：一中　　　　专业：汽管

学号：90220002　　姓名：张成祥

现寄上成绩通知单，请查收。

四川学院

2008 年 9 月 1 日

图 6-93　合并后的效果

（8）完成合并，如图 6-94 所示。完成后，可单击编辑个人信函选项，弹出“合并到新文档”对话框，如图 6-95 所示，单击“确定”按钮后生成一个包含合并结果的新文档。

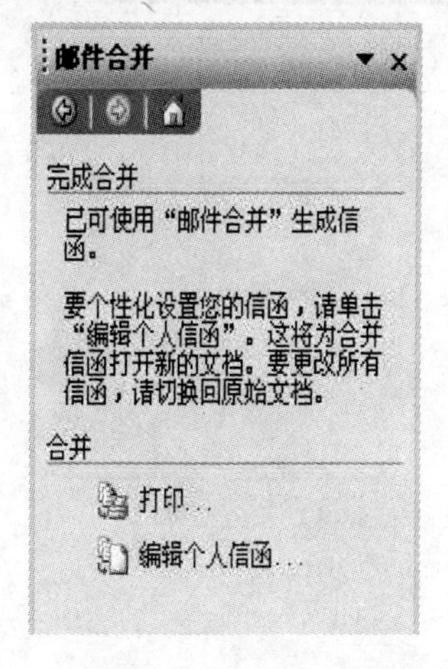

图 6-94　完成合并

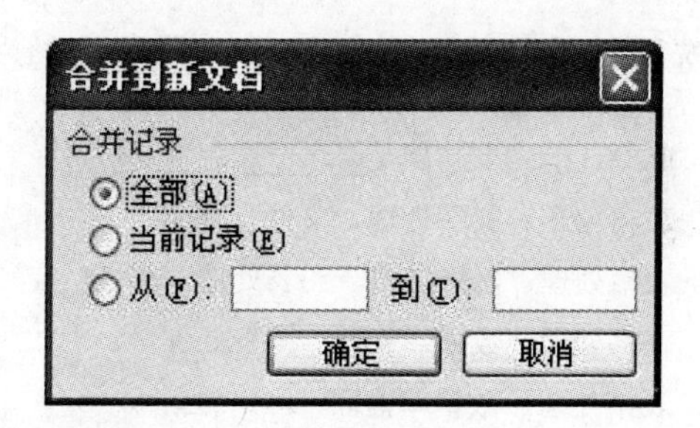

图 6-95　“合并到新文档”对话框

6.9.2　在 Excel 中插入 Word 或其他对象

中文版 Excel 2003 不仅可以进行电子表格的管理，还可以加入 Word 或 PPT 对象，甚至可以加入录像剪辑等视频对象。本节将简单介绍如何用嵌入的方式进行这些操作。

在中文版 Excel 2003 中创建嵌入对象的操作步骤如下。

（1）打开要加入嵌入对象的工作簿，在要加入对象的位置单击鼠标左键。

（2）选择“插入”→“对象”菜单项，在弹出的“对象”对话框中选择“新建”选项卡。

（3）在“对象类型”列表框中选择要创建的对象类型。如果想让嵌入对象显示为图标而不是文件内容，选中“显示为图标”复选框。

（4）单击“确定”按钮关闭对话框，并启动相应应用程序。如图 6-96 所示为选择 Microsoft Word 文档时的屏幕显示。

（5）在嵌入对象应用程序窗口区域之外，单击鼠标左键，关闭应用程序并返回到 Excel 编辑窗口。如果设置了对象显示为图标，图标就显示在插入点；如果取消选择“显示为图标”复选框，文件将全部显示。

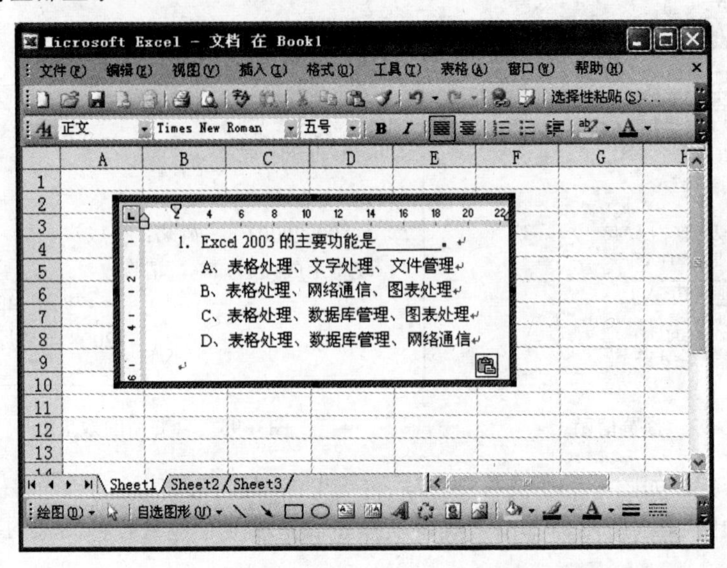

图 6-96　Excel 中的 Word 对象

练习题六

一、选择题

1．Excel 2003 的主要功能是________。

A．表格处理、文字处理、文件管理

B．表格处理、网络通信、图表处理

C．表格处理、数据库管理、图表处理

D．表格处理、数据库管理、网络通信

2．以下有关 Excel 2003 工作簿、工作表说法错误的是________。

A．Excel 2003 默认的工作表名为 Sheet1，Sheet2，Sheet3 等

B．Excel 2003 默认的工作簿名为 Book1，Book2，Book3 等

C．若干个工作簿组成一个工作表

D．工作表用“列标”和“行号”来标识列和行

3．在 Excel 2003 工作表中，在不同单元格输入下面内容，其中被 Excel 2003 识别为字符型数据的是________。

A．1999-3-4　　B．$100　　C．34%　　D．广州

4．在 Excel 2003 中以下________数据需要进行格式设置后再输入。

A．电话　　B．姓名　　C．科室　　D．年龄

5．在 Excel 2003 中，A1，A2 单元中数据分别为 3 和 6，若选定单元格区域 A1:A2 并双击填充柄，则单元格区域 A3:A6 中的数据序列为________。

A．7，8，9，10　　B．3，4，5，6

C. 3，6，3，6　　D. 9，12，15，18

6. 下列________规律数据不能由一个初值通过“填充柄”拖动获得。

A. “一月”到“十二月”　　B. “甲”到“癸”

C. 1st～4th　　D. 1～9

7. 在 Excel 2003 中，选择不连续的行的方法是________。

A. 拖动鼠标　　B. 用鼠标分别单击行号

C. 按下 Ctrl 键再单击行号　　D. 按下 Alt 键再单击行号

8. 在 Excel 2003 中，关于“删除”和“清除”正确的叙述是________。

A. 删除指定区域是将该区域的数据连同单元格一起从工作表中删除；清除指定区域仅清除该区域中的数据，而单元格本身仍保留

B. 删除内容不可以恢复，清除的内容可以恢复

C. 删除和清除均不移动单元格本身，但删除操作将原单元格清空；而清除操作将原单元格中内容变为 0

D. Delete 键的功能相当于删除命令

9. 下列有关 Excel 2003 中 COUNT 函数的叙述正确的是________。

A. 可以统计指定单元格中数值型数据的个数

B. 可以统计指定单元格中汉字文本数据的个数

C. 可以统计指定单元格中逻辑型数据的个数

D. 可以统计指定单元格中日期型数据的个数

10. 在 Excel 2003 工作表中，要计算单元格区域 A1:C5 中值大于等于 30 的单元格个数，应使用公式________。

A. =COUNT(A1:C5,">=30")

B. =COUNTIF(A1:C5,>=30)

C. =COUNTIF(A1:C5,">=30")

D. =COUNTIF(A1:C5,>="30")

11. 在 Excel 2003 中，单元格格式包括________。

A. 数值的显示格式　　B. 字符间距

C. 是否显示网格线　　D. 单元格高度及宽度

12. 在 Excel 2003 中先选定 1～10 行，再在选定的基础上改变第 5 行的行高，则________。

A. 1～10 行的行高均改变，并与第 5 行的行高相等

B. 1～10 行的行高均改变，但与第 5 行的行高不一定相等

C. 只有第 5 行的行高改变

D. 只有除第 5 行外的行高改变

13. 下列有关 Excel 2003“图表”的叙述错误的是________。

A. 它以一种图形化的方式来表示工作表中的内容

B. 其创建方法有“一步法”和“向导法”

C. “向导法”可以进行全面设置

D. “一步法”的结果是无法二次修改的

14. 下列有关 Excel 2003“透视表”的叙述错误的是________。

A. “透视表”是按主次两个字段分类汇总的

B．其产生的结果可以放在新的工作表中

C．其产生的结果可以放在现有的工作表中

D．在建立“透视表”过程中数据源区域是无法改变的

15．下列有关 Excel 分类汇总功能的叙述中正确的是（　　）。

A．在分类汇总之前需要按分类的字段对数据排序

B．在分类汇总之前不需要按分类的字段对数据排序

C．Excel 的分类汇总方式是求和

D．可以使用删除行的操作来取消分类汇总的结果，恢复原来的数据

16．在默认状态下，不能使用填充序列的方法输入的数据是（　　）。

A．1 月、2 月、3 月……12 月　　B．一月、二月、三月……十二月

C．1 季度、2 季度、3 季度、4 季度　　D．一季度、二季度、三季度、四季度

17．要在不连续的单元格输入相同的数据，操作时需要按（　　）键。

A．“Ctrl+Enter”　　B．“Shift+Enter”

C．“Alt+Enter”　　D．Enter

18．“常用”工具栏上用于打开工作簿的按钮是（　　）。

A．　　B．　　C．　　D．

19．“格式”工具栏上设置数字格式为“货币样式”的按钮是（　　）。

A．　　B．　　C．　　D．

20．“常用”工具栏上用于对数据“自动求和”的按钮是（　　）。

A．　　B．　　C．　　D．

21．“常用”工具栏上用于对数据升序排序的按钮是（　　）。

A．　　B．　　C．　　D．

二、填空题

1．在 Excel 2003 中，将地址中的行号或列号设为绝对地址时，需在其左边附加________字符。

2．在 Excel 2003 中，在输入一个公式之前，必须先输入符号________。

3．在 Excel 2003 中文本运算"abb"&"bbc"的结果为________。

4．已知 Excel 2003 中某个工作表中几个单格的值为：D1=10，D2=20，D3=30，则 SUM（1,2,3）的结果为_____。

5．在 Excel 2003 中，假设 A1，B1，C1，D1 的值分别为 2，3，7，3，则 SUM（A1:C1）/D1 的结果为________。

6．已知 Excel 2003 中某个工作表中几个单元格中的值为：D1=1，D2=2，D3=3，D4=4，D5=5，D6=6，则 SUM（D1: D3, D6）的结果为________。

7. 在 Excel 2003 的工作表中已知 D1=10，D2=20，D3=30，则 AVERAGE（D1,D2,D3）的结果为________。

8．在 Excel 2003 中的工作表中已知 D1=10，D2=20，D3=15，D4=11，则 MAX（D1, D3: D4）的结果为________。

9．在 Excel 2003 中函数 ROUND（34.563,1）的结果是________。

10．在 Excel 2003 中，已知工作表的 D1=80，则函数 IF（D1<80,0,（D1−10）*2）的结果是________。

11．在 Excel 2003 中，最多允许按________个关键字进行排序。

12．在 Excel 2003 中，图表工作表的工作表名称的约定为________。

13．一个工作簿最多有________个工作表，每张工作表最多有________行________列，工作簿的默认扩展名是________。

14．工作簿窗口最大化时，工作簿名显示在__________________，工作簿窗口的控制按钮显示在________________。

15．二行三列单元格的地址是________，单元格 F6 位于________行________列，单元格区域 B3：E5 表示________________的所有单元格。

三、问答题

1．在默认状态下，单元格中能正常显示不超过 12 位的数字，现在要输入居民身份证，应该怎样操作？

2．改写方式编辑数据与插入方式编辑数据有什么不同？

3．复制单元格与移动单元格有什么不同？

4．清除单元格与删除单元格有什么不同？

5．设置数据的字体可以使用哪几种方法？

6．“格式”工具栏上的“货币样式”按钮和“单元格格式”对话框中“分类”列表框中的“货币”选项都可以设置数据格式为“货币样式”，它们的功能有什么不同？

7．“常用”工具栏上的“新建”按钮和“文件”→“新建”菜单命令，都可以新建工作簿，它们的功能有什么不同？

8．假设工作表的每个数字至少带有 5 个 0，怎样操作可以快速输入这些数字？

9．要在多张工作表中输入相同的数据，应该怎样操作？（提示：查看帮助信息）

10．在默认状态下，一季度、二季度、三季度、四季度不能使用填充序列的方法输入，请创建一个自定义填充序列，使它们能够使用填充序列的方法输入。（提示：查看帮助信息）

11．假设要在工作表中输入数百个数据，每个数据都含有“职业中学”4 字，例如，新华职业中学、旅游职业中学、计算机职业中学等，怎样操作可以加快输入速度？

第 7 章

PowerPoint 2003 演示文稿的制作

通过对本章的学习，应掌握以下内容。

- 熟悉 PowerPoint 2003 的工作界面和工作模式。
- 设置和编辑模板。
- 插入和绘制图形，以及文本和图像的格式化。
- 特殊效果和超链接的使用。
- 幻灯片的放映和打印。

7.1　PowerPoint 2003 的基本操作

PowerPoint 2003 是 Office 2003 套装软件中的一个重要组成部分，使用 PowerPoint 2003 可以在授课、报告、演讲时为学生或听众提供一份集文本、图像、声音、动画、视频等为一体的演示文稿，使得内容生动有趣，现场气氛轻松活跃。PowerPoint 2003 集演示文稿的创建、编辑和放映为一体，为用户提供了一个简单易用且功能强大的演示文稿工作平台。PowerPoint 2003 默认的文档扩展名是.ppt。

7.1.1　PowerPoint 的工作界面

1．启动 PowerPoint 2003

单击“开始”按钮，在“所有程序”中依次单击“Microsoft Office”→“Microsoft Office PowerPoint 2003”，即可打开如图 7-1 所示的 PowerPoint 2003 工作界面。启动后默认会建立一个名为“演示文稿 1” 的空白幻灯片。

2．PowerPoint 2003 工作界面

与其他 Office 组件类似，PowerPoint 2003 的工作界面由标题栏、菜单栏、工具栏、大纲窗格、任务窗格、状态栏和工作区组成。其中，标题栏中包括应用程序名或当前打开文档的名称，以及“最大化”、“最小化”、“还原”和“关闭”按钮；菜单栏位于标题栏的下方，选择菜单栏中的某个命令可以对文档进行一个或一组操作；工具栏通常位于菜单栏的下方，其中包含“常用”工具栏、“格式”工具栏等；大纲窗格在普通视图下显示于工作界面的左侧，包括“大纲”和“幻灯片”两个标签，用来显示演示文稿的整体结构；任务窗格在工作界面的右侧，以超链接的方式提供了常用的任务操作；状态栏显示程序相关信息，包括幻灯片页

码、语言、模板名称等；工作区是用户进行演示文稿的创建和编辑操作的主界面。

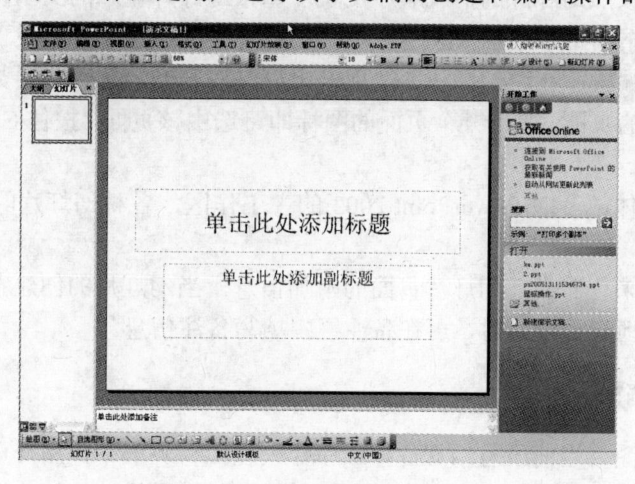

图 7-1　PowerPoint 2003 工作界面

在大纲窗格的“幻灯片”标签中，鼠标单击某个页面可以选中它并在工作区中显示其内容；右击页面可以在弹出的快捷菜单中进行幻灯片的创建、复制、剪切、粘贴和删除操作；也可以在幻灯片页面上按下鼠标左键，并将页面拖动到合适的位置。

7.1.2　PowerPoint 的视图模式

PowerPoint 2003 提供了多种视图模式，这些视图模式可以使演示文稿以不同的方式展示，以满足用户放映、编辑幻灯片时的需要。在 PowerPoint 2003 工作界面的左侧大纲窗格的下方有 3 个视图按钮，分别代表“普通视图”、“幻灯片浏览视图”和“幻灯片放映（从当前幻灯片开始）视图”，使用这些按钮可以方便地在常用的幻灯片视图之间进行切换。另外，在“视图”菜单中除了上述的 3 种视图命令外，还包括“备注页视图”。

1．普通视图

创建一个新的或者打开一个已有的演示文稿时，默认的视图就是普通视图，如图 7-2 所示，PowerPoint 2003 工作界面被分成了 3 个部分：大纲窗格、幻灯片主体和备注栏。

图 7-2　普通视图

（1）大纲窗格按照幻灯片的播放顺序反映了每张幻灯片显示的文本内容，可以用来对幻灯片快速定位。大纲窗格中包括“大纲”和“幻灯片”两个选项卡，在“大纲”选项卡中可以进行文本预览和编辑；在“幻灯片”选项卡中可以按照幻灯片顺序预览幻灯片的整体样式并迅速地找到所需的页面，单击某个页面的图标即可选中该页面，按住 Ctrl 键或 Shift 键可选择多个页面。

（2）幻灯片主体部分即 PowerPoint 2003 的主工作区，各种幻灯片的编辑操作都在这里进行。

（3）备注栏用来存储当前幻灯片页面的附加信息，当幻灯片的创建者或用户认为幻灯片上的内容不能完整地表达信息时，可在备注栏中填写备注信息。

2．幻灯片浏览视图

幻灯片浏览视图将当前所有幻灯片按顺序排列在工作界面中，用户可以在该视图中浏览幻灯片的大体内容、形式及各个页面的位置关系，并且可以拖动幻灯片方便地调整幻灯片的顺序。幻灯片浏览视图如图 7-3 所示。

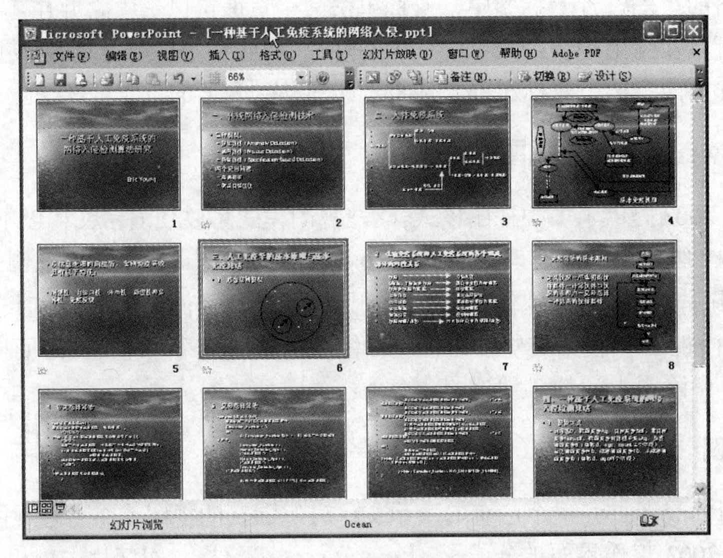

图 7-3　幻灯片浏览视图

3．幻灯片放映视图

当演示文稿制作完成后，可以在幻灯片放映视图中进行演示和播放。在幻灯片放映视图中，幻灯片的主体内容将以全屏的方式放映，用户定义的各种动作和特殊效果也将被激活。幻灯片放映视图如图 7-4 所示。

注意：使用菜单栏中的“视图”→“幻灯片放映”命令，将从演示文稿中的第一张幻灯片开始放映；而单击按钮则是从当前选定的幻灯片页面开始播放。两种操作方式的快捷键分别为 F5 和“Shift+F5”。

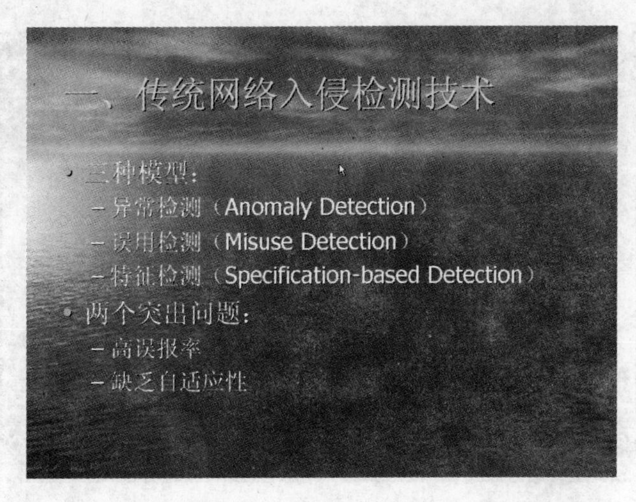

图 7-4　幻灯片放映视图

4．备注页视图

在“视图”菜单中还提供了一种“备注页视图”，如图 7-5 所示。备注页视图中，在幻灯片下方提供了备注栏，用来显示用户在普通视图中“备注栏”里填写的信息，也可以在其中对相关注释信息进行编辑。

图 7-5　备注页视图

7.1.3　制作演示文稿

1．创建空演示文稿

就是新建一个空白的 PowerPoint 文档。它不包括任何格式，也没有利用任何模板，是一种基本的文档。要创建空演示文稿，首先选择“文件”→“新建”命令，在打开的“新建演示文稿”任务窗格中选择“空演示文稿”，如图 7-6 所示。

单击“常用”工具栏中的“新建”按钮，同样可以创建一个空演示文稿。

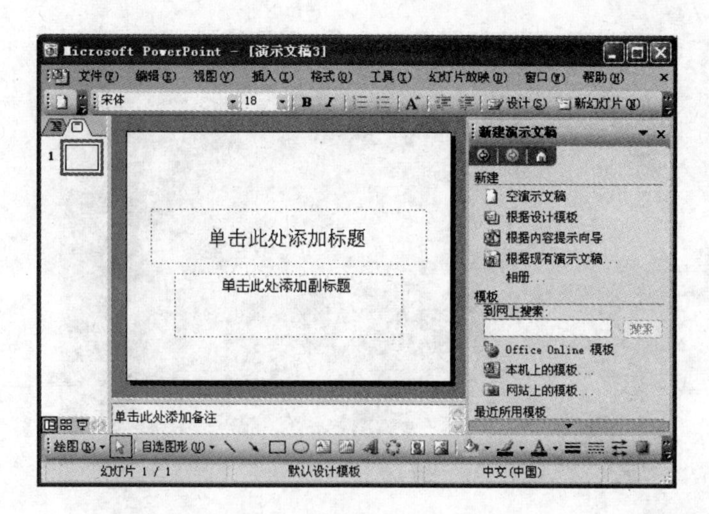

图 7-6　创建空演示文稿

2. 通过“内容提示向导”创建新演示文稿

在“内容提示向导”的指导下，用户可分 7 步完成演示文稿的建立。

(1) 选择“文件”→“新建”命令，打开“新建演示文稿”任务窗格，如图 7-7 所示。

(2) 单击“根据内容提示向导”项，打开“内容提示向导”对话框，如图 7-8 所示。

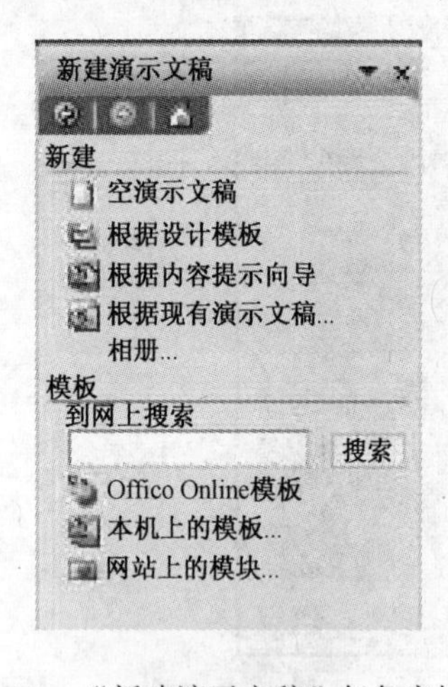

图 7-7　“新建演示文稿”任务窗格

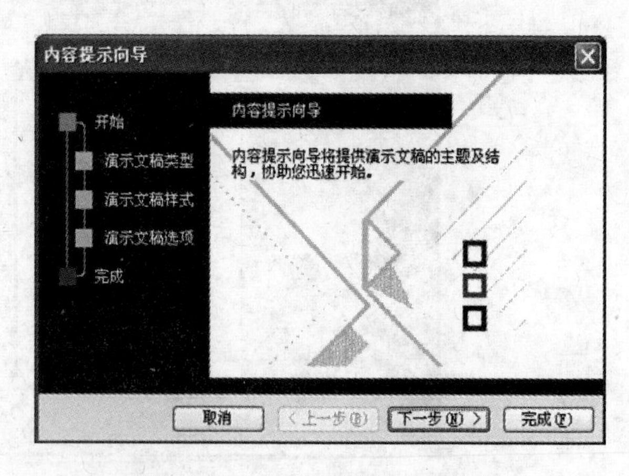

图 7-8　“内容提示向导”对话框

(3) 单击“下一步”按钮，在其中选择演示文稿的类型。可以选择的有 7 个类型，如在大类型中选择“销售 / 市场”后，再在小类型中选择“商品介绍”，如图 7-9 所示。

(4) 单击“下一步”按钮，在这里选择一种输出的类型，向导将为幻灯片选择最佳的配色方案，默认选择是“屏幕演示文稿”，如图 7-10 所示。

(5) 单击“下一步”按钮，然后在“演示文稿标题”文本框中输入演示文稿的标题，并在“页脚”文本框中输入要在页脚显示的文字，如图 7-11 所示。

(6) 单击“下一步”按钮，到达向导的最后一个对话框，如图 7-12 所示。

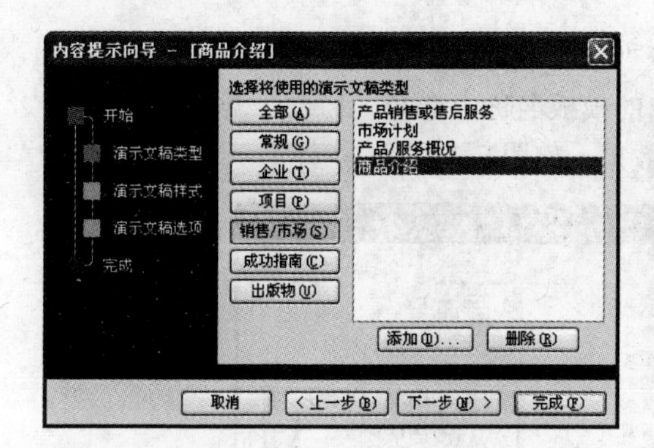

图 7-9　选择演示文稿类型

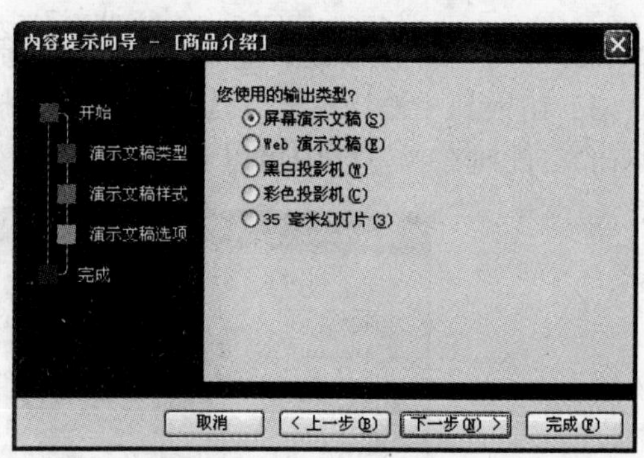

图 7-10　选择输出的类型

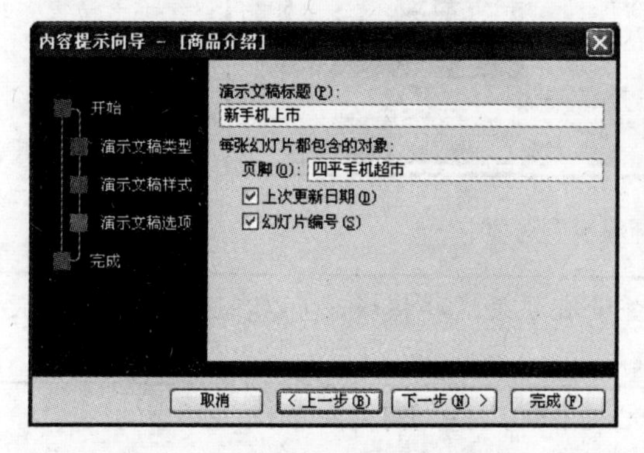

图 7-11　输入幻灯片标题和页脚文字

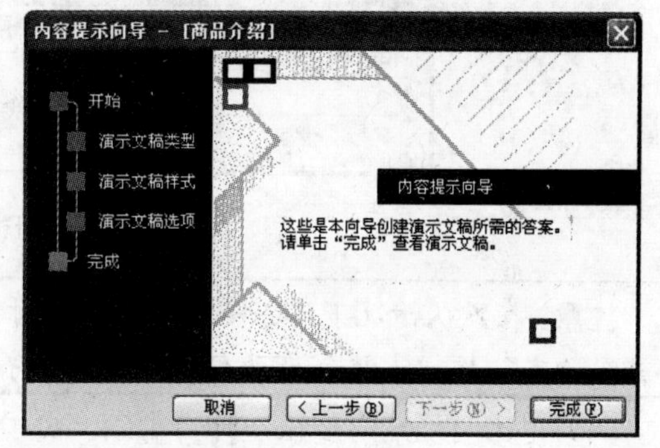

图 7-12　完成向导

（7）单击“完成”按钮，系统将自动完成以商品介绍为主题的幻灯片制作。主要内容有两部分：一是完整的商品介绍讲稿结构，主要内容以多级标题形式显示于窗口左侧“大纲”窗格区内；二是统一风格的主题背景，以片头形式显示于窗口右侧，如图 7-13 所示。

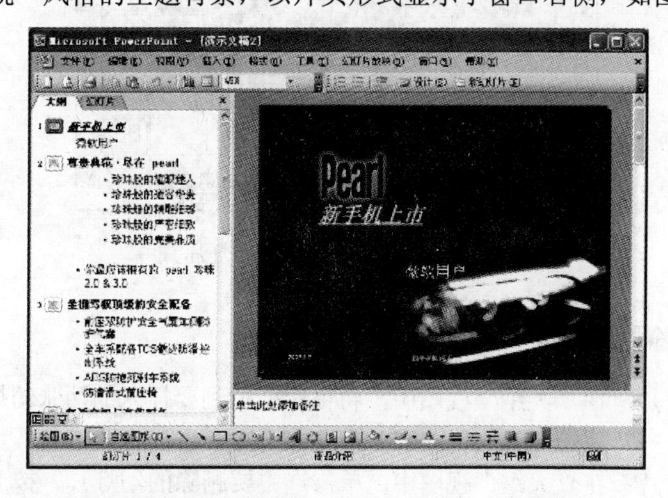

图 7-13　根据“内容提示向导”制作的一组幻灯片

3. 根据模板制作幻灯片

在 PowerPoint 中，也可以根据模板制作幻灯片，具体方法如下。

（1）选择“文件”→“新建”命令，将打开“新建演示文稿”任务窗格。

（2）单击“本机上的模板”选项，将打开“模板”对话框。

（3）切换到“设计模板”选项卡。在列出的模板名称中选择一种设计模板名称，如“心心相印”。此时在预览区中可以看到该模板的效果，如图 7-14 所示。

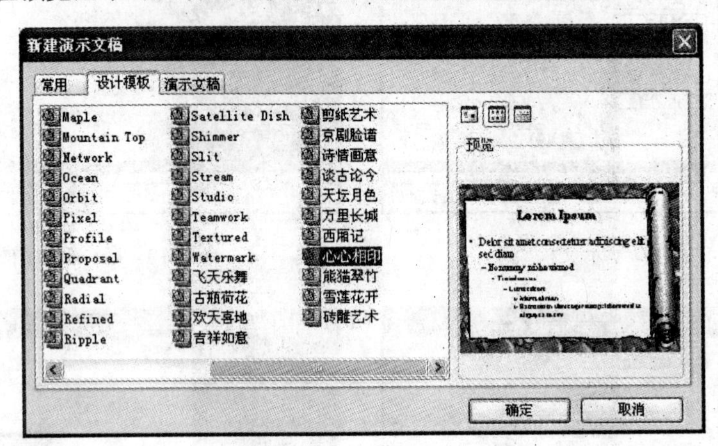

图 7-14 “设计模板”选项卡

注意：在默认情况下，安装 Office 2003 时并没有安装这些模板，所以在选择一种模板后，单击“确定”按钮，就会启动 Office 安装程序。

（4）单击“确定”按钮，即可得到一页“心心相印”的幻灯片，如图 7-15 所示。

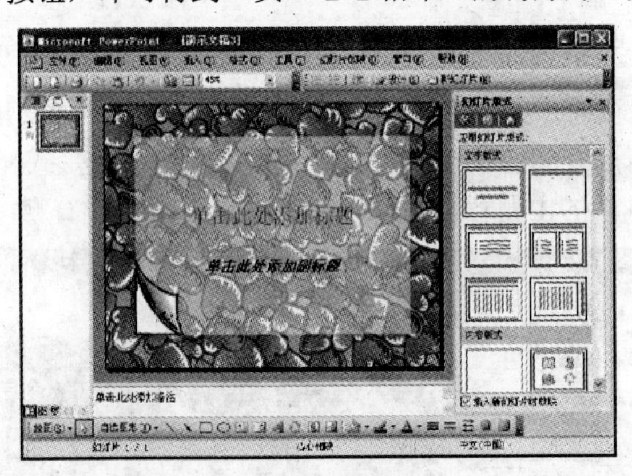

图 7-15 根据模板制作幻灯片

4．插入、删除和移动幻灯片

（1）插入幻灯片：在“大纲”视图中，将鼠标定位到要插入的两张幻灯片之间，按回车键或执行“插入”→“新幻灯片（Ctrl+M）”菜单命令。

（2）删除幻灯片：在“大纲”视图中，单击选中要删除的幻灯片，按 Delete 键，或单击“剪切”按钮。

（3）移动幻灯片：在大纲编辑区单击选中幻灯片，向上或向下拖动到新的位置。

（4）复制幻灯片：选定幻灯片，执行“插入”→“幻灯片副本”菜单命令；或在大纲编辑区选中幻灯片，先单击“复制”按钮，再定位到其他位置，单击“粘贴”按钮。

5．保存演示文稿

为了能及时保存好已有的成果，用户在编辑的过程中就要及时进行保存工作。保存的方法与 Word 2003 和 Excel 2003 相同，在这里不再赘述。

7.2 演示文稿排版

输入演示文稿中的文本，并对其进行外观设计是演示文稿制作过程中最基本、最重要的一步。PowerPoint 2003 为用户提供了全面的幻灯片外观设计以及模板、母版等功能，使用这些功能可以方便地设置幻灯片的配色方案、排版样式等，达到快速修饰演示文稿的目的。

7.2.1 修改幻灯片外观

在 PowerPoint 2003 中，幻灯片外观的基本设置包括文本对象的编辑及背景图案的更改和设置等。

1．占位符

在介绍幻灯片的文字和背景属性前，首先说明占位符的概念。所谓占位符，是指 PowerPoint 幻灯片页面中的虚线方框，在这些方框中可以插入文本、图像、图表、表格、动画和声音等对象。当新建一个演示文稿时，占位符起到固定对象位置的作用。占位符如图 7-16 所示。

图 7-16 占位符

图 7-16 演示的文稿界面中包括 4 个占位符，其中，单击最顶端的占位符可以在其中编辑标题；左边的占位符用来输入文本；单击右边的两个占位符中的图标可以插入相应的对象。

要设置占位符的属性，可以双击占位符的边框，或者在边框上右击鼠标，在弹出的快捷菜单中选择“设置占位符格式”项，弹出如图 7-17 所示的对话框。

在“设置占位符格式”对话框中可以进行边框颜色、填充线条、占位符尺寸大小和缩放比例、在幻灯片页面中的位置等属性的设置。

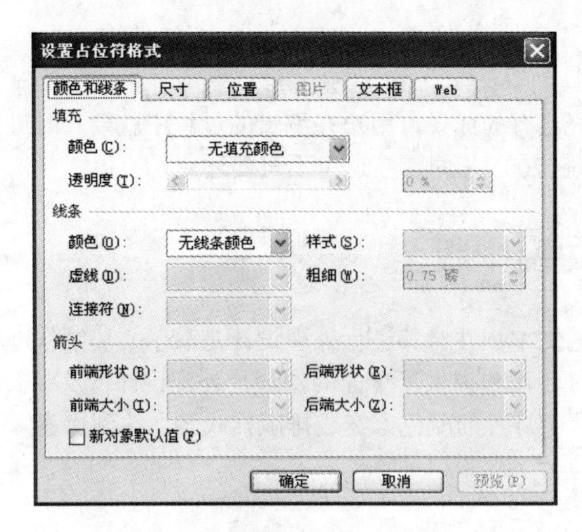

图 7-17 “设置占位符格式”对话框

2. 文本对象

文本对象是幻灯片中使用最多的元素，文本中包含了使用者想要表达的全部信息。正确而快速地对文本对象进行编辑是 PowerPoint 演示文稿制作过程中重要的步骤。

（1）创建或编辑文本对象。单击某个合适的占位符，即可在其中输入文本内容。默认情况下，PowerPoint 给每个段落的文本都进行自动编号，按 Enter 键后，PowerPoint 自动插入下一个项目符号。如果想在段落中另起新行而不是插入新的项目符号，需要使用“Shift+Enter”组合键。

可以按下鼠标左键并拖动来进行文本的选择，也可以在某个单词上双击鼠标选择该单词。要想选择一个段落时，可在这个段落的任意位置连续 3 次单击鼠标；要选择某个页面中的全部文本时，可在大纲窗格中选择“大纲”标签，并在其中单击要选择的页面的图标。

（2）在占位符外插入文本对象。使用菜单栏中的“插入”→“文本框”命令，可以选择插入一个横排或竖排的文本框。PowerPoint 2003 中文本框的基本操作与 Word 2003 中的基本相同，读者可以参阅有关内容进行文本框操作。

（3）在大纲窗格中输入文本。大纲视图主要用在演示文稿中所有幻灯片的文字编辑上，仅显示幻灯片的标题和主要文字信息，这样可专心地处理所有的文字构思，不必辛苦地前后翻页。待文字信息处理完后，可再回到幻灯片视图，调整页面布局和插入图形、图表等其他对象。

在工具栏的任何部位右击鼠标，从弹出的快捷菜单中选择“大纲”，在窗口左侧出现“大纲”工具栏。切换到大纲视图后，可利用“大纲”工具栏上各按钮调整文字的位置及级别，如图 7-18 所示。

图 7-18 “大纲”工具栏

在大纲视图中加入文字如同使用 Word 编辑器一样，只要把插入点移到合适的位置，就可以输入文字了；要插入一张幻灯片或一个副标题，只要按 Enter 键，就会产生一个与上一行同一层次的空白行，即如果上一行为幻灯片的标题行，则按 Enter 键后，创建一张新幻灯片，如果上一行为幻灯片的副标题，则按 Enter 键后，产生新的副标题。

按“Ctrl+Enter”组合键是使下一行输入文本的等级与上一行不同，即上一行如果是标题，则按“Ctrl+Enter” 组合键后，第二行会变成正文；反之，如果当前行是正文，则按“Ctrl+Enter”组合键后，将创建下一张幻灯片。一般可利用“大纲”工具栏中的按钮来改变段落的层次关系，各按钮功能说明详见表 7-1。

表 7-1 “大纲”工具栏上各按钮功能说明

按钮名称	功能
升级	将所选段落移至下一较高标题级，即向左升一级
降级	将所选段落移至下一较低标题级，即向右降一级
上移	将所选段落和其折叠的附加文本上移。上移可改变幻灯片顺序，或改变层次小标题的从属关系
下移	将所选段落和其折叠的附加文本下移。下移可改变幻灯片顺序，或改变层次小标题的从属关系
折叠	隐藏所选幻灯片除标题外的所有内容。已折叠的文本由灰色线表示
展开	显示所选幻灯片的标题和所有折叠文本
全部折叠	只显示每张幻灯片的标题
全部展开	显示每张幻灯片的标题和全部正文
摘要幻灯片	根据所选幻灯片标题创建一张新的幻灯片
显示格式	显示或隐藏字符格式

3．背景

在 PowerPoint 2003 中可以对幻灯片的背景进行更换，背景类型包括单色、渐变效果、纹理、图案和图片等。依次单击菜单栏中的“格式”→“背景”命令，或者右击大纲窗格中的“幻灯片”标签，在弹出的菜单中选择“背景”项，弹出如图 7-19（a）所示的对话框，即可进行幻灯片背景设置。

在“背景”对话框中，“背景填充”栏演示了当前的背景效果，选中下方的“忽略母版的背景图形”复选框，则母版的图形和文本不会显示在当前幻灯片上。单击背景预览右边向下的箭头，弹出如图 7-19（b）所示的下拉菜单，可以对背景颜色和效果进行设置。

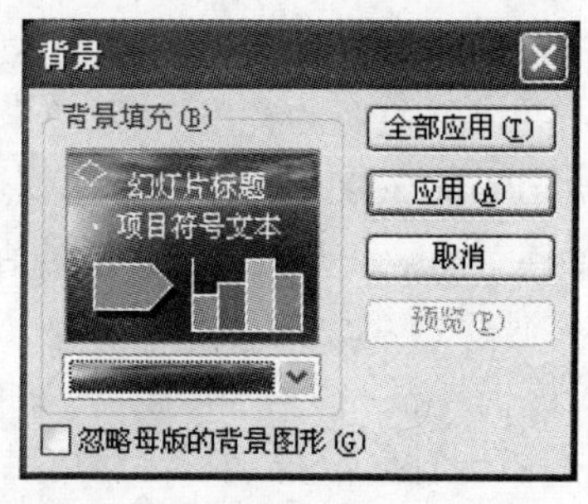

（a）“背景”对话框

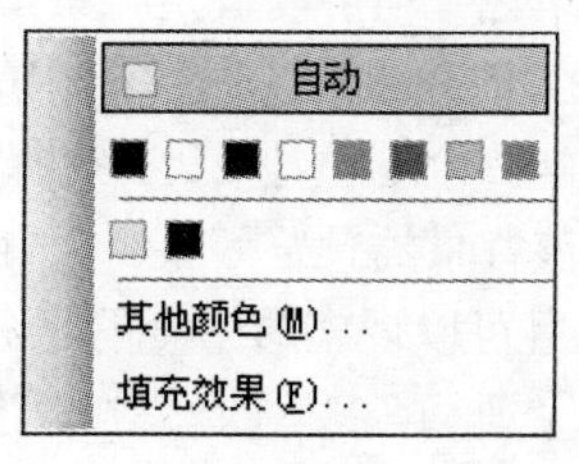

（b）下拉菜单

图 7-19 设置背景

最简单的背景是单色背景，用户只需为幻灯片制定一种背景颜色即可。在图 7-19（b）所示的菜单中提供了几种常用颜色的按钮，如果用户需要设置其他背景颜色，可以单击“其他颜色”选项，在弹出的“颜色”对话框中选择或手工设置所需的颜色。如果想使用渐变效果、纹理、图案和图片等较为复杂的背景模式，则应单击“填充效果”选项，弹出的“填充效果”对话框中的各选项卡如图 7-20 所示。

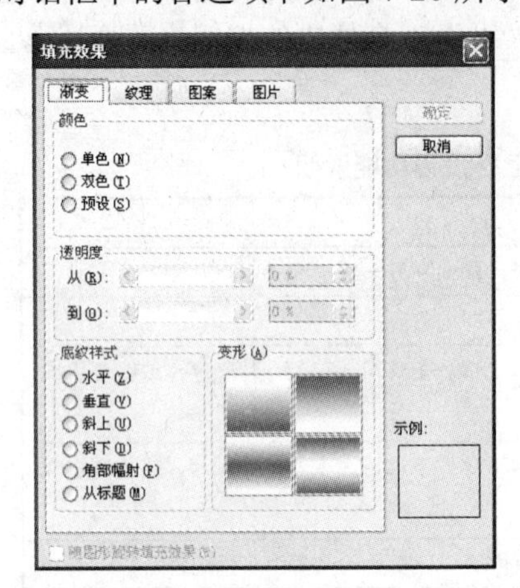

(a)“渐变”选项卡

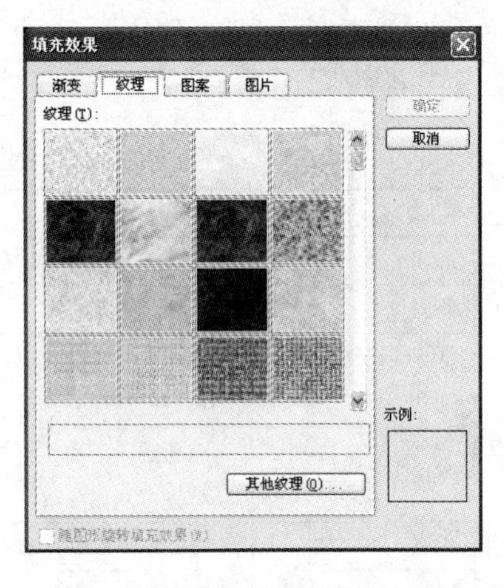

(b)“纹理”选项卡

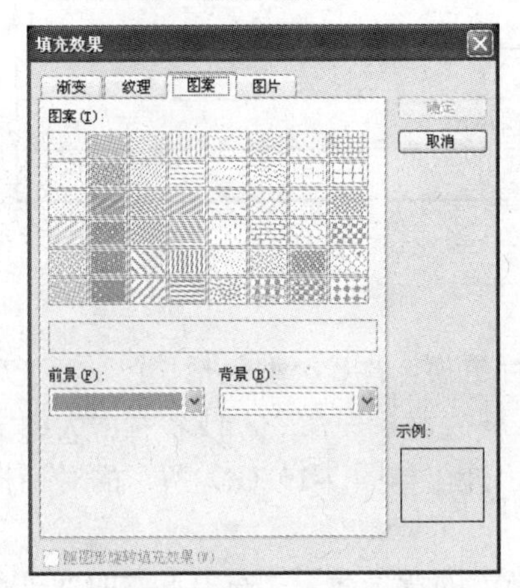

(c)“图案”选项卡

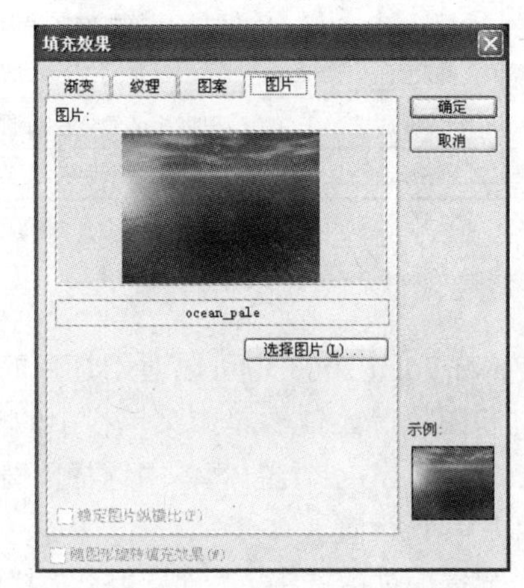

(d)“图片”选项卡

图 7-20 “填充效果”对话框

在图 7-20（a）所示的“渐变”选项卡中可以设置色彩渐变效果的背景图案。在“颜色”栏中，选择“单色”项可以设定背景图案为单色，并调整色彩的亮度；“双色”项用于设置两种颜色相互过渡的效果；“预设”项中提供了 PowerPoint 2003 预设的几种色彩过渡方案，包括“红日西斜”、“金乌坠地”等。选择了某种背景样式后，在“填充效果”对话框右侧的“示例”处会提供该背景的预览效果。“透明度”栏可以使过渡填充的起点颜色部分和终点颜色部分变透明，并且可以调整透明度的百分比。“底纹样式”栏提供了多种渐变效果的变化方向，包括“水平”、“垂直”、“斜上”、“斜下”等，选择了一种底纹样式后，还可以在“变形”栏中选择基于当前底纹样式的各种变形效果。渐变类型的背景示例如图 7-21 所示，示例采用双色模式，底纹样式设置为“从标题”，并选择第二种变形效果。

图 7-20（b）所示的“纹理”选项卡能够将幻灯片背景设置为纹理效果。在“纹理”栏中提供了一些 PowerPoint 2003 自带的纹理图案；单击“其他纹理”按钮还允许用户任意选择一幅图片作为纹理添加到背景中。图 7-22 所示是使用“深色木质”纹理作为背景的幻灯片示例。

图 7-21　使用渐变效果示例

图 7-22　使用纹理效果示例

图 7-20（c）所示的“图案”选项卡使得用户可以选择一种 PowerPoint 2003 提供的图案样式作为幻灯片的背景图案，并且用户可以自己设置前景色和背景色。图 7-23 所示是使用“大网格”样式的图案作为背景的效果示例。

在图 7-20（d）所示的“图片”选项卡中，单击“选择图片”按钮可以任意指定一幅图像作为幻灯片背景。图 7-24 所示的是使用 Windows XP 自带的“sunset.jpg”图片作为背景的效果。

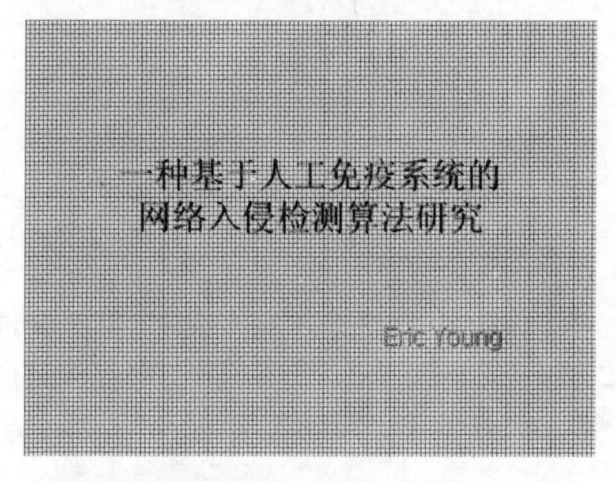

图 7-23　使用图案效果示例

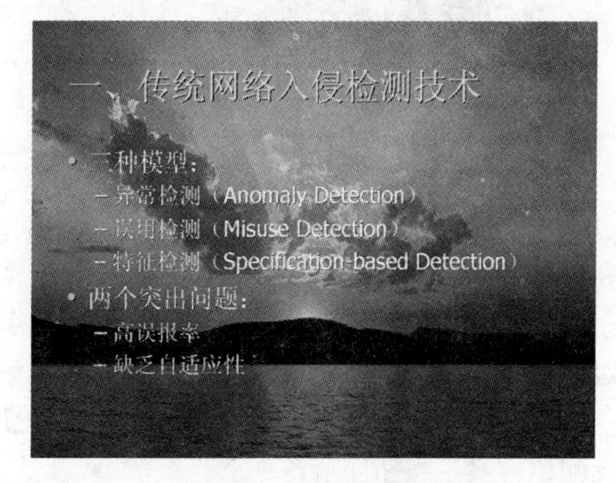

图 7-24　使用图片效果示例

7.2.2　修改模板

设计模板是指 PowerPoint 中预先定义好的一系列幻灯片外观样式，包括背景和配色方案等。使用设计模板可以为演示文稿提供设计完整、专业的外观。单击“格式”工具栏中的“设计”按钮，即可打开“幻灯片设计”任务窗格，其中包括 3 种幻灯片版面设计方法：设计模板、配色方案和动画方案，如图 7-25 所示。

在“设计模板”中，PowerPoint 2003 提供了预定义好的幻灯片样式。将鼠标指针移动到待选择的样式上，单击右侧的下拉箭头，即可在弹出的菜单中进行设计模板的相关操作。其中，“应用于所有幻灯片”和“应用于选定幻灯片”分别将该模板应用于演示文稿中的所有幻灯片以及当前工作区内选定的幻灯片；“显示大型预览”命令将任务窗格中的模板预览图变为大型图案，方便用户查看。单击最下方的“附加设计模板”可以从 Office 安装光盘中安装更多的设计模板，“Microsoft Office Online 设计模板”按钮可用来获取 Web 上可用的设计模板。

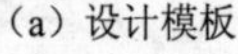

(a) 设计模板

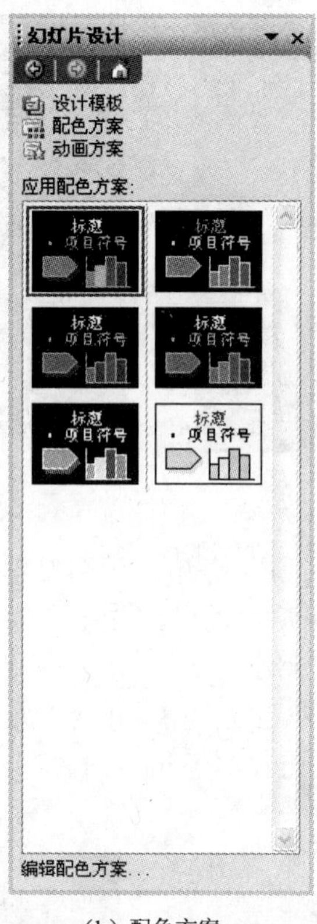

(b) 配色方案

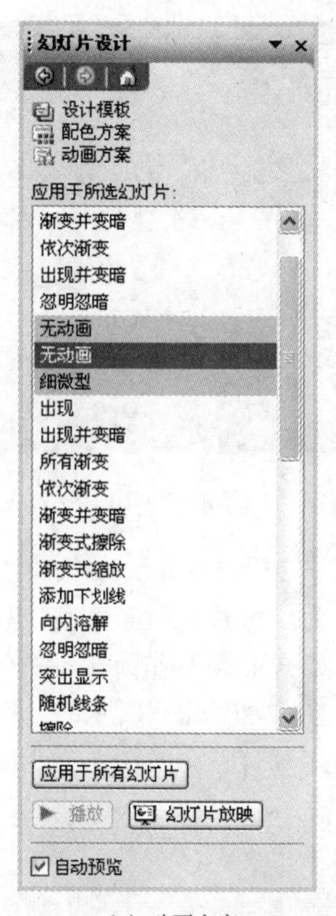

(c) 动画方案

图 7-25　幻灯片设计

“配色方案”中提供了一些预设的颜色配置，由背景、文本和线条、阴影、标题文本、填充、超链接等色彩方案组成。单击各个预览图右侧的向下按钮，可以选择将该配色方案应用于当前幻灯片、所有幻灯片或母版。单击任务窗格下方的“编辑配色方案”选项，在弹出的对话框中选择“自定义”选项卡，即可编辑配色方案。选中需要更改色彩的项目名称前面的色块，单击“更改颜色”按钮可以选择一种新颜色，所有项目更改完成后，单击“添加为标准配色方案”按钮即可。

PowerPoint 2003 中的动画设置允许用户对演示文稿进行相关设置，使得在放映时，幻灯片上的文本和其他对象产生进入和退出时的动画效果。在“幻灯片设计”任务窗格中的“动画方案”可以对单个或全部幻灯片页面上的所有对象进行动画设置。PowerPoint 2003 内建的动画效果包括渐变、添加下画线、向内溶解、随机线条等。单击要选用的动画效果即可选中它，同时，工作区内的幻灯片页面开始演示选择的效果。

7.2.3　设置母版

母版是 PowerPoint 提供的一类特殊的幻灯片，它规定了整个演示文稿的格式，任何幻灯片文稿都是在母版的基础上建立起来的。母版中的格式信息包括文本对象的字形、占位符的大小和位置、背景格式和配色方案等。图 7-26 所示的幻灯片应用了母版，图中的 4 张幻灯片都具有统一的标题格式、文本格式及背景图案。

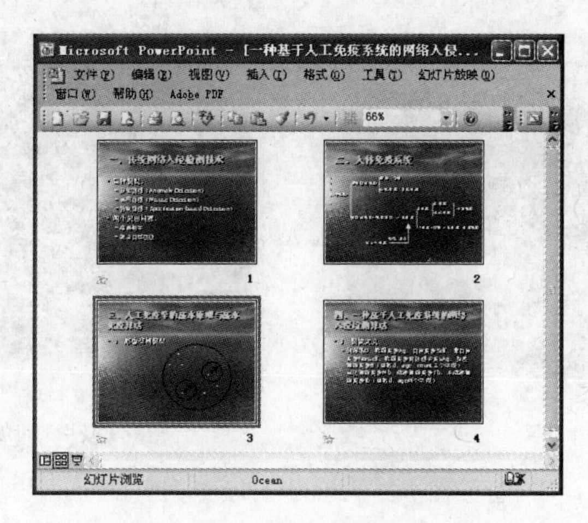

图 7-26　使用母版创建幻灯片示例

要修改演示文稿中多张幻灯片的外观格式，只需修改母版即可，而无须修改各个幻灯片页面。如果要使个别幻灯片的外观与母版不同，可以直接修改该幻灯片，修改之后其他幻灯片的格式不受影响。

母版共有 4 种类型：幻灯片母版、标题母版、讲义母版和备注母版。

1．幻灯片母版和标题母版

幻灯片母版是最常见的母版，也是其他所有母版的基础。幻灯片母版控制了标题和正文文本的样式和位置、项目符号的字符和颜色、日期和页脚信息、背景图案与色彩方案等。

有两种切换到幻灯片母版模式的方法：一是依次单击菜单栏中的“视图”→“母版”→“幻灯片母版”命令；二是按下 Shift 键，大纲窗格下的“普通视图”按钮会变成“幻灯片母版视图”按钮，单击该按钮也可以切换到幻灯片母版模式。幻灯片母版如图 7-27（a）所示。

使用“幻灯片母版视图”工具栏可以对幻灯片母版和标题母版进行各种编辑操作。从图 7-27（a）中可以看到，幻灯片母版的主界面包括 5 个占位符：标题区、对象区、日期区、页脚区和数字区。其中，标题区可用来设置幻灯片标题字符的格式；对象区用来设置幻灯片主体内容的字符格式以及编号和项目符号属性；日期区用来设置页眉或页脚上的日期信息；页脚区用来添加、定位和编辑页眉或页脚上的说明性文字；数字区可以设置自动页面编号的相关内容。

在幻灯片母版中，PowerPoint 2003 还提供了“幻灯片母版视图”，供用户进行幻灯片母版的编辑操作，包括选择、插入、删除、重命名及保护母版等。单击“插入新幻灯片母版”按钮可以插入空白母版，与原有的幻灯片母版类似，新的幻灯片母版也包括标题区、对象区、日期区、页脚区和数字区 5 个占位符，用户可对字体、字型、项目符号、配色方案、背景样式等进行设置。“插入新标题母版”按钮可用来新建一个空白的标题母版。“删除母版”按钮用来删除演示文稿中选定的母版。“保护母版”按钮可用来锁定母版，以防止 PowerPoint 对其进行自动删除操作，单击“保护母版”按钮时，在页面左侧大纲窗格中的幻灯片缩略图旁边会出现“保留母版”图标。单击“重命名母版”按钮可对母版进行重命名操作。“母版版式”按钮可以用来添加或删除页面中的某些元素，如日期、页脚和幻灯片编号等。图 7-27（b）所示为使用母版后的幻灯片示例。

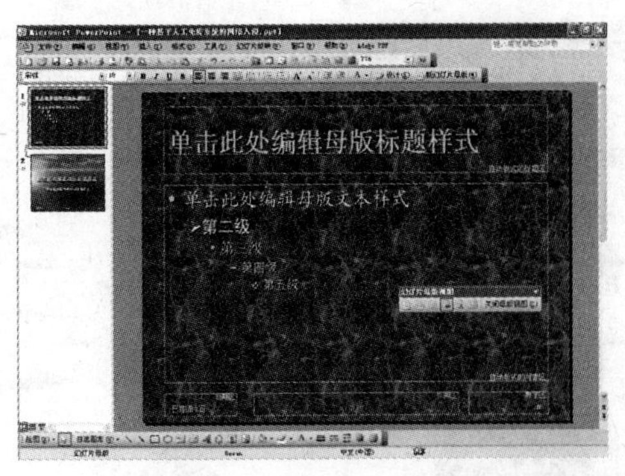

（a）幻灯片母版

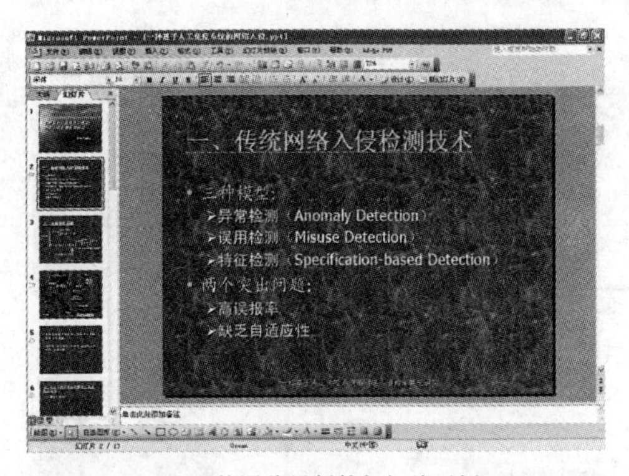

（b）使用此母版的幻灯片示例

图 7-27　幻灯片母版及示例

标题母版用来设置演示文稿中标题页面的外观与格式信息。通常，标题页面位于演示文稿的第一页。在幻灯片母版视图中即可对标题母版进行设置，如图 7-28 所示。由图 7-28（a）所示可以看到，标题母版也包括 5 个占位符：标题区、副标题区、日期区、页脚区和数字区。标题母版的基本设置方法与幻灯片母版相同，这里不再详述。图 7-28（b）所示是一个使用标题母版的幻灯片示例。

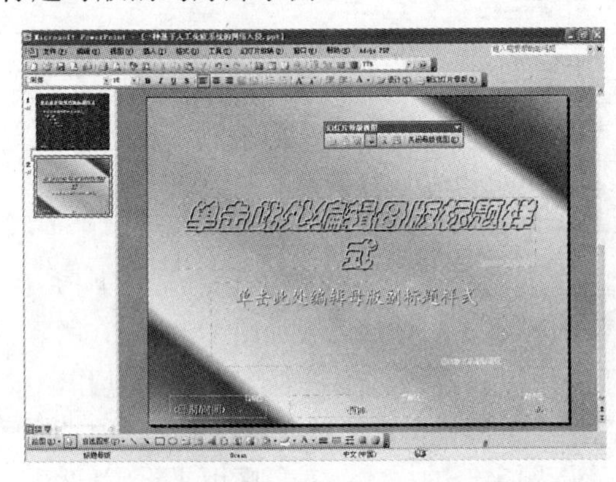

（a）标题母版

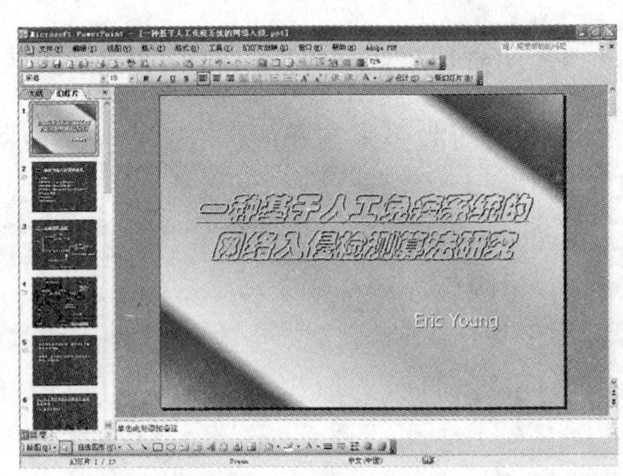

（b）使用标题母版示例

图 7-28　标题母版及示例

2. 讲义母版

PowerPoint 2003 中的讲义母版用于讲义的标准格式化。可以使用菜单栏中的“视图”→“母版”→“讲义母版”命令打开讲义母版界面，或按下 Shift 键并单击大纲窗格下方的“浏览视图”按钮亦可。讲义母版如图 7-29 所示。可以在“讲义母版视图”工具栏中选择一种包含不同数目的讲义视图样式。除此之外，还可以对视图中的 4 个占位符：页眉区、日期区、页脚区和数字区进行样式设置。

3. 备注母版

备注母版用于格式化演讲者备注页面的内容，使用菜单栏中的“视图”→“母版”→“备注母版”命令可以进入如图 7-30 所示的备注母版视图。

备注母版包含 6 个占位符：页眉区、日期区、幻灯片区、备注文本区、页脚区和数字区。

用户可以对这些占位符进行各种格式设置。

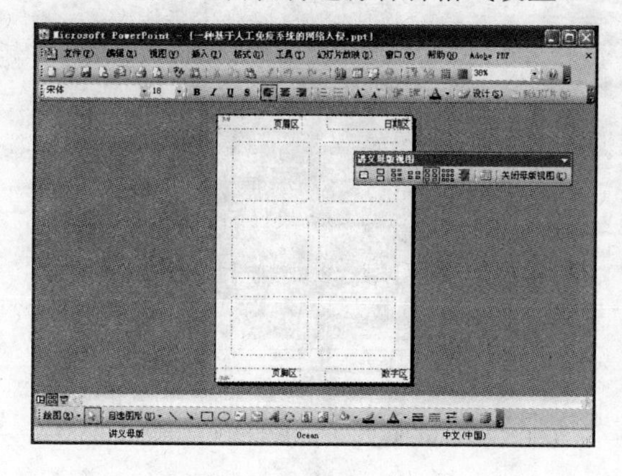

图 7-29　讲义母版

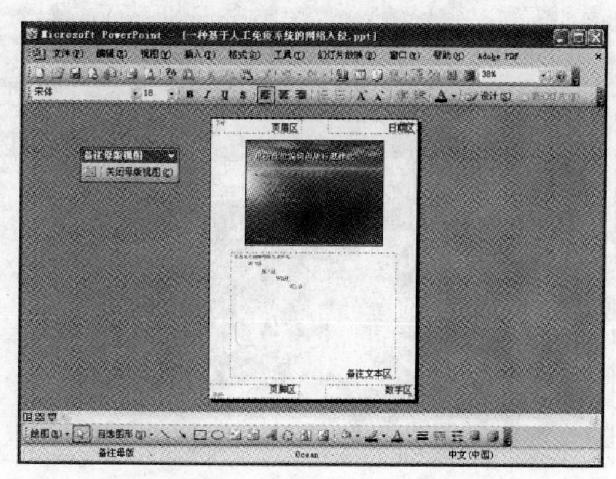

图 7-30　备注母版视图

7.3　美化演示文稿

演示文稿不仅要完整简洁，条理清晰，而且要求界面美观大方，内容生动活泼。常用的美化演示文稿的方法有插入图表和图片，绘制图形对象，对文本和图像进行格式化等。

7.3.1　插入图表和图片

在 PowerPoint 2003 中除了插入文字对象外，还可以方便地插入图表和图片等其他对象。图表可以清楚直观地描述一组统计数据，而图像可以使演示文稿形式多样，生动有趣。

1. 图表

PowerPoint 2003 可以插入多种类型的图表，并且对图表数据进行精确的定量描述。依次单击菜单栏中的“插入”→“新幻灯片”命令，并打开“幻灯片版式”任务窗格，在“内容版式”中选择“标题和内容”版式，然后在幻灯片页面中单击“插入图表”按钮，即可创建一个默认的图表，如图 7-31 所示。或者在任意幻灯片页面上依次单击菜单栏中的“插入”→“图表”命令，也可在当前页面中插入一个图表。

图 7-31 所示的是图表编辑状态。在数据表编辑对话框中可以对数据表各行和列中的数据进行编辑，双击需要编辑的单元格，即可进入文本编辑状态。编辑完成之后，单击数据表编辑对话框外的任意位置即可。

在图表区域右击鼠标，在弹出的快捷菜单中包括“设置图表区格式”、“图表类型”、“图表选项”、“设置三维视图格式”、“数据工作表”等命令。其中，“设置图表区格式”命令用来设置整个图表区的字体属性、填充色以及边框线型、颜色和粗细；“图表类型”命令可以设置图表的外观效果，在标准类型中包括柱形图、条形图、折线图、饼图等，在自定义类型中包括彩色堆积图、彩色折线图、对数图、管状图等。“图表选项”中可以设置图表和分类标题、坐标轴和网格线类型、图例在图表中的位置、数据标签属性和数据表的显示方式。“设置三维视图格式”命令可以调整图表的三维属性，包括视角位置、旋转角度等；“数据工作表”命令可以用来打开或关闭数据表编辑对话框。

一个图表的示例如图 7-32 所示。图表类型设置为“圆柱图”，“图表选项”中的“数据标签”设为“系列名称”和“值”。

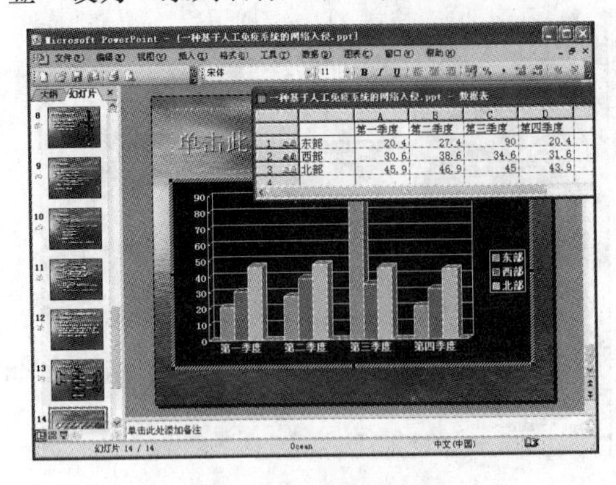

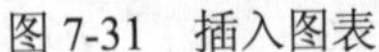
图 7-31　插入图表

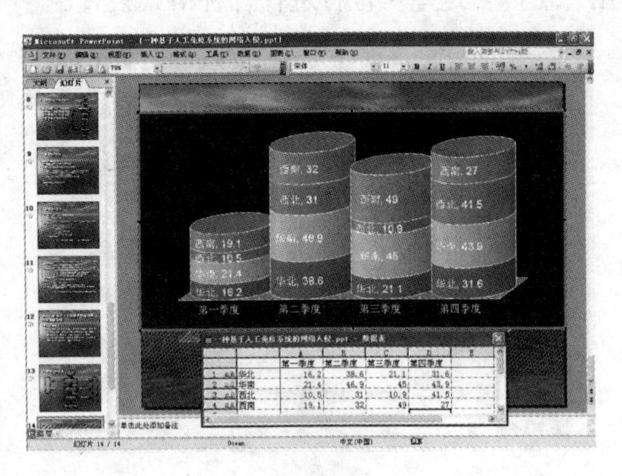

图 7-32　图表示例

2. 图片

和 Word 2003 一样，PowerPoint 2003 的演示文稿中也可以将外来图片作为文档的一部分。常用的插入图片的方法有两种：一是使用菜单栏中的“插入”→“新幻灯片”命令，在“幻灯片版式”任务窗格中选择“内容”版式，然后在幻灯片页面中单击“插入图片”按钮，即可选择一幅图片插入到文稿中；二是依次单击菜单栏中的“插入”→“图片”命令，即可方便地在当前页面中插入一张图片。

选中插入的图片后，会出现“图片”工具栏，使用它可以对图片的颜色、对比度、亮度、大小、边框线型、透明色等进行设置。单击工具栏中的“设置图片格式”按钮还可以对图片的各种信息进行详细设置，这些属性的设置方法与 Word 2003 中图片对象属性的设置方法基本相同，读者可以参阅相关内容。

一个在幻灯片中插入图片的例子如图 7-33 所示。幻灯片页面中插入的是 Windows XP 自带的“sunset.jpg”图片，并且使用“设置图片格式”对话框给该图片加上了双线型边框。

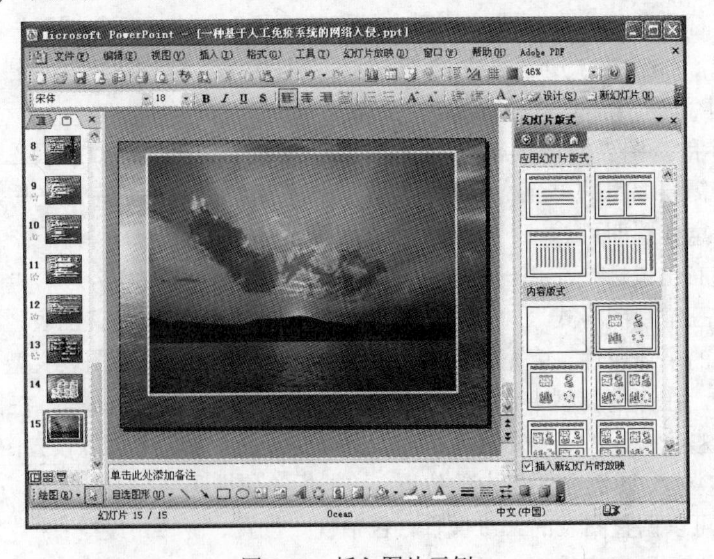

图 7-33　插入图片示例

7.3.2 绘制图形对象

在 PowerPoint 2003 中也提供了“绘图”工具栏，默认情况下位于 PowerPoint 窗口中状态栏的上方，如图 7-34 所示。可以使用“绘图”工具栏手工绘制各种自选图形。

绘图(R)· 自选图形(U)·

图 7-34 “绘图”工具栏

PowerPoint 2003 中的“绘图”工具栏与 Word 2003 中的完全相同，二者的操作方法也大同小异。读者可以根据相关内容在 PowerPoint 中插入自选图形，并对其位置、旋转角度、着色等属性进行设置。一个在 PowerPoint 中插入图形对象的示例如图 7-35 所示。

图 7-35 插入图形对象的示例

7.3.3 文本和图像的高级格式化

为了使界面美观，条理清晰，需要对文本和图像进行格式化操作。对文本格式化时常用的操作包括字体和对齐方式设置，更改大小写，替换字体，分行，段落格式设置等；对图片格式化操作包括对外来图像和自选图形的各种属性进行设置。

1. 文本的格式化

PowerPoint 2003 中，文本对象一般位于占位符中。通常，可以使用“格式”工具栏中的相关按钮更改字体的样式、大小、属性等。需要对文本进行格式化操作时，首先要选定待操作的文本。

（1）有关字体、字号、加粗、倾斜、下画线、对齐方式、缩进量等“格式”工具栏的操作和 Word 2003 中的相同，这里不再重复说明。

（2）替换字体。使用菜单栏中的“格式”→“替换字体”命令，可将演示文稿中某种字体的全部文本替换为其他字体。只需将如图 7-36 所示的“替换字体”对话框中的原字体和新字体分别设置好即可。

（3）换行。使用菜单栏中的“格式”→“换行”命令可打开如图 7-37 所示的“亚洲换行符”对话框。选中“按中文习惯控制首尾字符”复选框可以避免在行首或行尾出现某些字符，如行首的“,”和行尾的“{”等。单击“版式”按钮可以对首位字符进行详细设置。选择“允许西文在单词中间换行”选项，使西文单词可在词中被截断；选中“允许标点溢出边界”选项，将允许标点出现在对齐的文字之外。

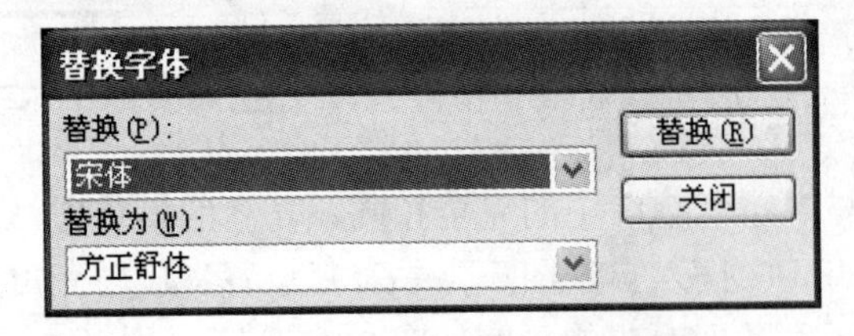

图 7-36 “替换字体”对话框

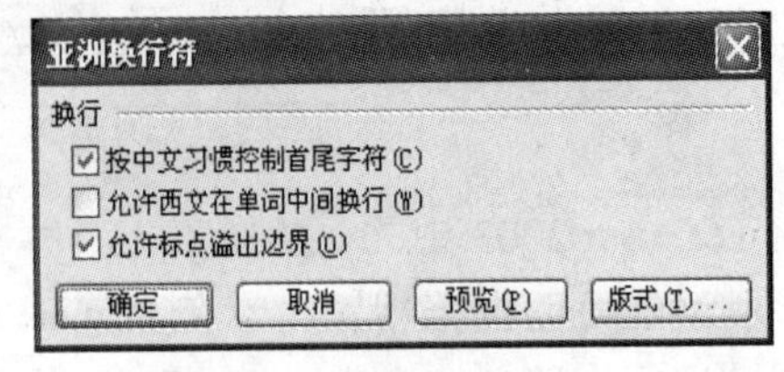

图 7-37 “亚洲换行符”对话框

一些文本格式化的例子如图 7-38 所示。

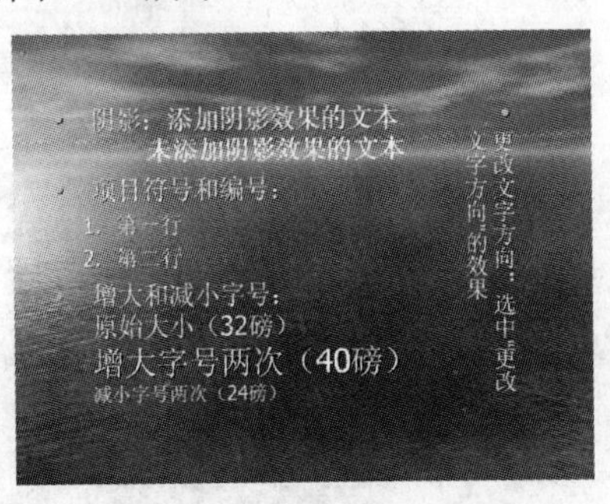

图 7-38 格式化文本示例

2. 图像的格式化

插入的图片以及自选图形设置格式时，可以使用“设置图片格式”和“设置自选图形格式”对话框，如图 7-39 所示。

对于外来图片和自选图形，可以调整图像的线条形状和颜色、填充颜色、尺寸大小、缩放、旋转角度、在幻灯片页面上的位置、亮度和对比度、裁剪大小等，其基本操作和 Word 2003 中的图像属性设置方法相同。

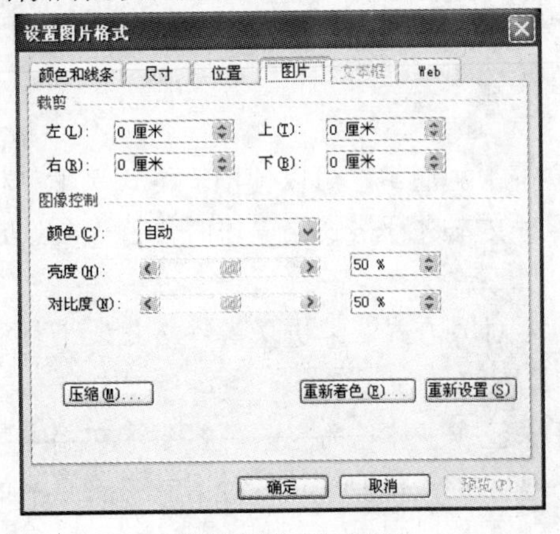

(a)“设置图片格式”对话框

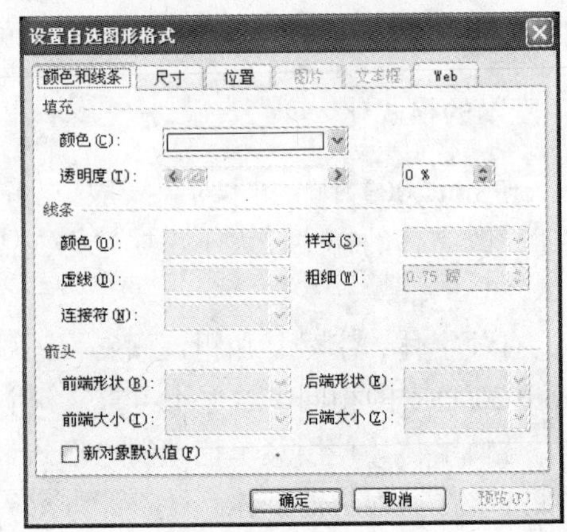

(b)“设置自选图形格式”对话框

图 7-39 图像的格式化

7.4 添加特殊效果和超链接

前面介绍了演示文稿的排版和美化，这些操作使得演示文稿内容清晰合理，版式美观大方。然而，前面介绍的文字和图形都是静态对象，表现力不够强。PowerPoint 2003 提供了强大的动态对象插入和编辑功能，包括动画效果、视频对象和音频对象等，这些动态效果使得观众在视觉和听觉上都得到直观而深刻的印象。此外，在 PowerPoint 演示文稿中还可以方便地插入超链接，为使用者在讲解时快速地使用网络资源提供了便利。

7.4.1 添加动画效果

添加动画方案的方法虽然可以使幻灯片有一定的动画效果，但是采用这种方式只能使所选页面或整篇演示文稿使用同一种效果。在 PowerPoint 2003 中，用户可以为占位符、文本框、单个的项目符号或列表项目、图表和图像等对象设置自定义动画。

选择菜单栏中的“幻灯片放映”→“自定义动画”命令，打开“自定义动画”任务窗格。要给一个对象添加动画效果时，首先选中这个对象，然后在“自定义动画”任务窗格中单击“添加效果”按钮，在弹出的菜单中选择一种效果，此时在演示文稿的主界面上所选对象的左侧出现动画标号，同时会演示所选效果的预览效果。每个添加了动画的对象都设置一个标号，即这些项目的动画效果按顺序出现。图 7-40 给出了一个添加动画效果的示例。

要编辑一个动画效果时，可在“自定义动画”任务窗格中选择该动画效果，此时，上面的“添加效果”按钮会变成“更改”按钮，单击该按钮可以更改为另一种动画效果。单击所选效果项右侧向下的箭头，弹出如图 7-41 所示的菜单。

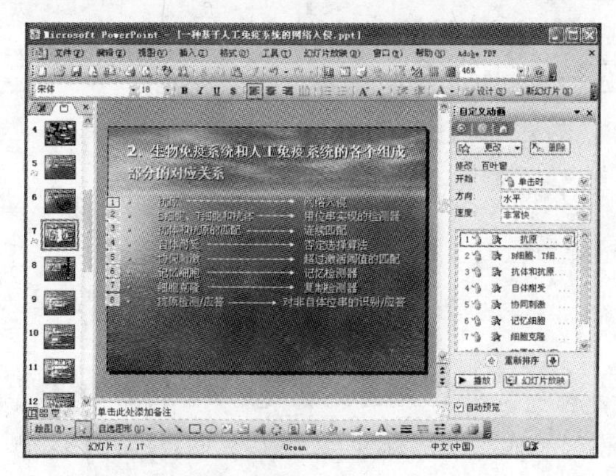
图 7-40 添加动画效果的示例

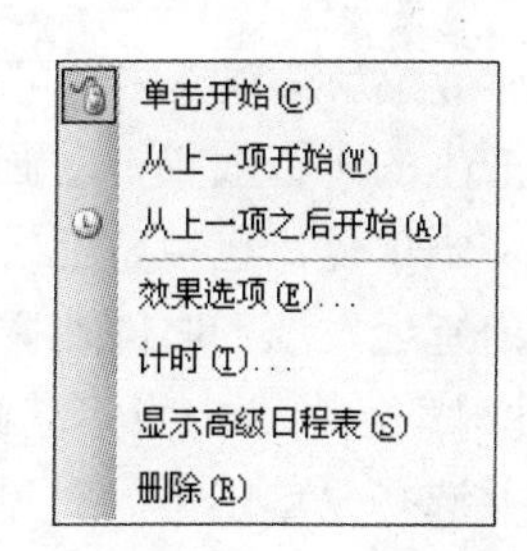

图 7-41 动画效果菜单

（1）“单击开始”项指在放映幻灯片时，单击鼠标左键可以激活当前动画效果。这是所有动画效果项目的默认设置。

（2）选择“从上一项开始”，指定的动画效果与其上面的一项动画效果同时进行。如果页面中第一个动画效果选择“从上一项开始”，则当该页面开始放映时，该动画效果自动开始播放。

（3）“从上一项之后开始”指在上一项动画效果开始之后，当前动画开始播放。此外，选择了上述 3 个选项之后，可以在“开始”、“方向”和“速度”3 个下拉列表框中分别设定动画开始的时间、动画效果的运行方向和动画效果执行的速度。

（4）单击“效果选项”后，会弹出效果设置对话框，其中各选项卡如图 7-42 所示。

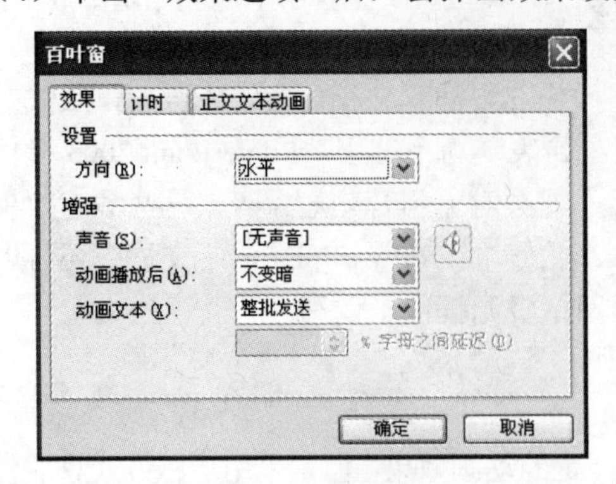

（a）“效果”选项卡

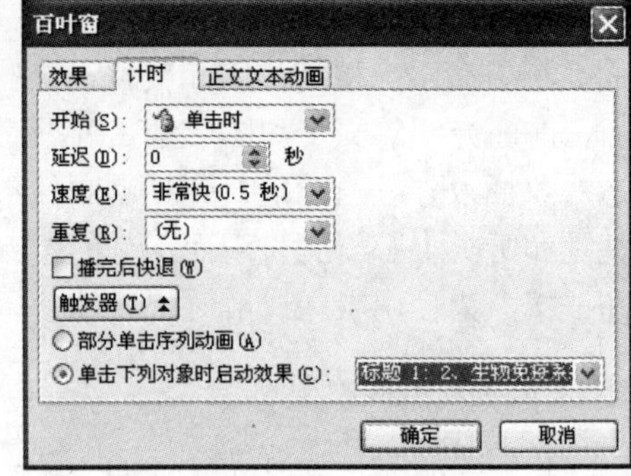

（b）“计时”选项卡

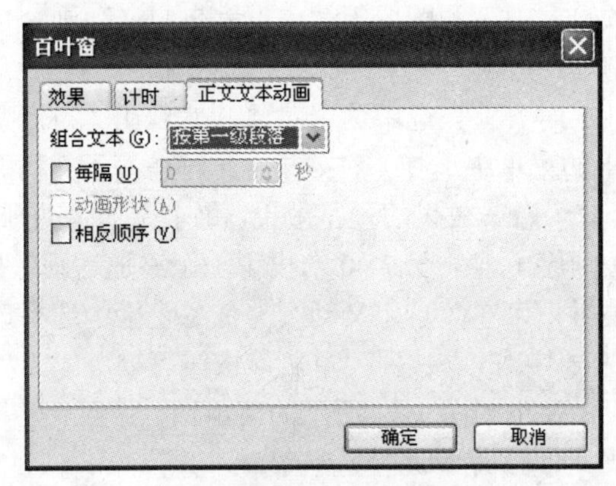

（c）“正文文本动画”选项卡

图 7-42 效果设置对话框

在“效果”选项卡中，可以设置动画效果的运行方向（包括水平和垂直），执行动画效果的同时产生的声音效果，动画效果播放完毕后是否变暗、变色或隐藏，以及动画效果中一次发送的文本单位，包括整批发送、按字/词发送和按字母发送等。当选择后两种发送方式时，还需设定延迟发送的时间比率。

“计时”选项卡中设定动画开始的触发条件、延迟、速度与重复次数等。单击“触发器”按钮，并选择“单击下列对象时启动效果”单选项便可从下拉菜单中选择一个用来触发当前效果的对象。例如，在图 7-40 所示的例子中，将动画效果 1 的触发器设置为该页面的标题，则在幻灯片放映时，只有单击该标题才能触发动画效果 1；若用户单击标题以外的区域，将跳过该幻灯片页面。因此，使用触发器可以让用户选择在放映时是否播放某一对象。

“正文文本动画”选项卡用来设定含有多个段落或多级段落的正文动画效果。“组合文本”下拉菜单可以设置段落的组合方式；选中“每隔”复选框后，可以设置每个段落之间的播放时延；选择“相反顺序”选项可使段落按照逆序播放。

（5）选择动画效果菜单中的“计时”选项，即可打开如图 7-42（b）所示的“计时”选项卡。

（6）选择动画效果菜单中的“显示高级日程表”项，在动画效果名称后面会出现时间方块，拖动时间方块的两端可以精确地设置每个自定义动画项的开始和结束时间。

7.4.2 插入视频对象

PowerPoint 2003 支持在演示文稿中插入视频对象，这样可以使听众获得良好的视觉和听觉效果。PowerPoint 2003 支持两种类型的视频对象：剪辑管理器中的影片和外来视频文件。在“幻灯片版式”任务窗格中选择“内容”版式，单击幻灯片页面上的“插入媒体剪辑”按钮，即可选择一种剪辑管理器中的影片进行插入，如图 7-43 所示。或者依次单击菜单栏中的“插入”→“影片和声音”→“文件中的影片”命令，即可从硬盘中选择一个视频文件插入到演示文稿中。图 7-44 所示的是插入 Windows 系统目录下的 Clock.avi 文件，插入完成后 PowerPoint 会询问开始播放影片的方式，单击“自动”按钮则在幻灯片页面被打开后自动开始播放，单击“在单击时”按钮只有单击影片对象后才开始播放。

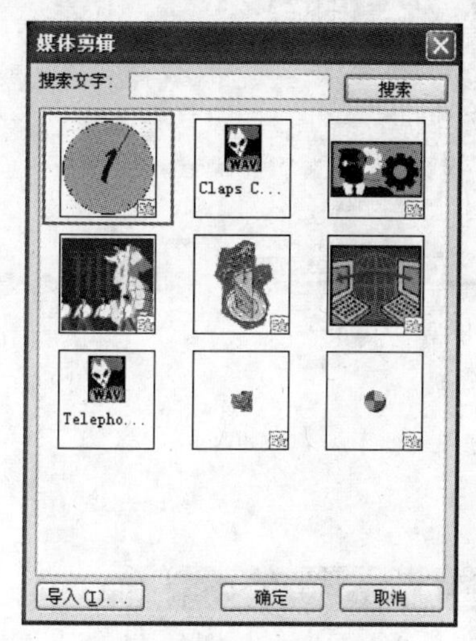

图 7-43 插入媒体剪辑

图 7-44 插入视频文件

可以双击视频对象，打开“设置图片格式”对话框对影片格式进行设置。设置方法与 Word 中插入图片设置属性的方法相同，读者可以参阅相关内容。

7.4.3 插入声音

除了视频对象外，使用 PowerPoint 2003 也可以方便地插入音频对象。从菜单栏的“插入”→“影片和声音”命令可以看到，PowerPoint 2003 支持的插入声音方式包括剪辑管理器中的声音、文件中的声音、播放 CD 乐曲和录制声音等。

依次单击菜单栏中的“插入”→“影片和声音”→“剪辑管理器中的声音”命令，可以打开“剪贴画”任务窗格，其中列出了当前剪辑库中所有的可插入幻灯片文稿的声音文件，包括.wav 和.mid 文件等。单击需要插入的声音文件即可在当前页面中将其插入。同时会出现询问播放声音时间的对话框，如图 7-45 所示，单击“自动”按钮在幻灯片页面被打开后自动开始播放，单击“在单击时”按钮只有单击声音对象后才开始播放。

要想将任意声音文件插入到演示文稿中，可以使用“文件中的声音”命令。在弹出的“插入声音”对话框中选择音频文件插入。PowerPoint 2003 支持的外来声音文件包括.wav、.mid、.mp3、.wma 等。

此外，PowerPoint 2003 还支持使用 CD 乐曲作为背景音乐，还可以使用录制的声音作为旁白，分别如图 7-46 和图 7-47 所示。使用 CD 乐曲作为背景音乐时，可以设置开始曲目和结束曲目的编号和时间、音量、循环播放以及播放时间信息；使用“录制声音”命令则可以打开“录音”对话框进行旁白的录制，并保存在演示文稿中，以便放映时使用。

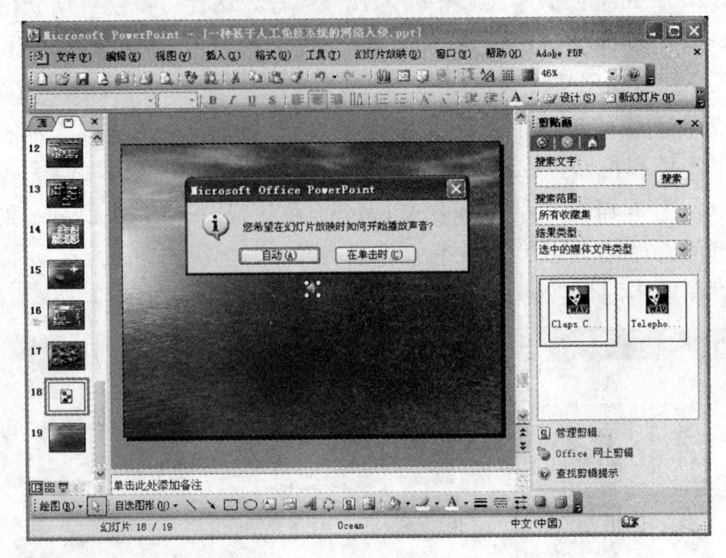

图 7-45　插入剪辑管理器中的声音

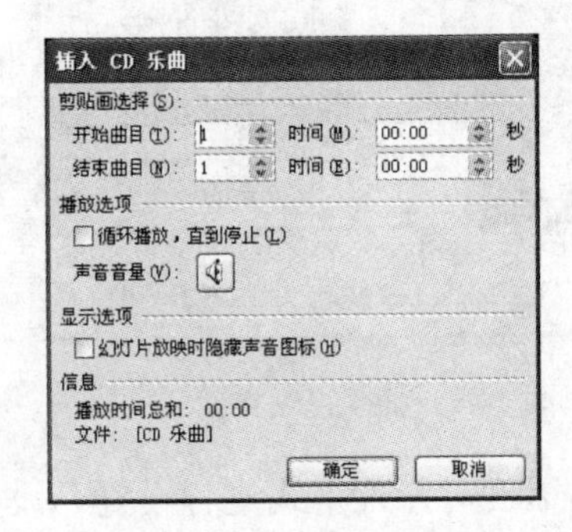

图 7-46　使用 CD 乐曲作为背景音乐

图 7-47　录制声音作为旁白

7.4.4　演示文稿中的超链接

在演示文稿中添加超链接可以快速跳转到不同的位置，例如，另一张幻灯片、其他演示文稿、Word 文档、Internet 地址等。图 7-48 演示的是使用超链接的例子，在幻灯片放映时单击带下画线的文字即可链接到相关网站上。

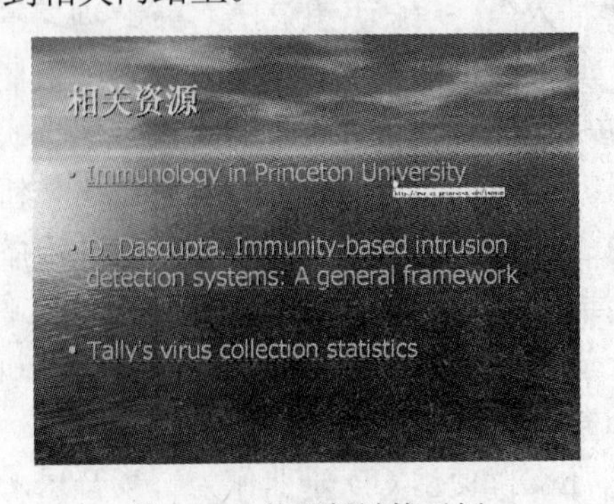

图 7-48　使用超链接示例

添加超链接时，选中需要添加链接的文字或对象，在右键快捷菜单中选择“超链接”项，弹出如图 7-49 所示的“插入超链接”对话框。可以看到，能将超链接的目的位置设为文件或网页、本文档中的位置、新建文档或电子邮件地址。在“要显示的文字”文本框中可以输入在幻灯片页面中显示的超链接的名称；“原有文件或网页”中可以设定目的文件或网页的地址；“本文档中的位置”中可以设置链接到当前演示文稿中的目的位置；“新建文档”中可以设定新建文档的保存路径及编辑方式；“电子邮件地址”中可以设置电子邮件的目标地址和主题等。

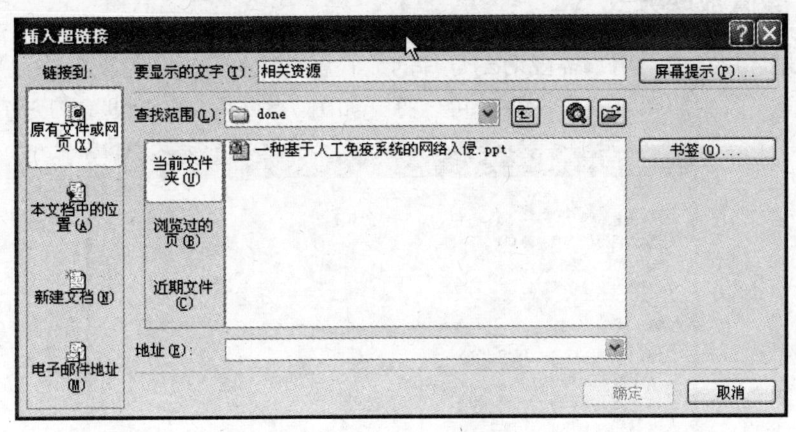

图 7-49　“插入超链接”对话框

当添加超链接成功后，在链接对象上单击鼠标右键，可以对超链接进行打开、编辑、复制和删除操作。打开超链接可以将链接的目的位置打开；编辑超链接与上述的创建超链接操作相同；复制超链接可复制当前链接的属性供其他链接对象使用；删除超链接可取消当前对象的链接操作。

7.5　放映、打包和打印演示文稿

完成了演示文稿的创建、编辑、排版和美化操作之后，就可以对幻灯片进行放映了。PowerPoint 2003 还提供了幻灯片的打印功能，使得用户可以将重要的内容打印输出，方便用户使用。

7.5.1　幻灯片的切换

幻灯片切换是指在幻灯片放映过程中各个页面的切换效果，使得整个放映过程过渡自然，同时也可以提醒观众的注意。在 PowerPoint 2003 中使用“幻灯片切换”任务窗格可以对幻灯片的切换进行设置，如图 7-50 所示。

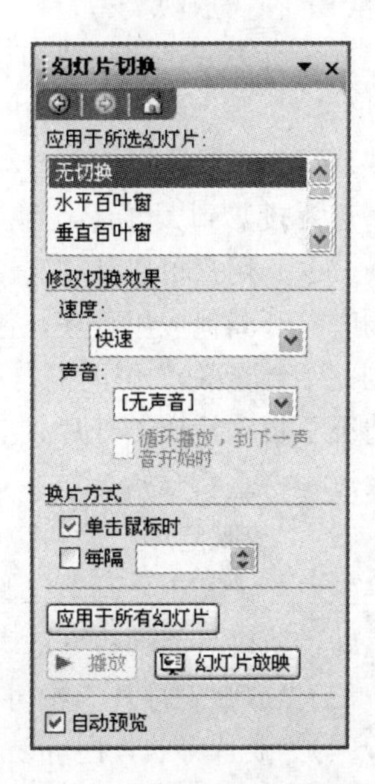

图 7-50 “幻灯片切换”任务窗格

在设置幻灯片切换属性时，首先应选中需要设定的一个或多个幻灯片页面，该操作可在“普通”视图的大纲窗格中完成，也可在“幻灯片浏览”视图中完成，在选择幻灯片时按住 Ctrl 键即可完成选择多个幻灯片页面的操作。

选中待设置的页面后，在“幻灯片切换”任务窗格中选择一种切换效果，此时幻灯片页面会出现该效果的预览。在“速度”下拉列表框中可以调整切换效果的运行速度；在“声音”下拉列表框中可以设置切换幻灯片的同时产生的声音效果。“换片方式”栏用来设定切换幻灯片的条件，默认情况下是“单击鼠标时”，也可将切换条件换为每隔一定的时间间隔自动切换。单击“应用于所有幻灯片”按钮，可将当前的切换效果应用于文稿中所有的幻灯片，否则只应用于选中的幻灯片。

7.5.2 设置放映方式

在放映幻灯片之前，用户需要对幻灯片的放映属性进行设定。依次单击菜单栏中的“幻灯片放映”→“设置放映方式”命令，可以打开如图 7-51 所示的“设置放映方式”对话框。

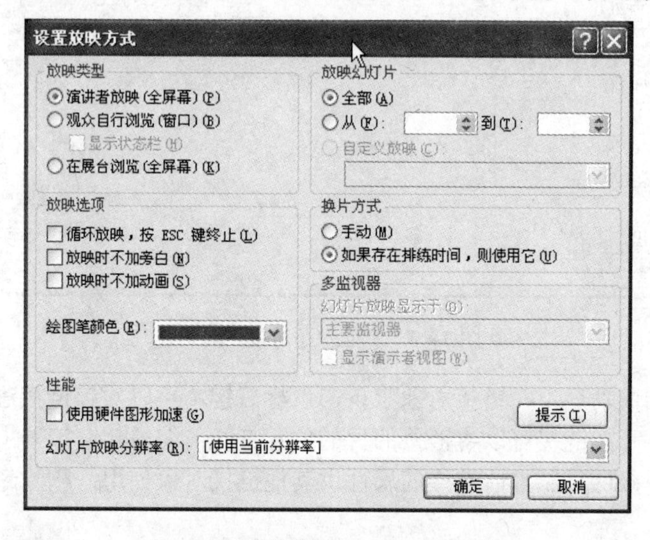

图 7-51 “设置放映方式”对话框

（1）在“放映类型”栏中，可以根据不同场合运行演示文稿的需要，设定演示文稿放映的不同运行方式，包括“演讲者放映（全屏幕）”、“观众自行浏览（窗口）”和“在展台浏览（全屏幕）”等。其中，“演讲者放映（全屏幕）”是最常用的放映方式，演讲者可以完全控制放映过程，可以选择使用自动或人工方式放映、暂停或继续放映，添加会议记录，录制旁白，将幻灯片投影到大屏幕上等。“观众自行浏览（窗口）”模式用来运行小屏幕的演示文稿，在此模式中，用户可以使用滚动条或 Page UP 键、Page Down 键在幻灯片之间进行切换，也可以同时打开其他应用程序，使用 Web 工具栏可以浏览其他 Office 文档或者 Web 页面。“在展台浏览（全屏幕）”可用来自动运行演示文稿，该选项适合于会展广场或会议中，在无人值守的情况下自动播放幻灯片。在此模式下，大多数菜单和命令都不可用，并且每次播放完毕后，播放过程将重新开始。

（2）“放映选项”栏可以设置放映幻灯片的相关属性，包括循环放映、添加旁白和动画、画笔颜色等。其中，画笔工具使演讲者可以按下鼠标左键并在屏幕上拖动绘制线条，这一工具有助于演讲者能够更好地表达所要讲解的内容。

（3）“放映幻灯片”栏可以设置幻灯片的放映范围，默认情况下为“全部”。

（4）“换片方式”栏可以对放映幻灯片时幻灯片的切换方式进行设置。选择“手动”单选按钮，只有在单击鼠标或按下 Page Up/Page Down 键时才进行换片；选中“如果存在排练时间，则使用它”单选按钮，将按照“幻灯片切换”任务窗格中设定的自动换片时间进行切换。

（5）当计算机连接有多个显示器时，可使用“多监视器”项对现实幻灯片的显示器进行设置。

（6）“性能”栏可对幻灯片放映时的硬件加速和分辨率进行设置。在带有支持 Microsoft DirectX 的显示卡的计算机中，选中“使用硬件图形加速”复选框可使幻灯片具有更好的动画效果；“幻灯片放映分辨率”可使幻灯片的放映在效果和速度之间取得较好的折中。

7.5.3 放映演示文稿

1．放映操作

放映演示文稿的操作非常简单，主要有以下几种启动放映的方式。

（1）单击大纲窗格下方的“从当前幻灯片开始幻灯片放映”按钮，或使用快捷键“Shift+F5”。

（2）依次单击菜单栏中的“视图”→“幻灯片放映”命令。

（3）依次单击菜单栏中的“幻灯片放映”→“观看放映”命令。

（4）使用快捷键 F5。

2．放映控制

在放映幻灯片时将自动切换到全屏状态，此时可以使用键盘和鼠标对放映流程进行控制。

（1）显示下一张幻灯片：单击鼠标左键，按下空格键、N 键、右箭头键、下箭头键、Enter 键或 Page Down 键。

（2）返回上一张幻灯片：按下 Back Space 键、P 键、左箭头键、上箭头键或 Page Up 键。

（3）切换到指定幻灯片页面：输入目标页面的编号，然后按下 Enter 键。

（4）显示或隐藏鼠标指针：按下 A 键或=键。

（5）停止或重新启动自动放映：按下 S 键或+键。

（6）返回到第一张幻灯片页面：同时按下鼠标左右键 2s。

（7）结束幻灯片放映：按下 Esc 键、“Ctrl+Break”组合键或-键。

此外，还可以通过页面左下角的按钮对幻灯片的放映过程进行控制。其中，按钮和按钮分别用于切换到上一张和下一张幻灯片；按钮可以对画笔笔型和颜色进行设置；按钮可用来控制幻灯片的放映流程。在页面任一位置上右键单击，在弹出的快捷菜单中也可以对放映过程进行相关设置。

7.5.4 将演示文稿输出

1．保存为 Web 页

PowerPoint 提供的强大的网络功能，可让作品在 Internet 上自由传播。只要把演示文稿保存为 Html 文档，这样就可以将演示文稿在广域网中传播。同时，用户可以定制自己的演示文稿，比如在演示文稿中使用边框增加动画，选择转移到其他幻灯片或文档的方式，以及选择不同的按钮样式。将演示文稿保存为 Web 页的操作方法如下。

（1）完成对文稿的编辑操作后，在菜单栏里的“文件”菜单里找到“另存为Web页”命令，弹出“另存为”对话框。

（2）给演示文稿起名。可以单击“更改标题”按钮，为Web页设置标题名（标题显示在浏览器的标题栏）。

还可以单击“发布”按钮，在弹出的“发布Web页”对话框中对文稿进行发布设置。

（3）设置完毕，单击“保存”按钮保存。

2. 将演示文稿打包

在日常工作中，将一个演示文稿通过磁盘存到另一个机器中，然后将这些演示文稿展示给别人。如果另一台机器没有安装 PowerPoint 软件，那么将无法使用这个演示文稿，所以Microsoft公司赋予PowerPoint一项功能“打包”，使得经过打包后的PowerPoint文稿，在任何一台Windows操作系统的机器中都可以正常放映。

打开要打包的演示文稿，单击 “文件”→“打包成CD” 菜单命令后，弹出一个向导对话框，如图7-52所示。

单击“复制到文件夹”按钮，则打包结果保存到计算机中的某一文件夹中；单击“复制到CD”按钮，则打包结果将刻录到CD盘中。

单击“选项”按钮，还可以设置打包时要包含的文件和打开文件的密码等，如图7-53所示。

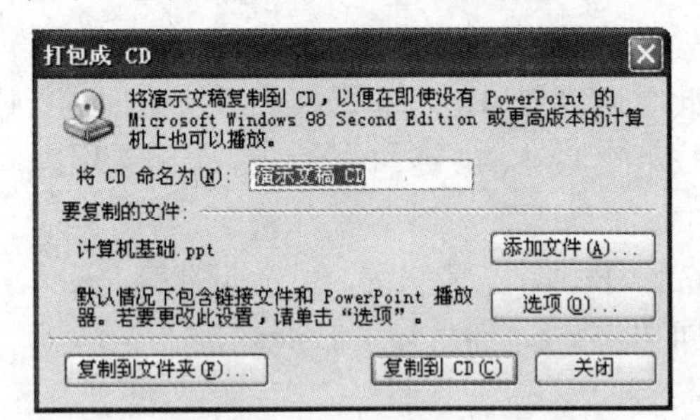

图7-52 “打包成CD”对话框

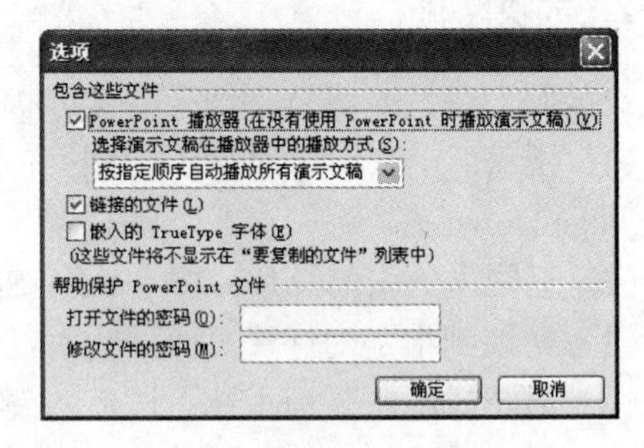

图7-53 “选项”对话框

7.5.5 演示文稿的打印

在PowerPoint 2003中，可以对演示文稿进行打印输出。依次单击菜单栏中的“文件”→“打印”命令，打开如图7-54所示的“打印”对话框。

PowerPoint 2003中的打印设置与Word 2003中的大体相同。在“打印机”栏中可以选择一个打印机执行打印任务；“打印范围”栏中设定打印的页面范围为全部、当前幻灯片或指定的页码；“份数”栏用来确定打印份数；“打印内容”下拉列表框包括“幻灯片”、“讲义”、“备注页”和“大纲视图”4种，这些打印方式分别对应于PowerPoint中的各种视图模式。当使用“讲义”模式时，在“讲义”栏中可以设置每页中打印的幻灯片数以及打印顺序。在“颜色/灰度”下拉列表框中可以选择打印色彩为“颜色”、“灰度”或“纯黑白”。

单击“预览”按钮，可以打开如图7-55所示的打印预览窗口。“打印预览”工具栏中，按钮和按钮分别用来切换到上一页和下一页预览页面；“打印内容”下拉列表框可用来显示“幻灯片”、“讲义”、“备注页”和“大纲视图”4种打印内容的打印效果，图7-55演示的是每页6张幻灯片的“讲义”视图效果；“显示比例”下拉列表框用来调整预览图与实际大小的比例；按钮和按钮用来将预览图切换为横向或纵向；“选项”按钮可对页眉和页脚、颜色/灰度、幻灯片在纸张页面中横向排列或纵向排列的打印顺序等进行设置。当预览效果符合要求以后，单击“打印”按钮即可进行打印操作。

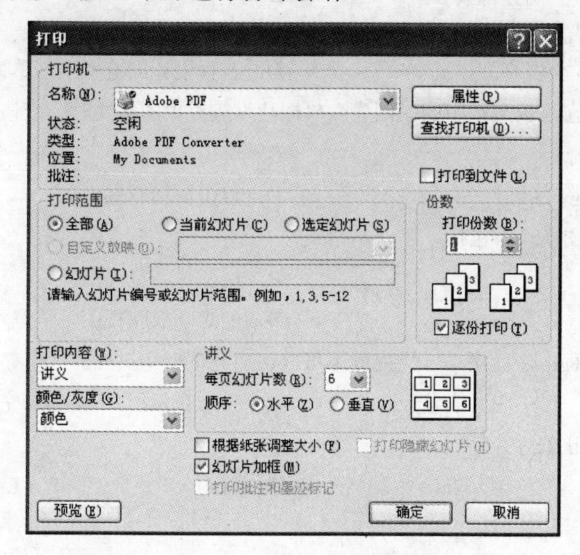

图 7-54　“打印”对话框

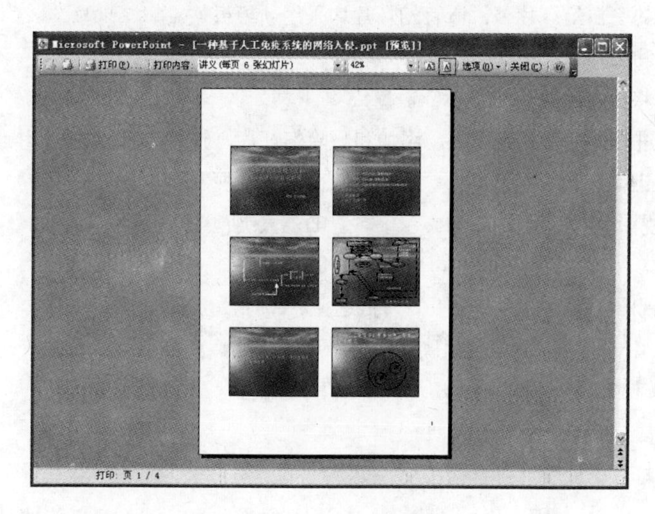

图 7-55　打印预览窗口

练习题七

一、选择题

1．选择多张幻灯片时，应该按住____键再逐个单击所需的幻灯片。

A．Shift　　B．Ctrl　　C．Alt　　D．空格

2．幻灯片视图中，文本的编辑方法是____。

A．在 PowerPoint 空白处　　B．用插入的方法

C．在占位符里　　D．在标题栏外

3．PowerPoint 演示文稿的扩展名是____。

A．.ppt　　B．.doc　　C．.txt　　D．.pwt

4．PowerPoint 提供了 3 种不同的放映方式，以下____不是 PowerPoint 提供的。

A．演讲者放映（全屏幕）　　B．观众自行浏览（窗口）

C．在展台浏览（全屏幕）　　D．自行设计浏览（全屏幕）

5．要修改已经插入在演示文稿中的“图表”、“图片”等对象的格式时，应该____。

A．单击鼠标左键　　B．单击鼠标右键

C．双击鼠标左键　　D．双击鼠标右键

6．PowerPoint 的视图模式不包括____。

A．备注页视图　　B．幻灯片浏览视图

C．大纲视图　　D．幻灯片放映视图

7．在幻灯片放映过程中，使用____快捷键不可以切换到下一个页面。

A．=　　B．右箭头　　C．Page Down　　D．空格键

8．按____键可以停止幻灯片播放。

A．Enter　　B．Shift　　C．Ctrl　　D．Esc

9．当改变一个幻灯片模板时，____。

A．只有当前幻灯片采用新模板

B．除已加入的空白幻灯片外，所有幻灯片均采用新模板

C．所有图表和图片均丢失

D．默认字体将会自动改变

10．能够方便地进行幻灯片重新排序，添加和删除幻灯片，整体构思幻灯片等操作的视图是____。

A．普通视图　　B．放映视图

C．备注页视图　　D．大纲视图

11．PowerPoint 中，要切换到幻灯片母版中，于是_____。

A．单击“视图”菜单中的“母版”，再选择“幻灯片母版”

B．在按住 Alt 键的同时单击“幻灯片视图”按钮

C．在按住 Ctrl 键的同时单击“幻灯片视图”按钮

D．A 和 C 都对

12．如要终止幻灯片的放映，可直接按____键。

A．“Ctrl+C”　　B．Esc　　C．End　　D．“Alt+F5”

13．在 PowerPoint 软件中，可以为文本、图形等对象设置动画效果，以突出重点或增加演示文稿的趣味性。设置动画效果可采用____菜单中的“预设动画”命令。

A．“格式”　　B．“幻灯片放映”　　C．“工具”　　D．“视图”

14．在 PowerPoint 中，设置幻灯片放映时的换页效果为“垂直百叶窗”，应使用 “幻灯片放映”菜单下的“____”。

A．动作按钮　　B．幻灯片切换　　C．预设动画　　D．自定义动画

15．PowerPoint 中，用“文本框”工具在幻灯片中添加文本时，想要插入的文本框是竖排，应该____。

A．默认的格式就是竖排　　B．选择“文本框”下拉菜单中的水平项

C．不可能竖排　　D．选择“文本框”下拉菜单中的垂直项

二、填空题

1．幻灯片切换对话框里的“效果”框中有“慢速”、“中速”和“快速”3个选项，这是指___________。

2．幻灯片母版的作用是_______________。

3．在演示文稿中设立超链接，不仅可以将链接的目的地设置为当前演示文稿的任意一张______上，而且可以连接到__________、__________和__________中。

4．常见的母版包括_________、_________、_________和_________4种。

5．给占位符添加动画效果时，如果占位符中的文本具有多个项目符号和编号，则________。

6．PowerPoint中插入的视频对象包括_________和_________两种。

7．演示文稿的打印内容包括_________、_________、_________和_________。

8．用PowerPoint应用程序所创建的用于演示的文件称为________，其扩展名为________；模板文件的扩展名为________。

9．在PowerPoint中，可以为幻灯片中的文字、形状、图形等对象设置动画效果，设计动画的基本方法是先在_______视图中选择好对象，然后选用_______菜单的______命令。

10．插入一张新幻灯片，可以单击“插入”菜单下的“________”命令。

11．PowerPoint中，_______________视图模式用于查看幻灯片的播放效果。

三、简答题

1．简述幻灯片模板和母版的区别。

2．简述PowerPoint中图表的作用。

3．启动幻灯片放映的方式有哪些？

4．PowerPoint可对哪些对象设置独立的动画效果？

5．PowerPoint支持插入的声音信息包括哪几种？

6．怎样能在一组演示文稿中插入一张新的幻灯片，然后让每个幻灯片使用不同的版式？

7．如何为上述新插入的幻灯片应用一组动画方案？

8．如何为一组幻灯片设计母版内容？

9．如何定义幻灯片中某个图片在播放时现“百叶窗”效果，同时出现鼓掌的声音？

10．如何在幻灯片中插入一个MP3的声音文件，在放映该幻灯片时，自动播放该音乐？

第 8 章

常用工具软件的应用

通过对本章的学习，应掌握压缩工具 WinRAR、图像浏览与电子阅读工具 ACDSee、多媒体工具等软件的使用。

8.1 压缩工具

压缩工具是将文件数据进行重新编码排列（这个过程称为压缩），使之占用更少的磁盘空间。WinRAR 可以将文件压缩为流行的 ZIP、RAR、ISO 等压缩格式，或者将 ZIP 等多种格式的压缩文件解压还原为原来的文件格式。WinRAR 可以用向导方式来引导用户实现各种操作，能和操作系统很好地配合进行压缩文件的管理和进行文件的压缩、分割和解压等操作，也具有配合网络应用等高级功能。WinRAR 界面如图 8-1 所示。

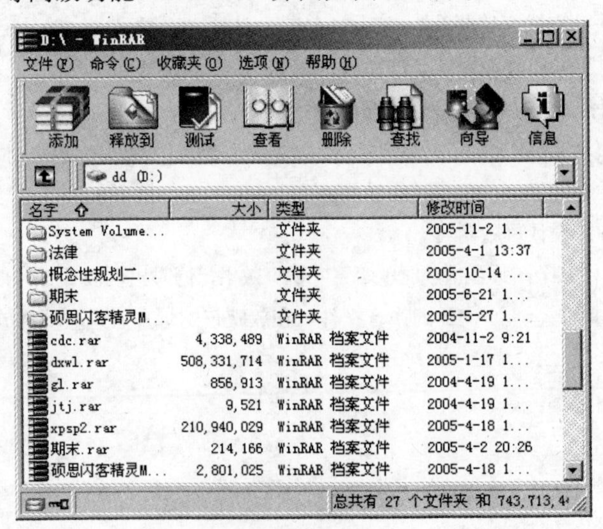

图 8-1 WinRAR 界面

1. WinRAR 的特点

（1）提供全图形界面、全按钮工具条，使用户操作更加方便、快捷、灵活。

（2）WinRAR 适合所有层次的用户，它同时提供了两种操作模式。向导模式适用于新用户，传统模式适用于高级用户。两种模式可随时切换。

（3）全面支持 Windows 的对象拖放（Drag and Drop）技术，可以使用鼠标将压缩文件拖到 WinRAR 程序窗口，即可快速打开该压缩包。

（4）支持 Windows 的鼠标右键快捷菜单，为用户的压缩/解压缩操作带来了极大的方便。

（5）支持 RAR、TAR、GZIP 文件，全面支持 ARJ、ARC、LZH 文件。

（6）安装 WinRAR 非常简单，下载安装文件后，执行安装文件，一直单击“确认”按钮就可以了。

（7）其最吸引人之处在于它几乎是免费的，其试用版保持了功能的完整。

2．压缩文件

使用 WinRAR 进行压缩和解压缩操作，一般用右键快捷菜单来完成。例如要对非压缩文件夹 Office 进行压缩，右键单击该文件夹后弹出一个快捷菜单，在上面可以看到“添加到档案文件”、“添加到‘office.rar’”、“压缩并邮寄”、“压缩到‘office.rar’并邮寄”4 个命令，如图 8-2 所示。选择相应的命令即可完成压缩文件操作。

3．压缩包解压

解压就是将压缩后的文件恢复到原来的样子，具体的操作方法也很简单：选中本地硬盘上的压缩文件，右击该文件（如 office.rar），弹出一个包括“打开”、“释放文件”、“释放到这里”以及“释放到 office\”4 个命令的快捷菜单，如图 8-3 所示，执行其中一个命令即可解压该文件。

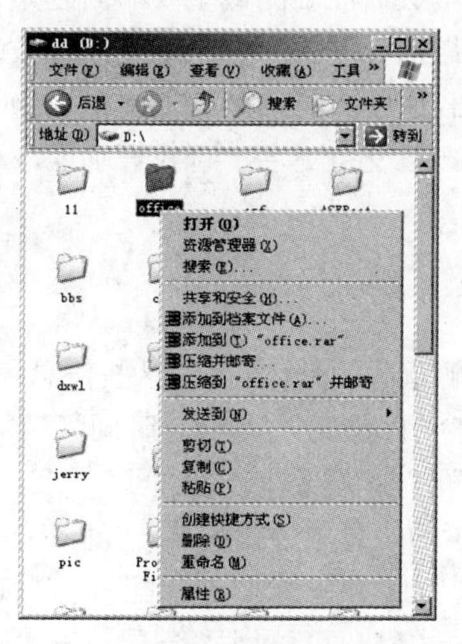

图 8-2　WinRAR 压缩

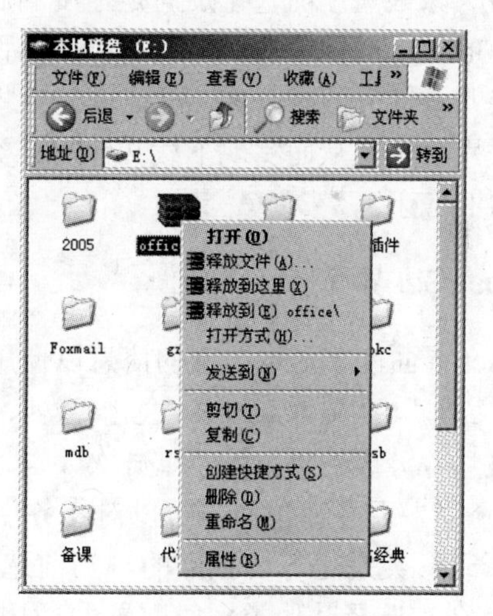

图 8-3　WinRAR 解压

4．WinRAR 的自解压压缩功能

自解压文件是压缩文件的一种，它结合了可执行文件模块，一种用以运行从压缩文件解压文件的模块。这样的压缩文件不需要外部程序来解压自解压文件的内容，它自己便可以运行该项操作。自解压文件通常与其他的可执行文件一样都有 .exe 的扩展名。制作方法很简单，只需在图 8-4 右下角复选框中选中“创建自解压格式压缩文件”即可。

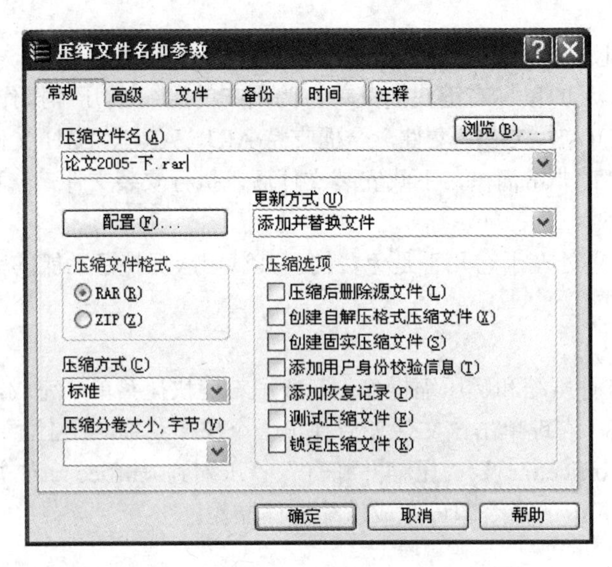

图 8-4 “压缩文件名和参数”对话框

8.2 网络下载工具 FlashGet

下载时大家最关注的毫无疑问是速度问题，而下载后面临的最主要的问题是管理。优秀下载软件 FlashGet（网际快车）就是针对这两个问题而开发的，它采用多线程技术，把一个文件分割成几个部分同时下载，从而成倍地提高下载速度；同时 FlashGet 可以为下载文件创建不同的类别目录，从而实现下载文件的分类管理，且支持更名、查找等功能，令用户管理文件更加得心应手。

1．FlashGet 界面

FlashGet 界面能够显示丰富的信息以便用户了解下载的具体情况，这些信息包括“状态”、“续传”、“名称”、“文件大小”、“完成数”、“已完成百分比”、“已用时间”、“估计剩余时间”、“速度”、“分成的块数”、“重试次数”、“URL”、“注释”、“创建时间”、“完成时间”。通过“查看”→“栏目”菜单命令可以对任务栏中显示的信息项进行编排。“正在下载”任务类别和“已下载”类别是各自独立的。当前选择的是“正在下载”类别配置，只适用于“正在下载”类别，选择其他类别时配置的适用于其他类别。可以用“查看”→“工具栏”→“按钮”菜单命令定义工具栏的显示方式、按钮数量以及按钮的顺序。FlashGet 界面如图 8-5 所示。

2．代理服务器的设置

每当通过浏览器下载文件的时候会自动启动 FlashGet，直接按“确定”按钮即可开始下载。如果不能下载，可以根据日志窗口的具体内容来判断，最大的可能性是用户必须通过代理服务器才可访问 Internet，这就需要在 FlashGet 中设置代理服务器。

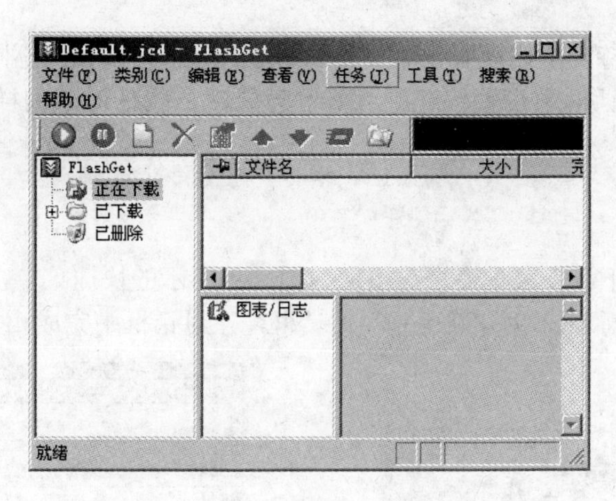

图 8-5　FlashGet 界面

设置代理服务器的具体步骤如下。

（1）单击“工具”菜单中的“选项”命令，如图 8-6 所示，在出现的对话框中选择“代理服务器”选项卡，如图 8-7 所示。

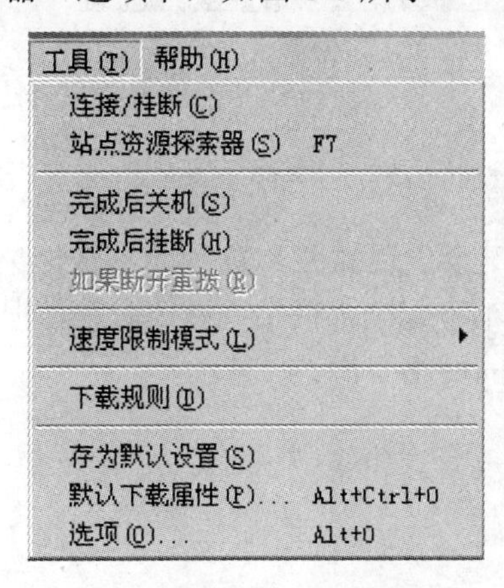

图 8-6　“工具”菜单

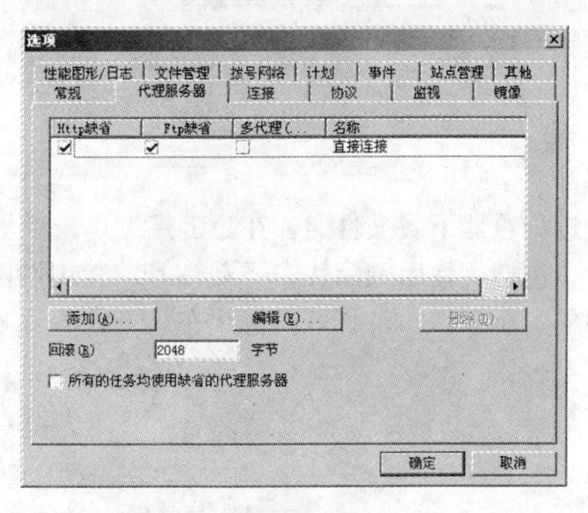

图 8-7　“代理服务器”选项卡

（2）单击“添加”按钮，出现如图 8-8 所示的“代理服务器设置”对话框，在对话框中输入代理服务器的名称、类型等设置即可。

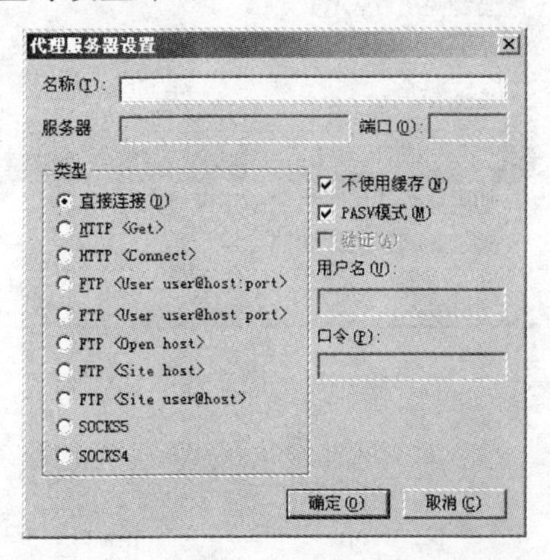

图 8-8　“代理服务器设置”对话框

由于 FlashGet 支持一个代理服务器列表，不同的任务可以使用不同的代理服务器，所以除了要在“选项”对话框中设置代理服务器信息外，下载任务时同样需要设定使用代理服务器。

3．增加栏目

右键单击“正在下载”菜单命令，出现如图 8-9 所示的快捷菜单，选择“新建类别”命令，出现如图 8-10 所示的“创建新类别”对话框，在对话框中完成相关设置即可。

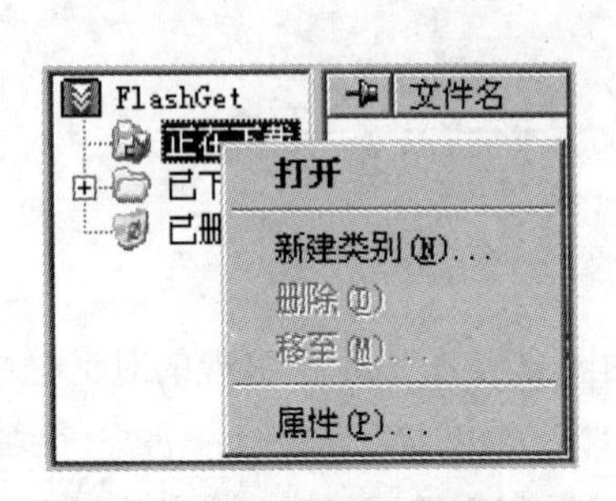

图 8-9 “正在下载”右键菜单

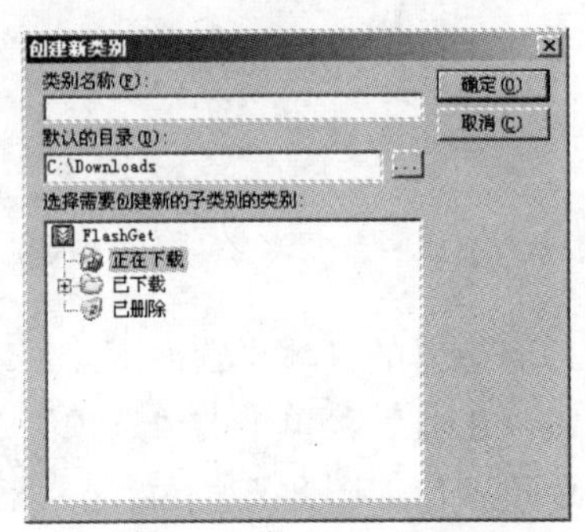

图 8-10 “创建新类别”对话框

4．下载

通过浏览器下载文件时，在超链接上单击鼠标右键会出现如图 8-11 所示的快捷菜单，快捷菜单中包括“使用网际快车下载”和“使用网际快车下载全部链接”两个命令，根据需要选择相应的命令，即可打开网际快车，开始下载相关的网络资源。

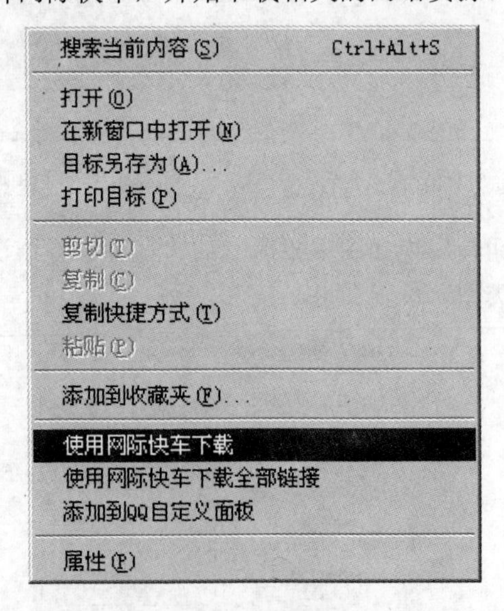

图 8-11 快捷菜单

8.3 图像浏览与电子阅读工具

8.3.1 图片浏览与处理工具

图片是计算机中主要的数据之一，格式较多，应用广泛。ACDSee 是目前流行的数字图像处理软件，广泛应用于图片的获取、管理、浏览和优化。ACDSee 可以快速并有效地管理计算机中的图片；可以利用它从数码相机和扫描仪中获取图片；可以完成多种图片格式之间的相互转换；如果配以内置的音频播放器，可以用它来制作和播放精彩的幻灯片。

1. 用 ACDSee 浏览图片

ACDSee 的主要功能是浏览和查找图片。下面以浏览“D:\图片”文件夹中的图片为例介绍图片的浏览方法。

（1）双击桌面上 ACDSee 程序的快捷图标，或执行“开始”→“ACDSee”命令，或直接双击 ACDSee 所支持的图片文件，都可启动 ACDSee 程序，其主界面如图 8-12 所示。

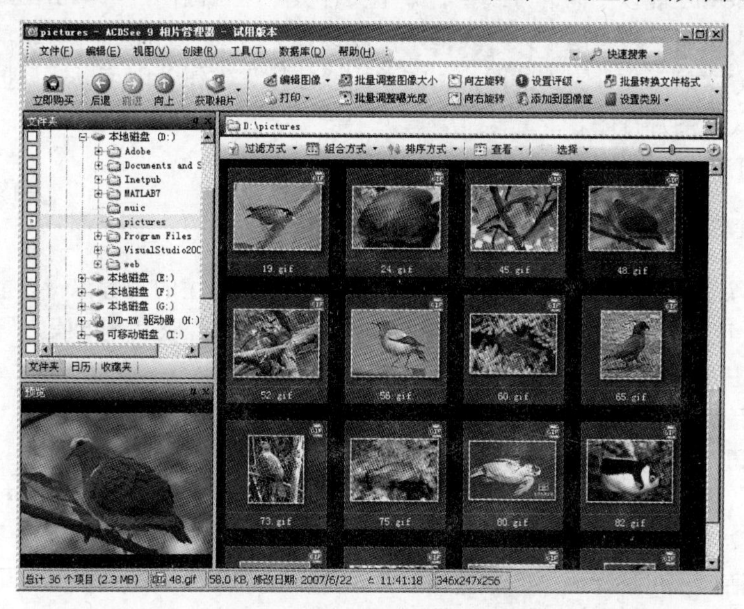

图 8-12 ACDSee 主界面

（2）在文件夹窗格的列表中，依次单击展开图片所在盘符及文件夹前的图标。展开后选中含有图片文件的文件夹。这里选中“D:\图片”文件夹。此处也可直接在地址栏中输入目标文件夹地址，在右侧窗格中同样显示该文件夹下的全部图片。

（3）在右侧的窗格中，可以浏览到该文件夹下的全部图片，该窗格又称图片文件显示窗格。

（4）选中需要浏览的某幅图片，在左下角的预览窗格中，会显示该图片的内容。若再按 Enter 键，则切换到图片浏览窗口，如图 8-13 所示。还可直接双击要浏览的目标图片切换到图片浏览窗口。

（5）在图片浏览窗口，可单击“缩放”、“旋转”、“上一张”、“下一张”等按钮，可以用不同的方式浏览图片。若再次双击目标图片，便可返回主界面。

图 8-13 图片浏览窗口

（6）ACDSee 还能以不同的方式查看一个文件夹下全部的图片，单击图片文件显示窗口上方的“查看”按钮，将弹出下拉列表框，可以选择“平铺”、“图标”等显示方式，图 8-12 所示以缩略图方式显示文件夹下的图片；若单击“排序”按钮，则可以选择按文件类型、大小和名称等方式对图片排序。

通过上面的方法即可查看目标图片，完成对图片的浏览。

2．用 ACDSee 编辑图片

ACDSee 除了具有强大的图片浏览功能外，还提供了强大的图片编辑功能，可以调整图片的亮度、对比度和色彩，也可以进行裁剪、旋转、缩放、去除红眼和删除噪点等操作。ACDSee 对图片的编辑主要通过图片浏览器窗口中的编辑工具栏进行。

下面以旋转操作为例介绍对图片的编辑操作（其他操作与之类似）。

（1）在 ACDSee 主窗口中，双击要编辑的目标图片，打开图片浏览器。

（2）单击“编辑”工具栏中的“旋转”按钮，将打开“旋转设置”对话框，在自定义角度的“角度”文本框中输入需要的角度值，单击“背景色”下拉列表框中的三角按钮，将弹出“颜色”对话框，可选择满意的颜色作为背景色。设置完成后在预览框中可看到效果。

（3）单击“确定”按钮，完成设置。再单击工具栏中的“保存”按钮，可保存设置好的图片。

3．用 ACDSee 转换图片格式

Internet 上常用的图片格式有 JPG、GIF 等，当用户需要将图片发布到网上时，就需要将图片转换成这两种格式。ACDSee 可以实现多种图片格式之间的转换，而且可以实现批量转换。具体转换方法如下。

（1）在图片文件显示窗口选择需要转换的批量图片，如选择所有 BMP 格式的图片。然后执行“工具”→“批量转换文件格式”命令。

（2）弹出“批量转换文件格式”对话框，单击“格式”选项卡选择“GIF 格式”选项，如图 8-14 所示。

（3）单击“下一步”按钮，进行多页选项设置，如图 8-15 所示。然后单击“开始转换”

按钮，ACDSee 将开始转换文件格式。

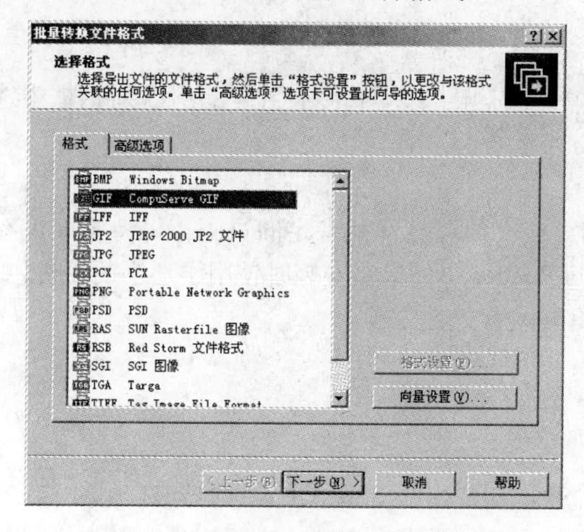

图 8-14 “批量转换文件格式”对话框

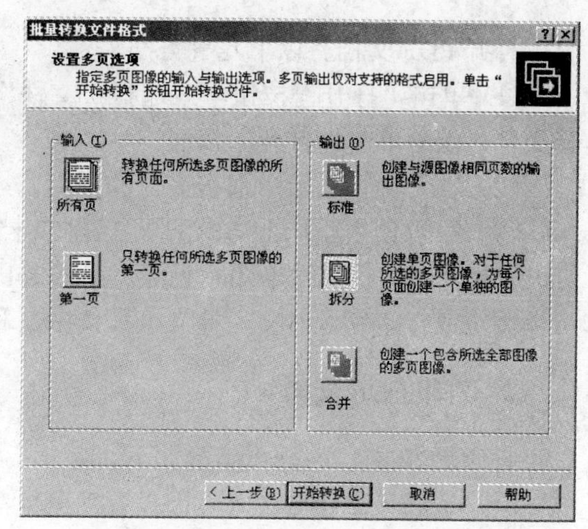

图 8-15 设置多页选项

（4）转换完成后，单击“完成”按钮，即可见到选定的 BMP 格式的图片文件全部变为了 GIF 格式的文件。

4．用 ACDSee 设置桌面墙纸

利用 ACDSee 可以很方便地将自己喜爱的图片设置为桌面墙纸，其方法是：选中想要设置为桌面的图片文件，然后执行“工具”→“设置墙纸”→“居中”或“平铺”命令，即可将目标图片设置为墙纸。

8.3.2 Adobe Reader

Adobe Reader 可以用来查看和打印 Adobe 便携文档（PDF）格式文件。用户可以在大多数主要的操作系统上查看通过 Adobe Acrobat、Adobe Photoshop Album 2.0 以及其他应用程序创建的 Adobe PDF 文件。Adobe Reader 界面如图 8-16 所示。

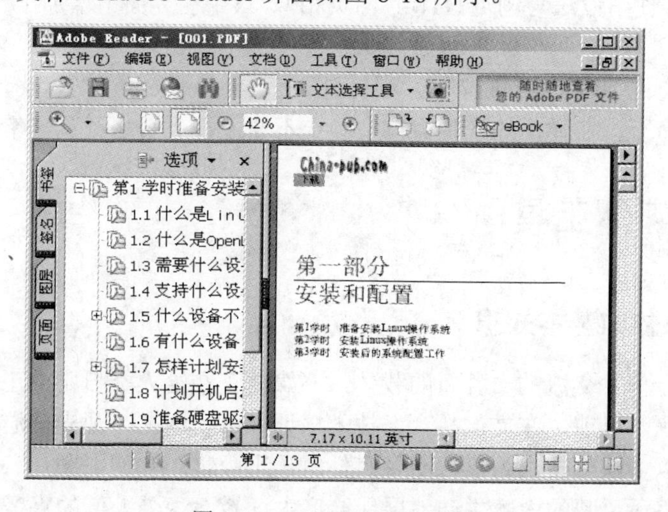

图 8-16 Adobe Reader 界面

1. 打开 PDF 文档

打开 PDF 文档有以下几种方法。

（1）单击“打开”按钮，或选择“文件”→“打开”菜单命令，在“打开”对话框中选择文件，然后单击“打开”按钮。

（2）在资源管理器中双击文件的图标。

（3）可以使用不同的方式打开 PDF 文档。如文档可打开到特定的页码，以特定放大率打开，打开时书签或缩略图可见等。在 Acrobat Reader 中如果在安装时使用了适当的语言包，可以浏览或打印包含日文、韩文、繁体中文和简体中文的文档。

2. 打印 PDF 文档

打印 PDF 文档的操作步骤如下。

（1）选择“文件”→“页面设置”菜单命令，在弹出的对话框中设置打印选项。

（2）单击“打印”按钮，或选择“文件”→“打印”菜单命令，在弹出的对话框中对打印范围等选项进行设置后，单击“确定”按钮开始打印文件。

3. 复制文本

一般情况下，PDF 文档中的文本不能直接复制到“写字板”或 Word 等文字编辑软件中进行再编辑，但是解密后的 PDF 文档是可以进行文本复制的。要进行文本复制，可以单击工具栏中的“文本选择工具”按钮，然后在要复制的文本上进行框选，再通过“复制”和“粘贴”命令就可以将它复制到“写字板”或 Word 等文字编辑软件中。

4. 在网络上阅览 PDF 文档

PDF 文件和 HTML 文件有很多相似之处。目前，网上很多资源是以 PDF 文件格式存储的，使用 Acrobat Reader 作为浏览器的插件，就可以很方便地浏览网上的 PDF 文件或者内嵌了 PDF 页面的 HTML 网页。在 IE、Netscape 等支持插件的浏览器中都可以利用 Acrobat Reader 来浏览 PDF 文件，使用方法与浏览 HTML 网页相似，只是在界面中增加了一排 Acrobat Reader 特有的工具栏。

如果不能浏览网络上的 PDF 文档，则打开 Acrobat Reader 程序，选择“文件”→“首选项”→“一般”命令，在弹出的设置窗口中确定不要选择“网络浏览器集成”项。

8.4 多媒体工具

8.4.1 多媒体的基本知识

作为人类进行信息交流的一种新的载体，多媒体正在给人类日常的工作、学习和生活带来日益显著的变化。目前，在文化教育、技术培训、电子图书、观光旅游、商业及家庭应用等方面，出现了以多媒体技术为核心的多媒体电子出版物，它们以图片、动画、视频片段、音乐及解说形式将所反映的内容生动地展现给广大读者，深受人们的喜爱。

1．认识多媒体

20 世纪 90 年代以来，随着电子技术和计算机的发展，以及数字化音频、视频技术的进步，人们有了把多媒体信息做统一处理的需要，也拥有了处理多种媒体信息的能力，这才使“多媒体”变为一种现实。

2．多媒体的基本概念

在人类社会中，信息的表现形式是多种多样的，如常见文字、声音、图像、图形等都是信息表现的形式，通常把这些表现形式叫做“媒体”。“多媒体”即“多种媒体的集合”，是指在计算机控制下将多种媒体融合在一起所形成的信息媒体。

使计算机具有处理声音、文字、图像等媒体信息的能力是人们向往已久的理想，直到 20 世纪 90 年代，当人们在数据压缩技术、大规模集成电路制造技术、CD-ROM 大容量光盘存储器、显示技术以及实时多任务操作系统等方面取得突破性进展以后，计算机从传统的单一处理字符信息的形式，发展为同时能对文字、声音、图像和影视等多种媒体信息进行综合处理集成，“多媒体”才变为一种现实。现在所说的“多媒体”，常常不是说多媒体信息本身，而主要是指处理和应用它的一套技术，即“多媒体技术”。而且，人们谈论多媒体技术时，常常要和计算机联系起来，这是因为多媒体技术利用了计算机中的数字化技术和交互式的处理能力。

“多媒体技术”是指把文字、声音、图像、图形等多种媒体的信息通过计算机进行数字化加工处理，集成为一个具有交互式系统的一种技术。集成性和交互性是多媒体技术的两个本质特征。

“多媒体计算机”是指具有多媒体处理功能的计算机。由于采用了多媒体技术，就能使个人计算机成为录音电话机、可视电话机、立体声音响电视机和录像机等。

3．常见的多媒体硬件

（1）声卡。声卡即音频卡，其基本功能是产生和处理声音信号，如图 8-17 所示。声卡是多媒体计算机必备的接口卡，它可以将话筒等音频设备输入的模拟声音信号转化为主机能识别的数字信号，并将主机处理后的数字信号转化为模拟信号送往耳机、音箱等输出设备。目前不少多媒体计算机将声卡集成在主板上，使其成为计算机的组成部分。

目前市场上的声卡主要分为两类：单声道声卡和双声道声卡。单声道声卡的采样频率为 22kHz，采样点用 8 位二进制数表示，因此也称 8 位声卡。由于单声道声卡采集效果较差，回放失真度大，所以基本处于淘汰状况。双声道声卡（16 位声卡）的最大采样频率为 44.1kHz，采样点用 16 位二进制数表示，它具有立体声效果，回放时可达到 CD 音质，基本上能满足专业音乐人士的需求，因此双声道声卡是目前多媒体计算机声音处理设备的主流。

（2）视频卡。视频卡是多媒体计算机中不可缺少的一部分。视频卡的作用是将来自摄像机、录像机、电视机和各种激光视盘的视频信号进行数字化处理。比如计算机主板中集成的 1394 卡就是一种视频捕捉卡。视频卡按功能分有以下几种。

视频捕捉卡：视频捕捉卡用于捕捉来自摄像机、录像机、电视机等的图像，并将其以文件的形式存储，如图 8-18 所示。

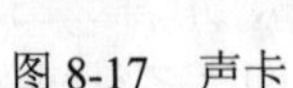

图 8-17　声卡

图 8-18　视频捕捉卡

视频转化卡：视频转化卡将 VGA 模拟信号转化为 PAL/NTSC 等制式的电视广播信号。

视频叠加卡：视频叠加卡可将视频信号与 VGA 模拟信号叠加，并显示在屏幕上。

视频信号调谐卡：视频信号调谐卡可以接收 PAL/NTSC 等制式的电视广播信号，并输出合成为数字视频信号和数字声频信号。

多功能卡：多功能卡能同时捕获动态视频、声音并加以压缩、存储和回放。

（3）触摸屏。触摸屏是基本的多媒体系统界面之一。由于它反应灵敏迅速，结果可靠，使计算机应用变得透明和直观，在一些方面代替了计算机键盘命令操作。触摸屏的最大优点是：用户不一定要精通计算机，即使不懂得操作系统或输入/输出设备，也可以随心所欲地进行操作，所以应用范围非常广泛。

（4）光盘驱动器（CD-ROM）。多媒体信息往往包含大量的数据，而且实时性强，数字化的信息虽然经过压缩处理，但仍包含大量的数据。比如视频图像在未经压缩处理时每秒的数据量可达 30MB，压缩处理后每分钟的数据量不到 10 MB。例如，1.2GB 容量的硬盘只能存储约 140 min 的视频图像，而且硬盘存储器的存储介质通常是不易交换的，所以不适宜用于多媒体、软件和发行。在这种情况下，大容量的光盘存储器就应运而生。因此光盘具有其他存储技术无法比拟的存储容量，而且具有价格低廉，技术相对成熟，适于多媒体软件产品批量生产等特点，所以在多媒体技术中应用比较广泛。

此外，多媒体计算机硬件还有扫描仪、数码相机、摄像机和投影仪等，限于篇幅，这里不再详细介绍。

4．多媒体的基本元素

（1）文本。文本是人与计算机之间进行信息交换的主要媒体。文本不仅准确、严谨地传递信息，而且还可以反复阅读文字内容，品味文字中的意义。相对于图像等其他媒体来说，普通文本或格式化文本对存储空间、信道传输能力的要求都是最少的。

超文本是索引文本后一种应用，它能在一个或多个文档中快速地搜索特定的文本串，是多媒体文档的重要组件。超文本进一步充实了书面文字的意义，允许用户单击一段文字中的单词或短语，获得与之链接的相关题目的内容。通常，应用程序使用某种方式指示超文本链接词，如使用不同的颜色、下画线标识超文本链接词，或者当鼠标指针在链接词上移过时改变指针的外观等。

（2）图形、图像。视觉信息是人类最丰富的信息来源，而且视觉信息可以有效地补充文字信息，从而增强人们对展示信息的理解和记忆，往往用语言和文字难以描述的事物，用一张简单的图像就能轻松地搞定，因此图像信息在多媒体中有非常重要的地位。

视觉上的彩色可用亮度、色调和饱和度来描述。亮度是光作用于人眼时所引起的明亮程度的感觉，它与被观察物体发光强度有关，光越强，感觉越亮；色调是当人眼看到一种或多种波长的光时所产生的彩色感觉，它反映颜色的种类，是决定颜色的基本特征；饱和度是指颜色的纯度，即掺入白光的程度，或者说是颜色的深浅程度。

图形、图像的格式大致可以分为两类：一类为位图，即通常所说的图像；另一类为矢量图，即通常所说的图形。前者是以点阵即像素形式描述图像的，后者以数学方法描述由几何元素组成的图形。

另外，在多媒体领域中，除了通常所说的可视图像，还包括不可视图像和抽象图像。不可视图像是指那些用来显示别的图像的图像，如安装程序等的可度量的显示。抽象图像是指那些用数学方法运算形成的图像，如矢量图形。

图形、图像的主要指标是分辨率、色彩数与灰度。分辨率一般有屏幕分辨率和输出分辨率两种，屏幕分辨率用每英寸行数与列数表示，数值越大越好，图形、图像的质量越好；输出分辨率衡量输出设备的精度，以每英寸的像素点数来表示，数值越大越好。图形、图像的色彩数和灰度级用位（bit）来表示，一般写成 2 的 n 次方，n 即代表位。当图形、图像达到色彩 24 位时，可表现 1 667 万种颜色，即真彩色。

（3）音频。声音是人们用来传递信息最方便和最熟悉的方式，因此音频技术在多媒体计算机中有着极为广泛的应用。根据计算机产生声音原理的不同，可以将音频分为数字声音和 MIDI 音乐。数字化的声音是实际声音的数字化录音，是声音的实际表示，它代表了声音的瞬间幅度。因为它与设备无关，每次播放时它都发出相同的声音，从这一点看它的一致性好，但代价高，因为其数据文件要求较大的存储空间。

MIDI 音乐与数字声音不同，它不是实际声音的录音，而是一种合成声音。MIDI 数据是与设备有关的，文件紧凑，所占的空间小，MIDI 文件的大小与回放质量完全无关。在某些情况下，如果 MIDI 声源好，MIDI 音乐有可能比数字化声音的质量更好。MIDI 文件是可编辑的，所以可以通过改变其速度来改变 MIDI 文件的长度。MIDI 数据的缺点是它并不是声音，所以仅当 MIDI 回放设备与产生时所指定设备相同时，回放结果才是精确的。

MIDI 是音乐与计算机结合的产物，MIDI（Musical Instrument Digital Interface）是乐器数字接口的缩写，泛指数字音乐的国际标准。MIDI 文件实际上是一段音乐的描述信息，演奏 MIDI 音乐时，音乐序列器把 MIDI 描述的信息从文件传送到音乐合成器，合成器把这些信息转化成特定乐器、特定音高和时长的声音。

（4）视频或动画。视频是在静态图像基础上形成的。它的形成和动画片的制作原理基本相同，都是利用人类眼睛的“视觉停留”现象，将一幅幅的描述动作过程的静态图像以一定的速度播放出来，在人眼看来，它就形成了连续动作的效果，就成了视频。其中一幅幅图像被称为帧，“帧”是构成视频信息的基本单元。一般意义上来说，连续播放的图像叫做视频；连续播放的图形叫做动画。

5．多媒体数据压缩和编码标准

（1）多媒体数据压缩。多媒体信息通常包含大量的数据，占有大量的存储空间，从而带来很多不便。那么能否对大量的数据进行压缩呢？答案是肯定的。数据压缩实际是利用多媒体数据存在的大量冗余来实现的。由于使用冗余信息的方法不同，存在不同的数据压缩方法，希望尽可能地使用好的压缩方法，这里就存在一个衡量数据压缩方法好坏的标准。

通常好的数据压缩方法的特点是：压缩比要尽可能地大；压缩算法要简单，同时压缩、解压缩的速度要快；失真程度不能太大。

在数据压缩过程中，既有编码的过程，又有解码的过程，通常称压缩和解压。数据压缩过程中会出现失真，按照失真程度的不同，数据压缩有无损压缩和有损压缩两种。

无损压缩：它的最大特点是对数据进行压缩和解压时不引入任何失真，缺点是压缩比较小，一般在2∶1～5∶1之间。通常文本数据、程序的压缩采用该压缩方法。代表性的算法是：行程编码、Huffman编码、算术编码等。

有损压缩：在压缩过程中抛弃对理解原始图像或声音不会产生影响的信息，它的特点是压缩比大，缺点是压缩过程中损失一定的信息，存在失真。代表性的算法有：PCM、预测编码、变换编码、插值等。

（2）编码的国际标准。

① 静止图像压缩标准JPEG。多灰度静止图像的数字压缩编码。它是一个适用于彩色和单色多灰度或连续色调静止数字图像的压缩标准。它包括无损压缩和有损压缩两部分。有损压缩的压缩比可达到20～40倍。

② 运动图像压缩标准 MPEG。它有三个版本，分别为 MPEG-1、MPEG-2、MPEG-4。MPEG-1 针对传输速率为 1～1.5Mbps，每秒播放 30 帧，普通电视质量的视频信号的压缩，MPEG-1 用于数字电话网络上的视频传输，也可以做记录媒体或是在 Internet 上传输音频；MPEG-2 针对传输速率为 3～10Mbps，每秒 30 帧的视频信号进行压缩，目前主要用于广播、有线电视网、电缆网络以及卫星直播提供广播级的数字视频；MPEG-4 主要应用于视频电话、视频电子邮件和电子新闻等，它的传输速率要求较低，在 4 800～64 000bps 之间。

（3）JPEG和MPEG的差别。

相同点是JPEG和MPEG均采用了DCT帧内图像数据压缩编码。

不同点主要表现在以下3个方面。

MPEG 视频压缩技术是针对运动图像的数据压缩技术，而 JPEG 是一个适用于彩色和单色多灰度或连续色调静止数字图像的压缩标准。

对于MPEG来说，帧间数据压缩、运动补偿和双向预测，这也是和JPEG主要不同的地方。MPEG通过帧运动补偿有效地压缩了数据的比特数，它采用了3种图像：帧内图、预测图和双向预测图，有效地减少了冗余信息。

MPEG中视频信号包含有静止画面（帧内图）和运动信息（帧间预测图）等不同的内容，量化器的设计比JPEG压缩算法中量化器的设计考虑的因素要多。

6．多媒体的文件

（1）音频文件。目前比较流行的音频文件格式有：WAV、MIDI、AIF、MP3等。

① WAVE，扩展名 WAV。WAV 文件也称波形文件，它来源于声音模拟波形的采样，利用该格式记录的声音文件能够和原声基本一致。WAVE 的唯一缺点就是文件太大，因为它把声音的每个细节都记录下来了，而且不压缩。

② MPEG-3 扩展名 MP3。MP3 格式是利用 MPEG 压缩的分频数据文件格式。由于存在着数据压缩，其音质要稍差于 WAV 格式，但是，MP3 格式仍是目前因特网上压缩效果最好，文件最小，质量最高的音频文件格式。

③ Real Audio，扩展名 RA。与 MP3 相同，它也是为了解决网络传输带宽资源而设计的，

因此主要目标是压缩比和容错性，其次才是音质。从保真角度来讲，MP3 可能更好。

④ CD Audio 音乐 CD，扩展 CDA。CDA 格式就是唱片采取的格式，记录的是波形流，绝对纯正和高保真度。它的缺点就是无法编辑，文件太大。

⑤ MIDI，扩展名 MID。MIDI 是一种非常专业的语言，是音乐工业的数据通信标准。保存 MIDI 信息的文件格式有很多种，绝大多数的 MIDI 文件的后缀名为 MID，这是最常用的 MIDI 文件格式之一。它的缺点是对回放设备的依赖性太强，其次就是不能记录人声等声音。

（2）图像文件。图像文件有以下多种分类方式。

根据处理方式的不同，可分为位图文件和图元文件。位图也称为点阵图，由一点一点的像素点排成矩阵组成；图元文件又称为矢量图，用数学矢量方法来描述图像元素的信息。

根据活动方式的不同，分为静态图像和动态图像。常见静态图像文件格式有 BMP、JPEG、WMF、DIF、PSD、EPS 等；动态图像又称为视频图像，其每一帧实际上就是一幅静态图像，常见的动态图像文件格式有 AVI、MOV、MPG、DAT、SWF 等。

① BMP（Bit Map Picture）。它是最常见的位图格式，有压缩和不压缩两种形式。它是 Windows 中附件内的绘画小应用程序的默认图形格式，一般的图形（图像）处理软件都支持这种格式的文件。缺点是文件太大，不适合在网络中传输。

② GIF（Graphic Interchange Format）。它是作为一个跨平台图形标准而开发的。它具有与硬件无关的 8 位彩色图形格式，也是在因特网上使用最早，应用最广泛的图像格式。它支持的颜色数目最多可达 256 种，文件的大小取决于实际上使用的颜色数目。它还支持透明图像和动画，很多图像浏览器都可以直接观看此类动画文件。

③ JPEG（Joint Photographics Expert Group）。简称 JPG，是一种流行图像文件压缩格式，通常，JPEG 可将图像文件的长度缩短成原来的 50%～2%不等。JPEG 文件之所以小，是以损失图像的质量为代价的。不过，它的压缩算法比较合理，所以它对图像的损失影响并不是很大。摄影图像通常采用 JPEG 格式存储和显示。JPEG 格式主要缺点是压缩和还原的速度较慢。

④ WMF（Windows Metafile Format）。WMF 是微软公司的一种矢量图形文件格式，广泛应用于 Windows 平台。几乎每个 Windows 下的应用软件都支持这种格式。

⑤ DIF（Drawing Interchange Format）。DIF 是 AutoCAD 中的图形文件，它以 ASCII 方式储存图形，表现图形在尺寸太小方面十分精确。

⑥ PSD（Photoshop Standard）。PSD 是 Adobe Photoshop 图像处理软件中默认的文件格式，它是一种支持所有的图像模式（位图、灰度、双色调、索引彩色、RGB、CMYK、Lab 和多通道），并支持参考线、Alpha 通道、专色通道和图层（包括调整图层、文字图层和图层效果）的图像文件格式。该文件格式适合在图像制作期内使用。

⑦ AVI（Audio-Video Interleaved），音频、视频交错。AVI 对视频、音频文件采用了 Intel 公司的 Indeo 视频有损压缩技术，该方式的压缩率较高，并可将音频和视频交错混合地存储到一个文件中，较好地解决了音频信息与视频信息的同步问题。尽管用该格式保存的画面质量不是太好，但它仍是目前较为流行的视频文件格式。

⑧ MOV。MOV 是 QuickTime 的文件格式。与 AVI 文件格式相同，MOV 文件也采用了 Intel 公司的 Indeo 视频有损压缩技术，但其图像画面的质量要比 AVI 文件格式的好。

⑨ MPG。MPG 是一种应用在计算机上的全屏幕运动视频标准文件格式。MPG 文件以 MPEG 压缩和解压缩技术为基础，对全屏幕运动视频图像进行压缩，并配以 CD 音质的伴音信息。目前许多视频处理软件都能支持这种格式的视频文件。

⑩ DAT。DAT 是 VCD 专用的视频文件格式，是一种基于 MPEG 压缩、解压缩技术的视频文件格式。

⑪ SWF。SWF 是 Micromedia 公司 Flash 软件支持的矢量动画格式，它采用曲线方程描述其内容，不是由点阵组成内容的。因此这种格式的动画在缩放时不会失真，非常适合描述由几何图形组成的动画，如教学演示等。由于这种格式的动画可以与 HTML 文件充分结合，并能添加 MP3 音乐，因此被广泛地应用于网页上。

8.4.2　计算机录音

1．Windows 录音机

使用 Windows 录音机是所有通过计算机来进行声音录制中最简单、最常见的方法。操作步骤如下。

（1）选择“开始”→“程序”→“附件”→“娱乐”→“录音机”命令，打开录音机程序，如图 8-19 所示。

（2）将麦克风插入声卡的 Line in 插口，然后单击按钮开始录制。

（3）Windows 录音机会在录制长度达 60 s 后，自动停止录音，再次单击按钮可继续进行录制，也可以随时单击按钮停止录音。

（4）完成录制后，单击按钮预览录制的声音。

2．编辑录制的音频

录制完成后，需要对文件进行剪辑，去掉不必要的部分，比如设置入点和出点。

在 Windows 录音机的时间轴上定位音频开头需要删除的部分，然后选择“编辑”→“删除当前位置以前的内容”或“删除当前位置以后的内容”命令即可，如图 8-20 所示。选择“编辑”→“插入”命令，即可在该点插入其他音频文件。

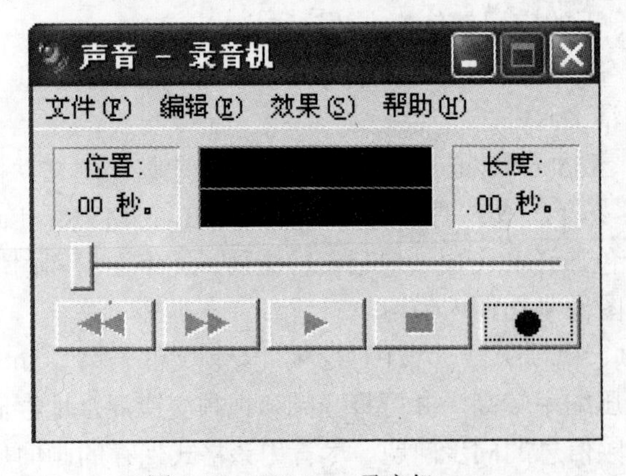

图 8-19　Windows 录音机

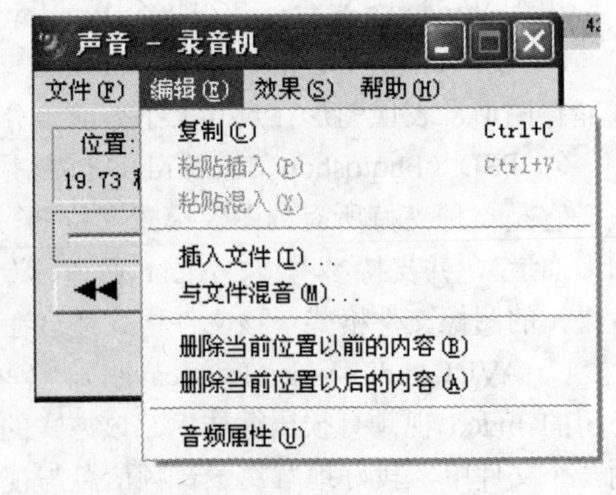

图 8-20　设置入点和出点

保存与转换该音频文件的步骤如下。

（1）通过“效果”菜单设置音频效果，如图 8-21 所示。

（2）选择“文件”→“属性”命令，打开“声音的属性”对话框。在“格式转换”选项栏的下拉列表中选择“录音的格式”选项，单击“立即转换”按钮，进入如图 8-22 所示的“声音选定”对话框。

（3）从“格式”下拉列表中选择“Lame MP3”格式，将文件存储成最流行的MP3文件格式。然后单击“确定”按钮，开始音频格式的转换。

（4）若选择“文件”→“保存”命令，则按照WAV文件格式保存采集的音频素材。

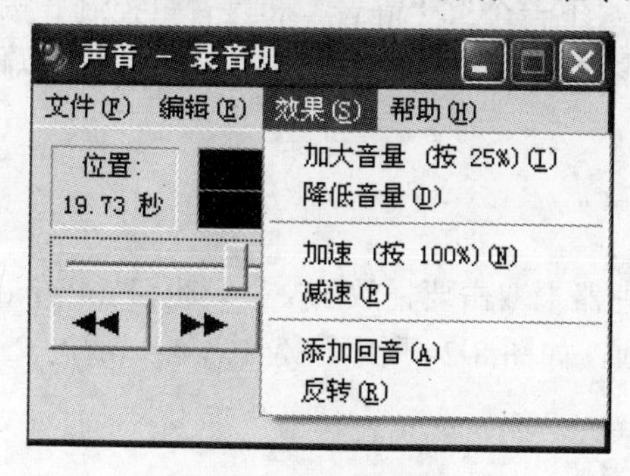

图 8-21 设置音频效果

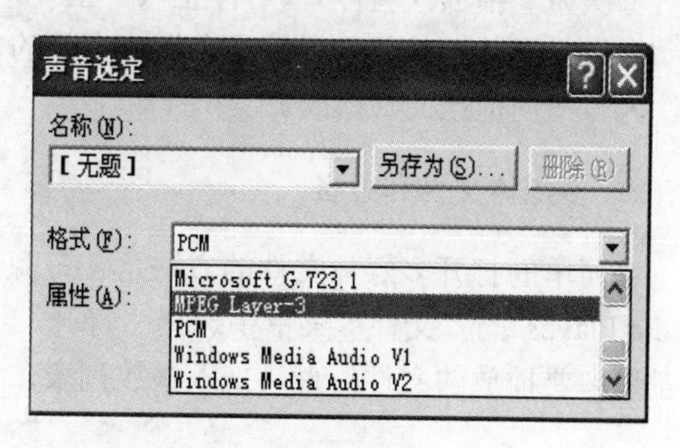

图 8-22 “声音选定”对话框

3. 其他录音应用程序

录制音频非常简单，除了上述的方法外，还可以使用其他具有音频捕捉能力的程序，如超级解霸、创新录音大师和Camtasia Studio 2等其他具有音频捕捉功能的程序。

8.4.3 Windows Media Player

Windows Media Player是微软公司基于DirectShow 基础之上开发的媒体播放软件，可以播放更多的文件类型，包括Windows Media、ASF、MPEG-1、MPEG-2、WAV、AVI、MIDI、VOD、AU、MP3和QuickTime文件。所有这些都用一个操作简单的应用程序来完成。

当选择了“Windows Media Player”即媒体播放机后，打开的Windows Media Player界面如图8-23所示，可用它来打开并播放媒体文件。同时，它还是一个将多媒体声音和视频对象加入文档的工具。

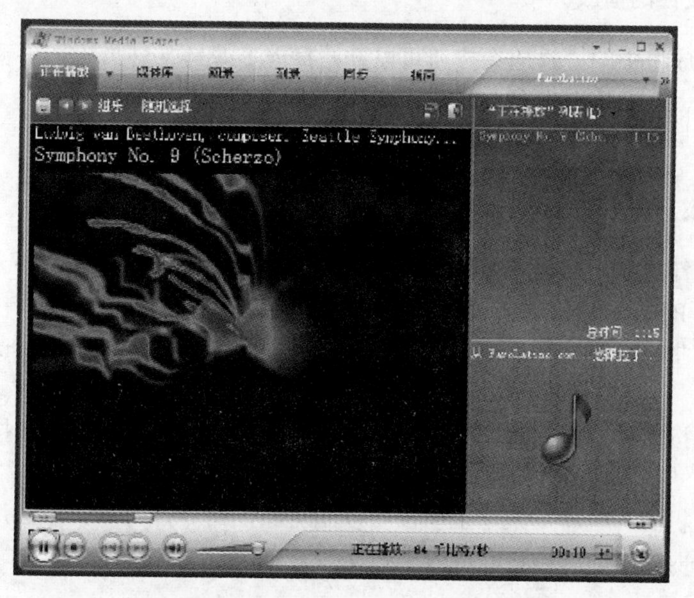

图 8-23 Windows Media Player 界面

1．播放的控制按钮

媒体播放机的使用很简单，它控制播放机的按钮类似于一般磁带机上的控制按钮，从左到右依次为“播放（暂停）”、“停止”、“上一个”、“下一个”、“静音”和“音量控制”按钮。滑动杆指示媒体播放机已播放了多媒体文件的多少内容，用户可以拖动滑杆指示器，以便在文件内容上向前或向后跳跃。

2．多媒体文件和设备

最简单的打开多媒体文件的方法是在资源管理器上双击要播放的文件，也可在 Windows Media Player 的“文件”菜单中选择“打开”选项，如图 8-24 所示，选中需要播放的文件，或者选中要播放的文件后直接拖入播放列表。

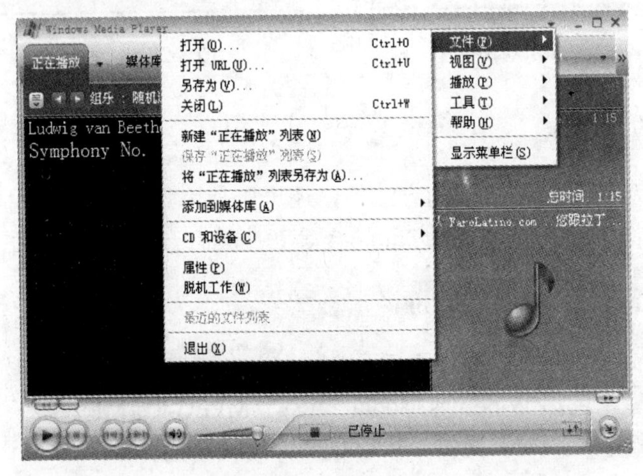

图 8-24　打开多媒体文件

3．多媒体文件的播放

单击媒体播放机中的“播放”按钮可以开始播放多媒体文件，单击“暂停”或“停止”按钮可中断播放。若文件中有多个曲子，则可单击“上一个”标记或“下一个”标记在曲子间选曲。

4．乐曲片段

有时媒体文件也包含标记（类似于 CD 中的磁道），当用户从列表中选定某一标记时，Windows Media Player 便开始播放媒体文件中与之相关联的那部分内容。在媒体播放机中通过标记要播放乐曲的“起始”标记，可形成乐曲片段，该片段将可作为 Windows XP 的一个独立的“对象”。

首先将滑动按钮移到起始点，然后单击“开始选择”按钮，再将滑动按钮移到终止点，然后单击“选择结束”按钮，最后，按住“Alt+P”组合键播放该片段。

在媒体播放机的“编辑”菜单上单击“复制对象”命令，可将该乐曲片段复制到剪贴板上，用户可利用剪贴板的特点将其放入其他文件。

8.4.4 RealOne Player

RealOne Player 是由 RealNetworks 公司推出的一种新型音-视频综合播放系统，以取代该公司现有的 3 种主打产品，即 RealPlayer、RealJukebox 和 GoldPass，主要功能是用来播放扩展名为.RM 的网络流音/视频媒体文件。RealOne 一大特点就是多层画面功能，即当一个屏幕播放影碟或歌曲时，旁边将有一个侧屏幕提供有关影碟或歌曲的信息或广告。总的来说，RealOne 是 RealPlayer 和 RealJukebox 的结合体。RealOne Player 是一种集网页浏览和媒体播放于一体的，功能十分强大的媒体播放软件。

1. 下载 RealOne Player

RealOne Player 软件的官方下载网站是：http://www.real.com/，安装文件的大小为：9 525KB，其主要功能都是免费的。

2. 安装过程

（1）安装文件解压。RealOne Player 软件下载完成后，双击该安装文件，开始安装，如图 8-25 所示。

图 8-25 安装文件解压

（2）选择安装模式。软件解压完成后出现如图 8-26 所示的选择安装模式界面。选择“Express Install - 2 Steps!”，然后单击“Next”按钮，出现如图 8-27 所示的画面。接受该协议，否则不能继续安装。单击“Accept”按钮后进入下一步。

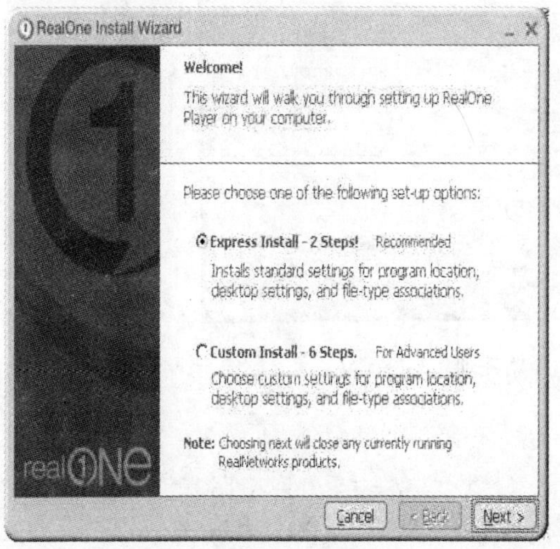

图 8-26 选择安装模式界面

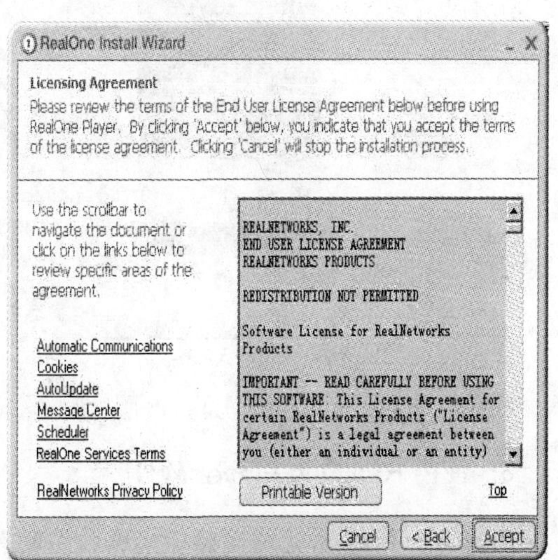

图 8-27 接受协议

（3）选择连网方式。在如图 8-28 所示的界面中根据连接因特网的方式，选择上网速度，选好后单击“Next”按钮，出现如图 8-29 所示的复制文件界面。

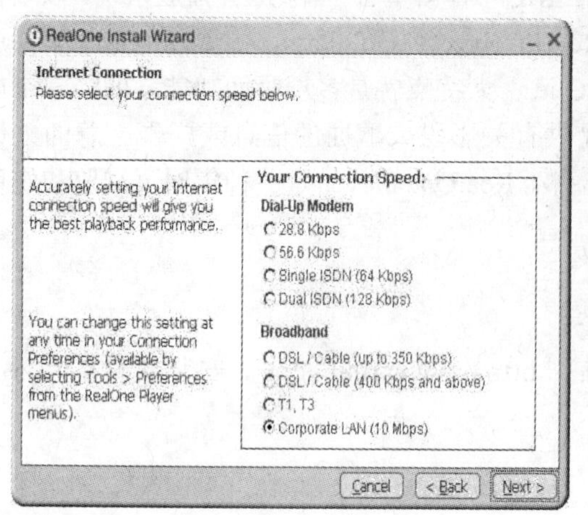

图 8-28　选择上网速度

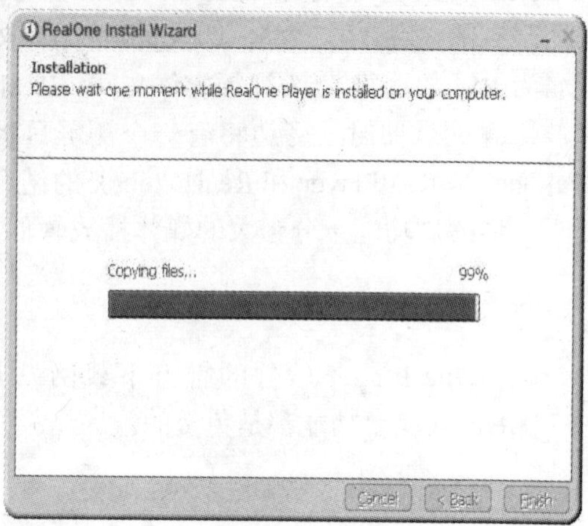

图 8-29　复制文件界面

（4）完成安装。文件复制进度完成后，出现完成安装界面，单击“Finish”按钮，安装完成。接下来程序要求开始注册，如图 8-30 所示。一般用户不需要注册，单击“Cancel”按钮取消即可，至此安装结束。

图 8-30　开始注册

3．使用 RealOne Player 软件

RealOne Player 软件安装完成即打开操作界面，可以使用它来打开和播放媒体文件了，其控制按钮的功能如图 8-31 所示。

图 8-31　RealOne Player 界面

8.4.5　使用 Windows Movie Maker

Windows Movie Maker 是 Windows XP 和 Windows Me 新增的一个进行多媒体的录制、组织、编辑等操作的应用程序。使用该应用程序，用户可以自己当导演，制作出具有个人风格的多媒体，并且可以将自己制作的多媒体通过网络传给朋友共同分享。

1. 认识 Windows Movie Maker 窗口

（1）单击“开始”按钮，选择“所有程序”→“Windows Movie Maker”命令，即可打开“Windows Movie Maker”窗口，如图 8-32 所示。

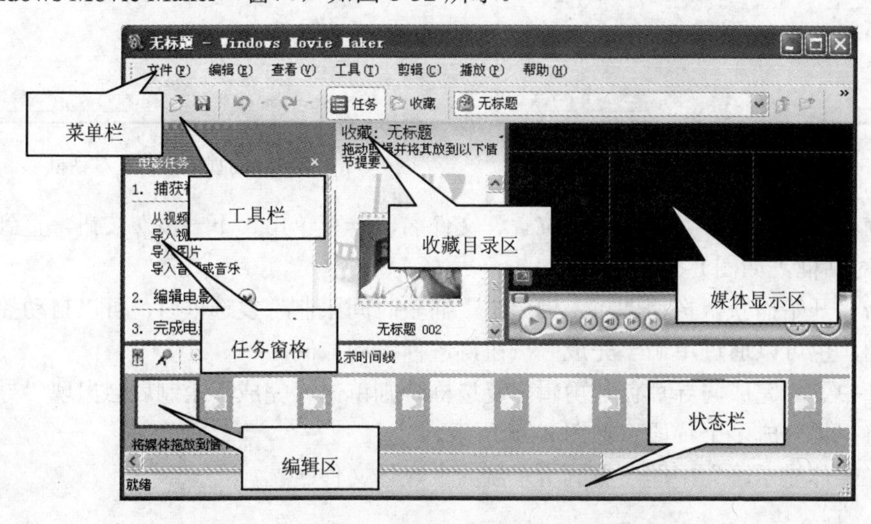

图 8-32　“Windows Movie Maker”窗口

（2）在该窗口中各项的功能如下。

- 菜单栏：在该栏中包含了所有的 Windows Movie Maker 命令。
- 工具栏：在该栏中包含了一些经常使用的命令的按钮。
- 收藏目录区：在该栏中存放了所有打开或导入的多媒体文件。
- 任务窗格：列出各种任务的操作向导。
- 编辑区：该区包含了视频/音频轨道和相关的电影编辑命令按钮。
- 状态栏：在该栏中显示了当前的状态。
- 拍摄剪辑|时间表：显示剪辑的多媒体文件的剪辑片段或时间表。
- 媒体显示区：在该显示区中可播放选取的多媒体文件。

2. 录制多媒体

制作个性化多媒体的前提是录制了可供加工的多媒体文件素材。录制多媒体文件可执行以下操作。

（1）打开“Windows Movie Maker”窗口。

（2）选择“文件”→“捕获视频”命令，或单击任务窗格上的“从视频设备捕获”按钮。

（3）打开“视频捕获向导”中的“视频捕获设备”对话框，如图 8-33 所示。

（4）单击“配置”按钮可以对视频、音频设备进行配置，这里直接单击“下一步”按钮，打开“捕获的视频文件”对话框，如图 8-34 所示。然后为捕获的视频文件设置好保存位置、文件名即可。

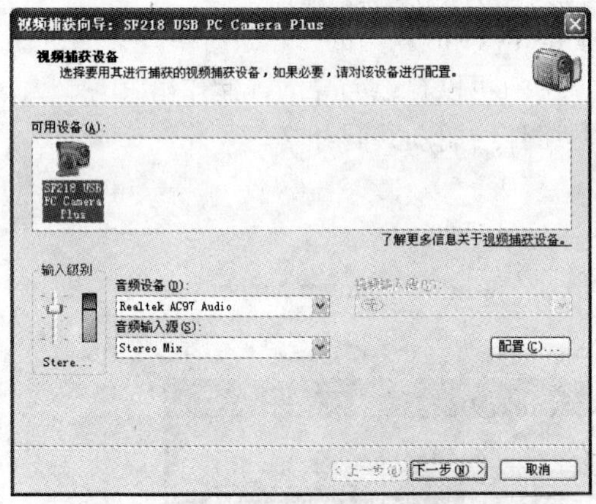

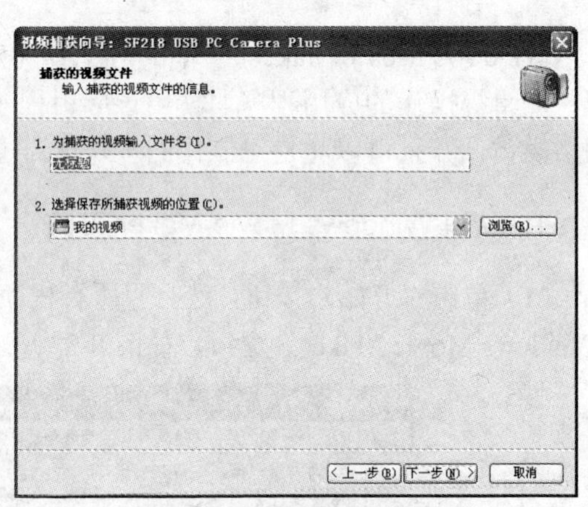

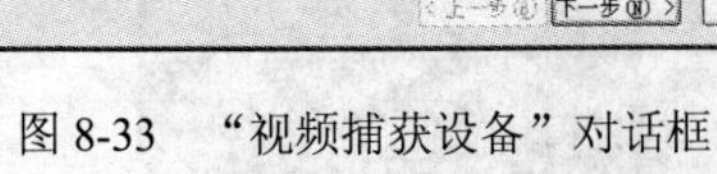
图 8-33 “视频捕获设备”对话框

图 8-34 “捕获的视频文件”对话框

（5）为捕获的视频文件设置好保存位置、文件名，一直单击“下一步”按钮，直到打开“捕获视频”对话框，如图 8-35 所示。

（6）单击“开始捕获”按钮即可。当选中“捕获时间限制”复选框时，可以自动控制录制视频的时间，也可以通过单击“完成”按钮，进行手动控制。

（7）若选中了“完成向导后创建剪辑”复选框，则单击“完成”录制后会出现“导入”对话框，并将视频分成多个片段，如图 8-36 所示。

（8）在“媒体显示区”中即可看到所录制的多媒体文件。

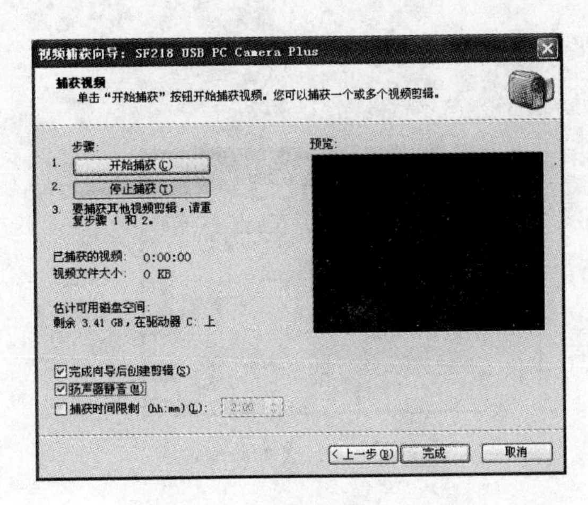

图 8-35 “捕获视频”对话框

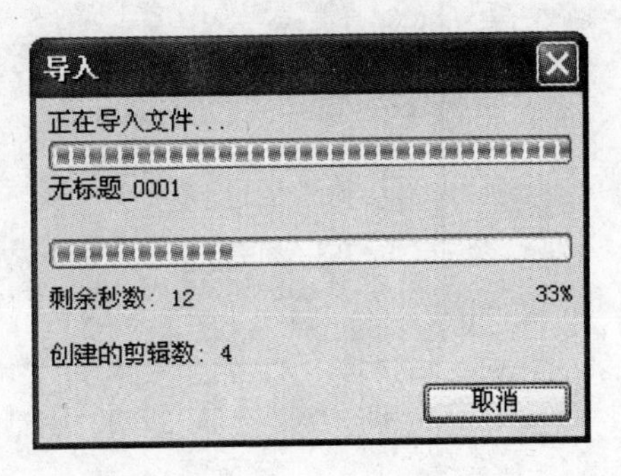

图 8-36 “导入”对话框

3. 打开或导入多媒体文件

用户也可以打开或导入已有的多媒体文件。

（1）打开已有的 Windows Movie Maker 文件

打开已有的 Windows Movie Maker 文件可执行以下操作：打开“Windows Movie Maker”窗口。选择“文件”→“打开项目”命令，或单击工具栏上的“打开项目”按钮，打开“打开项目”对话框，如图 8-37 所示。

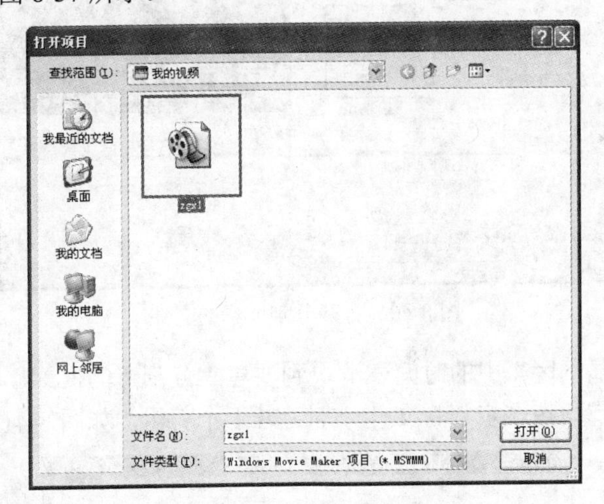

图 8-37 “打开项目”对话框

在该对话框中选择一个要打开的 Windows Movie Maker 文件（扩展名为.mswmm），单击“打开”按钮，即可打开该文件。

（2）导入其他多媒体文件

用户也可以将其他多媒体文件导入到 Windows Movie Maker 中使用，步骤如下：在任务窗格的“捕获视频”栏目下，单击“导入视频”按钮，打开“导入文件”对话框，如图 8-38 所示。

选中要导入的文件，单击“导入”按钮，可弹出“导入”进度框，如图 8-39 所示。制作剪辑完毕后，即可将该文件导入到 Windows Movie Maker 中。

图 8-38 “导入文件”对话框

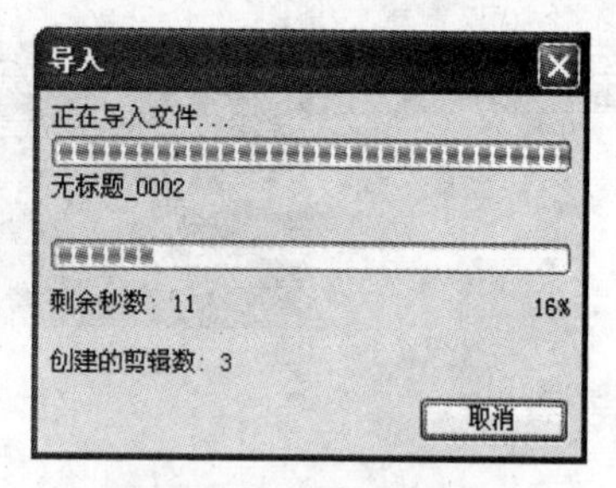

图 8-39 “导入”进度框

4．分割剪辑

打开、导入或录制的多媒体文件及导入的图片、录制的声音文件等，还需要进行分割剪辑，以使其可以配合影像的播放。分割剪辑的具体操作如下。

（1）打开要进行分割剪辑的文件，如图 8-40 所示。

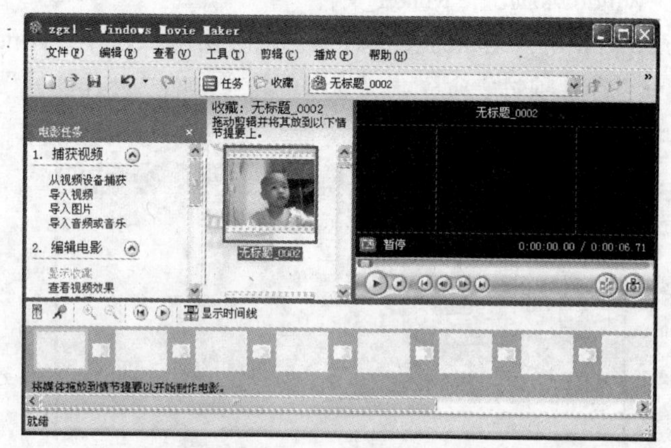

图 8-40 打开分割剪辑的文件

（2）拖动“媒体显示区”中的时间表滑块到要建立分割点的位置，单击“分割剪辑”按钮，即可建立分割点。按该步骤将文件分割为若干个剪辑，如图 8-41 所示。

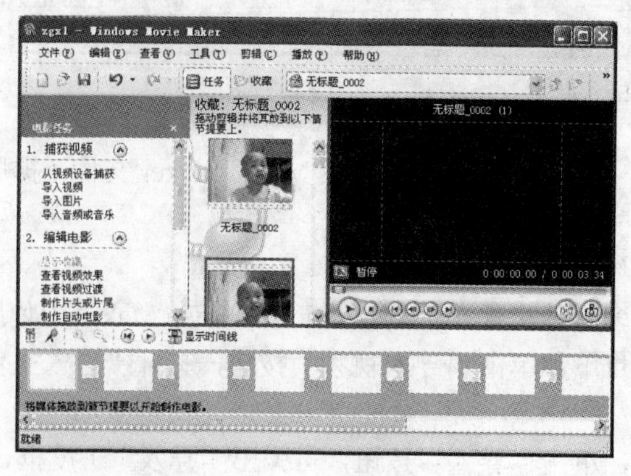

图 8-41 分割剪辑

5. 制作自己的电影

素材准备好了后，就可以制作电影了。

（1）按刚才的方法导入素材，在收藏目录区选中一个视频或图片文件，用鼠标左键按住不放拖到编辑区的方格中，然后松开鼠标，如图 8-42 所示。

图 8-42　将剪辑和声音文件添加到编辑区中

（2）单击任务窗格中“编辑电影”栏目下的“查看视频过渡”按钮，打开视频过渡窗口，如图 8-43 所示。选择一个过渡效果，将它拖到编辑区的小方格里即可。

图 8-43　视频过渡窗口

（3）加入片头、片尾。片头除了可以从其他的电影中剪辑外，也可以自己编辑一个简单的动画效果，制作一个片头。在任务窗格中“编辑电影”栏目下单击“制作片头或片尾”按钮，然后继续选择“在电影开头添加片头”，并输入片头文本，如图 8-44 所示。

图 8-44　输入片头文本

单击下面的“更改文本字体和颜色”，可修改文本字体和背景颜色；单击下面的“更改片头动画效果”，可选择一个不同的片头动画效果。最后单击“完成，为电影添加片头”。

（4）加入声音。在任务窗格里“捕获视频”下单击“导入音频或音乐”按钮，把音乐导入到素材收藏区，在电影编辑区单击“显示时间线”按钮，显示出“音频/音乐”轨道，将导入的音乐素材拖到“音频/音乐”轨道就可以了。拖进来的音乐可能比视频要长，可以用鼠标按住音频轨道音乐的末尾结点，将它拉到与影片一样长，如图 8-45 所示。

图 8-45　加入声音

6. 保存电影

电影编辑完后，就可以保存了。单击“文件”→“保存电影文件”命令，打开“保存电影向导”对话框，向导提供了 5 种方式保存电影，如图 8-46 所示。也可以在任务窗格的“完成电影”下选择保存方式。具体方法比较简单，照提示一步一步操作就可以了。

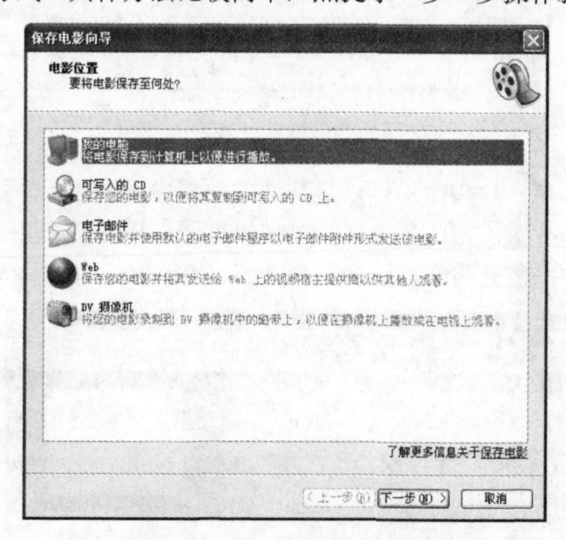

图 8-46　“保存电影向导”对话框

保存电影时根据电影的长短和计算机的硬件差异，完成的时间也不相同，如图 8-47 所示。完成后就可以启动 Windows Media Player 观看用户自己制作的电影了。

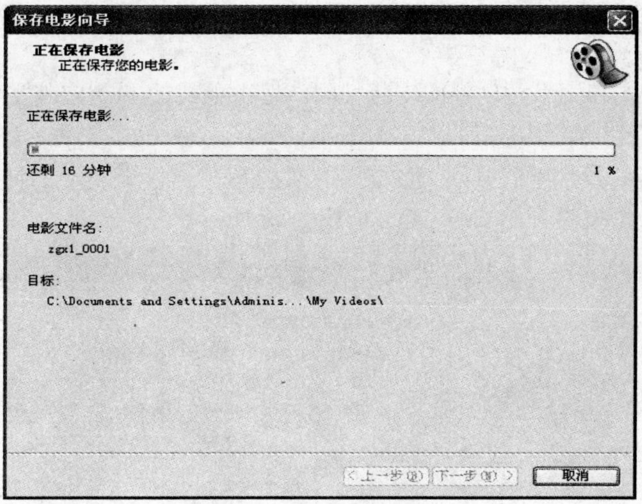

图 8-47　保存电影进度框

8.4.6　即时通信工具 QQ

对国内因特网用户来说，拥有一个 QQ 号码是必不可少的。QQ（原名叫做 OICQ）是一种即时互动的网络聊天工具，正因为它拥有即时和互动的特点，从一问世就迅速在网民之间流行起来，成为目前最流行的网上交流工具。下面将简单介绍 QQ 的下载、安装和使用方法。

1. QQ 的下载

QQ 是用来在网上和朋友即时交流用的免费软件，可以使用 QQ 及时和网上的朋友取得联系，一来一回和打电话一样方便及时。如果想使用 QQ，必须下载安装软件并安装，获得一个 QQ 号码才能使用，就像打电话必须有一部电话机和一个电话号码一样。

QQ 是一个免费软件，可以在网络上找到 QQ 软件的下载地址，这里提供两个常用的新版 QQ 下载地址：腾讯下载 http://download.tech.qq.com/，太平洋软件下载 http://dl.pconline.com.cn/html_2/1/92/id=48735&pn=0.html。单击下载链接点，出现“文件下载-安全警告”对话框，如图 8-48 所示。

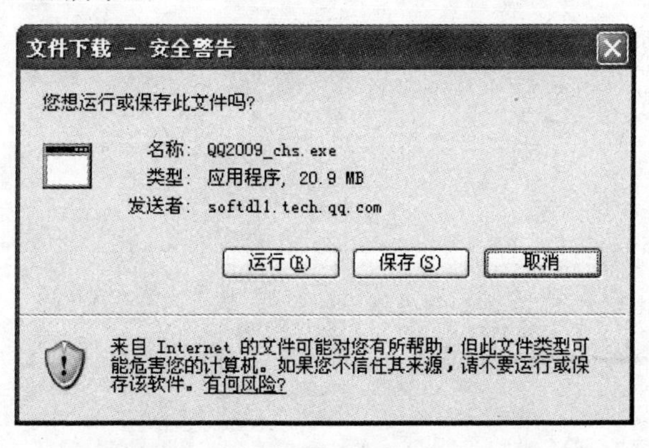

图 8-48　“文件下载-安全警告”对话框

2．QQ 的安装

QQ 的安装方式和大多数软件的安装相同。双击下载的 QQ 安装文件，解压安装，按照提示操作很快即可完成。

（1）开始安装。找到下载好的 QQ 安装文件，双击它，出现安装向导，接受软件许可协议，单击“下一步”按钮开始安装 QQ，如图 8-49 所示。

图 8-49　开始安装 QQ

（2）选择“自定义安装选项”和“快捷方式选项”，设置好后单击“下一步”按钮，如图 8-50 所示。

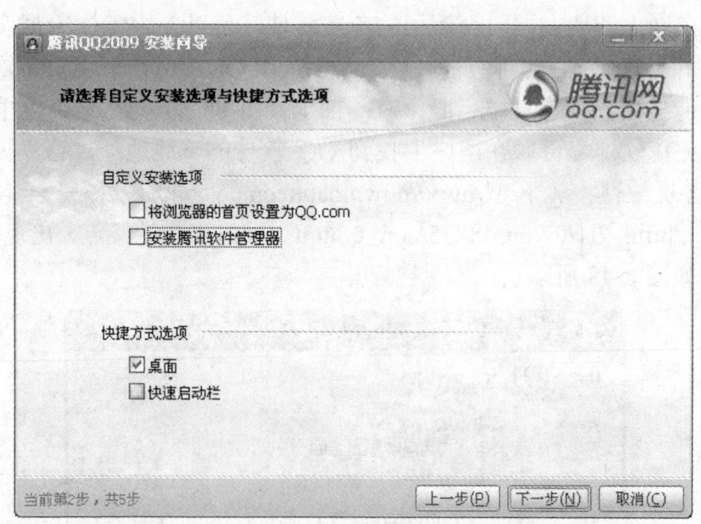

图 8-50　选择“自定义安装选项”和“快捷方式选项”

（3）选择安装路径，设置好后单击“下一步”按钮，如图 8-51 所示。

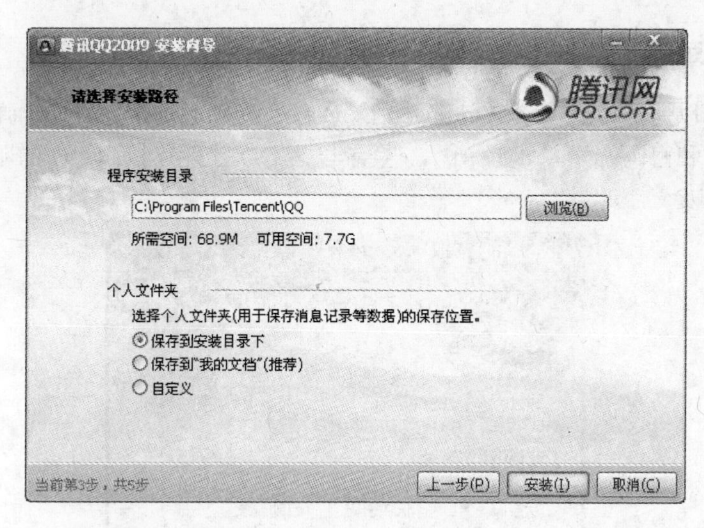

图 8-51 选择安装路径

（4）复制文件，注册组件，完成安装。安装过程自动完成，如图 8-52 和图 8-53 所示。

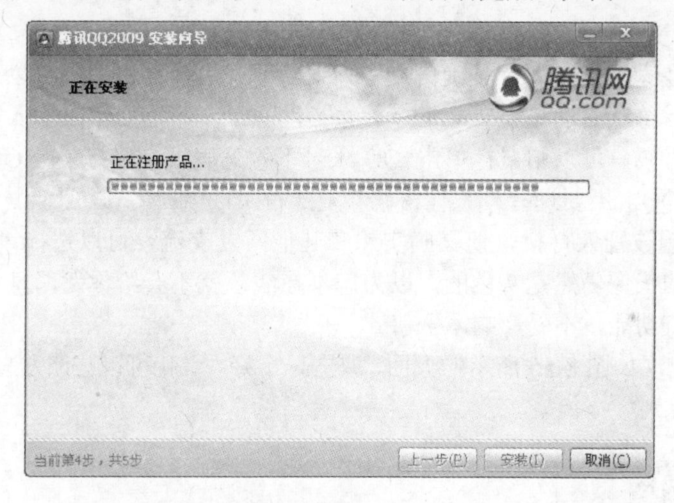

图 8-52 复制文件，注册组件

图 8-53 完成安装

3. 登录并使用 QQ

安装了 QQ 以后，每次启动 Windows 后 QQ 都会自动启动，并且自动弹出对话框提示用户输入 QQ 账号和密码，如图 8-54 所示。登录以后 QQ 才能连接到 QQ 的服务器，用户才可以和众多 QQ 网友交流。

图 8-54 启动 QQ

如果用户是在家里使用，并且确信没有外人随便开启计算机，则可以选择“记住密码”复选框，这样以后每次启动 Windows QQ 就会自动登录，不需要手工输入口令，非常方便。如果用户有多个号码，可以用鼠标单击 QQ 账号下拉列表框，选择某个 QQ 号码再登录。如果是在网吧使用 QQ，不要选择“记住密码”复选框。

如果用户不想被别人打扰，但又确实想和其他网友交流，可以选择“隐身登录”，这样 QQ 好友看到您的头像仍然是灰色的，以为您不在线，就不会给你发消息了，但是您可以正常使用 QQ 的所有功能，不受影响。

登录以后，出现如图 8-55 所示的界面，双击一个好友，就可以与朋友自由自在地聊天了，如图 8-56 所示。

图 8-55 QQ 使用界面

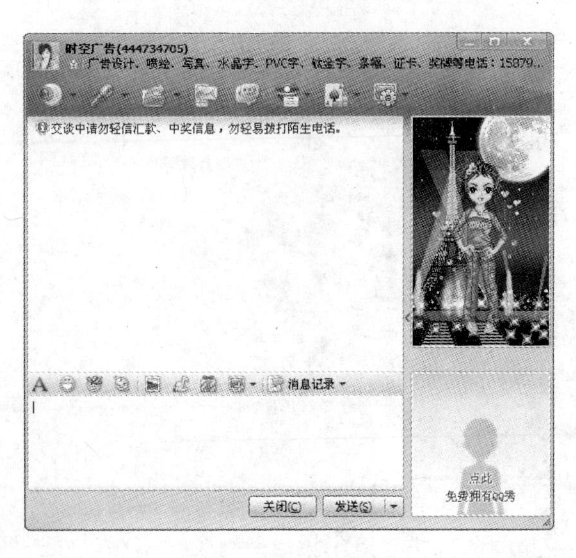

图 8-56 QQ 聊天窗口

4. 申请并注册 QQ 号

目前 QQ 注册包括网页注册和手机注册两种方式。

（1）网页注册（免费）。这是最为普遍的一种方式，在如图 8-54 所示的 QQ 登录界面中单击“注册新账号”链接点，打开申请 QQ 账号的网页，如图 8-57 所示。

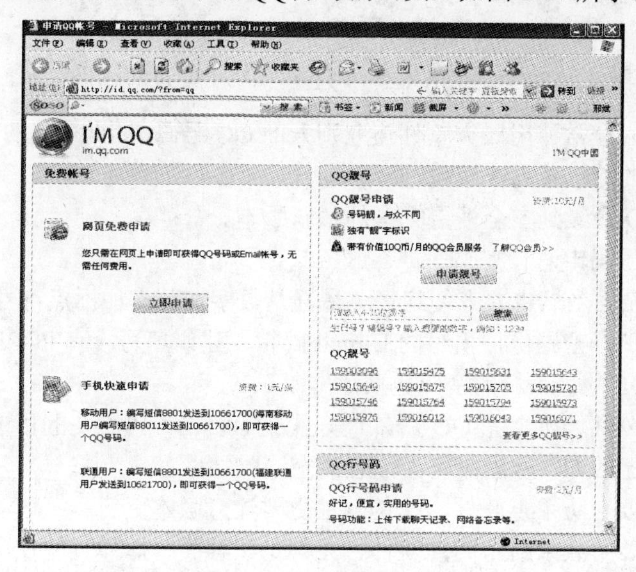

图 8-57　申请 QQ 账号的网页

单击网页免费申请下面的“立即申请”按钮，在接下来的页面中选择申请 QQ 号，进入申请 QQ 账号页面，如图 8-58 所示。逐步输入昵称、生日、性别、密码、确认密码、所在地、验证码、验证图片等内容。

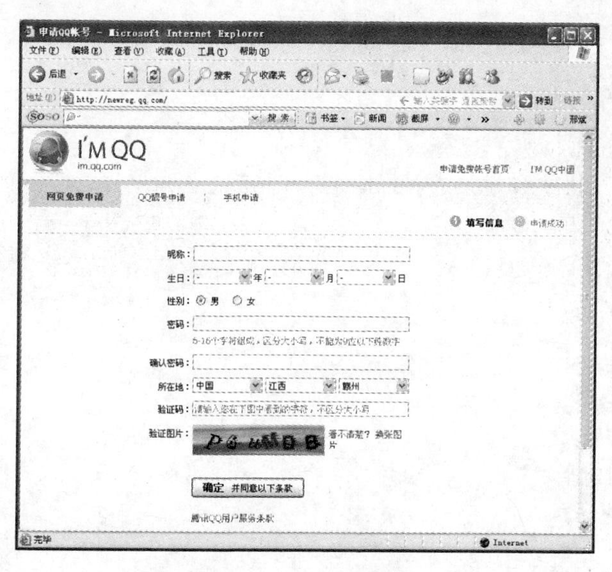

图 8-58　申请 QQ 账号页面

最后一步就是等待服务器给你分配一个号码。QQ 的号码不是自选的，按实际注册人数定，号码越往前说明使用得越早。在等待一段时间之后，如果看到了注册成功的画面，那么就可以使用它和朋友联络了。

（2）手机直接注册 QQ 号码（收费）。

移动用户：编写短信 8801 发送到 10661700（海南移动用户编写短信 88011 发送到 10661700），即可获得一个 QQ 号码。

联通用户：编写短信 8801 发送到 10661700（福建联通用户发送到 10621700），即可获得一个 QQ 号码。

5. QQ 安全问题

由于网上某些人经常使用黑客软件盗取别人的 QQ 号码，因此 QQ 的安全问题值得注意。那么如何防止自己的 QQ 号码被盗呢？

（1）尽快将 QQ 升级到安全性更完善的最新版本。

（2）为自己的号码申请“密码保护”服务。

（3）密码要复杂，当然也要方便记忆。最好是数字加英文加标点符号，8～16 位最合适。

（4）一定要保护好密码保护填写的 E-mail 邮箱，建议填写没有 POP3 的邮箱，因为邮箱的工具都是支持 POP 的，信箱的密码也要足够复杂。

（5）在网吧等公共场所上完 QQ 后，最好能删除自己号码所在的目录，一般是在 QQ 安装目录下面，以自己的 QQ 号码命名。注意清空回收站。

（6）机器最好要有防杀毒软件，防伪软件更要注意版本更新。

（7）请千万不要下载来路不明的软件，尤其是黑客类、炸弹类软件。

6. QQ 的其他重要功能

腾讯 QQ 除了可以用于实时聊天之外，还有许多其他的实用功能，比如 QQ 群、QQ 邮箱、QQ 游戏、QQ 网络硬盘、QQ 空间、QQ 聊天室等，限于篇幅，这里不再介绍。

练习题八

一、选择题

1. 下列技术______使得实时处理多种媒体信息成为可能。
   A．多媒体式教育压缩技术　　B．超大规模集成电路技术
   C．大容量光盘存储器 CD-ROM　　D．实时多任务操作系统
2. 下列不是媒体的是______。
   A．文本　　B．声音　　C．图像　　D．声卡
3. 声卡的作用不包括______。
   A．声音文件的处理　　B．音源的控制
   C．视频文件的处理　　D．语音处理
4. 采用双声道技术的是______位声卡。
   A．1　　B．2　　C．8　　D．16
5. ______是构成视频信息的基本单元。
   A．帧　　B．幅　　C．篇　　D．页
6. 下列______属于有损压缩算法。
   A．行程编码　　B．预测编码　　C．Huffman 编码　　D．算术编码

7. 视频电话、视频电子邮件和电子新闻等采用______标准来压缩图像。

A. MPEG-1　　B. MPEG-2　　C. MPEG-4　　D. JPEG

8. 目前因特网上压缩效果最好，文件最小，质量最高的音频文件格式是______。

A. WAV　　B. MIDI　　C. AIF　　D. MP3

9. 下列______格式记录的声音文件能够和原声基本一致。

A. WAV　　B. MIDI　　C. AIF　　D. MP3

10. 下列______的出现对多媒体技术的发展有着十分重要的意义。

A. 声卡　　B. 视频卡　　C. 触摸屏　　D. 光盘驱动器

11. 微软公司的一种矢量图形文件格式是______。

A. WMF　　B. JPEG　　C. MOV　　D. MPG

12. 下列______格式的音频文件对设备依赖性强。

A. WAV　　B. MIDI　　C. AIF　　D. MP3

13. 下列______是浏览图片的工具。

A. ACDSee　　B. WinRAR　　C. FileSplit　　D. HD-COPY

14. 下列______是媒体播放工具。

A. ACDSee　　B. WinRAR　　C. Media Player　　D. HD-COPY

二、填空题

1. 从计算机产生声音的原理上可以将音频分为__________和__________。
2. 20 世纪 80 年代提出来的数字音乐的国际标准是__________。
3. 图形、图像的色彩数的单位是__________。
4. 图像文件根据处理方式的不同，可分为__________和__________。
5. 按照压缩过程中的失真性，数据压缩可分为__________和__________。
6. JPEG 中文名字是__________。
7. 在因特网上使用最早，应用最广泛的图像格式是__________。
8. Micromedia 公司的 Flash 软件支持的矢量动画格式是__________。
9. 通常录音机将采集后的声音文件保存为__________文件。

三、简答题

1. 列举 WinRAR 的特点。
2. 简述 FlashGet 下载多个连续文件的步骤。
3. 简述 ACDSee 浏览图片的步骤。
4. 什么是多媒体？什么是多媒体技术？
5. 简述超文本与文本的区别。
6. 简述多媒体中的图像与我们通常说的图像的区别。
7. 什么是 MIDI？
8. 简述衡量数据压缩方法好坏的标准。
9. 简述无损压缩和有损压缩的区别。
10. 简述目前编码的国际标准以及它们的异同点。

四、实践题

1．将用“画图”软件绘制的画 “鸟.bmp”转化成“鸟.gif”格式。

2．使用录音机录制自己的歌声，要求格式是 WAV 格式。

3．使用录音机把上题录制的 WAV 格式转换为 MP3 格式。

4．用 Windows Movie Maker 进行视频录制，并对它们进行编辑，制作成电影。要求：加入片头和片尾，主题自选。

附录 A

ASCII 码及常用组合键

A.1 ASCII 码表

1. ASCII 码控制字符集

ASCII 码控制字符集如表 A-1 所示。

表 A-1 ASCII 码控制字符集

二进制	十六进制	十进制	代码	符号	说明
00000000	00	0		UL	空
00000001	01	1	^A	SOH	标题开始
00000010	02	2	^B	STX	正文开始
00000011	03	3	^C	ETX	正文结束
00000100	04	4	^D	EOT	传送结束
00000101	05	5	^E	ENQ	查询
00000111	06	6	^F	ACK	肯定
00001000	07	7	^G	BEL	响铃
00001000	08	8	^H	BS	退格
00001001	09	9	^I	SH	横向列表
00001010	0A	10	^J	LF	换行
00001011	0B	11	^K	VT	纵向列表
00001100	0C	12	^L	FF	走纸
00001101	0D	13	^M	CR	回车
00001110	0E	14	^N	SO	移出
00001111	0F	15	^O	SI	移入
00010000	10	16	^P	DEL	数据连接逃脱码
00010001	11	17	^Q	DC1	设备控制 1
00010010	12	18	^R	DC2	设备控制 2
00010011	13	19	^S	DC3	设备控制 3
00010100	14	20	^T	DC4	设备控制 4
00010101	15	21	^U	NAK	否定
00010110	16	22	^V	SYN	同步空转
00010111	17	23	^W	ETB	传送块结束
00011000	18	24	^X	CAN	作废

（续表）

二 进 制	十六进制	十 进 制	代 码	符 号	说 明
00011001	19	25	^Y	EM	介质结束
00011010	1A	26	^Z	SUB	替换
00011011	1B	27	^[	ESC	逃脱码
00011100	1C	28	^\	FS	文件分隔符
00011101	1D	29	^]	GS	组分隔符
00011110	1E	30	^^	RS	记录分隔符
00011111	1F	31	^-	US	单元分隔符

2．ASCII 码基本字符集

ASCII 码基本字符集如表 A-2 所示。

表 A-2　ASCII 码基本字符集

二 进 制	十六进制	十 进 制	字 符	二 进 制	十六进制	十 进 制	字 符
00100000	20	32		00111100	3C	60	<
00100001	21	33	!	00111101	3D	61	=
00100010	22	34	“	00111110	3E	62	>
00100011	23	35	#	00111111	3F	63	?
00100100	24	36	$	01000000	40	64	@
00100101	25	37	%	01000001	41	65	A
00100110	26	38	&	01000010	42	66	B
00100111	27	39	‘	01000011	43	67	C
00101000	28	40	(	01000100	44	68	D
00101001	29	41	)	01000101	45	69	E
00101010	2A	42	*	01000110	46	70	F
00101011	2A	43	+	01000111	47	71	G
00101100	2C	44	,	01001000	48	72	H
00101101	2D	45	-	01001001	49	73	I
00101110	2E	46	.	01001010	4A	74	J
00101111	2F	47	/	01001011	4B	75	K
00110000	30	48	0	01001100	4C	76	L
00110001	31	49	1	01001101	4D	77	M
00110010	32	50	2	01001110	4E	78	N
00110011	33	51	3	01001111	4F	79	O
00110100	34	52	4	01010000	50	80	P
00110101	35	53	5	01010001	51	81	Q
00110110	36	54	6	01010010	52	82	R
00110111	37	55	7	01010011	53	83	S
00111000	38	56	8	01010100	54	84	T
00111001	39	57	9	01010101	55	85	U
00111010	3A	58	:	01010110	56	86	V
00111011	3B	59	;	01010111	57	87	W

（续表）

二 进 制	十六进制	十 进 制	字 符	二 进 制	十六进制	十 进 制	字 符
01011000	58	88	X	01101100	6C	108	L
01011001	59	89	Y	01101101	6D	109	M
01011010	5A	90	Z	01101110	6E	110	N
01011011	5B	91	[	01101111	6F	111	O
01011100	5C	92	\	01110000	70	112	P
01011101	5D	93	]	01110001	71	113	Q
01011110	5E	94	^	01110010	72	114	R
01011111	5F	95	“	01110011	73	115	S
01100000	60	96	‘	01110100	74	116	T
01100001	61	97	a	01110101	75	117	U
01100010	62	98	b	01110110	76	118	V
01100011	63	99	c	01110111	77	119	W
01100100	64	100	d	01111000	78	120	X
01100101	65	101	e	01111001	79	121	Y
01100110	66	102	f	01111010	7A	122	Z
01100111	67	103	g	01111011	7B	123	{
01101000	68	104	h	01111100	7C	124	|
01101001	69	105	I	01111101	7D	125	}
01101010	9A	106	J	01111110	7E	126	(
01101011	6B	107	K	01111111	7F	127	)

A.2 常用组合键

常用组合键如表 A-3 所示。

表 A-3 常用组合键

组合键名称	功 能
“Ctrl+Esc”组合键	显示“开始”菜单
“Alt+Tab” 组合键	切换窗口
“Ctrl+Alt+Delete” 组合键	任务管理器
“Alt+Enter” 组合键或“Alt+鼠标双击”	快速查看属性
“Winkey+D” 组合键	快速显示桌面
“Alt+F4” 组合键	关闭当前窗口或退出程序
“Winkey+R” 组合键	显示“运行”

附录 B

五笔字型汉字输入法 86 版

B.1　五笔字型基础

1．汉字的结构

我们知道，物质是由分子构成的，分子又是由原子构成的，而原子则是由更小的基本粒子构成的。中国人常说：

木子—李，日月—明，立早—章，双木—林

可见，一个方块汉字是由较小的块拼合而成的。这些“小方块”如日、月、金、木、人、口等，就是构成汉字的最基本的单位，我们把这些“小方块”称做“码元”，意思是汉字之本。“五笔字型”确定的码元有 125 种。码元又是由什么构成的呢？拿笔写一写就知道，码元是由笔画构成的。这样，我们就发现，物质的构成和汉字的构成十分相似：基本粒子（几种）→原子（100 多种）→分子（成千上万种），基本笔画（5 种）→码元（125 种）→汉字（成千上万种）。

2．汉字的分解

汉字输入计算机一度举世称“难”，难在哪里？难在汉字的“多”：字数多，而计算机的输入设备——键盘，只有几十个字母键，不可能把汉字都摆上去。所以要将汉字分解开来之后，再向计算机输入。

分解汉字：比如将“桂”分解成“木、土、土”，“照”分解为“日、刀、口、灬”等。因为码元只有 125 种，这样，就把处理几万个汉字的问题，变成了只处理 125 种码元的问题。把输入一个汉字的问题，变成输入几个码元的问题，这正如输入几个英文字母构成一个英文单词一样。

分解过程：它是构成汉字的一个逆过程。当然，汉字的分解是按照一定的章法进行的，这个章法总起来就是：整字分解为码元，码元分解为笔画。

3．码元

（1）汉字由码元构成：用码元可以像搭积木那样组合出全部的汉字和全部词汇。

（2）码元产生的条件：

① 能组成很多的字，如王土大木工，目日口田山等。

② 组成的字特别常用，如白组成“的”、西组成“要”等。

③ 绝大多数码元都是查字典时的偏旁部首，如：人、口、手、金、木、水、火、土等。

相反，相当一些偏旁部首因为太不常用，或者可以拆成几个码元，便未入选为码元了，如比、歹、风、气、欠、殳、斗、户、龙、业、鸟、穴、聿、皮、老、酉、豆、里、足、身、角、麦、食、革、骨、鬼、音、鱼、麻、鹿、鼻等。

（3）"五笔字型"的码元总数是125种。有时，一种码元之中，还包含有几个"小兄弟"，主要是：

① 字源相同的码元：心、忄，水、氵等；

② 形态相近的码元：艹、廾、廿，已、己、巳等；

③ 便于联想的码元：耳、卩、阝等。

所有的"小兄弟"都与其主码元是"一家人"，作为辅助码元，它们同在一个键位上，编码时使用同一个代码（同一个字母或区位码）。码元（包括"小兄弟"）总数，以及每一个码元的笔画数是一定的，不能增加，也不能减少，它们构成了一个汉字的"基本"单位。

B.2 笔画和码元

1．5种笔画

汉字的5种笔画如表B-1所示。

表B-1 汉字的5种笔画

代 号	笔画名称	笔画走向	笔画形状
1	横	左→右	一
2	竖	上→下	丨
3	撇	右上→左下	丿
4	捺	左上→右下	、
5	折	带转折	乙

在汉字的具体形态结构中，其基本笔画"一、丨、乙"常因笔势和结构上的匀称关系而产生某些变形或者一带而变成钩，如"丨"变为竖钩等；或者走向多了一些转折，变成"了"、"ㄅ"等。另外，一些基本笔画的大小、长短有时也很不一致，于是就派生各种各样的笔画变异。特别是点"、"归并到捺类中，类似地提笔"/"和横笔"一"也是等价的。

（1）笔画的定义：书写汉字时，一次写成的一个连续不断的线段。

① 两笔写成者不叫做笔画如"十、口"等，只能叫做笔画结构。

② 一个连贯的笔画，不能断成几段来处理，如把"申"分解为"丨、田、丨"等。

（2）码元由笔画写成。汉字、码元、笔画是汉字结构的3个层次。

（3）经科学归纳，汉字的基本笔画只有表B-1中所示的5种。这5种笔画分别以1、2、3、4、5作为代号。

① 由"现"是"王"字旁可知，提笔应属于横；

② 点笔"、"应属于捺；

③ 竖笔向左带钩应属于竖"丨"；

④ 其余一切带转折、拐弯的笔画，都归为折"乙"类。

2．3 种字型

（1）汉字是一种平面文字，同样几个码元，摆放位置不同，也即字型不同，就是不同的字。例如，“叭”与“只”，“吧”与“邑”等。可见，码元的位置关系，也是汉字的一种重要特征信息。这个“字型”信息，在“五笔字型”编码中很有用处。

（2）根据构成汉字的各码元之间的位置关系，可以把成千上万的方块汉字分为 3 种字型：左右型、上下型、杂合型，并命以代号：1，2，3。

3．怎样学好“五笔字型”

熟记码元表：学会“五笔字型”编码的关键是熟记码元表。而熟记码元表的关键是多做书面的拆分编码练习。你甚至不摸一下计算机，也可以把“五笔字型”编码法学得呱呱叫。如果你做了 500 个常用字的拆分编码（只需 1 天时间），25 个键位的码元表自然就背得滚瓜烂熟了。

4．“五笔字型”码元键盘介绍

标准英文键盘的主体部分是 26 个字母键，因为这种标准键盘分上、中、下 3 排键，手指放在中间一排，上下各紧邻一排，特别适合手指操作，如能沿用英文指法，不但效率高，而且通用性强，所以英文键盘的 26 个字母键是最好的、最理想的汉字输入设备。只要把“五笔字型”的码元对应放在英文字母键上，一个螺丝钉也不用动，这个键盘就“改头换面”成为一个“五笔字型”码元键盘了。

“五笔字型”码元键盘是依据以下“形码设计三原理”设计完成的。

（1）相容性：使其码元组合产生的重码最少，重码率要在万分之二以内；

（2）规律性：使其键位或码元的排列井然有序，让使用者好学易记；

（3）谐调性：使双手操作打键时“顺手”，充分发挥各手指的功能，使效率最高。

5．码元的分区划位

“五笔字型”码元键盘：在上面讲过，“五笔字型”的基本码元（含 5 种单笔画）共有 125 种。将这 125 种码元按其第一个笔画的类别，各对应于英文字母键盘的一个区，每个区又尽量考虑码元的第二个笔画，再分为 5 个位，便形成有 5 个区，每区 5 个位，即 5×5＝25 个键位的一个码元键盘。该键盘的位号从键盘中部起，向左右两端顺序排列，这就是分区划位的“五笔字型”码元键盘，如图 B-1 所示。

“五笔字型”码元键盘的键位代码（码元的编码），既可以用区位号（11～55）来表示，也可以用对应的英文字母来表示。

码元排列规律：“五笔字型”键盘设计和码元排列的规律性如下。

① 码元的第一个笔画的代号与其所在的区号一致，“禾、白、月、人、金”的首笔为撇，撇的代号为 3，故它们都在 3 区。

② 一般来说，码元的第二个笔画代号与其所在的位号一致，如“土、白、门”的第二笔为竖，竖的代号为 2，故它们的位号都为 2。

③ 单笔画“一、丨、丿、乙”都在第 1 位，两个单笔画的复合笔画“二、冫、刂”都在第 2 位，三个单笔画复合起来的码元“三、彡、氵、巛”，其位号都是 3。

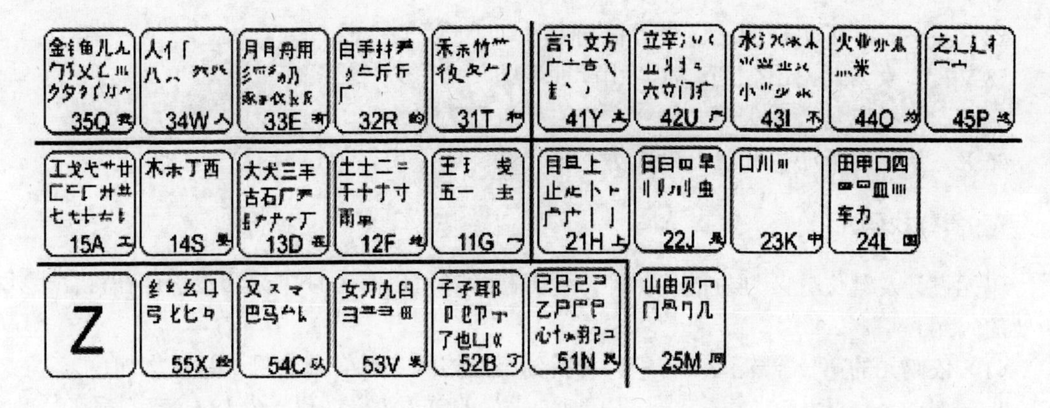

图 B-1　码元键盘

6. 码元助记词

为了使码元的记忆可以琅琅上口，特为每一区的码元编写了一首“助记词”，一并列在下边。学习者只需反复默写吟诵，即可牢牢记住。

11 G　王旁青头戋（兼）五一，（“兼”与“戋”同音）
12 F　土士二干十寸雨。
13 D　大犬三羊古石厂，（“羊”指羊字底）
14 S　木丁西，
15 A　工戈草头右框七。（“右框”即“匚”）
21 H　目具上止卜虎皮，（“具上”指具字的上部）
22 J　日早两竖与虫依。
23 K　口与川，码元稀，
24 L　田甲方框四车力。（“方框”即“口”）
25 M　山由贝，下框几。
31 T　禾竹一撇双人立，（“双人立”即“彳”）
　　　反文条头共三一。（“条头”即“夂”）
32 R　白手看头三二斤，
33 E　月彡（衫）乃用家衣底。（“家衣底”即“豕”）
34 W　人和八，三四里，（“人”和“八”在 34 里边）
35 Q　金勺缺点无尾鱼，（金勺缺点指“勹”）
　　　犬旁留叉儿一点夕，（指“犭乂儿儿夕ク夕”）
　　　氏无七（妻）。（“氏”去掉“七”）
41 Y　言文方广在四一，高头一捺谁人去。（高头“亠”，“谁”去“亻”为“主”）
42 U　立辛两点六门疒，
43 I　水旁兴头小倒立。（水旁指“氵”）
44 O　火业头，四点米，
45 P　之字军盖建道底，（即“之、宀、冖、廴、辶”）
　　　摘礻（示）衤（衣）。（“礻、衤”摘除末笔画）
51 N　已半巳满不出己，左框折尸心和羽。

52 B　　子耳了也框向上。（“框向上”即“凵”）

53 V　　女刀九臼山朝西。（“山朝西”即“彐”）

54 C　　又巴马，丢矢矣，（“矣”去“矢”为“厶”）

55 X　　慈母无心弓和匕，幼无力。（“幼”去“力”为“幺”）

7．怎样找码元

码元设计及键位分区划位的规律性，使得初学者可以参考以下方法很快地在键盘上找到所要的码元。

（1）依码元的第一个笔画（首笔）可找到码元的区（只有几个例外）。例如：

“王、土、大、木、工、五、十、古、西、戈”的首笔为横（代号为1），它们都在第1区；“禾、白、月、人、金、竹、手、用、八、儿”的首笔为撇（代号为3），它们都在第3区。

（2）依码元的第二个笔画（次笔）一般来说可找到位。例如：

“王、上、禾、言、已”的第二笔为横（代号为1）；它们都在第1位；“戈、山、夕、之、纟”的第二笔为折（代号为5），它们都在第5位。

（3）单笔画及其简单复合笔画形成的码元，其位号等于其笔画数。例如：

“一、丨、丿、丶、乙”：都在对应区的第1位；“二、冫”：都在对应区的第2位；“三、彡、氵、巛”：都在对应区的第3位。

（4）少数例外。有4个码元，即力、车、几、心，它们既不在前两笔所对应的“区”和“位”，甚至也不在其首笔所对应的“区”中，实在是因为它们在对应的“区”、“位”里，会引起大量重码。好在这样的码元只有4个，凭借某种特征，也算容易记住。例如，“力”读音为LI，故在“L”（24）键上，也说得过去。“车”其繁体字“車”与“田、甲”相近，与“田、甲”（24L）待在一起，也能四邻皆安。“几”外形与“冂”相近，两者放在一个键（25）上也算有个伴。“心”其最长的一个笔画为“乙”，放在“51N”键上，总有点沾亲带故。

B.3　五笔汉字输入法

1．“键面字”输入法

一张“码元总表”，把全部汉字划分成了两大部分。总表里边有的，是专门用来组成总表以外汉字用的，称为“键面字”或“成字码元”，相当于“原子”。总表里边没有的，全部是由码元组合而成的，称为“键外字”或“复合字”，相当于“分子”。现在，我们按照前述汉字分解的原则：“汉字分解为码元，码元分解为笔画”，先来学习“键面字”或“成字码元”的编码输入法。

（1）键名输入。各个键上的第一个码元，即“助记词”中打头的那个码元，称为“键名”。这个作为“键名”的汉字，其输入方法是：把所在的键连打4下（不再打空格键），例如：

王：王王王王 11 11 11 11（G G G G）

又：又又又又 54 54 54 54（C C C C）

如此，把每一个键都连打4下，即可输入25个作为键名的汉字。

（2）成字码元输入。

① 成字码元：码元总表之中，键名以外自身也是汉字的码元称为“成字码元”，简称“成

码元”。除键名外，成码元一共有 97 个。

② 成字码元的输入法：先打一下它所在的键（称为“报户口”），再根据“码元拆成单笔画”的原则，打它的第一个单笔画、第二个单笔画及最后一个单笔画，不足 4 键时，加打一次空格键。现举例如下。

辛：报户口 U——首笔 Y——次笔 G——末笔 H，UYGH

十：报户口 F——首笔 G——次笔 H——空格，FGH 空格

③ 单笔画输入：5 种单笔画“一、丨、丿、丶、乙”，在国家标准中都是作为汉字来对待的。在“五笔字型”中，照理说它们应当按照“成码元”的方法输入，除“一”之外，其他几个都很不常用，按“成码元”的打法，它们的编码只有 2 码，这么简短的“码”用于如此不常用的“字”，真是太可惜了！于是，我们将其简短的编码让位给更常用的字，却人为地在其正常码的后边，加两个“L”作为 5 个单笔画的编码。

一：GGLL　　丨：HHLL　　丿：TTLL　　丶：YYLL　　乙：NNLL

应当说明，“一”是一个极为常用的字，每次都打 4 下岂不误事？别担心，后边会讲到，“一”还有一个“高频字”码，即打一个“G”再打一个空格便可输入。

2．“键外字”输入法

凡是“码元总表”上没有的汉字，即“键外字”，都可以认为是由表内的码元拼合而成的，故称为“合体字”。按照前述汉字分解的总原则——“汉字拆成码元”，首先应将一切“合体字”拆成若干个码元。

（1）合体字的拆分原则

书写顺序：拆分“合体字”时，一定要按照正确的书写顺序进行。例如，“新”只能拆成“立、木、斤”，不能拆成“立、斤、木”；“中”只能拆成“口、丨”，不能拆成“丨、口”；“夷”只能拆成“一、弓、人”，不能拆成“大、弓”。

取大优先：按书写顺序拆分汉字时，应以“再添一个笔画便不能成为码元”为限，每次都拆取一个“尽可能大”的，即尽可能笔画多的码元。

例如，世：第一种拆法为“一、凵、乙”（误），第二种拆法为“廿、乙”（正）。显然，前者是错误的，因为其第二个码元“凵”，完全可以向前“凑”到“一”上，形成一个“更大”的已知码元“廿”。

兼顾直观：在拆分汉字时，为了照顾汉字码元的完整性，有时不得不暂且牺牲一下“书写顺序”和“取大优先”的原则，形成个别例外的情况。例如：

国：按“书写顺序”应拆成“冂、王、丶、一”，但这样便破坏了汉字构造的直观性，故只好违背“书写顺序”，拆“口、王、丶”了。

自：按“取大优先”应拆成“亻、乙、三”，但这样拆，不仅不直观，而且也有悖于“自”字的字源（这个字的字源是“一个手指指着鼻子”），故只能拆成“丿、目”，这叫做“兼顾直观”。

能连不交：请看以下拆分实例。

于：一十（二者是相连的），二丨（二者是相交的）；丑：乙土（二者是相连的），刀二（二者是相交的）。当一个字既可拆成相连的几个部分，也可拆成相交的几个部分时，我们认为“相连”的拆法是正确的。因为一般来说，“连”比“交”更为“直观”。

能散不连：

① 笔画和码元之间，码元与码元之间的关系，可以分为“散”、“连”和“交”三种。例如：

倡：3个码元之间是“散”的关系；自：首笔“丿”与“目”之间是“连”的关系；夷：“一”、“弓”与“人”是“交”的关系。

② 码元之间的关系，决定了汉字的字型（上下、左右、杂合）。

a. 几个码元都“交”、“连”在一起的，如“夷”、“丙”等，便肯定是“杂合型”，属于“3”型字，不会有争议。而散结构必定是“1”型或“2”型字。

b. 值得注意的是，有时一个汉字被拆成的几个部分都是多笔码元（不是单笔画），它们之间的关系，在“散”和“连”之间模棱两可。例如，占：卜、口两者按“连”处理，便是杂合型（3型）；两者按“散”处理，便是上下型（2型，正确）。当遇到这种既能“散”，又能“连”的情况时，规定：只要不是单笔画，一律按“能散不连”来判别。因此，“占”被认为是“上下型”字（2型）。

c. 以上这些规定，是为了保证编码体系的严整性。实际上，用得上后3条规定的字只是极少数。

（2）“多根字”的取码规则

所谓“多根字”，是指按照规定拆分之后，总数多于4个码元的字。这种字，不管拆出了几个码元，只按顺序取其第一、二、三及最末一个码元，俗称“一二三末”，共取4个码。例如，戆：立早夂心 42、22、31、51（UJTN）。

（3）“四根字”的取码规则

“四根字”是指刚好由四个码元构成的字，其取码方法是依照书写顺序把4个码元取完。例如，照：日刀口灬 22、53、23、44（JVKO）；低：亻⺁七丶 34 35 15 41（WQAY）。

（4）不足四根字的取码规则

当一个字拆不够4个码元时，它的输入编码是：先打完码元码，再追加一个“末笔字型识别码”，简称“识别码”。

①“识别码”的组成：它是由“末笔”代号加“字型”代号而构成的一个附加码。

由于教不得法，以前许多人对“识别码”望而生畏。其实，按如下做法，只要5分钟定能学会。

“1”型（左右型）字：码元打完之后，补打1个末笔画即等同于加了“识别码”。例如，沐：氵木丶（“丶”为末笔，补1个“丶”）；汀：氵丁丨（“丨”为末笔，补1个“丨”）；洒：氵西一（“一”为末笔，补1个“一”）。

“2”型（上下型）字：码元打完之后，补打由2个末笔画复合构成的“码元”即等同于加了“识别码”。例如，华：亻匕十（末笔为“丨”，2型，补打“刂”作为“识别码”）；字：宀子二（末笔为“一”，2型，补打“二”作为“识别码”）。

“3”型（杂合型）字：码元打完之后，补打由3个末笔画复合而成的“码元”即等同于加了“识别码”。例如，同：冂一口三（末笔为“一”，3型，补打“三”作为“识别码”）；串：口口丨（末笔为“丨”，3型，补打“川”作为“识别码”）；国：囗王丶（末笔为“丶”，3型，补打“氵”作为“识别码”）。

② 关于“末笔”的几项说明：

a. 关于“力、刀、九、匕”。鉴于这些码元的笔顺常常因人而异，“五笔字型”中特别规定，当它们参加“识别”时，一律以其“伸”得最长的“折”笔作为末笔。例如，男：田力

（末笔为“乙”，2 型）；花：艹亻匕（末笔为“乙”，2 型）。

b. 带“框框”的“国、团”与带走之的“进、远、延”等，因为是一个部分被另一个部分包围，规定：视被包围部分的“末笔”为“末笔”。例如，进：二 刂辶（末笔“丨”3 型，加“k”作为“识别码”）；远：二儿辶（末笔“乙”3 型，加“巛”作为“识别码”）；团：囗十丿（末笔“丿”3 型，加“彡”作为“识别码”）；哉：十戈口（末笔“一”3 型，加“三”作为“识别码”）。

c.“我”、“戋”、“成”等字的“末笔”，由于因人而异，故遵从“从上到下”的原则，一律规定撇“丿”为其末笔。例如，我：丿扌乙丿（TRNT，取一二三末，只取 4 码）；戋：戋一一丿（GGGT，成码元，先“报户口”再取一、二、末笔）；成：厂乙乙丿（DNNT，取一二三末，只取 4 码）。

d. 单独点：对于“义、太、勺”等字中的“单独点”，离码元的距离很难确定，可远可近，干脆认为这种“单独点”与其附近的码元是“相连”的。既然“连”在一起，便属于杂合型（3 型）。其中“义”的笔顺，还需按上述“从上到下”的原则，认为是“先点后撇”。例如，太：大丶（末笔为“丶”，3 型，加“氵”作为识别码）；勺：勹丶（末笔为“丶”，3 型，加“氵”作为识别码）。

B.4 词汇与简码

1. 词语的编码规则

1982 年年底，“五笔字型”首创了汉字的词语依形编码，字码、词码体例一致，不须换档的实用化词语输入法。不管多长的词语，一律取 4 码。而且单字和词语可以混合输入，不用换挡或其他附加操作，谓之“字词兼容”。其取码方法为：

两字词：每字取其全码的前两码组成，共 4 码。例如：

经济：纟又氵文（55 54 43 41 XCIY）

工人：工工人人（15 15 34 34 AAWW）

辛苦：UYAD

3 字词：前两字各取一码，最后一字取两码，共 4 码。例如：

计算机：讠竹木几（41 31 14 25 YTSM）

操作员：扌亻口贝（32 34 23 25 RWKM）

4 字词：每字各取全码的第一码。例如：

科学技术：禾⺍扌木（31 43 32 14 TIRS）

汉字编码：氵宀纟石（43 45 55 13 IPXD）

王码电脑：王石曰月（11 13 22 33 GDJE）

多字词：取第一、二、三及末一个汉字的第一码，共 4 码。例如：

电子计算机：曰子讠木（22 52 41 14 JBYS）

中华人民共和国：口亻人囗（23 34 34 24 KWWL）

五笔字型计算机汉字输入技术：五竹宀木（11 31 11 14 GTGS）

注意：在 Windows 版王码汉字操作系统中，系统为用户提供了 15 000 条常用词组。此外，用户还可以使用系统提供的造词软件另造新词，或直接在编辑文本的过程中从屏幕上“取字造词”，所有新造的词，系统都会自动给出正确的输入外码，合并入原词库统一使用。

2．简码

简码输入：为了减少击键次数，提高输入速度，一些常用的字，除按其全码输入外，多数都可以只取其前边的一至三个码元，再加空格键输入，即只取其全码的最前边的一个、二个或三个码元（码）输入，形成所谓一、二、三级简码。

一级简码（高频字码）：将各键打一下，再打一下空格键，即可打出 25 个最常用的汉字“一地在要工，上是中国同，和的有人我，主产不为这，民了发以经”。例如：

一：11（G）　　要：14（S）

的：32（R）　　和：31（T）

二级简码：

化：亻匕（WX）　　信：亻言（WY）

李：木子（SB）　　张：弓丿（XT）

三级简码：

华：亻匕十（WXF）　　想：木目心（SHN）

陈：阝七小（BAI）　　得：彳曰一（TJG）

注意：有时，同一个汉字可有几种简码。如“经”，就同时有一、二、三级简码及全码4个输入码。

经：55（X）　　经：55 54（XC）

经：55 54 15（XCA）　　经：55 54 15 11（XCAG）

附录 C

江西省计算机等级考试样题

C.1　全国高等学校计算机等级考试（江西考区）

2005 年下半年一级笔试试卷 A

（本试卷答卷时间为 120 分钟，满分 100 分）

试题一、计算机基础知识（每空 1 分，共 20 分）

1．下面说法中，正确的是（　　）。

A．一个完整的计算机系统是由微处理器、存储器和输入设备组成的

B．计算机区别于其他计算工具的最主要特点是能存储程序和数据

C．电源关闭后，ROM 中的信息会丢失

D．16 位字长计算机能处理的最大数是 16 位十进制数

2．下列一组数中，最小的数是（　　）。

A．$(100101)_2$　　B．$(45)_{10}$　　C．$(52)_8$　　D．$(28)_{16}$

3．微型计算机的微处理器包括（　　）。

A．运算器和主存　　B．控制器和主存

C．运算器和控制器　　D．运算器、控制器和主存

4．在一般情况下，软盘中存储的信息在断电后（　　）。

A．不会丢失　　B．全部丢失　　C．大部分丢失　　D．局部丢失

5．下列叙述中，正确的是（　　）。

A．所有微机上都可以使用的软件称为应用软件

B．操作系统是用户与计算机之间的接口

C．一个完整的计算机系统是由主机和输出设备组成的

D．磁盘驱动器是存储器

6．下列说法中，只有（　　）是正确的。

A．ROM 是只读存储器，其中的内容只能读一次，下次再读就读不出来了

B．硬盘通常安装在主机箱内，所以硬盘属于内存

C．CPU 不能直接与外存打交道

D．任何存储器都有记忆能力，即其中的信息不会丢失

7．不属于计算机总线的是（　　）。

A．地址总线　　B．控制总线　　C．通信总线　　D．数据总线

8．显示器分辨率一般表示为（　　）。

A．能显示的信息量　　B．能显示的字符数

C．能显示的颜色数　　D．横向点乘以纵向点

9．汇编语言同属于（　　）。

A．高级语言　　B．低级语言　　C．编辑语言　　D．二进制代码

10．计算机术语中，CAD 表示（　　）。

A．计算机辅助教学　　B．计算机辅助设计

C．计算机辅助制造　　D．计算机辅助智能

11．已知字符“A”的 ASCII 码值是 65，则 ASCII 码值为 72 的字符是（　　）。

A．“M”　　B．“J”　　C．“0”　　D．“H”

12．在微型计算机中，运算器、控制器和内存储器 3 部分总称为（　　）。

A．主机　　B．CPU　　C．UPS　　D．ALU

13．GB 是存储容量的常用单位，其中 1GB＝（　　）。

A．1 024KB　　B．1 000KB

C．1 024×1 024KB　　D．1 000×1 000KB

14．汉字国际码实际上就是汉字的（　　）。

A．内码　　B．外码　　C．交换码　　D．输出码

15．微型计算机的内存储器相对于外存储器来说，（　　）。

A．价格便宜耐用　　B．存取速度更快

C．存储容量更大　　D．价格更贵，存储容量更大

16．下面 4 种设备中，（　　）既可作为输入设备也可作为输出设备。

A．显示器　　B．扫描仪　　C．磁盘　　D．打印机

17．Word 文字处理软件属于（　　）。

A．系统软件　　B．应用软件

C．语言处理程序　　D．多媒体系统

18．下面 4 个选项中，不属于多媒体信息的是（　　）。

A．文本、图像　　B．声音、视频

C．视频、动画　　D．光盘驱动器、声卡

19．负责从内存中按一定的顺序取出各条指令，每取一条指令，就分析这条指令，然后根据指令的功能产生相应的控制时序的部件是（　　）。

A．运算器　　B．控制器　　C．存储器　　D．寄存器

20．（　　）是计算机设计制造者提供的使用和管理计算机的软件。

A．系统软件　　B．应用软件　　C．管理软件　　D．共享软件

试题二、操作系统和 Windows 基础知识（每空 1 分，共 30 分）

1．操作系统是一种（　　）。

A．便于计算机操作的硬件　　B．便于计算机操作的规范

C．管理计算机系统资源的软件　　D．计算机系统

2．汉字操作系统的全角方式下显示单个字符，字符占（　　）的显示位置。

A．半个汉字　　B．1个汉字　　C．2个汉字　　D．3个汉字

3．在Windows 2000中，对文档实行修改后，既要保存修改后的内容，又不能改变原文档的内容，此时可以使用“文件”菜单中的（　　）命令。

A．“属性”　　B．“保存”　　C．“另存为”　　D．“打开”

4．在操作Windows 2000菜单时，常常会出现灰色的菜单项，这是（　　）。

A．错误单击了其主菜单　　B．双击灰色的菜单项才能执行

C．选择它按右键可对菜单操作　　D．在当前状态下，无此功能

5．在Windows 2000中，改变日期和时间的操作（　　）。

A．可以在系统设置中设置

B．只能在“控制面板”中双击“日期/时间”

C．只能双击“任务栏”右侧的数字时钟

D．不止一种方法可改变它

6．Windows 2000系统光盘中带有（　　）。

A．上网使用的浏览器　　B．所有常用的汉字输入法

C．所有常用的字处理软件　　D．各种数据库管理系统

7．为了正常退出Windows 2000，用户的正确操作是（　　）。

A．关掉供给计算机的电源

B．选择“开始”菜单中的“关机”命令，并进行人机对话

C．在没有任何程序正在执行的情况下，直接关掉计算机的电源

D．按“Ctrl+Alt+Delete”组合键

8．在Windows 2000中，鼠标是重要的输入工具，而键盘（　　）。

A．配合鼠标起辅助作用（如输入字符）

B．无法起作用

C．仅能在菜单操作中运用，不能在窗口中操作

D．也能完成几乎所有操作

9．在Windows 2000中，每个窗口的“标题栏”的右边都有一个短横线的方块，用鼠标单击它可以（　　）。

A．关闭该窗口　　B．打开该窗口

C．把该窗口最小化　　D．把该窗口最大化

10．在Windows 2000中，对话框外形和窗口差不多，但（　　）是没有的。

A．可以移动　　B．标题栏

C．把该窗口最小化　　D．把该窗口最大化

11．在Windows的“资源管理器”或“我的电脑”窗口中，要选择多个不相邻的文件以便对其进行某些处理操作（如复制、移动），选择文件的方法是（　　）。

A．用鼠标逐个单击各文件

B．用鼠标单击第一个文件，再用鼠标逐个单击其余各文件

C．按下Ctrl键并保持，再用鼠标逐个单击各文件

D．按下Shift键并保持，再用鼠标逐个单击各文件

12．在 Windows 2000 中，下面 4 个选项中不正确的是（　　）。

A．一切操作都通过图形用户界面，不能执行 DOS 命令

B．可以用鼠标操作来代替许多烦琐的键盘操作

C．提供了多任务环境

D．不再依赖于 DOS，因而也就突破了 DOS 只能直接管理 640KB 内存的限制

13．在 Windows 2000 中，通常情况下为了执行一个应用程序，可以在“资源管理器”窗口内，用鼠标（　　）相应的应用程序。

A．左键单击　　B．左键双击　　C．右键单击　　D．右键双击

14．Windows 2000 的“资源管理器”窗口分为左右两个部分，（　　）。

A．左边显示磁盘的树形目录结构，右边显示指定目录的文件信息

B．左边显示指定目录的文件信息，右边显示磁盘的树形目录结构

C．两边都可以显示磁盘的树形目录结构或指定目录的文件信息，由用户决定

D．左边显示磁盘的文件目录，右边显示指定文件的具体内容

15．下面关于 Windows 2000 快捷菜单的描述中，（　　）不是正确的。

A．快捷菜单可以显示出与某一对象相关的命令菜单

B．选定需要操作的对象，单击鼠标左键，屏幕上就会弹出快捷菜单

C．选定需要操作的对象，单击鼠标右键，屏幕上就会弹出快捷菜单

D．按 Esc 键，单击桌面或窗口上的任一空白区域，都可以退出快捷菜单

16．在 Windows 2000 中，如果要添加或删除应用程序，操作方法是（　　）。

A．在“我的电脑”窗口中完成

B．在“控制面板”窗口中完成

C．在“开始”菜单中选择“程序”，然后在其子菜单中完成

D．在“资源管理器”窗口中完成

17．在 Windows 2000 中，关闭窗口的快捷键是（　　）。

A．“Ctrl+F4”　　B．“Shift+F4”

C．“Ctrl+Shift+F4”　　D．“Alt+F4”

18．在 Windows 的“我的电脑”窗口中，用户可以方便地（　　）。

A．打印文档　　B．管理计算机上的资源

C．控制整个计算机系统　　D．查看网上邻居

19．在 Windows 2000 的默认设置下，按（　　）键，可以切换中文输入法和英文输入法。

A．“Ctrl+空格”　　B．“Shift+空格”

C．“Ctrl+Shift”　　D．“Alt+空格”

20．在 Windows 2000 中，被删除的文件首先放入（　　）。

A．内存　　B．C 盘　　C．A 盘　　D．回收站

21．在 Windows 2000 中，控制面板的作用是（　　）。

A．添加及删除程序　　B．设置打印机

C．对屏幕及桌面进行设置　　D．对系统进行设置

22．在 Windows 2000 的任务栏中，不能进行（　　）操作。

A．打开“开始”菜单　　B．设置日期时间

C．设置中文输入法　　D．输入文本

23．在 Windows 2000 的窗口中，单击标题栏最左端的图标会弹出窗口控制菜单，在窗口控制菜单中不会含有（　　）选项。

A．还原　　B．关闭　　C．移动　　D．复制

24．在 Windows 2000 的（　　）中，每次只能选择一个选项。

A．列表框　　B．文本框　　C．单选框　　D．复选框

25．在 Windows 2000 中，当窗口不是最大化时，拖动（　　）可以移动当前窗口。

A．标题栏　　B．水平滚动条　　C．垂直滚动条　　D．状态栏

26．在 Windows 2000 中，（　　）只能进行读操作，不能进行写操作。

A．隐藏文件　　B．只读文件　　C．存档文件　　D．文本文件

27．在 Windows 2000 中，回收站中的文件（　　）。

A．是只读文件　　B．已经成为历史，没有任何用处

C．只能清除　　D．可以再恢复到原位置上

28．在 Windows 2000 中，如果要设置“开始”菜单中显示的内容，操作方法是（　　）。

A．选择“开始”菜单中的“程序”命令

B．选择“开始”菜单中的“搜索”命令

C．选择“开始”菜单中的“运行”命令

D．鼠标右键单击任务栏空白处，在快捷菜单中选择“属性”命令

29．在 Windows 2000 的“记事本”中，不能实现的操作是（　　）。

A．打印　　B．查找字符　　C．插入图形　　D．页面设置

30．关于 Windows 2000 的文件名，下面叙述中正确的是（　　）。

A．主文件名最多为 8 个字符，扩展名最多为 3 个字符

B．文件名可以长达 255 个字符

C．文件名中不能有空格

D．B、C

试题三、文字编辑软件 Word 2000 基础知识（每空 1 分，共 20 分）

1．下面有关启动 Word 2000 的方法描述中，错误的是（　　）。

A．执行“开始”菜单的“程序”中的“Microsoft Word”

B．在桌面中双击 Microsoft Word 的快捷方式图标

C．执行“开始”菜单中的“运行”命令，然后在对话框中输入 Word 的路径

D．在任意一个 Word 文件的图标上双击鼠标右键

2．在 Word 2000 中，编辑文章时，要把第五段移到第二段前，可先选中第五段文字，然后（　　）。

A．单击“剪切”按钮，再把插入点移到第二段开头，单击“粘贴”按钮

B．单击“粘贴”按钮，再把插入点移到第二段开头，单击“剪切”按钮

C．把插入点移到第二段开头，单击“剪切”按钮，再单击“粘贴”按钮

D．单击“复制”按钮，再把插入点移到第二段开头，单击“粘贴”按钮

3．Word 2000 主窗口的标题栏右边显示的按钮是（　　）按钮。

A．最小化　　B．还原　　C．关闭　　D．最大化

4．在 Word 2000 中，使用（　　）可使本来放在下层的图移置于上层。

A．“绘图”下拉菜单中的“组合”命令

B．“绘图”下拉菜单中的“微移”命令

C．“绘图”下拉菜单中的“叠放次序”命令

D．“绘图”下拉菜单中的“编辑顶点”命令

5．在 Word 2000 中，执行了两次“复制”操作后，则剪贴板中（　　）。

A．仅有第一次被复制的内容　　B．仅有第二次被复制的内容

C．有两次被复制的内容　　D．无内容

6．在 Word 文档中，创建图表的正确方法有（　　）。

A．使用“格式”工具栏中的“图表”按钮

B．根据文档中的文字生成图表

C．使用“插入”菜单中的“对象”

D．使用“表格”菜单中的“图表”

7．在 Word 2000 中，当前编辑的文档是 C 盘中的 d1.doc 文档，要将该文档复制到软盘，应当使用（　　）。

A．“文件”菜单中的“另存为”命令　　B．“文件”菜单中的“保存”命令

C．“文件”菜单中的“新建”命令　　D．“插入”菜单中的命令

8．在 Word 2000 中，当打开一个文档，进行“保存”操作后，该文档（　　）。

A．被保存在原文件夹下　　B．可以保存在已有的其他文件夹下

C．可以保存在新建文件夹下　　D．保存后被关闭

9．在 Word 2000 中，执行“编辑”菜单中的“粘贴”命令后，（　　）。

A．被选择的内容移到插入点处　　B．被选择的内容移到剪贴板处

C．剪贴板的内容移到插入点处　　D．剪贴板的内容复制到插入点处

10．在 Word 2000 中，利用（　　）菜单中的命令可以选定单元格。

A．“表格”　　B．“工具”　　C．“格式”　　D．“插入”

11．在 Word 2000 中，（　　）不属于制表位的类型。

A．左对齐　　B．右对齐　　C．上下对齐　　D．居中对齐

12．在 Word 2000 中，下面关于页码的叙述中错误的是（　　）。

A．可以对文档的第 1 页不设置页码

B．可以使文档奇偶页上的页码位置不同

C．页码只能定义在页面的底部

D．“4”和“IV”都是页码的正确格式

13．在 Word 2000 中，关闭一个文档后，该文档将存放在（　　）中。

A．内存　　B．外存　　C．内存和外存　　D．回收站

14．在 Word 2000 中，使用（　　）工具栏上的按钮可以改变表格中内容的垂直对齐方式。

A．“常用”　　B．“格式”

C．“表格和边框”　　D．“绘图”

15．在 Word 2000 中，如果要打印第 2 页、第 5 页～第 8 页以及第 10 页，应在“打印”对话框的“页码范围”文本框中输入（　　）。

A．2-5, 8-10　　B．2, 5-8, 10-　　C．2, 5, 8, 10　　D．2, 5-8, 10

16．如果双击 Word 文档中的图片，将看到的效果是（　　）。

A．屏幕上弹出将图片另存为的对话框，可以保存该图片

B．打开图形编辑器，进入图形编辑状态

C．该图形被选定

D．该图形被添加上图文框

17．如果要在 Word 文档中插入艺术字，操作方法是（　　）。

A．选择“工具”菜单中的“选项”命令

B．选择“插入”菜单中的“图片”命令

C．选择“视图”菜单中的“页面”命令

D．选择“编辑”菜单中的“定位”命令

18．在 Word 2000 中，可以查找和替换多种形式的内容，但是下面的 4 个选项中，（　　）操作却不能实现。

A．将指定的文本替换为另外的一些文本

B．将指定的文本的格式替换为另一种格式

C．查找指定的图形

D．使用通配符，查找或替换一批具有相同特征的文本

19．在 Word 2000 中，选定文档内容后按 Delete 键，其意义是（　　）。

A．相当于选择了“编辑”菜单中的“剪切”命令

B．相当于选择了“编辑”菜单中的“清除”命令

C．文档内容被删除，删除的内容不能再恢复

D．文档内容被删除，但可以被粘贴到其他位置

20．在 Word 2000 中，下面关于打印预览的描述中，不正确的是（　　）。

A．在打印预览方式下看到的效果与打印出来的真实效果是一样的

B．不可以调整打印预览页面的大小

C．可以调整对打印预览页面的大小

D．在打印预览方式中，可以同时查看多页文档的打印效果

试题四、Excel 和 PowerPoint 软件的基本知识（每空 1 分，共 15 分）

1．在 Excel 2000 的工作表中，每个单元格都有固定的地址，如“A5”表示（　　）。

A．“A”代表 A 列，“5”代表第 5 行

B．“A”代表 A 行，“5”代表第 5 列

C．“A5”代表单元格的数据

D．以上都不是

2．在 Excel 2000 的工作表中，若要对一个区域中的各行数据求和，应该使用（　　）函数，或选用“常用”工具栏上的Σ按钮进行运算。

A．average　　B．sum　　C．sun　　D．sin

3．在 Excel 2000 的工作表中，若 A1 为 20，B1 为 40，A2 为 15，B2 为 30，在 C1 输入公式“＝A1＋B1”，将公式从 C1 复制到 C2，再将公式复制到 D2，则 D2 的值为（　　）。

A．35　　B．45　　C．75　　D．90

4．默认情况下，Excel 2000 自定义单元格格式使用的是“G/通用格式”，即数值采用（　　）。

A．左对齐　　B．右对齐　　C．居中　　D．空一格左对齐

5．在 Excel 2000 中，某些数据的输入和显示是不一定完全相同的，当需要计算时，一律以（　　）为准。

A．输入值　　B．显示值　　C．平均值　　D．误差值

6．PowerPoint 2000 演示文稿文件的扩展名是（　　）。

A．DOC　　B．PPT　　C．BMP　　D．XLS

7．下面（　　）菜单项是 PowerPoint 2000 特有的。

A．“视图”　　B．“工具”　　C．“幻灯片放映”　　D．“窗口”

8．在 PowerPoint 2000 中，下面关于幻灯片母版的说法中，错误的是（　　）。

A．可以通过鼠标操作在各类母版之间直接切换

B．单击幻灯片视图状态切换按钮，可以出现 5 种不同的母版

C．在母版中定义了标题字体的格式后，在幻灯片中还可以修改

D．在母版中插入的图片对象，每张幻灯片中都可以看

9．在 Excel 2000 的工作表中，把鼠标移到单元格 Z20，最简单的方法是（　　）。

A．拖动滚动条

B．在名称框直接输入 Z20，并按回车键

C．按“Ctrl+End”组合键

D．先用→键移到 Z 列，再用↓键移到 20 列

10．在 Excel 2000 的工作表中，要在单元格内输入数字字符串“100083”（邮政编码）时，应输入（　　）。

A．100083　　B．“100083”　　C．’100083’　　D．’100083

11．在 Excel 2000 的工作表中，下面序列中，不能直接利用自动填充快速输入的是（　　）。

A．星期一、星期二、星期三、……　　B．第一类、第二类、第三类、……

C．甲、乙、丙、……　　D．Mon、Tue、Wed、……

12．在 Excel 2000 的工作表中，已知 K6 单元格中的公式为“＝F6×$D$4”，在第 3 行处插入一行，则插入后 K7 单元格中的公式为（　　）。

A．＝F7*$D$5　　B．=F7*$D$4

C．=F6*$D$5　　D．=F6*$D$4

13．在 PowerPoint 2000 中，改变正在编辑的演示文稿模板的方法是（　　）。

A．选择“格式”菜单中的“应用设计模板”命令

B．选择“工具”菜单中的“版式”命令

C．选择“幻灯片放映”菜单中的“自定义动画”命令

D．选择“格式”菜单中的“幻灯片版式”命令

14．在 PowerPoint 2000 中，要在当前打开的演示文稿上设计基本动画，应该选择“幻灯片放映”菜单中的（　　）命令。

A．“自定义动画”　　B．“动作按钮”

C．“基本动画”　　D．“动作设置”

15．在 PowerPoint 2000 中，可以在（　　）中将幻灯片设置成纵向、横向。

A．“幻灯片版式”　　B．“幻灯片切换”

C．“应用设计模板”　　D．“页面设置”

试题五、计算机网络及安全的基本知识（每空 1 分，共 15 分）

1．目前使用的防病毒软件作用是（　　）。

A．查出并清除任何病毒　　B．查出已知名的病毒，清除部分病毒

C．查出任何已感染的病毒　　D．清除任何已感染的病毒

2．下面 4 个选项中，不属于病毒特征的是（　　）。

A．潜伏性　　B．破坏性　　C．不可避免性　　D．传播性

3．一个家庭用户要办理加入 Internet 手续，应找（　　）。

A．ICP　　B．CNNIC　　C．ISP　　D．ASP

4．为网络提供共享资源并对这些资源进行管理的计算机称为（　　）。

A．网卡　　B．服务器　　C．工作站　　D．网桥

5．将普通微机连入网络时，至少要在该微机内增加一块（　　）。

A．网卡　　B．通信接口板　　C．驱动卡　　D．网络服务板

6．下面 4 个选项中，合法的电子邮件地址是（　　）。

A．wang-em.hxing.com.cn　　B．em.hxing.com.cn-wang

C．em.hxing.com.cn@wang　　D．wang@em.hxing.com.cn

7．为了保证提供服务，因特网上的任何一台物理服务器（　　）。

A．必须具有唯一的 IP 地址　　B．必须具有计算机名

C．只能提供一种信息服务　　D．不能具有多个域名

8．Microsoft Office 2000 中自带的收发电子邮件的软件名称是（　　）。

A．Foxmail　　B．Access 2000

C．FrontPage 2000　　D．Outlook 2000

9．下面设备中，（　　）是网络数字信号和模拟信号转换的设备。

A．服务器　　B．集线器　　C．调制解调器　　D．路由器

10．如果要查询 WWW 信息，必须安装并运行（　　）软件。

A．YAH00　　B．浏览器　　C．万维网　　D．HTTP

11．表示数据传输可靠性的指标是（　　）。

A．误码率　　B．频带利用率　　C．信道容量　　D．传输速率

12．计算机网络最本质的功能是（　　）。

A．集中控制与管理　　B．提供信息服务

C．实现分布处理　　D．实现资源共享

13．电子邮件的主要功能是：建立电子邮箱，编辑邮件，发送邮件和（　　）。

A．修改邮件　　B．接收邮件　　C．设置电子邮箱　　D．处理邮件

14．将若干个网络连接起来，形成一个大网络，以便更好地实现数据传输和资源共享，称为（　　）。

A．网络互连　　B．网络集合　　C．网络连接　　D．网络组合

15．局域网相对于广域网来说，（　　）。

A．地理范围较小　　　　B．传输速率更高

C．误码率较低　　　　　D．A、B、C

答案

试题一、计算机基础知识（每空 1 分，共 20 分）

1～5．AACAB　　6～10．CCDBB　　11～15．DBCAB　　16～20．CBDBA

试题二、操作系统和 Windows 基础知识（每空 1 分，共 30 分）

1～5．CBCDD　　6～10．ABDDC　　11～15．CABAB　　16～20．BDBAD

21～25．DDDCA　26～30．BDDCB

试题三、文字编辑软件 Word 2000 基础知识（每空 1 分，共 20 分）

1～5．DACCB　　6～10．CAADA　　11～15．CCBBD　　16～20．BBCBB

试题四、Excel 和 PowerPoint 软件的基本知识（每空 1 分，共 15 分）

1～5．ABCBB　　6～10．BCCBD　　11～15．BBAAA

试题五、计算机网络及安全的基本知识（每空 1 分，共 15 分）

1～5．BCCBA　　6～10．DADCB　　11～15．ADBAD

C.2　江西省计算机等级考试上机操作题

一、打字（输入法不限，限时 10 分钟）

人类在同大自然的斗争中，创造并逐步发展了计算工具。算盘、计算尺、手摇计算机等计算工具的相继出现，对现代计算机的诞生产生了重大的影响。20 世纪 40 年代，由于电子管的出现，电子学和自动控制理论的形成，才真正孕育了第一台电子计算机的诞生。

二、Windows 操作题

1．在 C 盘中创建一个名为 XIAO 的文件夹，并在里面再创建两个分别名为 1 和 2 的文件夹。

2．在文件夹 1 中建立一个名为“一级.TXT”的文本文档，并把“一级.TXT”复制到文件夹 2 中，并更改其属性为只读。

3．删除文件夹 1 中的文本“一级.TXT”，并把文件夹 2 中的文本重命名为“一级等级考试.TXT”。

三、Word 操作题

注意：下面出现的“考生文件夹”均为 C:\WEXAM\15010020。

******本套题共有 2 小题******

1．在考生文件夹下打开文档 WDA171.DOC，按照要求完成下列操作。

（1）将标题段（“为什么铁在月球上不生锈？”）设置为三号、黑体、红色、阴影、居中，并添加黄色底纹；在标题后添加脚注，脚注内容为“本文摘自《十万个为什么》”。

（2）将正文各段文字（“众所周知……不生锈了吗？”）设置为五号仿宋_GB2312；各段落左右各缩进 0.6cm、段后间距设置为 12 磅；各段落首字下沉两行，距正文 0.1cm。

（3）设置文档页面左右边距各为 3cm；在页面底端（页脚）居中位置插入页码，并设置起始页码为 2；以原文件名保存文档。

2．在考生文件夹下打开文档 WDA172.DOC，按照要求完成下列操作。

（1）将标题段（“世界各类封装市场状况（2000 年）”）设置为小五号楷体_GB2312、加粗、居中；设置表中内容为小五号宋体，表格列宽为 2.2cm，表格居中；表格中第 1 行文字水平居中，其他各行第一列文字两端对齐，第二、三列文字右边对齐。

（2）在“所占比值”列中的相应单元格中，按公式（所占比值=产值/20 888）计算并填入该封装形式的产值所占比值；并按“所占比值”列升序排列表格内容；最后以原文件名保存文档。

WDA171.DOC 内容如下。

为什么铁在月球上不生锈？

众所周知，铁有一个致命的缺点：容易生锈。为此科学家费了不少心思，一直在寻找让铁不生锈的方法。

于是科学家用 X 射线光谱分析，终于发现了其中的奥秘。这些物质便对氧产生了“免疫性”，以至它们以后也不会生锈。

这件事使科学家得到启示：要是用人工离子流模拟太阳风，冲击金属表面，这样不就可以使地球上的铁像“月球铁”那样不生锈了吗？

第 1 小题答案：（添加脚注用“插入”→“引用”→“脚注和尾注”命令）

为什么铁在月球上不生锈？①

众 所周知，铁有一个致命的缺点：容易生锈。为此科学家费了不少心思，一直在寻找让铁不生锈的方法。

于 是科学家用 X 射线光谱分析，终于发现了其中的奥秘。这些物质便对氧产生了“免疫性”，以至它们以后也不会生锈。

这 件事使科学家得到启示：要是用人工离子流模拟太阳风，冲击金属表面，这样不就可以使地球上的铁像“月球铁”那样不生锈了吗？

WDA172.DOC 内容如下：

世界各类封装市场状况（2000 年）

封装形式	产　值	所占比值
DIP	734	
SO	4 842	
CC	591	
QFP	4 742	
总计	20 888	1

① 本文摘自《十万个为什么》

第 2 小题答案：

世界各类封装市场状况（2000 年）

封 装 形 式	产 值	所 占 比 值
CC	591	0.03
DIP	734	0.04
SO	4 842	0.23
QFP	4 742	0.23
总计	20 888	1

四、Excel 操作题

注意：下面出现的所有文件都必须保存在考生文件夹（C:\WEXAM\15010010）下。

1．打开工作簿 EX26.XLS，将工作表 Sheet1 的 A1: C1 单元格合并为一个单元格，内容居中；计算“维修件数”列的“总计”项的内容及“所占比例”列的内容（所占比例=维修件数/总计），将工作表命名为“产品售后服务情况表”。

2．打开工作簿文件 EXC.XLS，对工作表“选修课程成绩单”内的数据清单的内容按主要关键字为“系别”的递增次序和次要关键字“学号”的递增次序进行排序，排序后的工作表还保存在 EXC.XLS 工作簿文件中，工作表名不变。

EX26.XLS 和 EXC.XLS 内容如图 C - 1 所示。

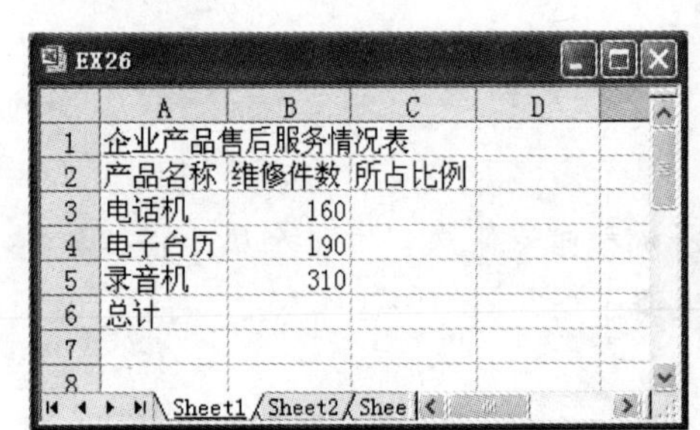

EX26

	A	B	C	D
1	企业产品售后服务情况表			
2	产品名称	维修件数	所占比例	
3	电话机	160		
4	电子台历	190		
5	录音机	310		
6	总计			
7				
8				

Sheet1 / Sheet2 / Shee

Book1

	A	B	C	D	E
1	系别	学号	姓名	课程名称	成绩
2	信息	991021	李新	多媒体技术	74
3	计算机	992032	王文辉	人工智能	87
4	自动控制	993023	张磊	计算机图形学	65
5	经济	995034	郝心怡	多媒体技术	86
6	信息	991076	王力	计算机图形学	91
7	数学	994056	孙英	多媒体技术	77
8	自动控制	993021	张在旭	计算机图形学	60
9	计算机	992089	金翔	多媒体技术	73
10	计算机	992005	扬海东	人工智能	90
11	自动控制	993082	黄立	计算机图形学	85
12	信息	991062	王春晓	多媒体技术	78
13	经济	995022	陈松	人工智能	69
14	数学	994034	姚林	多媒体技术	89
15	信息	991025	张雨涵	计算机图形学	62
16	自动控制	993026	钱民	多媒体技术	66
17	数学	994086	高晓东	人工智能	78
18	经济	995014	张平	多媒体技术	80

Sheet1 / Sheet2 / Sheet3

图 C-1　EX26.XLS 和 EXC.XLS 内容

第 1、2 小题答案如图 C-2 所示。

	A	B	C	D	E
1	系别	学号	姓名	课程名称	成绩
2	计算机	992005	扬海东	人工智能	90
3	计算机	992032	王文辉	人工智能	87
4	计算机	992089	金翔	多媒体技术	73
5	经济	995014	张平	多媒体技术	80
6	经济	995022	陈松	人工智能	69
7	经济	995034	郝心怡	多媒体技术	86
8	数学	994034	姚林	多媒体技术	89
9	数学	994056	孙英	多媒体技术	77
10	数学	994086	高晓东	人工智能	78
11	信息	991021	李新	多媒体技术	74
12	信息	991025	张雨涵	计算机图形学	62
13	信息	991062	王春晓	多媒体技术	78
14	信息	991076	王力	计算机图形学	91
15	自动控制	993021	张在旭	计算机图形学	60
16	自动控制	993023	张磊	计算机图形学	65
17	自动控制	993026	钱民	多媒体技术	66
18	自动控制	993082	黄立	计算机图形学	85

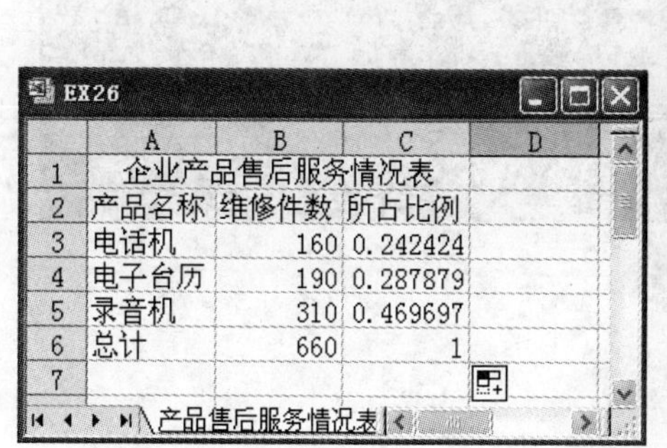

	A	B	C	D
1	企业产品售后服务情况表			
2	产品名称	维修件数	所占比例	
3	电话机	160	0.242424	
4	电子台历	190	0.287879	
5	录音机	310	0.469697	
6	总计	660	1	
7				

图 C-2　第 1、2 小题答案

五、PowerPoint 操作题

注意：下面出现的“考生文件夹”均为 C:\WEXAM\15010013。

打开考生文件夹下的文稿 Yswg9，按下列要求完成对此文稿的修饰并保存。

1. 在文稿前插入一张版式“标题幻灯片”的新幻灯片，输入主标题“数据库原理与技术”，设置字体字号为：宋体、54 磅，输入副标题为：“计算机系”，设置字体字号为：楷体 GB_2312、36 磅。整个演示文稿修饰成“Soaring 型模板”。

2. 将全文幻灯片的切换效果设置成“向下擦除”，将每个幻灯片顶部的标题设置动画为“回旋”。

注：把“Soaring 型模板”改为“Maple 型模板”

Yswg9 的内容如图 C-3 所示。

内容

- 数据库系统概述
- 关系数据库系统
- 数据库的安全性与完整性

信息

- 信息是指现实世界事物的存在方式或运动状态的反映。具体地说，信息是一种已经被加工为特定形式的数据，这种数据形式对接收者来说是有意义的，而且对当前和将来的决策具有明显的或实际的价值。

图 C-3　Yswg9 的内容

第 1、2 小题答案如图 C-4 所示。

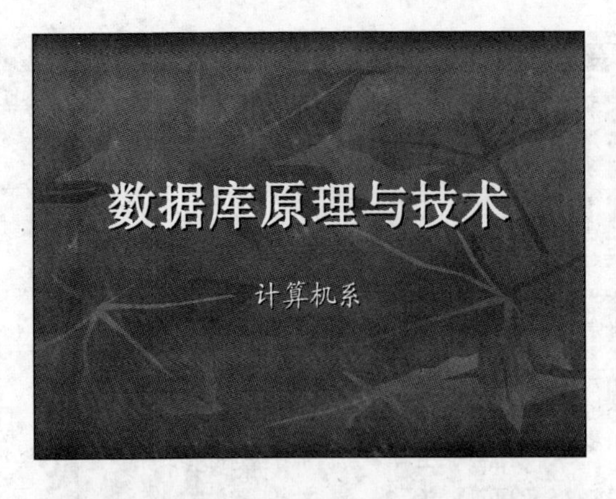

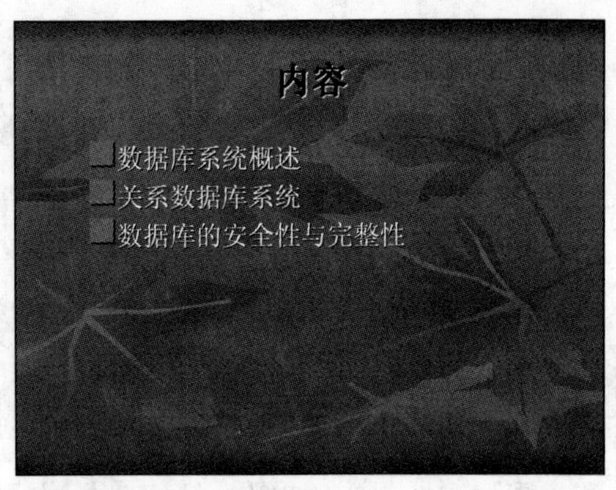

信息

- 信息是指现实世界事物的存在方式或运动状态的反映。具体地说，信息是一种已经被加工为特定形式的数据，这种数据形式对接收者来说是有意义的，而且对当前和将来的决策具有明显的或实际的价值。

图 C-4　第 1、2 小题答案

六、上网操作题

注意：下面出现的“考生文件夹”均为 C：\WEXAM\15010002。

向编辑孙先生发一个 E-mail，并将考生文件夹下的文本文件 mytf.txt 作为附件一起发出。具体内容如下。

【收件人】sungz@bj163.com

【主题】译稿

【函件内容】“孙编辑：您好，寄上译文一篇，见附件，请审阅。”

【注意】“格式”菜单中的“编码”命令中用“简体中文（GB_2312）”项。邮件发送格式为“多信息文本（HTML）”。

附录 D

全国计算机等级考试样题

2005年4月全国计算机等级考试一级试卷一级MS Office

（考试时间 90 分钟，满分 100 分）

一、选择题（每小题 1 分，共 20 分）

请在“答题”菜单上选择“选择题”命令，启动选择题测试程序，按照题目上的内容进行答题。

（1）无符号二进制整数 1011010 转换成十进制数是______。

A．88　　B．90　　C．92　　D．93

（2）以下说法中，正确的是______。

A．域名服务器（DNS）中存放 Internet 主机的 IP 地址

B．域名服务器（DNS）中存放 Internet 主机的域名

C．域名服务器（DNS）中存放 Internet 主机的域名与 IP 地址对照表

D．域名服务器（DNS）中存放 Internet 主机的电子邮箱地址

（3）办公自动化（OA）是计算机的一项应用，按计算机应用的分类，它属于______。

A．科学计算　　B．辅助设计　　C．实时控制　　D．信息处理

（4）用高级程序设计语言编写的程序______。

A．计算机能直接运行　　B．可读性和可移植性好

C．可读性差但执行效率高　　D．依赖于具体机器，不可移植

（5）已知 A=10111110B，B=ABH，C=184D，关系成立的不等式是______。

A．A<B<C　　B．B<C<A

C．B<A<C　　D．C<B<A

（6）下列关于软件的叙述中，错误的是______。

A．计算机软件系统由程序和相应的文档资料组成

B．Windows 操作系统是最常用的系统软件之一

C．Word 就是应用软件之一

D．软件具有知识产权，不可以随便复制使用

（7）下列设备组中，完全属于输出设备的一组是______。

A．喷墨打印机、显示器、键盘

B．键盘、鼠标、扫描仪

C．激光打印机、键盘、鼠标

D．打印机、绘图仪、显示器

（8）计算机存储器中，组成一个字节的二进制位数是______。

A．4bits　　B．8bits

C．26bits　　D．32bits

（9）计算机的系统总线是计算机各部件可传递信息的公共通道，它分______。

A．数据总线和控制总线

B．数据总线、控制总线和地址总线

C．地址总线和数据总线

D．地址总线和控制总线

（10）一个汉字的内码长度为 2 个字节，其每个字节的最高二进制位的依次是______。

A．0，0　　B．0，1　　C．1，0　　D．1，1

（11）下列叙述中，正确的是______。

A．把数据从硬盘上传送到内存的操作称为输出

B．WPS Office 2003 是一个国产的操作系统

C．扫描仪属于输出设备

D．将高级语言编写的源程序转换成机器语言程序的程序叫做编译程序

（12）计算机操作系统通常具有的 5 大功能是______。

A．CPU 管理、显示器管理、键盘管理、打印管理和鼠标管理

B．硬盘管理、软盘驱动器管理、CPU 管理、显示器管理和键盘管理

C．处理器（CPU）管理、存储管理、文件管理、设备管理和作业管理

D．启动、打印、显示、文件存取和关机

（13）目前，度量中央处理器（CPU）时钟频率的单位是______。

A．NIFS　　B．GHz　　C．GB　　D．Mbps

（14）下列关于因特网上收/发电子邮件优点的描述中，错误的是______。

A．不受时间和地域的限制，只要能接入因特网，就能收 / 发邮件

B．方便、快速

C．费用低廉

D．收件人必须在原电子邮箱申请地接收电子邮件

（15）十进制 57 转换成无符号二进制整数是______。

A．0111001　　B．011001　　C．0110011　　D．011011

（16）在标准 ASCII 码表中，已知英文字母 K 的十进制码值是 75，英文字母 k 的十进制码值是______。

A．107　　B．101　　C．105　　D．103

（17）下列叙述中，正确的一条是______。

A．Word 文档不会带计算机病毒

B．计算机病毒具有自我复制的能力，能迅速扩散到其他程序上

C．清除计算机病毒的最简单的办法是删除所有感染了病毒的文件

D．计算机杀病毒软件可以查出和清除任何已知或未知的病毒

（18）存储一个 32×32 点阵的汉字字形码需用的字节数是______。

A．256　　B．128　　C．72　　D．26

（19）目前市售的 USB FLASH DISK（俗称优盘）是一种______。

A．输出设备　　B．输入设备　　C．存储设备　　D．显示设备

（20）下列计算机技术词汇的英文缩写和中文名字对照中，错误的是______。

A．CPU－中央处理器　　B．ALU－算术逻辑部件

C．CU－控制部件　　D．OS－输出服务

二、汉字录入题（10 分）

请在“答题”菜单上选择“汉字录入”菜单项，启动汉字录入测试程序，按照题目上的内容输入汉字。

关系型数据库管理系统负责按照关系模型去定义、建立数据库，并对之进行各种操作。在这些操作中，除了输入记录、删除记录、修改记录等等常规处理，用户使用已经建成的数据库时最普遍的需求就是查找。关系型数据库为此提供了三种最基本的关系运算：选择、投影和连接。

三、基本操作题（10 分）

Windows 基本操作题，不限制操作的方式。

******* 本题型共有 5 小题 *******

（1）将考生文件夹下 FENG\WANG 文件夹中的文件 BOOK.PRG 移动到考生文件夹下 CHANG 文件夹中，并将该文件改名为 TEXT.PRG。

（2）将考生文件夹下 CHU 文件夹中的文件 JIANG.TMP 删除。

（3）将考生文件夹下 REI 文件夹中的文件 SONG.FOR 复制到考生文件夹下 CHENG 文件夹中。

（4）在考生文件夹下 NAO 文件夹中建立一个新文件夹 YANG。

（5）将考生文件夹下 ZHOU\DENG 文件夹中文件 OWER.DBF 设置为隐藏和存档属性。

四、Word 操作题（25 分）

请在“答题”菜单上选择“字处理”命令，然后按照题目要求再打开相应的命令，完成下面的内容。具体要求如下。

*******本套题共有 5 小题*******

在考生文件夹下打开文档 WORD1.DOC，其内容如下。

【文档开始】

甲 A 第 20 轮前瞻

戚务生和朱广沪无疑是国产教练中的佼佼者，就算在洋帅占主导地位的甲 A，他俩也出尽风头。在他们的统领下，云南红塔和深圳平安两队稳居积分榜的前三甲。朱、戚两名国产教练周日面对面的交锋是本轮甲 A 最引人注目的一场比赛。本场比赛将于明天 15:30 在深圳市体育中心进行。

红塔和平安两队在打法上有相似的地方，中前场主要靠两三名攻击力出众的球员去突击，平安有堤亚哥和李毅，红塔也有基利亚科夫。相比之下，红塔队的防守较平安队稳固。两队

今年首回合交手，红塔在主场 2：1 战胜平安。不过经过十多轮联赛的锤炼，深圳队的实力已有明显的提高。另外，郑智和李建华两名主将的复出，使深圳队如虎添翼。

这场比赛的结果对双方能否保持在积分第一集团都至关重要。现在红塔领先平安两分，但平安少赛一轮，而且红塔下轮轮空。红塔队如果不敌平安，红塔将极有可能被踢出第一集团。对平安队来说，最近两个客场一平一负，前进的脚步悄然放慢。本轮回到主场，只有取胜才能继续保持在前三名。

2002 赛季甲 A 联赛积分榜前三名（截止到 19 轮）

名次　队名　场次 胜　平　负　进球数　失球数　积分

1 大连实德　19　11　4　4　36　20

2 深圳平安　18　9　6　3　29　13

3 北京国安　19　9　6　4　28　19

【文档结束】

按要求完成以下操作并原名保存。

（1）将标题段文字（“甲 A 第 20 轮前瞻”）设置为三号、红色、仿宋_GB2312（西文使用中文字体）、居中，加蓝色方框，段后间距 0.5 行。

（2）将正文各段（“戚务生……前三名。”）设置为悬挂缩进 2 字符，左右各缩进 1 字符，行距为 1.1 倍行距。

（3）设置页面纸型为“A4”。

（4）将文中最后 4 行文字转换成一个 4 行 9 列的表格，并在“积分”列按公式“积分=3*胜+平”计算并输入相应内容。

（5）设置表格第 2 列、第 7 列、第 8 列列宽为 1.7cm，其余列列宽为 1cm，行高为 0.6cm，表格居中；设置表格所有文字中部居中；设置所有表格线为 0.75 磅蓝色双窄线。

五、Excel 操作题（15 分）

请在“答题”菜单下选择“电子表格”菜单项，然后按照题目要求再打开相应的命令，完成下面的内容。具体要求如下。

考生文件夹中有名为 EXCEL.XLS 的 EXCEL 工作表，如图 D-1 所示：

	A	B	C	D	E
1					
2					
3					
4					
5					
6					
7					

图 D-1　EXCEL.XLS 的工作表

按要求对此工作表完成如下操作并原名保存。

（1）打开工作簿文件 EXCEL.XLS，将下列某县学生的大学升学和分配情况数据建成一个数据表（存放在 A1：D6 的区域内），并求出“考取/分配回县比率”（保留小数点后面两位），其计算公式是：考取/分配回县比率=分配回县人数/考取人数，其数据表保存在 Sheet1 工作表中。

时间	考取人数	分配回县人数	考取/分配回县比率
1994	232	152	
1995	353	162	
1996	450	239	
1997	586	267	
1998	705	280	

（2）选“时间”和“考取/分配回县比率”两列数据，创建“平滑线散点图”图表，设置分类（*X*）轴为“时间”，数值（*Y*）轴为“考取/分配回县比率”，图表标题为“考取/分配回县散点图”，嵌入在工作表 A8：F18 的区域中。

六、PowerPoint 操作题（10 分）

请在“答题”菜单下选择“演示文稿”菜单项，然后按照题目要求再打开相应的命令，完成下面的内容。具体要求如下。

打开考生文件夹下的演示文稿 yswg.ppt（内容如图 D-2 所示），按要求完成此操作并保存。

笑话：形象的比喻

- “爸爸，步枪跟机关枪有什么区别？”，“孩子，这就像你爸爸说了一句话，你妈妈跟着要说半天一样。”

图 D-2　演示文稿 yswg.ppt

（1）将第二张幻灯片对象部分的动画效果设置为“溶解”；在演示文稿的开始片插入一张“标题幻灯片”作为文稿的第一张幻灯片，主标题输入“讽刺与幽默”，并设置为 60 磅、加粗、红色（请用自定义标签中的红色 250，绿色 1，蓝色 1）。

（2）整个演示文稿设置为“Notebook 模板”；将全部幻灯片切换效果设置为“左右向中部收缩”。

七、因特网操作题（10 分）

请在“答题”菜单上选择相应的命令，完成下面的内容。

接收并阅读由 xuexq@mail.neea.edu.cn 发来的 E-mail，将来信内容以文本文件 exin.txt 保存在考生文件夹下。

反侵权盗版声明

举报电话：（010）88254396；（010）88258888

传　　真：（010）88254397

E-mail:　dbqq@phei.com.cn

通信地址：北京市万寿路 173 信箱

电子工业出版社总编办公室

邮　　编：100036